156 コンクリートライブラリー

鉄筋定着・継手指針
[2020年版]

土 木 学 会

Concrete Library 156

Recommendations for Design Fabrication and Evaluation of Anchorages and Joints in Reinforcing Bars [2020]

March 2020

Japan Society of Civil Engineers

序

鉄筋の継手や定着は，構造物の安全を担保する重要な役割を担っており，工法の選定や作業の実施にあたっては，これら単体の特性のほか，施工および検査の信頼度が安全性に大きく影響する．このため，（公社）土木学会コンクリート委員会では，1982年にコンクリートライブラリーNo.49「鉄筋継手指針」（國分正胤委員長）を発刊し，1984年にはいくつかの工法を追加して「その2」を発刊した．その後，新しい継手工法および定着工法が数多く開発されてきたが，コンクリート委員会では，既往の指針を見直し，機械式定着の取込みや性能照査への対応等についての改訂を行い，コンクリートライブラリーNo.127「鉄筋定着・継手指針【2007年版】」（石橋忠良委員長）として新たに発刊した．

それ以来，本指針は今日まで広く使われてきているが，2007年版の発行から約10年が経過し，コンクリート構造物の構築における更なる生産性向上のニーズが高まり，より合理的な施工方法が求められるようになり，プレキャスト工法の活用などにおいても，機械式定着や継手を適用する機会が増加してきた．（一社）日本建設業連合会からは，国土交通省の指導のもと「機械式鉄筋定着工法の配筋設計ガイドライン（2016年7月）」ならびに「現場打ちコンクリート構造物に適用する機械式継手工法ガイドライン（2018年3月）」が発刊され，（公社）日本鉄筋継手協会からも「鉄筋の継手に関する品質要求事項(JIS Z 3450：2015.12制定)」を念頭においた3種類（ガス圧接，溶接，機械式）の鉄筋継手に関する工事標準仕様書が発刊されるなど，これらの内容との整合も含め，改めて本指針の内容の見直しを行う必要が生じてきた．

このような状況を鑑みて，土木学会コンクリート委員会では，近年におけるガイドラインや標準仕様書にある最新の知見を勘案して記載内容を整合させ，この10年間に新たに開発された定着工法および継手工法を本指針へ取り込むことなどを目的として，定着・継手メーカー15社，建設業者9社からの委託を受けて2018年に鉄筋定着・継手指針改定小委員会（260委員会）を設置した．詳細は本文に委ねるが，今回の主な改訂内容は，社会背景の変化に伴う既存内容の見直しや，継手単体から部材レベルへの性能照査の具体化などである．

本指針の作成，出版にあたり，多大なるご尽力を頂いた玉井真一幹事長（受託側）ならびに古市耕輔幹事長（委託側）をはじめ各分科会の主査および本委員会の委員各位，ならびに本指針の内容について貴重なご助言を頂いた土木学会コンクリート委員会常任委員の各位に対し，厚く感謝の意を表します．

2020年3月

土木学会コンクリート委員会
鉄筋定着・継手指針改訂小委員会
委員長　久田　真

土木学会　コンクリート委員会　委員構成
（平成29年度・平成30年度）

顧　問　石橋　忠良　　魚本　健人　　阪田　憲次　　丸山　久一

委員長　前川　宏一

幹事長　小林　孝一

委　員

△綾野　克紀　○石田　哲也　○井上　晋　　○岩城　一郎　○岩波　光保　○上田　多門
○宇治　公隆　○氏家　勲　　○内田　裕市　○梅原　秀哲　　梅村　靖弘　　遠藤　孝夫
○大内　雅博　　大津　政康　　大即　信明　　岡本　享久　　春日　昭夫　△加藤　佳孝
　金子　雄一　○鎌田　敏郎　○河合　研至　○河野　広隆　○岸　利治　　　木村　嘉富
△齊藤　成彦　○佐伯　竜彦　○坂井　悦郎　△坂田　昇　　　佐藤　勉　　○佐藤　靖彦
○下村　匠　　　須田久美子　○武若　耕司　○田中　敏嗣　○谷村　幸裕　○土谷　正
○津吉　毅　　　手塚　正道　　土橋　浩　　　鳥居　和之　○中村　光　　△名倉　健二
○二羽淳一郎　○橋本　親典　　服部　篤史　○濵田　秀則　　原田　修輔　　原田　哲夫
○久田　真　　○平田　隆祥　○本間　淳史　　福手　勤　　○松田　浩　　○松村　卓郎
○丸屋　剛　　　三島　徹也　※水口　和之　○宮川　豊章　○睦好　宏史　○森　拓也
○森川　英典　○山路　徹　　○横田　弘　　　吉川　弘道　　六郷　恵哲　　渡辺　忠朋
　渡邉　弘子　○渡辺　博志

（五十音順，敬称略）

○：常任委員会委員

△：常任委員会委員兼幹事

※：平成30年9月まで

土木学会 コンクリート委員会 委員構成
（2019 年度・2020 年度）

顧　問　石橋 忠良　魚本 健人　梅原 秀哲　坂井 悦郎　前川 宏一
　　　　丸山 久一　宮川 豊章　睦好 宏史

委員長　下村 匠

幹事長　加藤 佳孝

委　員

○綾野 克紀	○石田 哲也	○井上 晋	○岩城 一郎	○岩波 光保	○上田 隆雄
○上田 多門	宇治 公隆	○氏家 勲	○内田 裕市	梅村 靖弘	△大内 雅博
春日 昭夫	金子 雄一	○鎌田 敏郎	○河合 研至	○河野 広隆	○岸 利治
木村 嘉富	国枝 稔	○小林 孝一	○齊藤 成彦	斎藤 豪	○佐伯 竜彦
佐藤 勉	○佐藤 靖彦	島 弘	○菅俣 匠	杉山 隆文	武若 耕司
○田中 敬嗣	○谷村 幸裕	玉井 真一	○津吉 毅	鶴田 浩章	土橋 浩
○中村 光	○名倉 健二	○二井谷 教治	○二羽 淳一郎	橋本 親典	服部 篤史
○濵田 秀則	濵田 譲	○原田 修輔	原田 哲夫	○久田 真	日比野 誠
○平田 隆祥	△古市 耕輔	○細田 暁	○本間 淳史	△牧 剛史	○松田 浩
○松村 卓郎	○丸屋 剛	三島 徹也	○宮里 心一	○森川 英典	○山口 明伸
△山路 徹	△山本 貴士	○横田 弘	渡辺 忠朋	渡邉 弘子	○渡辺 博志

（五十音順，敬称略）

○：常任委員会委員

△：常任委員会委員兼幹事

土木学会　コンクリート委員会
鉄筋定着・継手指針改訂小委員会　委員構成

委員長	久田　真	東北大学
幹事長	玉井真一	(独)鉄道建設・運輸施設整備支援機構
委託側幹事長	古市耕輔	鹿島建設(株)

委　員

出雲淳一	関東学院大学	井上　晋	大阪工業大学
内田裕市	岐阜大学	大谷恭弘	神戸大学
○緒方辰男	西日本高速道路(株)	○加藤絵万	(国研)海上・港湾・航空技術研究所
○古賀裕久	(国研)土木研究所	五島孝行	(一財)土木研究センター
小林幸浩	八千代エンジニヤリング(株)	○斉藤成彦	山梨大学
○佐藤靖彦	早稲田大学	椎葉英敏	三井共同建設コンサルタント(株)
柴田辰正	(一財)土木研究センター	島　弘	高知工科大学
○下村　匠	長岡技術科学大学	○田所敏弥	(公財)鉄道総合技術研究所
○築嶋大輔	東日本旅客鉄道(株)	○土橋　浩	首都高速道路(株)
○中村　光	名古屋大学	二羽淳一郎	東京工業大学
原田哲夫	長崎大学	○本間淳史	東日本高速道路(株)
○松村卓郎	(一財)電力中央研究所	睦好宏史	埼玉大学

委託側委員

○藍谷保彦	ﾌﾞｲ・ｴｽ・ｴﾙ・ｼﾞｬﾊﾟﾝ(株)	石塚尚生	東京ガスケミカル(株)
○今中康貴	(株)大林組	内海祥人	岡部(株)
大友　健	大成建設(株)	○岡島利行	ＪＦＥ条鋼(株)
緒方　努	日本スプライススリーブ(株)	越路正人	東京鉄鋼土木(株)
○小寺耕一朗	共英製鋼(株)	後藤隆臣	東京鉄鋼(株)
○笹谷輝勝	(公社)日本鉄筋継手協会	佐野健彦	日本国土開発(株)
佐野陽一	日本製鉄(株)	篠崎裕生	三井住友建設(株)
清水　亮	(株)富士ボルト製作所	曽我部直樹	鹿島建設(株)
○畑　明仁	大成建設(株)	波多野正邦	清水建設(株)
友田　勇	第一高周波工業(株)	林　順三	(株)伊藤製鐵所
平野勝識	(株)フジタ	平山範洲	合同製鐵(株)
堀内達斗	(株)ピーエス三菱	増田智一	(株)神戸製鋼所
宮田勝治	ユニタイトシステムズ(株)	矢部武志	朝日工業(株)
山嵜　敦	共英製鋼(株)	○吉武謙二	清水建設(株)
米田大樹	前田建設工業(株)		

○：委員兼幹事

旧委託側委員

阿部幸夫　　新日鐵住金(株)
趙　唯堅　　大成建設(株)
山田直人　　ＪＦＥ条鋼(株)
荒木尚幸　　清水建設(株)
前野聖治　　第一高周波工業(株)

共通編ワーキング　メンバー構成

主査　　斉藤成彦　　山梨大学
副主査　今中康貴　　(株)大林組

委　員

出雲淳一　　関東学院大学
内田裕市　　岐阜大学
加藤絵万　　(国研) 海上・港湾・航空技術研究所
五島孝行　　(一財)土木研究センター
佐藤靖彦　　早稲田大学
下村　匠　　長岡技術科学大学
中村　光　　名古屋大学
原田哲夫　　長崎大学
睦好宏史　　埼玉大学
笹谷輝勝　　(公社)日本鉄筋継手協会
篠崎裕生　　三井住友建設(株)
波多野正邦　清水建設(株)
井上　晋　　大阪工業大学
緒方辰男　　西日本高速道路(株)
古賀裕久　　(国研)土木研究所
小林幸浩　　八千代エンジニヤリング(株)
島　弘　　　高知工科大学
田所敏弥　　(公財)鉄道総合技術研究所
二羽淳一郎　東京工業大学
松村卓郎　　(一財)電力中央研究所
後藤隆臣　　東京鉄鋼(株)
佐野健彦　　日本国土開発(株)
畑　明仁　　大成建設(株)
古市耕輔　　鹿島建設(株)

ガス圧接継手・溶接継手編ワーキング　メンバー構成

主査	佐藤靖彦	早稲田大学
副主査	笹谷輝勝	(公社)日本鉄筋継手協会

委　員

大谷恭弘	神戸大学
椎葉英敏	三井共同建設コンサルタント(株)
土橋　浩	首都高速道路(株)
岡島利行	ＪＦＥ条鋼(株)
小寺耕一朗	共英製鋼(株)
古市耕輔	鹿島建設(株)
古賀裕久	(国研)土木研究所
田所敏弥	(公財)鉄道総合技術研究所
石塚尚生	東京ガスケミカル(株)
越路正人	東京鉄鋼土木(株)
佐野陽一	日本製鉄(株)
堀内達斗	(株)ピーエス三菱

機械式継手編ワーキング　メンバー構成

主査	下村　匠	長岡技術科学大学
副主査	畑　明仁	大成建設(株)

委　員

緒方辰男	西日本高速道路(株)
小林幸浩	八千代エンジニヤリング(株)
本間淳史	東日本高速道路(株)
今中康貴	(株)大林組
緒方　努	日本スプライススリーブ(株)
佐野陽一	日本製鉄(株)
林　順三	(株)伊藤製鐵所
平山範洲	合同製鐵(株)
矢部武志	朝日工業(株)
米田大樹	前田建設工業(株)
五島孝行	(一財)土木研究センター
簗嶋大輔	東日本旅客鉄道(株)
松村卓郎	(一財)電力中央研究所
内海祥人	岡部(株)
後藤隆臣	東京鉄鋼(株)
清水　亮	(株)富士ボルト製作所
平野勝識	(株)フジタ
増田智一	(株)神戸製鋼所
山寄　敦	共英製鋼(株)

機械式定着編ワーキング　メンバー構成

主査　　中村　光　　名古屋大学
副主査　　吉武謙二　　清水建設(株)

委　員

内田裕市　岐阜大学
小林幸浩　八千代エンジニヤリング(株)
柴田辰正　(一財)土木研究センター
田所敏弥　(公財)鉄道総合技術研究所
藍谷保彦　ﾌﾞｲ・ｴｽ・ｴﾙ・ｼﾞｬﾊﾟﾝ(株)
越路正人　東京鉄鋼土木(株)
佐野健彦　日本国土開発(株)
曽我部直樹　鹿島建設(株)
友田　勇　第一高周波工業(株)
平山範洲　合同製鐵(株)
宮田勝治　ユニタイトシステムズ(株)
米田大樹　前田建設工業(株)
加藤絵万　(国研)海上・港湾・航空技術研究所
椎葉英敏　三井共同建設コンサルタント(株)
島　弘　高知工科大学
築嶋大輔　東日本旅客鉄道(株)
大友　健　大成建設(株)
小寺耕一朗　共英製鋼(株)
篠崎裕生　三井住友建設(株)
畑　明仁　大成建設(株)
林　順三　(株)伊藤製鐵所
古市耕輔　鹿島建設(株)
山嵜　敦　共英製鋼(株)

コンクリートライブラリー 156

鉄筋定着・継手指針［2020 年版］

目　　次

I　共通編

Ⅱ　機械式定着編

Ⅲ　ガス圧接継手編

Ⅳ　溶接継手編

V　機械式継手編

改訂資料

Ⅰ　共通編

1章　総　　則

1.1　適用の範囲

この鉄筋定着・継手指針は，一般の鉄筋コンクリートおよびプレストレストコンクリートに用いる鉄筋の定着と継手の方法について，設計の考え方および施工と検査の原則を示すものである．

この指針に示していない事項は，土木学会コンクリート標準示方書によるものとする．

【解　説】　この鉄筋定着・継手指針（以下，この指針という）は，一般の鉄筋コンクリートおよびプレストレストコンクリートからなる構造物に用いる鉄筋の定着と継手の方法について，その設計，照査，施工および検査に関する基本事項を示すものである．鋼コンクリート複合構造物の鉄筋定着および継手に関してはこの指針を参照してよい．プレキャスト部材同士の接合に機械式定着や鉄筋相互を接合する継手を使用する場合は，定着具，定着体，継手単体の特性をこの指針により評価してよい．

鉄筋の定着の方法としては，従来から標準フックや付着力を利用する方法が用いられており，また，鉄筋の継手の方法としては，重ね継手，機械式継手，およびガス圧接や溶接を用いた継手が用いられてきた．土木学会コンクリート委員会では，鉄筋継手の設計・施工に関し，1982年に「鉄筋継手指針（コンクリートライブラリーNo.49）」を定めた．また，2007年には，部材に大きな耐力と変形性能を保有させるために配筋が過密となり，鉄筋の組立やコンクリートの充填が不十分となる問題が生じてきたことなどへ対処するため，新たに定着や継手の方法が数多く開発されてきたことから，従来の「鉄筋継手指針」を見直し，これに定着についての記述を加え，「鉄筋定着・継手指針（コンクリートライブラリーNo.128）」を発行した．指針改訂から10年が経過し，性能照査型設計法の浸透が進むなか，生産性向上に寄与する施工技術の活用が求められるようになってきたことから，この指針では，性能照査型設計法のもとで，鉄筋の定着および継手の設計，照査，施工および検査にあたっての共通的な事項の改訂を行った．

この指針では，この指針で扱われている種類の定着や継手の方法を使用する際は，定着に関しては，定着部，定着体，および定着具について，継手については，継手部，および継手単体について，それぞれの特性を明確にした上で，定着部および継手部を有する部材の特性が構造物の要求性能を満足することを照査する，また，定着部および継手部が設計で想定した特性を有するように施工と検査を実施することを原則とした．この指針では，所要の特性を満足することが確認された定着具と定着体を用いる場合には，それらを含む定着部は，原則として従来の標準フックと同じとみなして設計できることとした．

塩化物イオンの侵入による鉄筋腐食ならびに化学的浸食に対する耐久性を確保する目的で使用されるエポキシ樹脂塗装鉄筋の定着や継手に関しては，「エポキシ樹脂塗装鉄筋を用いる鉄筋コンクリートの設計施工指針　改訂版（コンクリートライブラリーNo.112）」を参照し，エポキシ樹脂塗装鉄筋を使用する際の留意事項などを十分に理解した上で，この指針に基づいてそれらの設計，施工および検査を実施しなければならない．

この指針で触れられていない定着や継手の方法の設計，照査，施工および検査については，この指針に述べた方法がそのまま適用できない場合もあるが，この指針の主旨を踏まえ，参考とすることはできる．構造物の要求性能に対する照査方法，照査の前提となる構造細目，および施工や検査の実施要領などを明確にした上で検討するのがよい．

1.2　対象とする定着の方法

この指針では，鉄筋の端部に定着具を設置する機械式定着による方法を対象とする．

【解　説】　この指針で対象とする鉄筋定着の方法は，鉄筋の端部に定着具を設ける機械式定着による方法とし，コンクリートと鉄筋の付着力による方法およびコンクリートと鉄筋との付着力にフックを併用する方法はコンクリート標準示方書を参照することとする．

機械式定着は，鉄筋端部に定着具を設けることで，標準フックと同等以上の定着および拘束効果を得る工法である．定着具と鉄筋の接合方法には，ねじ節，摩擦圧接，鉄筋端部拡径，ねじ加工嵌合の 4 種類がある．

1.3　対象とする継手の方法

この指針では，以下に示す鉄筋相互を接合する方法を対象とする．

(i)　ガス圧接継手

(ii)　溶接継手

(iii)　機械式継手

【解　説】　この指針で対象とする鉄筋の継手の方法は，鉄筋相互を接合する方法とし，コンクリートとの付着を介して鉄筋を接合する方法である重ね継手，重ね継手にフックを併用する継手はコンクリート標準示方書を参照することとする．重ね継手に機械式定着を併用する方法の機械式定着の特性評価はこの指針を参照してよい．

鉄筋相互を接合する方法では，ガス圧接，溶接および機械式継手の 3 種類について規定する．

(i) ガス圧接継手：コンクリート構造物に用いる棒鋼を酸素・ガス炎を用いて加熱し，圧力を加えながら接合するもので，手動ガス圧接，自動ガス圧接，熱間押抜ガス圧接，高分子天然ガス圧接および水素・エチレン混合ガス圧接などがある．

(ii) 溶接継手：接合の機構によって，アーク溶接，抵抗溶接がある．アーク溶接としては，突合せアーク溶接，およびフレア溶接などがあり，抵抗溶接としては突合せ抵抗溶接などがある．

(iii) 機械式継手：これまでに多数の継手方式が提案・実用化されている．鉄筋表面の異形形状が熱間圧延でねじ状に成形された異形鉄筋を，内面にねじ加工されたカプラーによって継ぎ合わせる継手（ねじ節鉄筋継手），継手部に配置した継手用スリーブと鉄筋との隙間に高強度グラウトを充填して継ぎ合わせる継手（モルタル充填継手），鉄筋の端部に摩擦圧接により接合したねじを相互に突合せ，カプラーによって接合した後に，ロックナットで締め付け一体化を図る継手（摩擦圧接ねじ継手（端部ねじ加工継手）），雌ねじ加工を施したスリーブに鉄筋を圧着し，圧着されたスリーブ相互を接続ボルトを用いて接合する継手（スリーブ圧着ねじ継手（端部ねじ加工継手）），継手部に配置したスリーブを冷間で油圧により連続圧着加工または断続圧着加工して鉄筋に圧着し，鉄筋を継ぎ合わせる継手（スリーブ圧着継手），および鉄筋の重ね部にくさび挿入孔を有するスリーブを配置し，くさびを圧入することで鉄筋を継ぎ合わせる継手（くさび固定継手）などが開発されている．

各継手工法の詳細は，第Ⅲ編～第Ⅴ編に述べている．

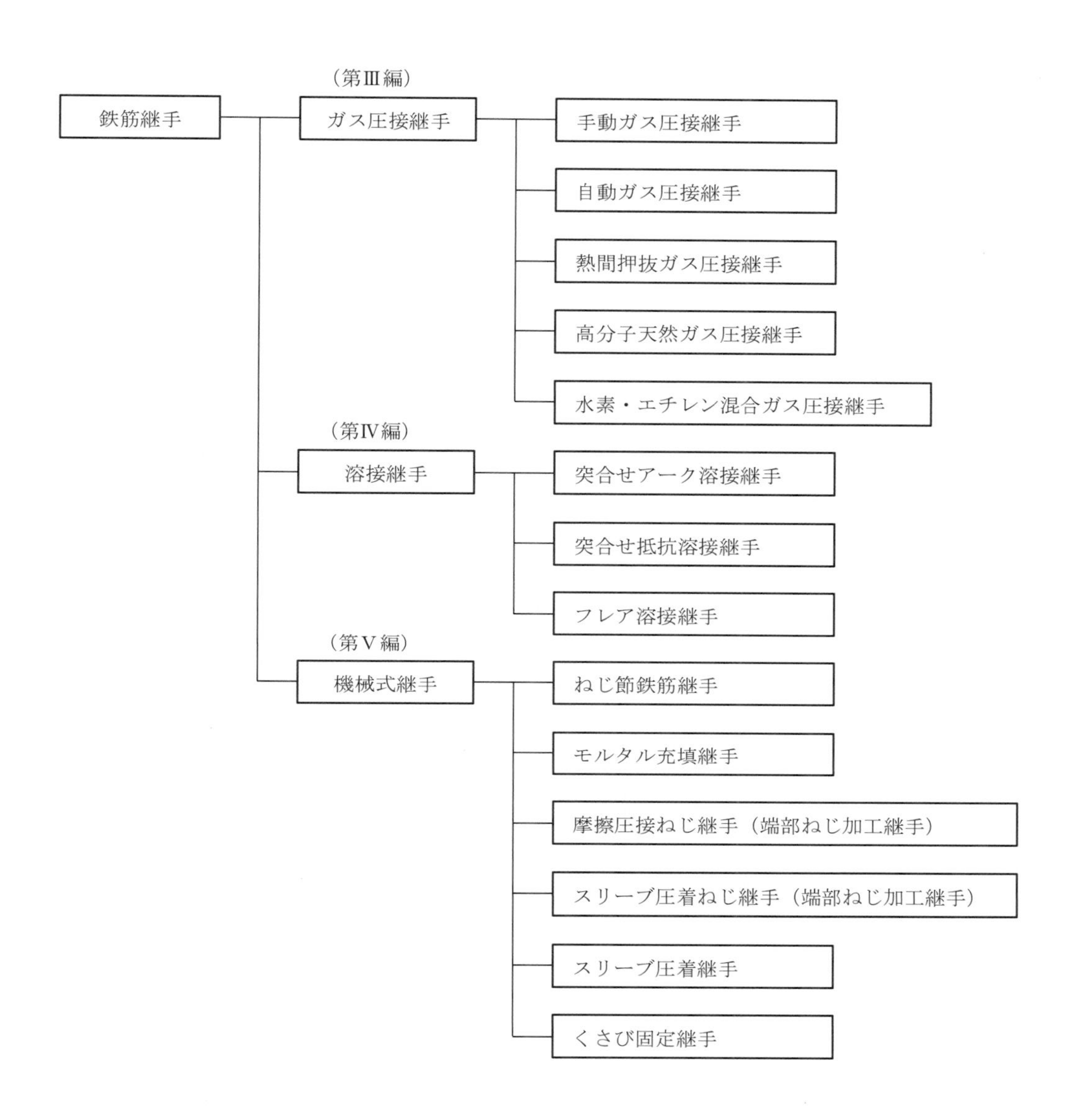

解説 図 1.3.1　この指針で対象とする継手工法の一覧

1.4　用語の定義

この指針では，次のように用語を定義する．

機械式定着：支圧を主体とした機構によって鉄筋をコンクリートに定着する方法．

定着具：機械式定着において，鉄筋に作用する引張力をコンクリートに伝達するために鉄筋端部に設けられる板またはこぶ状のもの．

定着体：定着される鉄筋端部（定着具を含む）とその周囲の定着特性に寄与するコンクリートを含めた箇所．

定着部：軸方向鉄筋においては，定着体を含む部位．横方向鉄筋においては，定着体を含む部材．

鉄筋の定着長：設計断面における鉄筋応力を伝達するために必要な鉄筋のコンクリート中での埋込み長さ．

鉄筋のあき：互いに隣り合って配置された鉄筋あるいは緊張材やシースの純間隔．

かぶり：鉄筋あるいは緊張材やシースの表面と，コンクリート表面の最短距離ではかったコンクリートの厚さ．コンクリート表面と定着具や継手単体の表面間の最短距離ではかったコンクリートの厚さ．

標準フック：「2017 年制定コンクリート標準示方書［設計編：標準］」7 編 2.5.2 で定義しているフック．

評価基準フック：評価すべき定着体の特性を試験により確認するときの比較対象とする半円形フックで，軸方向鉄筋と横方向鉄筋でそれぞれ定める．

嵌合（かんごう）：ねじ節鉄筋や鉄筋端部に摩擦接合された雄ねじをカプラーなどの継手部品にはめ合わせ，ねじ山がかみ合った状態にすること．

ねじ節嵌合（かんごう）定着具：ねじ節鉄筋に定着金物を嵌合し有機グラウトまたは無機グラウトを充てんした定着具．

摩擦圧接定着具：異形鉄筋と定着板または定着板取付け用ねじを摩擦圧接により接合した定着具．

ねじ加工嵌合定着具：異形鉄筋端部にねじ加工を施して定着金物を嵌合した定着具．

鉄筋端部拡径定着具：異形鉄筋端部を熱間加工等により拡径して形成した定着具．

継手単体：機械式継手の装置，鉄筋相互をガス圧接や溶接により接続した箇所など，引張力が作用する鉄筋相互の応力伝達を可能にする装置や箇所．

継手部：継手単体を含む部位．

継手の信頼度：施工された継手において，施工方法と検査方法に起因する不良率によって定まる品質の区分．

継手の不良率：施工された継手で，全数に対する所要の特性を発揮しない数の割合．

継手の抜取り率：施工された継手で，全数に対する検査対象とする数の割合．

全数検査：施工された継手すべてを対象とする検査．

人為的誤差：人の意志は介在せず，作業員の技量差のみによって生じる誤差．

継手の集中度：継手を含む断面において，継手の設置されている鉄筋本数を鉄筋の総本数で除した値．

公的認定機関：土木学会技術推進機構，土木研究センター，日本建築センターおよび日本鉄筋継手協会などの中立的な技術審査機関．

検　　査：品質が判定基準に適合しているか否かを判定する行為.

責任技術者：土木構造物の計画，設計，施工並びに維持管理にあたって，すべての段階で置く必要があり，業務を遂行するための権限を有するとともに，その責任を負う技術者．この指針では，発注者あるいは工事監理者の責任技術者を指す.

検　査　者：検査を実施し，検査結果に責任を負う者.

手動ガス圧接継手：バーナーの操作を手動で行うガス圧接方法.

自動ガス圧接継手：加熱・加圧工程およびバーナー駆動操作を自動的に制御する自動ガス圧接装置を使用して行うガス圧接方法.

熱間押抜ガス圧接継手：ガス圧接を行った後，熱間でガス圧接部のふくらみをせん断刃によって押し抜く方法.

高分子天然ガス圧接継手：圧接端面にポリエチレン製カップと鋼製リングを挟み，酸素・天然ガス炎を用いて加圧および加熱を行う工法.

水素・エチレン混合ガス圧接継手：酸素と水素・エチレン混合ガスの燃焼炎を用いて加圧および加熱を行う工法.

圧接端面：ガス圧接しようとする鉄筋の端面.

圧　接　面：ガス圧接によって得られた接合面.

圧　接　部：圧接面及び熱影響部を含む継手部の総称.

熱影響部：ガス圧接および溶接時の熱で微視的組織や機械的性質等が変化するが溶融していない母材部分.

継手管理技士：JIS Z 3410（溶接管理－任務及び責任）に基づき，日本鉄筋継手協会「継手管理技士資格試験規定」によって認証された鉄筋継手管理技士，圧接継手管理技士，溶接継手管理技士および機械式継手管理技士の 4 種類の資格の総称.

圧接継手管理技士：継手管理技士の一資格で，ガス圧接継手全般の包括的専門知識を有し，ガス圧接継手工事の施工，品質管理，検査などに関する統括職務能力及び指導能力を有する者.

ガス圧接技量資格者：JIS Z 3881（ガス圧接技術検定における試験方法及び判定基準）に基づき，日本鉄筋継手協会「ガス圧接技量検定規定」によって認証された者.

鉄筋継手部検査技術者：日本鉄筋継手協会「鉄筋継手部検査技術者技量検定規定」によって認証された検査技術者.

熱間押抜検査技術者：日本鉄筋継手協会「熱間押抜検査技術者技量検定規定」によって認証された検査技術者.

施工前試験：材料，施工条件，作業者の技量の確認などを目的として，継手工事の着手前に行う試験．現場において作成した継手供試体に対し，強度試験を行うなどの方法がとられる.

突合せアーク溶接継手：接合しようとする鉄筋を，同軸直線上に適当な施工上の間隔を設けて突き合せ，アーク溶接により接合する溶接継手.

突合せ抵抗溶接継手：突き合せた接合材に通電し，抵抗熱により接合部の温度を上昇させ，加圧により接合する溶接継手.

フレア溶接継手：鉄筋と鉄筋を接触配置した際にできる円弧状の末広がりのすき間をアーク溶接により接合する溶接継手.

裏　当　て　材：開先の底部に裏から当てるもので金属板や粒状フラックスなど（金属板で母材と共に溶接される場合には裏当て金という）.

回　し　溶　接：母材の端部の周囲に沿って溶接すること.

炭　素　当　量：炭素およびMn，Ni，Cr 等の元素含有量を炭素に換算したものの合計で，材料の焼き入れ硬化性の指標.

ク　レ　ー　タ：ビード終端にできる窪み.

ブローホール：溶着金属中に生じる球状又はほぼ球状の空洞

ピ　　ッ　　ト：ビード表面に生じた小さな窪み状の欠陥.

アンダーカット：溶接止端で母材が掘られ，溶着金属が満たされないで残っている欠陥部分.

予　　　　熱：溶接や切断に先だって母材を加熱すること.

断面マクロ試験：溶接の溶け込み等を確認するために行う試験で，溶接部を切断し，断面を硝酸で洗い溶接部の状況を調べる検査.

炭酸ガスアーク溶接：炭酸ガス中で行う自動又は半自動アーク溶接.

半自動アーク溶接：溶接ワイヤの送りが自動的にできる装置を用い，溶接トーチの操作を手動で行うアーク溶接.

溶 接 ト ー チ：溶接ワイヤが自動的に供給されるアーク溶接に用いられ，溶接電流およびシールドガスなどの供給を行う器具.

の　　ど　　厚：隅肉溶接の三角形でルートから表面までの長さ．等辺隅肉溶接では角から斜辺に降ろした垂線長さとなる.

溶 接 技 術 者：半自動アーク溶接において，日本溶接協会の資格認定規格（ISO 14731/WES8103）に基づいて認定する1級または2級の資格を有する者.

鉄筋溶接技量資格者：JIS Z 3882（鉄筋の突合せ溶接技術検定における試験方法及び判定基準）に基づき，日本鉄筋継手協会「鉄筋溶接技量検定規定」によって認証されたもの.

ス　リ　ー　ブ：機械式継手に用いる鋼製または鋳鉄製の筒状の継手部品.

カ　プ　ラ　ー：スリーブのうち，内面のほぼ全長にわたり雌ねじ加工された継手部品.

機 械 式 継 手：スリーブやカプラーなどの継手部品を介して，鉄筋を軸方向に機械的に接合する継手.

スリーブ圧着継手：継手部に配置した継手用スリーブを冷間で油圧により連続圧着加工または断続圧着加工して鉄筋に圧着し，突き合せた異形鉄筋を接合する継手.

モルタル充填継手：継手部に配置した継手用スリーブと鉄筋の隙間に高強度グラウトを充てんし，スリーブの内側に形成された凹凸部と異形鉄筋のふしが，注入硬化したグラウトを介して力を伝達することにより，突き合せた異形鉄筋を接合する継手.

ねじ節鉄筋継手：熱間圧延により鉄筋表面の異形形状がねじ状に成形された異形鉄筋（ねじ節鉄筋）を，内面にねじ加工されたカプラーによって接合する継手.

スリーブ圧着ねじ継手：雌ねじ加工を施したスリーブを異形鉄筋端部に圧着し，この圧着された両方のスリーブを専用の接続ボルトを用いて接合する継手.

摩擦圧接ねじ継手：鉄筋の端部に摩擦圧接により接合したねじを相互に突き合せ，カプラーによって接合した後に，ロックナットで締め付けて一体化を図る継手.

くさび固定継手：継手部にくさび（ウェッジ）挿入孔を有する長円形状の継手用鋼管（スリーブ）をセットし，くさび固定装置によりウェッジを圧入することによって異形鉄筋を接合する継手.

グ ラ ウ ト：鉄筋とスリーブまたはカプラーの隙間に注入し硬化させる充てん材.

ロックナット：ねじ節鉄筋継手や摩擦圧接ねじ継手などに用いる締付けによって継手を固定する継手部品.

機械式継手主任技能者：機械式継手作業資格者のうち，機械式継手の品質管理を担う者で，日本鉄筋継手協会「機械式継手主任技能者資格試験規定」によって承認された者.

機械式継手作業資格者：公的認定機関の認定を受けた教育方法に従った施工教育を受け，実際に機械式継手の施工を行う者.

検査要領(書)：検査項目，検査方法を記述したもの.

施工要領(書)：定着工法，継手工法ごとに設定された標準的な施工方法を記述したもの.

加工要領(書)：定着工法，継手工法において，工場製作される場合に標準的な製作方法を記述したもの.

施 工 計 画 書：施工者が施工要領に沿って作成した，定着部や継手部の施工，検査方法を記載した計画書.

1.5　記　　号

この指針では，次のように記号を定める.

f_{jd}　：継手の引張降伏強度の設計値

f_{jk}　：継手の引張降伏強度の特性値

f_{jrd}　：継手の疲労強度の設計値

f_{jrk}　：継手の疲労強度の特性値

f_{yn}　：鉄筋の規格降伏強度

f_{yk}　：鉄筋の規格降伏強度の特性値

α　：継手の集中度と信頼度による引張降伏強度の低減係数

γ_s　：鉄筋の材料係数

γ_i　：構造物係数

ρ_{mj}　：継手単体の材料修正係数

ϕ　：鉄筋の呼び径（丸鋼は直径）

2 章　鉄筋の定着部・継手部の設計

2.1　一　　般

（1）鉄筋の定着部および継手部は，構造物の要求性能を満たすように設計しなければならない．

（2）鉄筋の定着部および継手部は，定着部および継手部を有する部材が，所要の力学特性を有するように設計しなければならない．

【解　説】　鉄筋コンクリート構造物の応答値および限界値の算定においては，鉄筋とコンクリートの力の伝達が想定したとおりになっている必要がある．そのため，鉄筋の定着および継手は極めて重要であり，構造物が，安全性，使用性，耐震性，耐久性等の要求性能を満足するように定着部および継手部を設計しなければならない．ここでの定着部および継手部の設計とは，定着体や継手単体に必要な特性を与えることである．

解説 図 2.1.1 に，構造物，部材，定着部・継手部，および定着体・継手単体の関係を表した概念図を示す．機械式定着の「定着具」は，鉄筋に作用する引張力をコンクリートに伝達するために鉄筋端部に設けられる板またはこぶ状のものを，「定着体」は定着される鉄筋端部（定着具）とその周囲の定着特性に寄与するコンクリートを含めた箇所を，「定着部」は，軸方向鉄筋においては定着体を含む部位，横方向鉄筋においては定着体を含む部材を，「定着部を有する部材」は，当該部材中の鉄筋の端部に定着体を有する部材を指すものとする．一方，「継手単体」とは，鉄筋同士を繋ぎ合わせた箇所を，「継手部」とは，継手単体とその周辺のコンクリートを含めた鉄筋コンクリート部材の一部を指すものとする．

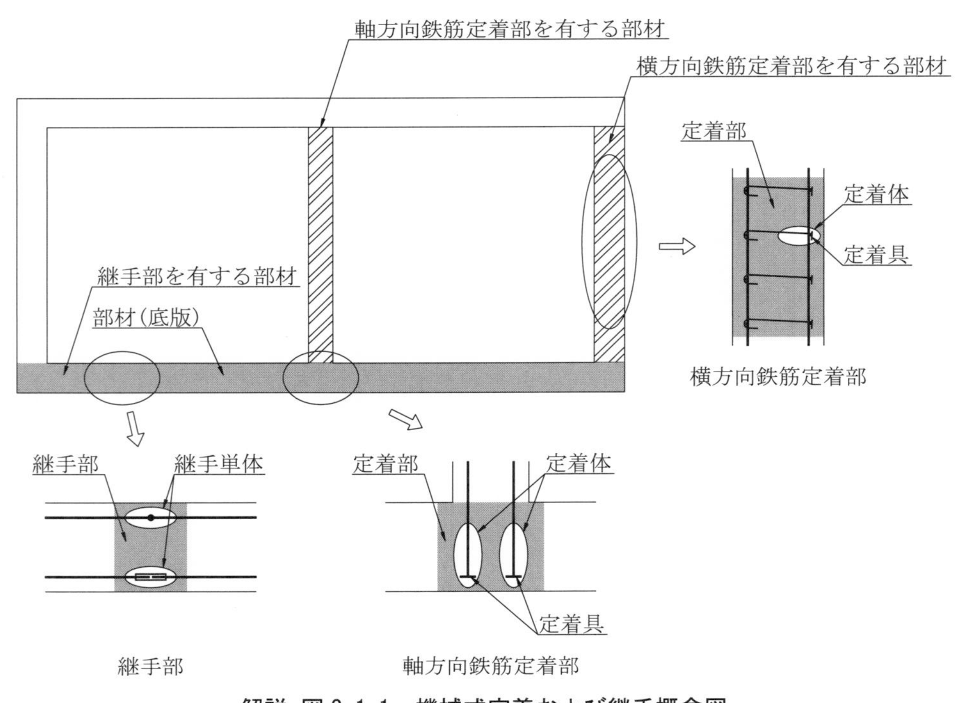

解説 図 2.1.1　機械式定着および継手概念図

2.2　定着部および継手部の設計の基本

（1）定着部および継手部は，定着部および継手部を有する部材の力学特性に与える影響とその範囲を考慮して，適切な位置に設けなければならない．

（2）定着部および継手部には，定着部および継手部を有する部材の力学特性に対応する特性を適切に設定しなければならない．

（3）設計段階において配筋の過密度や施工性に配慮し，機械式定着や鉄筋相互を接合する継手を採用するのがよい．

【解　説】　（1）について　軸方向鉄筋は，部材端部に確実に定着し，軸方向鉄筋に作用する引張力や圧縮力に対して定着破壊に至らないようにしなければならない．定着部の範囲が大きい場合など，定着部が適切な範囲に設定されていない場合，定着部が想定した限界状態と異なる状態になった場合は，構造物に与える影響が大きくなるため，適切な位置に定着部を設けなければならない．

また鉄筋の継手部は，構造物あるいは部材の弱点となることがあるため，応力の大きい断面をできるだけ避け，相互にずらして配置し，構造物の性能に影響を与えないようにすることを基本とする．近年は太径鉄筋に対応する高い特性を有する機械式継手が開発されているが，継手自体が長く，継手の影響範囲が大きくなることがある．地震力等の高応力が繰返し作用する場合は，橋脚やラーメン高架橋等では部材の一部が塑性ヒンジ化してエネルギーを吸収し，構造物の安全性を確保するよう設計されるが，継手が大きい場合は設計で意図しない位置で塑性ヒンジが形成される可能性があるため，継手の種類とその範囲を考慮しながら，適切に継手位置を設定しなければならない．

（2）について　定着部あるいは継手部に必要な特性は，構造物の安全性，使用性，耐久性，復旧性の各要求性能を満足するように適切に設定しなければならない．定着部あるいは継手部の特性には，**解説 表** 2.3.1 あるいは**解説 表** 2.4.1 に示すようなものがある．

（3）について　これまでの機械式定着や鉄筋相互を接合する継手は，標準フックや重ね継手からの代替として使われることが多かったが，過密配筋の回避や歩掛り改善による生産性の向上を図るため，設計段階から機械式定着や鉄筋相互を接合する継手の採用を検討した方がよい．

2.3　定着部および定着体の特性

定着部の特性は，構造物の要求性能に応じて，定着部を有する部材の限界状態に関する，設計応答値や設計限界値に影響する項目を設定しなければならない．

【解　説】　構造物の各要求性能に対応する定着部を有する部材の限界状態ごとに，定着部または定着体に必要な特性を設定しなければならない．**解説 表** 2.3.1 に定着部または定着体に必要な特性の例を示す．例えば，耐震性が必要な構造物や定着部を有する部材では，軸方向鉄筋定着部では強度，抜出し量の他に高応力繰り返し特性が求められ，横方向鉄筋定着部ではせん断補強特性の他にじん性補強特性が求められる．このように構造物の要求性能に応じて定着部を有する部材や定着部に必要な特性を適切に選定しなければならない．

解説 表 2.3.1　定着部または定着体に必要な特性の例

<table>
<tr><th colspan="2">構造物の要求性能</th><th>限界状態</th><th>定着部または定着体に必要な特性，確認項目</th></tr>
<tr><td colspan="2" rowspan="2">安全性</td><td>断面破壊</td><td>強度*，抜出し量*，せん断補強特性**</td></tr>
<tr><td>疲労破壊</td><td>高サイクル繰返し特性*</td></tr>
<tr><td colspan="2">使用性</td><td>外観</td><td>ひび割れ**</td></tr>
<tr><td rowspan="2">耐震性</td><td>安全性</td><td>断面破壊，変形</td><td rowspan="2">強度*，抜出し量*，せん断補強特性**，高応力繰返し特性*，じん性補強特性**</td></tr>
<tr><td>復旧性</td><td>修復性</td></tr>
<tr><td colspan="2">耐久性</td><td>鋼材腐食</td><td>あき，かぶり**</td></tr>
</table>

＊ 定着体に必要な特性を示す．
＊＊ 定着部に必要な特性を示す．

2.4　継手部および継手単体の特性

継手部の特性は，構造物の要求性能に応じて，継手部を有する部材の限界状態に関する，設計応答値や設計限界値に影響する項目を設定しなければならない．

【解　説】　構造物の各要求性能に対応する継手部を有する部材の限界状態ごとに，継手部または継手単体に必要な特性を設定しなければならない．**解説 表 2.4.1** に継手部または継手単体に必要な特性の例を示す．例えば，耐震性に必要な特性として高応力繰返し特性が挙げられるが，継手位置が地震時に高応力の繰返しを受ける位置かどうかなど構造物の要求性能に応じて部材に必要な特性を設定することとしている．

解説 表 2.4.1　継手部または継手単体に必要な特性の例

<table>
<tr><th colspan="2">構造物の要求性能</th><th>限界状態</th><th>継手部または継手単体に必要な特性，確認項目</th></tr>
<tr><td colspan="2" rowspan="2">安全性</td><td>断面破壊</td><td>強度*，剛性*，伸び能力*，すべり量*</td></tr>
<tr><td>疲労破壊</td><td>高サイクル繰返し特性*（疲労強度）</td></tr>
<tr><td colspan="2" rowspan="2">使用性</td><td>外観</td><td>ひび割れ**</td></tr>
<tr><td>車両走行の
快適性等</td><td>変形**</td></tr>
<tr><td rowspan="2">耐震性</td><td>安全性</td><td>断面破壊</td><td rowspan="2">高応力繰返し特性*（強度，剛性，伸び能力，すべり量）</td></tr>
<tr><td>復旧性</td><td>修復性</td></tr>
<tr><td colspan="2">耐久性</td><td>鋼材腐食</td><td>あき，かぶり**</td></tr>
</table>

＊ 継手単体に必要な特性を示す．
＊＊ 継手部に必要な特性を示す．

2.5　構造細目

2.5.1　定着部の構造細目

（1）部材最外縁のスターラップや帯鉄筋の定着には機械式定着を用いないことを原則とする.

（2）機械式定着具を有する横方向鉄筋は，部材の最外縁鉄筋の外側に定着具が位置するように配置することを原則とする.

（3）疲労の影響を受ける部材の横方向鉄筋に，両端が異なる定着方法を用いる場合には，同じ側に種類の異なった定着方法を施さないことを原則とする.

（4）軸方向鉄筋の定着を機械式定着により行うときは，機械式定着の支圧効果を考慮した定着長を確保して配置することを原則とする．また，引張鉄筋の基本定着長は，標準フックを設ける場合と同様に，算定した基本定着長から10φだけ減じることができる.

【解　説】　（1）について　横方向鉄筋のうち，部材最外縁に軸方向鉄筋を取り囲むように配置するはり部材のスターラップや柱部材の帯鉄筋については，閉合させることにより内部コンクリートの拘束にも寄与していることが考えられる．機械式定着のコンファインド効果については実験で確認されていないため，このようなスターラップや帯鉄筋に機械式定着具を使用しないこととした．なお，軸方向鉄筋に機械式定着を用いる場合で，定着具がかぶりに近接する場合は，支圧効果の低下が懸念されるため，部材実験や解析等で検証することとする.

（2）について　配筋の一例を**解説 図2.5.1**に示す．横方向鉄筋は部材最外縁の鉄筋を拘束するように配置するが，横方向鉄筋の目的がせん断補強のみの場合であれば，すべての軸方向鉄筋を拘束するような配置としなくてもよい．横方向鉄筋の配置については，構造物の要求性能から設定される定着部に必要な特性を考慮したうえで決定しなければならない．**解説 図2.5.1**は横方向鉄筋の片側のみ機械式定着とした例であるが，施工条件等で両側とも機械式定着とすることもある.

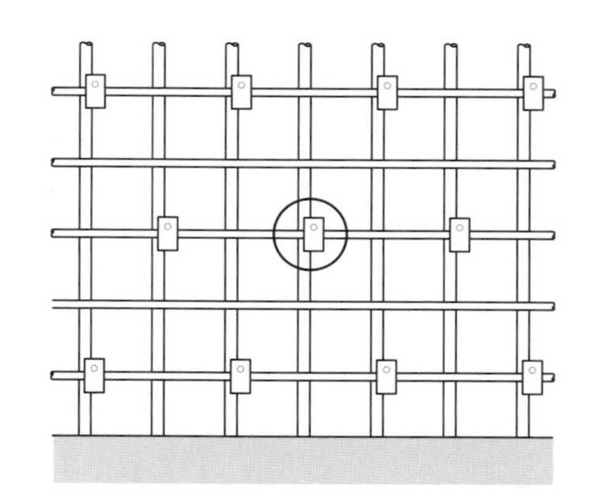
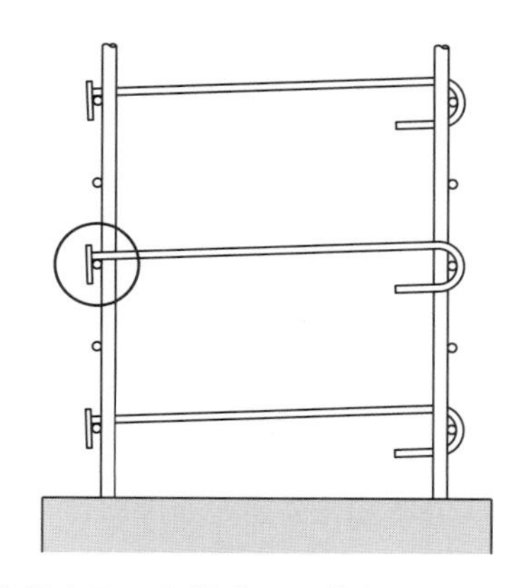

解説 図2.5.1　横方向鉄筋に機械式定着具を用いた場合の配筋例

（3）について　繰返し荷重による疲労の影響を受ける部材の横方向鉄筋に，両端が異なる定着方法を用いる場合，同じ側に種類の異なった定着具を施すと，定着方法によって抜出し量や高サイクル繰返し特性などの特性が異なることにより，いずれかの鉄筋に応力集中等が生じ，部材強度に悪影響を及ぼす可能性があることからこのように定めた．

(4) について　機械式定着を用いることで，定着具の支圧効果により，鉄筋の定着長は標準フックを設ける場合と同様に，基本定着長から10φだけ減じることができる．軸方向鉄筋の定着に機械式定着を用いる場合の定着長は，**解説 図2.5.2**のように定着具の支圧開始点までの距離とすればよい．

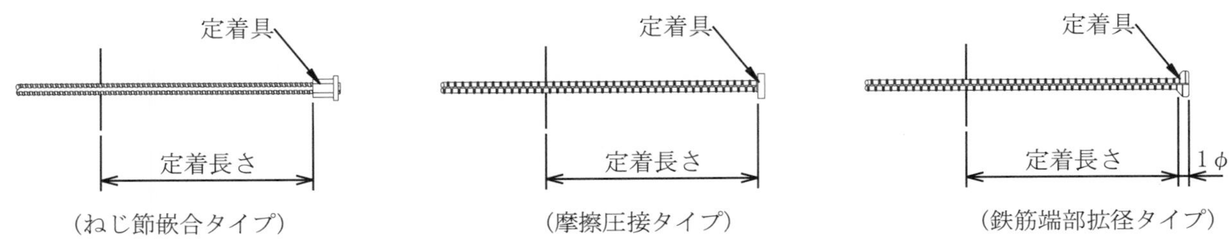

解説 図2.5.2　機械式定着の定着長の例

2.5.2　継手部の構造細目

(1) 継手単体と隣接する鉄筋とのあき，または継手単体相互のあきは，原則として粗骨材の最大寸法以上とする．また，継手施工用の機器等が挿入できるあきが確保されていることを確認しなければならない．

(2) 径の異なる鉄筋を継ぐ場合には，継手工法により定められるもののほか，以下によるものとする．

(i)　継手の集中度が1/2以下の場合には，原則として異なる径の鉄筋の断面積比を1/2以上とする．

(ii)　継手の集中度が1/2を超える場合には，原則として異なる径の鉄筋の断面積比を3/4以上とする．

(3) 材質の異なる鉄筋を継ぐ場合には，材質の相違による継手部の特性への影響がないことを確かめておかなければならない．

(4) 繰返し荷重による疲労の影響を受ける部材には，同一断面に種類の異なる継手を併用しないことを原則とする．

(5) 耐震性が要求される構造物の照査を行う場合は，「2017年制定コンクリート標準示方書［設計編：標準］5編8.5，8.6，7編」の構造細目に従うものとする．

【解　説】　(1) について　継手部は継手以外の部分よりも鋼材断面積が増すが，部分的であるので，2017年制定コンクリート標準示方書［設計編］の規定よりも若干緩めた規定とした．また，ガス圧接継手の鉄筋のあきは，鉄筋径（異形棒鋼の場合は呼び径）の1.5倍以上を標準とする．特に，異形棒鋼の場合は節やリブを考慮した間隔をとるように注意しなければならない．

(2) について　異種径の継手を設けた断面での断面積の変化を原則として1/4未満に保つこととした．ここで断面積比とは小さい径の鉄筋断面積の大きい径の鉄筋断面積に対する比を表す．継手を設ける断面で鉄筋量に余裕のある場合には，径の小さい鉄筋で接続することにより鉄筋量を適切に減ずることが可能となる．しかし，継手部において鉄筋量の急変があると，ここに曲げひび割れが発生しやすくなり，これがせん断ひび割れへと発展して部材のせん断耐力を減ずる場合がある．ここで継手を設ける断面での鉄筋量の変化を制限したのは，以上のようなことを考慮したからである．また，異種径の継手によって鉄筋量を減ずることは，力学的には鉄筋の引張部定着とほぼ同じ影響を部材に与えるので，継手を設ける位置には十分に留意する必要がある．また，継手工法によっては，使用治具や機械式継手のカプラーやスリーブのサイズの制限から，これらの規定が適用できない場合もあるため，継手工法の適用範囲にも従うこととする．

（３）について　材質の異なった鉄筋を継ぎ合わせる場合，継手の種類によっては，所要の継手特性が得られなくなる恐れがあるので，このように規定した．特に溶接継手やガス圧接継手のように，施工にあたって母材の一部を溶融または加熱して接合する継手の場合には，鉄筋の材質の相違，ふし等の形状の相違などが継手の特性に影響を及ぼすことがある．そのためにこのような場合には，あらかじめ試験を行って十分な検討を加えておくことが必要となる．

2.6　設計図書

（１）定着部および継手部の詳細は，設計図書に示さなければならない．
（２）定着体に必要な特性は，設計図書に示さなければならない．
（３）継手単体に必要な特性は，設計図書に示さなければならない．

【解　説】　（１）について　定着部および継手部の設計図書に示す項目の例を以下に示す．

軸方向鉄筋定着部：定着長，定着体のかぶり
横方向鉄筋定着部：定着体と横方向鉄筋または軸方向鉄筋の位置関係，定着体のかぶり
継手部：継手位置，継手間隔，継手のあき，継手部のかぶり

（２）について　**解説 表2.3.1**に示した定着体に必要な特性は，定着具選定に必要な情報であるため，設計図書に記載することとした．特定の定着工法が選定されている場合でも，選定した工法が所要の特性を有していることを確認するため，設計図書に必要な特性を記載することは必要である．

（３）について　**解説 表2.4.1**に示した継手単体に必要な特性は，継手の選定に必要な情報であるため，設計図書に記載することとした．継手単体特性が評価されている場合には，等級と信頼度を示すことでよい．

継手は同一の工法，製品であってもその特性は施工および検査に起因する信頼度の影響を受ける．したがって設計者は計画・設計・照査において設定した信頼度と対応する施工および検査のレベルを施工者に伝える必要がある．等級と信頼度の詳細については，この編の3.5.2および3.6.1を参照のこと．

3章　鉄筋の定着部・継手部を有する構造物の性能照査

3.1　一　　般

（1）鉄筋の定着部・継手部を有する構造物の性能照査は，定着部および継手部を有する部材が限界状態に至らないことを確認することで行うこととする．

（2）鉄筋の定着部および継手部を有する部材の限界状態に対する照査は，式（3.1.1）により行うことを原則とする．

$$\gamma_i \cdot S_d／R_d \leqq 1.0 \tag{3.1.1}$$

ここに，S_d　：設計応答値

R_d　：設計限界値

γ_i　：構造物係数で，コンクリート標準示方書による

【解　説】　（1）について　鉄筋の定着部および継手部は，構造物の性能に影響を与える場合がある．そこで，構造物を構成する部材のうち，定着部や継手部を有する部材が限界状態に至らないことで構造物の要求性能を満足することを照査することとした．定着部および継手部を有する部材に設定する限界状態は**解説表2.3.1**および**2.4.1**を参照すること．

（2）について　鉄筋定着部および継手部を有する構造物の性能照査は，構造物あるいは部材を適切にモデル化し，限界状態ごとに算定された応答値と，定着体や継手単体の特性から算定される部材の設計限界値あるいは部材実験から直接確認した設計限界値と比較することを原則とした．

3.2　応答値の算定

（1）構造物の応答値の算定では，定着部あるいは継手部が影響すると考えられる場合には，構造物や部材のモデル化において，その影響を適切に考慮しなければならない．

（2）軸方向鉄筋の定着部が圧縮領域で確実に定着されている場合や，軸方向鉄筋の継手位置が応力の小さい位置で，継手の集中度が1/2以下の場合など，定着部あるいは継手部の挙動が応答値に及ぼす影響がない場合は，定着部あるいは継手部がない部材として応答値を算定してもよい．

【解　説】　（1）について　構造物の応答値の算定では，定着部や継手部がない鉄筋コンクリート部材として設計することが多い．しかし，部材厚やかぶりの薄い箇所での軸方向鉄筋の定着や1か所に継手を集中させる構造物での応答値の算定では，定着部や継手部の特性が応答値の算定に影響を及ぼすことがあるため，適切にモデル化することとした．モデル化が困難な場合は，部材実験や定着部や継手部の挙動を適切にモデル化できるFEM解析などでその影響を確認することとする．

（2）について　定着部，継手部がない部材として設計してよい例を以下に示す．

定着部：計算上必要な定着長以上の部材厚を有するマッシブなコンクリートに定着されている場合.
　　　　四方からはりの拘束を受けているはり柱接合部に定着されている柱部材
継手部：継手位置での鉄筋引張応力が設計降伏強度を上回らない場合
　　　　継手の集中度が 1/2 以下の場合
　　　　高い耐震性を必要としない構造物
　　　　繰返し荷重の影響が小さい場合

3.3　定着部を有する構造物の性能照査

3.3.1　一　　般

（1）定着部を有する構造物の性能照査は，適切な実験や解析等で照査することを原則とする.
（2）定着部を有する部材の限界状態に対する照査における設計限界値の算定は，「2017 年制定コンクリート標準示方書［設計編：標準］」に従うことを原則とする.

【解　説】　（1）について　機械式定着の照査フローを**解説 図 3.3.1** に示す.

軸方向鉄筋の端部は，コンクリート中に十分埋め込まれていることを前提として，定着長やフックあるいは定着具が定められている.

はり柱接合部のように接合する部材の剛性に大きな差が無く，複合力が作用するような定着部は，本来構造物としての性能照査が必要であるが，従来の付着定着およびこれにフックを併用する定着方法では「2017 年制定コンクリート標準示方書［設計編：標準］」の各部材の構造細目を満たせば，特別な照査はしなくてもこれらの複合力に対して安全であることが確認されている.

軸方向鉄筋を機械式定着により定着する場合には，現行のコンクリート標準示方書では部材の接合部や定着部に対して部材として限界状態ごとの照査方法が規定されていないこと，様々な構造形式の土木構造物において定着部・接合部の応力状態が特定できないこと，機械式定着をこれらの部位に適用した実績がまだ少なく部材としての挙動が完全に解明されていないことなどの理由によって，現段階では体系的な照査方法が確立されていないのが実情である.

したがって定着部を有する構造物の性能照査は，対象とする部材の応力状態や配筋方法を再現した実験や解析によって確認することを原則とした．ただし，下記の照査方法②に示すように，同条件あるいは相似性が確認できる部材実験や適用事例を参照することで，これらの実験や解析を省略してもよい.

以下に機械式定着の照査フローについて述べる.

1) 構造物の要求性能から定着を有する部材または定着部に必要とされる特性を限界状態ごとに適切に選定する．構造物の要求性能に対応する限界状態および特性の例を**解説 表 2.3.1** に示す.
2) 定着長や定着位置，横方向鉄筋においては最大配置間隔や最小せん断補強鉄筋量などの構造細目を確認する.

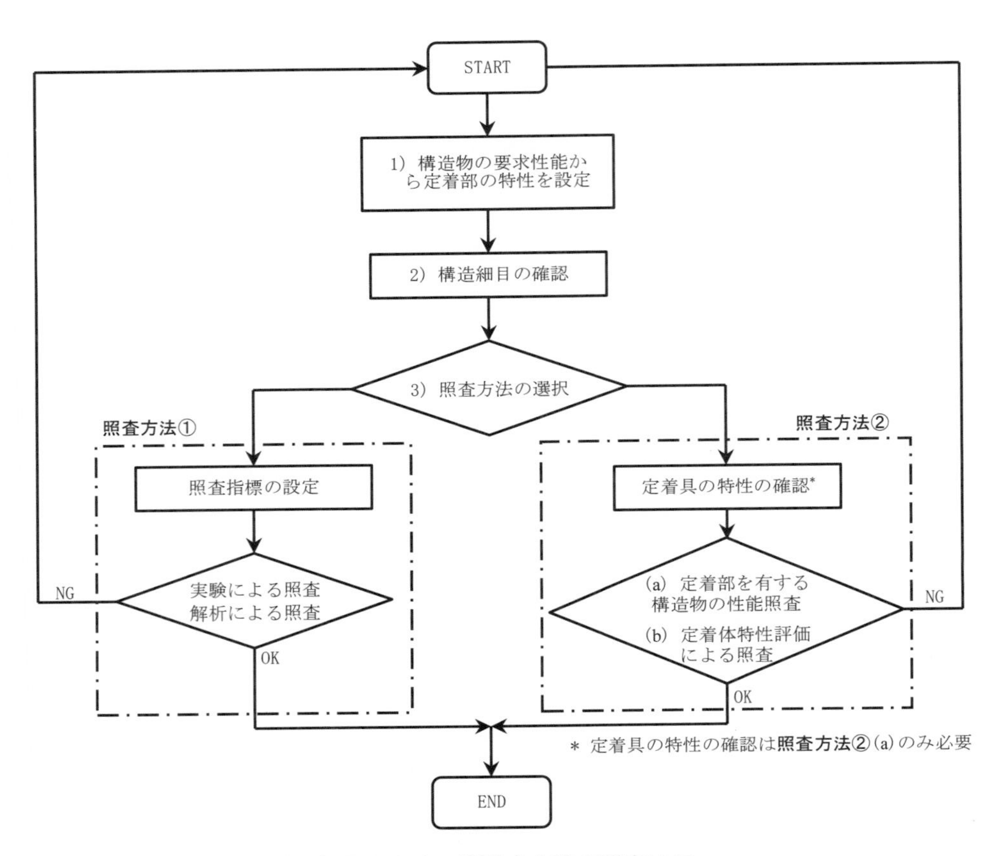

解説 図 3.3.1　機械式定着の照査フロー

3）照査方法を選択する．

照査方法①：構造物や部材の応答値を実験や解析で算定し性能照査を行う方法．定着部に必要な特性や定着位置などを設定しなければならないため，高度な技術的判断を要する．

- 定着部，定着体および定着具の特性を明確にする．
- 定着部の影響を考慮した構造物や部材の応答値を実験や解析により算定する．
- 実験や解析の応答値と設計限界値を比較することで照査する．
- 設計限界値は，構造物に要求される変位（変形角）の限界値や曲げ耐力，せん断耐力などである．

照査方法②：機械式定着を標準フックと同等として扱い定着体を有する構造物の性能照査を行う方法（判定ボックス内(a)の方法）．

- 定着体が評価基準フック（第Ⅱ編 3.2 参照）と同等以上の特性を有することを部材実験あるいは要素実験により確認する．
- 公的認定機関による特性評価を受けた範囲で機械式定着工法を用いる場合は，定着体特性の評価における実験を省略することができる（判定ボックス内(b)の方法）．
- 構造物あるいは部材の照査は，「2017 年制定コンクリート標準示方書［設計編：標準］」により算定される設計せん断耐力や降伏変位，終局変位と，構造解析により算定される設計せん断力や部材変位との比較により行う．

（2）について　公的認定機関による特性評価を受けた範囲で機械式定着工法を用いる場合の設計曲げ耐力，設計せん断耐力および部材の降伏変位，終局変位の算定は，「2017 年制定コンクリート標準示方書［設計編：標準]」に従うことを原則とする．

3.3.2　安全性（断面破壊）

（1）断面破壊の限界状態に対する照査は，定着部が所要の静的耐力を有していることを，対象とする部材の応力状態や配筋方法を再現した実験や解析等の適切な方法によって確認することを原則とする．

（2）軸方向鉄筋に3.4.2に示す静的耐力ありと評価された定着体を用いる場合は，機械式定着を標準フックと同等として扱ってよい．

（3）横方向鉄筋に3.4.2および3.4.3に示す静的耐力ありおよびせん断補強特性ありと評価された定着体を用いる場合は，機械式定着を標準フックと同等として扱ってよい．

【解　説】　（1）について　機械式定着を用いた場合の部材の断面破壊に対する照査は，静的耐力を適切な実験または解析等で評価することとしている．しかし，荷重条件や部材の剛性等の適用条件を確認した上で，「定着体の特性」によって照査してもよい．定着体の特性評価方法は3.4.1に示されている．

（2），（3）について　軸方向鉄筋と横方向鉄筋では，断面破壊に対して必要な定着特性が異なるため，みなし照査は各々について行うこととした．

軸方向鉄筋：所要の強度および抜出し特性を有する定着体は標準フックと同等以上の特性を有するため，標準フック（半円形フック）に代えて用いることができるとした．ただし，部材表面からの距離が十分確保できない場合は，詳細な検討が必要である．

横方向鉄筋：定着体としての強度および抜出し量を満足することを確認すれば，定着部としての静的耐力を有するものと考えられる．しかし，例えばはり部材における主鉄筋に沿った定着破壊など，定着体と部材とで破壊モードが異なる場合も考えられるため，横方向鉄筋として機械式定着具を用いた部材のせん断補強特性は，横方向鉄筋に標準フックを用いた場合の「2017年制定コンクリート標準示方書［設計編：標準］」によるせん断耐力と同等の耐力を有することを実験もしくは解析により確認することを原則とした．

また，横方向鉄筋に機械式定着具を用いた部材でじん性補強特性を有する場合においては，せん断補強特性が確認されている範囲でその結果を用いて評価してもよい．せん断補強特性の評価方法については3.4.3に示す．

3.3.3　安全性（疲労破壊）

（1）定着部が，設計で想定した高サイクル繰返し荷重に対して所要の高サイクル繰返し特性を有していることを，対象とする部材の応力状態や配筋方法を再現した実験や解析等の適切な方法によって確認することを原則とする．

（2）設計で想定される繰返し荷重によって定着体が破壊しないことが，3.4.4に示される方法によって確認された場合は，機械式定着の疲労強度を標準フックと同等として扱ってよい．

【解　説】　（1）について　ここでは，高サイクル繰返し荷重を受ける構造物における定着部の疲労に対する特性を示した．このときの試験は，第Ⅱ編3.6に示す方法による．ただし，要求される高サイクル繰返し特性が変わるたびに疲労試験を行うことは現実的でないため，複数水準の疲労試験より得られた*S-N*線図によって疲労強度を評価してもよい．

（2）について

軸方向鉄筋：機械式定着体の疲労特性が明らかな場合は，定着体の疲労強度を用いて照査を行ってよいものとした．定着体に発生する応力度は「2017年制定コンクリート標準示方書［設計編：標準］」に示される鉄筋定着長算定位置での鉄筋応力度とする．

横方向鉄筋：機械式定着体の疲労特性が明らかな場合は，定着体の疲労強度を用いて照査を行ってよいものとした．定着体に発生する応力度は横方向鉄筋に作用する応力度とする．

3.3.4　使用性（ひび割れ）

（1）定着部が，所要の使用性を有していることを，対象とする部材の応力状態や配筋方法を再現した実験や解析等の適切な方法によって確認することを原則とする．

（2）軸方向鉄筋に3.4.2に示す静的耐力ありと評価された定着体を用いる場合は，機械式定着を標準フックと同等として扱ってよい．

（3）横方向鉄筋に3.4.2および3.4.3に示す静的耐力ありおよびせん断補強特性ありと評価された定着体を用いる場合は，機械式定着を標準フックと同等として扱ってよい．

【解　説】　（1）について　使用限界状態に相当する荷重に対して，定着部のコンクリートに有害なひび割れが発生しないことを確認する．

3.3.5　耐震性

（1）軸方向鉄筋および横方向鉄筋の定着部に地震の作用によって高応力繰返し荷重が作用した場合，所要の耐震性を有していることを，対象とする部材の応力状態や配筋方法を再現した実験や解析等の適切な方法によって確認することを原則とする．

（2）軸方向鉄筋に3.4.5に示す高応力繰返し特性ありと評価された定着体を用いる場合は，機械式定着を標準フックと同等として扱ってよい．

（3）横方向鉄筋に機械式定着を用いる場合，所要の高応力繰返し特性に加えて，定着具を用いた部材の耐力，じん性および軸方向鉄筋の座屈防止効果等の特性について，想定される繰返し荷重に対して，所要の耐力と変形性能を有することを部材の交番繰返し載荷実験により確認することを原則とする．

（4）横方向鉄筋に3.4.5および3.4.6に示す高応力繰返し特性ありおよびじん性補強特性ありと評価された定着体を用いる場合は，機械式定着を標準フックと同等として扱ってよい．

【解　説】　（2）について　機械式定着を使用した場合の，高応力繰返し特性の評価方法は3.4.5に示されている．

（３），（４）について　横方向鉄筋に機械式定着を用いた部材の耐震性の評価方法のうち，じん性補強特性の評価方法は3.4.6に示されている．地震を想定した繰返し作用に対して，構造物が所要の耐力と変形性能を有していることを部材の応力状態や配筋方法を再現した実験や解析により確認することを原則としている．所要の高応力繰返し特性とじん性補強特性を有する定着体を用いる場合は，定着部は標準フックと同等な特性を有しているとしてよいが，定着部が塑性ヒンジ領域にある場合には，定着体の特性が構造物の性能に与える影響が大きいことから，塑性ヒンジ領域のじん性補強特性の確認では，限界状態を超えた状態の挙動についても照査に含めるのが良い．

3.3.6　耐久性

定着する鉄筋のあき及び定着する鉄筋と定着体のかぶりが「2017年制定コンクリート標準示方書［設計編：標準]」の規定を満足していれば，耐久性の照査はコンクリート標準示方書に従って行ってよい．

【解　説】　機械式定着具はコンクリート中に埋め込まれているため，耐久性に関しては一般の鉄筋コンクリート部材に準ずるものとした．ここで，機械式定着を用いる場合のかぶりは定着具最外縁からコンクリート表面までの最短距離，あきは鉄筋一般部のあきとする．

3.4　定着体の特性評価

3.4.1　一　　般

（１）定着体の特性は，次の各特性のうち，構造物の要求性能に応じて，必要な項目について（４）に規定する方法で評価しなければならない．

(i)　強度および抜出し量
(ii)　せん断補強特性
(iii)　高サイクル繰返し特性
(iv)　高応力繰返し特性
(v)　じん性補強特性
(vi)　その他（特殊な使用条件に応じて求められる特性）

（２）軸方向鉄筋の定着体と横方向鉄筋の定着体では必要な特性が異なるため，それぞれ**表3.4.1**の項目のうち必要な項目について評価することとする．

（３）定着体の特性は，3.4.2～3.4.6に示した試験体および試験方法によって適切に評価しなければならない．

（４）軸方向鉄筋および横方向鉄筋それぞれの定着体特性の評価項目は，**表3.4.1**に示す項目について行う．また，その場合の試験および記録は3.4.2～3.4.6に従うものとする．

表 3.4.1　軸方向鉄筋と横方向鉄筋の定着体の特性

定着体の特性	特性の条件	軸方向鉄筋	横方向鉄筋	評価の分類	記号
強度および抜出し量	**表 3.4.2** に従う	○	○	あり	A
せん断補強特性	**表 3.4.3** に従う	-	○	あり	R
高サイクル繰返し特性*	試験値あるいは *S-N* 線図	○	○	-	-
高応力繰返し特性	**表 3.4.4** に従う	○	○	あり	S
じん性補強特性	**表 3.4.5** に従う	-	○	あり	T,T(L2)
その他（特殊な使用条件）	上記以外の特性	○	○	-	-

*3.4.4 で確認された定着体の疲労強度が第Ⅱ編 3.2 および 3.3 に示す評価基準フックの疲労強度以上であることを確認する．評価基準フックの疲労強度は「2017 年制定コンクリート標準示方書［設計編：標準］」3 編 3.4.3 に従って算定するものとする．

【解　説】　機械式定着の定着体の特性評価は，定着体の強度および抜出し量，せん断補強特性，高サイクル繰返し特性，高応力繰返し特性，じん性補強特性，その他（特殊な使用条件）の特性ごとに，適切な分類を設けて評価するものとした．評価した結果の表示例を以下に示す．

（例）　横方向鉄筋の○○定着工法：A R S T

記号は，**表 3.4.1** の分類における記号を用い，評価の分類が「あり」のものを記載する．
「高サイクル繰返し特性」や「その他」を評価した場合には記号の最後に( )を設けて記述する．

3.4.2　強度および抜出し量

定着体の静的耐力は，強度と抜出し量を確認し，**表 3.4.2** に基づき特性を評価するものとする．

表 3.4.2　強度および抜出し量

評価の分類	特性の条件
あり	定着体の強度*が以下の①～③のいずれかを満足すること． ① 鉄筋の規格降伏強度の 135%以上 ② 鉄筋の規格引張強度以上 ③ 横方向鉄筋の評価基準フックの強度以上 ただし，鉄筋の規格降伏強度の 95%の応力に対し，鉄筋の抜出し量が軸方向鉄筋あるいは横方向鉄筋の評価基準フックの場合の抜出し量以下であること．
なし	上記以外

*強度は最大引抜き荷重を鉄筋の公称断面積で除した値である．

【解　説】　鉄筋定着体の特性の中で最も基本的な事項である定着体の強度および抜出し量を評価するものである．強度については絶対値もしくは評価基準フックの特性との対比により評価を行い，抜出し量については評価基準フックの特性との対比により評価を行う．機械式定着体の特性評価試験の詳細を第Ⅱ編 3.2 に示す．

3.4.3　せん断補強特性

機械式定着を用いた横方向鉄筋のせん断補強特性は，横方向鉄筋に評価基準フックを用いた部材のせん断耐力と同等以上の耐力を有することを適切な実験により評価するものとする.

表 3.4.3　せん断補強特性

評価の分類	特性の条件
あり	機械式定着を用いた部材のせん断耐力が，横方向鉄筋に評価基準フックを用いた部材のせん断耐力の 95%以上
なし	上記以外

【解　説】　定着体としての強度および抜出し量を満足することを確認すれば，定着部としての静的耐力を有するものと考えられる．しかし，はり部材における主鉄筋に沿った定着破壊など，定着体と部材とで破壊モードが異なるケースも考えられるため，横方向鉄筋として機械式定着を用いた部材のせん断補強特性は，横方向鉄筋に評価基準フックを用いた場合のせん断耐力と同等の耐力を有することを部材レベルにおいて適切な実験より確認することを原則とした．なお，実験のばらつきなどを考慮して評価基準フックを用いた場合のせん断耐力の 95%以上あれば同等のせん断耐力を有するものとした．せん断補強特性の評価に用いる試験体の詳細を第Ⅱ編 3.3 に示す.

3.4.4　高サイクル繰返し特性

（1）定着体が疲労破壊しないことは，設計で想定される繰返し荷重によって定着体の鉄筋に発生する応力度が定着体の疲労強度以下であることにより判定してよい.

（2）定着体の疲労強度は，設計で想定した繰返し回数と応力振幅に対して試験により確認することを原則とする．複数水準の応力振幅に対して疲労試験を行っている場合は，試験結果に基づく *S-N* 線図を用いてもよい.

【解　説】　高サイクル繰返し荷重を受ける構造物における疲労に対する特性を示すものである．このときの試験は，第Ⅱ編 3.6 に示す方法による．ただし，要求される疲労強度が変わるたびに疲労試験を行うことは現実的でないため，複数水準の疲労試験より得られた *S-N* 線図によって疲労強度を評価できることとした.

3.4.5　高応力繰返し特性

地震等の作用による高応力繰返し荷重に対して，評価基準フックの特性と対比して，**表 3.4.4** に基づき定着体の高応力繰返し特性を評価する.

表 3.4.4　高応力繰返し特性

評価の分類	特性の条件
あり	下限を鉄筋の規格降伏強度の2%以下，上限を鉄筋の規格降伏強度の95%とした応力で静的に30回の繰返し載荷を行った場合，30回目の上限応力時の抜出し量が軸方向鉄筋あるいは横方向鉄筋の評価基準フックの場合の値以下，かつ30回目と1回目の上限応力時の抜出し量の差が評価基準フックの場合の値以下．
なし	上記以外

【解　説】　ここでは，地震の影響を受けて高応力が繰り返し作用する場合の，定着体の特性を評価する方法について示すものである．繰返し載荷を行った場合に，1回目から30回目までの抜出し量の変化を，評価基準フックと対比して評価することとした．高応力繰返し特性の評価に用いる試験体の詳細を第Ⅱ編3.4に示す．

3.4.6　じん性補強特性

機械式定着を用いた横方向鉄筋のじん性補強特性は，横方向鉄筋に評価基準フックを用いた部材と同等以上の耐力およびじん性を有することを，所定の軸力を作用させ，対象とする部材の応力状態や配筋状態を再現した試験体の交番繰返し載荷試験により評価するものとする．

表 3.4.5　じん性補強特性

評価の分類	特性の条件
あり	終局変位*まで評価基準フックを用いた部材と同等以上の特性を有する．
あり（L2）	部材の最大耐力を超えて終局状態に近い変位まで評価基準フックを用いた部材と同等以上の特性を有する．
なし	上記以外

*終局変位は，荷重－変位曲線の骨格曲線において，荷重が降伏荷重を下回らない最大の変位．

【解　説】　機械式定着を横方向鉄筋に用いた定着体のじん性補強特性は，所定の軸力を作用させた部材の交番繰返し試験により所要の耐力とじん性を有することを確認することにより行なう．評価の分類で「あり（L2）」と評価された定着体は，想定される限界状態を超えた状態においても急激な耐力低下を生じさせない特性を有する機械式定着であり，塑性ヒンジ部に適用して良いこととする．じん性補強特性評価のための試験の詳細については第Ⅱ編3.5を参照のこと．

なお，曲げ性状が卓越する部材では，一般に最大耐力に達した後に，かぶりコンクリートの剥落や軸方向鉄筋のはらみ出しにより，変位の増加とともに緩やかな耐力の低下を示すが，コアコンクリートの圧壊や軸方向鉄筋の破断が生じて過大な損傷になる場合がある．また，部材のせん断耐力は，曲げ降伏後あるいは正負交番作用下では低下することが知られている．したがって，実験では，部材の終局変位を超えても急激な耐力低下を生じない等，想定外の作用に対する冗長性を確認しておくのが良い．

3.5 継手部を有する構造物の性能照査

3.5.1 一 般

（1）継手部を有する構造物の性能照査は，実際の施工および検査に起因する信頼度の影響を考慮し，適切な実験や解析等により照査することを原則とする．

（2）継手部を有する構造物の性能照査における設計限界値の算定は，「2017 年制定コンクリート標準示方書［設計編：標準］」に従うことを原則とする．

（3）塑性ヒンジ部において継手の集中度が 1/2 より大きい場合は，適切な実験または解析などにより継手部が構造物または部材に及ぼす影響を明らかにし，要求される性能を満足することを確認しなければならない．

（4）継手部の応力状態が明確な場合など，継手単体の特性によって間接的に継手部の特性を評価できる場合は，3.6 に示す方法に従って強度，剛性，伸び能力，すべり量，疲労強度に対して継手単体の特性を評価し，3.5.2 に示す施工および検査に起因する信頼度を考慮した上で継手部を有する部材の限界状態を照査してよい．

【解 説】 （1）について 継手部の照査フローを解説 図 3.5.1 に示す．

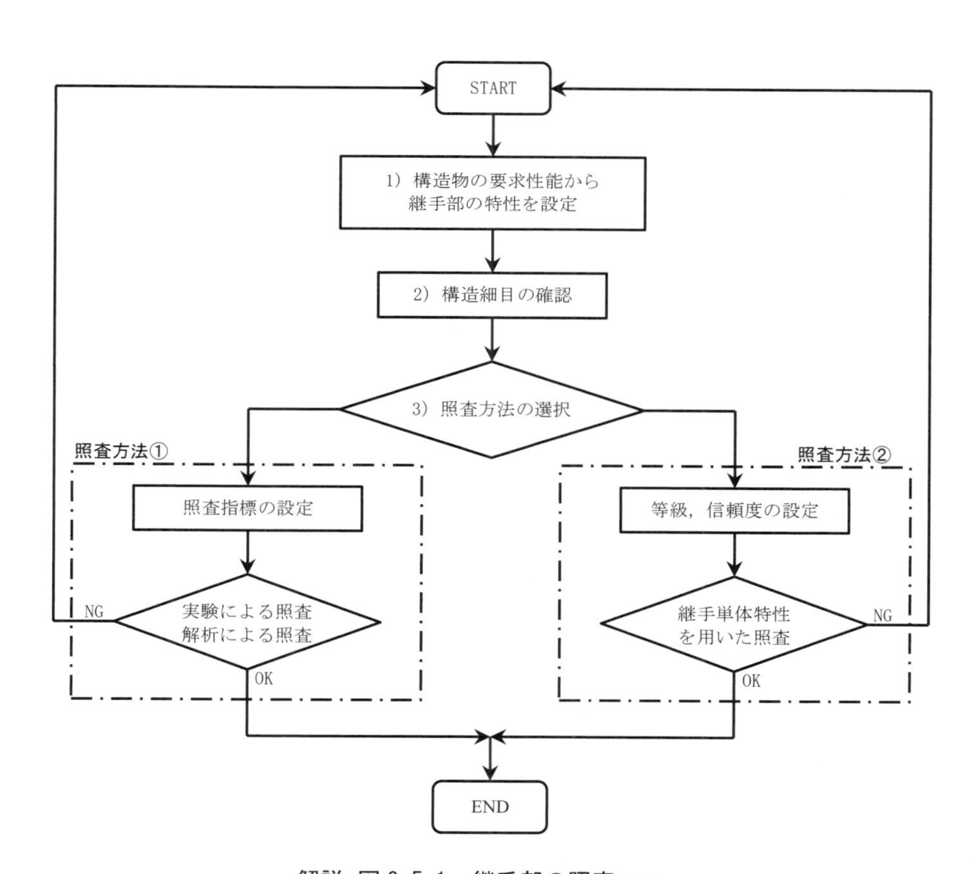

解説 図 3.5.1 継手部の照査フロー

継手部を含む部材をモデル化し，実験あるいは解析によって継手部が所要の特性を有していることを確認しなければならない．この際，継手部の品質は，継手単体の特性や施工状態や環境条件などによってある程度ばらつくことが予想されるため，施工および検査に起因する信頼度を反映した検討が重要である．ただし，既往の実験結果や類似条件での適用例等が参照できる場合には，それを参照してよい．

なお，施工や検査に起因する信頼度については，3.5.2 に基本的な考え方を示し，第Ⅲ編から第Ⅴ編にて各継手における具体的な考え方を示している．

以下に継手部の照査フローについて述べる．

1）継手部を有する構造物の要求性能から必要とされる継手部の特性を適切に選定する．

2）鉄筋のあき，かぶり，継手間隔などの構造細目を確認する．

3）照査方法を選択する．

照査方法①：構造物や継手部を有する部材の限界値を部材実験や FEM 等の高度解析手法で確認し照査する方法．継手部や継手単体に必要な特性などを設定しなければならないため，高度な技術的判断を要する．

・構造細目に準拠しない場合
・塑性ヒンジ部で継手の集中度が 1/2 を超える場合
・公的認定機関で継手等級の認定を受けていない継手を使用する場合
・新しい継手形式を採用する場合

この照査方法を，**表 3.5.3** に示す．「実験・解析などによる照査」に適用する場合のように，公的認定機関で継手等級の認定を受けた継手を使用した構造物に適用する際は，設定した継手等級および信頼度を設計図書に記載し，この編の 4 章および第Ⅲ編から第Ⅴ編にしたがって，照査時の条件が再現されるように配慮しながら施工し，検査を行う．

この照査方法を，公的認定機関で継手等級の認定を受けていない継手を使用する場合や，新しい継手形式を採用する場合に適用する際は，照査において設定した継手工法，継手の配置，継手部や継手単体の特性などの実験条件および，それらが再現されるような方法で施工し，継手の特性が検査可能な方法により検査を行う．この場合，継手部や継手単体に必要な特性，検査方法及び合否基準を設計しなければならないため，高度な技術的判断を要する．

照査方法②：施工および検査に起因する信頼度に応じて減じた継手の引張降伏強度の特性値を用いて照査する方法．

・構造細目をすべて満足する場合
・継手部が応力の小さい位置にある場合
・塑性ヒンジ部において SA 級の継手を集中度 1/2 以下に配置する場合

この照査方法を適用する場合は，設定した継手等級および信頼度を設計図書に記載し，この編の 4 章および第Ⅲ編～第Ⅴ編にしたがって施工と検査を行う．

（2）について　継手部の設計曲げ耐力等の設計限界値の算定は，「2017 年制定コンクリート標準示方書［設計編：標準］」に従うことを原則とする．この時の継手位置における鉄筋の引張降伏強度の特性値は，各限界状態において，適用を検討する継手工法の等級，継手の集中度，および施工および検査に起因する信頼度により適切に算定する．各限界状態における継手の引張降伏強度の特性値を 3.5.3，3.5.4，3.5.6，および 3.6.2 に示す．

（3）について　塑性ヒンジ部などの高応力を繰返し受ける部位において，継手の集中度が 1/2 より大きい場合は，部材実験や解析により，継手部が必要な特性を有することを確認することを原則とする．「鉄筋定着・継手指針（2007 年版）」では，継手等級が SA 級であれば継手の集中度が 1/2 より大きい場合でも継手がない部材として設計が可能となっていた．しかし近年は，太径鉄筋の機械式継手において SA 級の特性を満足するために非常に長いスリーブの工法も開発されてきており，継手部の範囲が塑性ヒンジ長を超える，あるいは塑性ヒンジ内の大部分が継手部となるようなことが起こり得る状況となってきた．したがって，設計時に考慮した通り塑性ヒンジ部として機能するかどうかを確認するためこの規定を追加した．また，機械式継手で継手の集中度が 1/2 を超える場合で，機械式継手に作用する応力が大きい部材では，すべりの影響が同一断面に集中することからも，実験あるいは解析により確認することとしている．ただし，既往の実験結果や類似条件での適用例を参照することで実験あるいは解析と置き換えることもできるが，設計応答値や配筋状態など類似性や相似性を確認し，採用の可否を判断することが必要である．

（4）について　**解説 図 3.5.1** に示す照査フローのうち，照査方法②についての記述である．継手部の応力状態が断面照査により明確に算定でき，継手単体特性によって継手部の特性を間接的に評価できる場合は，継手部を有する部材の限界状態の照査を，施工および検査に起因する信頼度を考慮したうえで，継手単体特性の評価で代用できるとしている．

3.5.2　施工および検査に起因する信頼度

継手の施工および検査に起因する信頼度を**表 3.5.1** に示すようにⅠ種，Ⅱ種，Ⅲ種の 3 種類に区分する．

表 3.5.1　継手の不良率から定まる信頼度

継手の信頼度	施工，検査の信頼性を考慮した継手の不良率
Ⅰ種	継手の不良率が極めて小さい
Ⅱ種	継手の不良率が小さい
Ⅲ種	継手の不良率がある一定レベル以下

【解　説】　継手の特性が確認されている場合でも，**解説 図 3.5.2** に示すようにその施工や検査方法により継手の信頼度は影響される．

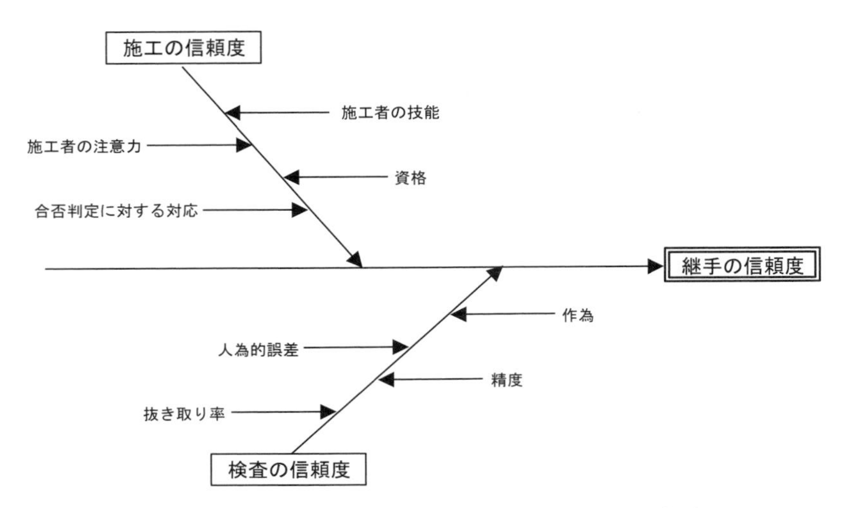

解説 図 3.5.2 施工・検査に影響される継手の信頼度

施工においては，施工者の技能や，注意力などの人的要素に信頼度が影響される工法と影響されない工法が存在するので，これらを考慮して継手の信頼度を評価することが必要である．

継手の施工では，施工者が施工しながら目視で合否判定でき，すぐその場で直すことのできる工法と，その場で合否判定ができず，特殊な機器で判定する工法がある．前者の工法の方が一般に施工の信頼性が高いといえ，後者の工法で施工の信頼性を上げるためには施工者の資格を制限し，能力の高い施工者に限定するなどの対応が必要である．

検査においては，その検査方法は工法ごとに異なっており，検査の信頼度は検査方法そのものの信頼度のみならず，同じ検査でも抜取り率や合否判定基準の影響を受けるのでこれらを考慮して信頼度を評価することが必要である．

検査の信頼度については，1)抜取り率が高いほど，2)検査精度が高いほど，3)より簡単で人為的誤差が入りにくいほど，4)作為が入りにくいほど，検査の信頼度が高いと考えてよい．特殊な技能を要する検査方法では，検査者の資格や能力を制限して信頼度をあげることが必要となる．

抜取り率と合否判定基準については，工法ごとに不良品の発生確率や，検査の精度にばらつきが存在するため，これらを考慮して信頼度のレベルに応じて定めることが重要である．さらに，信頼度を高くするには過失のみでなく，故意に欠陥品が作られる可能性を排除できる工法，検査法が望ましい．

以上のことから，継手がある条件の施工や検査を経ると不良品はある確率をもって存在するので，施工や検査に起因する継手の不良率から定まる信頼度から，継手の信頼度を 3 段階に区分することとした．信頼度区分の具体例として，**表 3.5.2** に示す継手の集中度が 1/2 を超える場合の引張降伏強度の低減率から算定した継手の不良率の目安を**解説 表 3.5.1** に示す．なお，表に示した数値の具体的な算定方法を，付録 I -2「継手部の破壊確率と継手の不良率について」に示している．

解説 表 3.5.1 継手の信頼度から定まる不良率の目安

継手の信頼度	継手の不良率
I 種	0.3%以下
II 種	5%以下
III 種	15%以下

施工された継手の不良率は，施工により不良な継手が生じる確率と，検査により不良品を見逃してしまう確率とを掛け合わせることで定めることができると考えられる．この不良率を基本に，施工や検査での過失や故意の欠陥の生じ難さを判断して継手の信頼度を定めることになる．**解説 表 3.5.2** に施工と検査のレベルから定まる信頼度を示す．なお，I種については信頼性の高い方法による全数検査で全数合格，II種については，検査の信頼性に応じて抜取り率を10~30%程度に設定した場合で不合格1個以内，あるいは抜取り率をこれより落とした場合で全数合格を目安にしてよい．ただし，抜き取り数の最小値は 15 個を目安とする．

解説 表 3.5.2　施工および検査のレベルから定まる継手の信頼度

施工のレベル	検査のレベル		
	1	2	3
1	I種	II種	II種
2	I種	II種	III種
3	II種	III種	III種

ここで，　(i)　施工のレベル

1：不良品の発生確率が極めて小さく，過失などで欠陥品がほとんど生じ得ない

2：不良品の発生確率が十分に小さい

3：不良品の発生確率が小さい

(ii)　検査のレベル

1：不良品を良品と判定する確率が極めて小さく，欠陥品を見逃すことがほとんどない

2：不良品を良品と判定する確率が十分に小さい

3：不良品を良品と判定する確率が小さい

それぞれのレベルが，工法ごとに実績によって定量化されていることが望ましいが，現状では十分なデータが蓄積されていない．多くの工法で通常実施されている施工や抜き取り検査は信頼度II種相当と考えられる．

施工では品質管理のレベルを上げることや，検査では検査対象の抜取り率を増やすなどの対応でレベルを上げ，継手の信頼度を向上させることが可能となる．発注者が鉄筋継手の品質管理のレベルを施工者に指示する項目の標準として JIS Z 3450:2015（鉄筋の継手に関する品質要求事項）があるので参考にするとよい．

継手の種類によって施工方法や検査方法が異なることから，レベルの設定は継手の種類によって個々に検討することが必要である．第III編～第V編に各継手における信頼度の具体的な考え方を示している．なお，継手の信頼度に対応した施工および検査のレベルを設計図書に記載するものとする．

3.5.3　安全性（断面破壊）

（1）継手部を有する部材が，断面破壊に対する安全性を有していることを，実際の施工および検査に起因する信頼度の影響を考慮し，適切な実験や解析等で照査しなければならない．

（2）継手部の断面破壊に対する照査は，継手の引張降伏強度の設計値 f_{jd} を定め，「2017 年制定コンクリート標準示方書［設計編：標準］3 編 2 章」に準ずる方法によってよい．この場合，引張降伏強度の設計値 f_{jd} は，3.6.2 に示す継手単体の引張降伏強度の特性値 f_{jk}，3.5.2 に示す施工および検査に起因する信頼度，継手の集中度および母材鋼材の材料係数 γ_s を用いて，式（3.5.1）にしたがって求めるものとする．また，引張降伏強度の低減係数を**表 3.5.2** に示す．継手の集中度の判定には，継手相互の鉄筋軸方向の距離が継手長さに鉄筋径の 25 倍を加えた長さ以上確保されていれば，それらの継手は互いに同一断面にないと考えて良い．

$$f_{jd}=\alpha f_{jk}/\gamma_s \tag{3.5.1}$$

ここに，f_{jd}　：継手の引張降伏強度の設計値（N/mm^2）

f_{jk}　：継手単体の引張降伏強度の特性値（N/mm^2）

α　：引張降伏強度の低減係数（**表 3.5.2** 参照）

γ_s　：母材鋼材の材料係数

表 3.5.2　引張降伏強度の低減係数　α

継手の信頼度（3.5.2 より）	継手の集中度	
	1/2 以下	1/2 より大
Ⅰ種	1.0	1.0
Ⅱ種	0.9	0.8
Ⅲ種	0.8	—

（3）塑性ヒンジ部の軸方向鉄筋にやむをえず継手を設ける場合の照査は，（2）の方法によらず，3.5.6 に示す方法による．

（4）継手部を有する部材のせん断に対する限界状態を照査する際には，鉄筋の継手が部材のせん断耐力に及ぼす影響を適切に考慮しなければならない．ただし，3.6.2 に示す A 級以上かつ 3.5.2 に示す施工および検査に起因する信頼度がⅡ種以上の継手，または実験等により部材のせん断耐力に影響がないことが確認されたものを使用する場合，その影響を無視してよい．

【解　説】　（2）について　継手単体の引張降伏強度の設計値は，3.5.2 に示される施工および検査に起因する信頼度から定めるものとした．この設計値を使用することにより，部材照査は継手を含まない一般部と同様の方法で行うものとした．継手の集中度を判定する際に鉄筋径の 25 倍の値を用いたのは，万一全ての継手が切れたとしても，鉄筋の定着効果によって部材にある程度の耐力が期待できることを考慮して定めたものである．一般に，この程度の距離が確保されていれば，コンクリートの充填にも悪影響が少ない．

（4）について　部材にせん断による斜めひび割れが発生したとしても，横方向鉄筋に設けた継手がひび割れ面に集中することは考え難い．そこで横方向鉄筋に A 級以上の継手を用いる場合はその影響を無視することとした．また，横方向鉄筋の継手強度だけでなく，軸方向鉄筋の継手強度がせん断耐力に影響をおよぼすことが懸念される．ただし，軸方向鉄筋にA級以上の継手を用いた場合はその影響は無視できるものと考え，設計せん断耐力算定において継手の影響を考慮しなくてよいこととした．

3.5.4　安全性（疲労破壊）

（1）継手部を有する部材が，疲労破壊に対する安全性を有していることを，実際の施工および検査に起因する信頼度の影響を考慮し，適切な実験や解析等で照査しなければならない．

（2）継手の疲労強度の設計値 f_{jrd} を定め，「2017年制定コンクリート標準示方書［設計編：標準］3編3章」に準ずる方法で高サイクル繰返し特性に対する評価を行ってよい．継手の疲労強度の設計値 f_{jrd} は，3.6.3 に示す継手単体の疲労強度の特性値 f_{jrk}，3.5.2 に示す施工および検査に起因する信頼度，継手の集中度，および母材鋼材の材料係数 γ_s を用いて，式（3.5.2）にしたがって求めるものとする．疲労強度の低減係数 α は**表 3.5.2** に示す引張降伏強度の低減係数と同値とする．

$$f_{jrd} = \alpha f_{jrk} / \gamma_s \tag{3.5.2}$$

ここに，f_{jrd} ：継手の疲労強度の設計値（N/mm²）
f_{jrk} ：継手単体の疲労強度の特性値（N/mm²）
α ：疲労強度の低減係数（継手の引張降伏強度の低減係数と同値：**表 3.5.2** 参照）
γ_s ：母材鋼材の材料係数

【解　説】　この項は，主として列車荷重のような繰返し変動荷重を受ける継手部を有する部材の疲労破壊に対する照査方法を規定するものである．3.6.3 に示されるように継手単体の疲労特性が明らかにされており，3.5.2 に示される施工および検査に起因する信頼度が高い継手が部材の軸方向鉄筋に配置されている場合は，標準的な部材の照査方法に従うものとした．

3.5.5　使用性（ひび割れ，変位・変形）

（1）継手部が所要の使用性を有していることを，実際の施工および検査に起因する信頼度の影響を考慮し，適切な実験や解析等で照査しなければならない．

（2）軸方向鉄筋に設けられた継手の集中度が 1/2 以下の場合，あるいは横方向鉄筋に継手を設ける場合で，継手部が 3.5.3 に示す静的耐力を有し，かつ 3.6.2 に示すA級以上の継手が用いられている場合は，「2017年制定コンクリート標準示方書［設計編：標準］4編」に準ずる方法で使用性に対する照査を行ってよい．この場合，継手の影響は考慮しなくてよい．

（3）軸方向鉄筋に設けられた継手の集中度が 1/2 を超える場合は，継手部近傍に変形やひび割れが集中する恐れがあるので，その影響を適切に考慮しなければならない．

【解　説】　継手単体の理想は，鉄筋母材と同じ力学的性能・形状を有するものであるが，力学的性能は母材と同等以上にすることは可能でも，形状までも母材と同一にすることは一般的に困難である．よって継手がA級以上で集中度が1/2以下の場合には使用性は一般部と同等としたが，継手の集中度が1/2を超えるような場合は，形状の変化に起因するひび割れや変形の影響を考慮するものとした．たとえば，はりの主鉄筋などに継手が1/2を超え集中している場合など，実験などによって継手部に過大なひび割れや変形が生じないことをあらかじめ確認しておくことが重要である．

3.5.6　耐震性

（1）継手部を有する部材が，所要の耐震性を有していることを，実際の施工および検査に起因する信頼度の影響を考慮し，適切な実験や解析等で照査しなければならない．

（2）軸方向鉄筋に継手を配置した部材の損傷を，耐震設計において許容する場合には，その損傷が適切に修復可能であることを，実物大実験等によって確認しなければならない．

（3）(i) ～ (iii) にしたがって継手部の高応力繰り返し特性を用いて照査してよい（**表3.5.3**参照）．

(i)　軸方向鉄筋に設けられた継手の集中度が1/2以下かつ3.6.2に示すSA級継手を使用し，3.5.2に示す施工および検査に起因する信頼度がII種以上である場合は，**表3.5.3**を用いて安全性，耐震性に対する構造物の照査を行わなければならない．ただし曲げ破壊先行型部材の場合は，母材強度を用いる照査も併せて行わなければならない．

(ii)　軸方向鉄筋に設けられた継手の集中度が1/2を超える場合は，施工や検査の信頼性を考慮可能な適切な方法によって，継手部の高応力繰返し性能を照査しなければならない．

(iii)　横方向鉄筋に継手を設ける場合，継手が部材の高応力繰返し性能におよぼす影響を適切に考慮しなければならない．ただし，3.6.2に示すA級以上の継手を使用し，3.5.2に示す施工および検査に起因する信頼度がII種以上である場合，母材と同等の性能を有するとして安全性および耐震性能に対する構造物の照査を行ってよい．

表3.5.3　高応力繰返し特性の照査方法

継手の信頼度（3.5.2より）	継手特性の等級（3.6.2より）	軸方向鉄筋の継手集中度		横方向鉄筋
		1/2以下	1/2より大	
I種	SA級	f_{jk}/γ_sを用いて照査	実験・解析などによる照査	f_{jk}/γ_sを用いて照査
	A級	実験・解析などによる照査		
II種	SA級	f_{jk}/γ_sと$0.9f_{jk}/\gamma_s$の両方で照査	実験・解析などによる照査	
	A級	実験・解析などによる照査		
III種	－	不可		

【解　説】　ここでは，継手部を有する部材のうち，地震時のように高応力が繰返し作用する場合に塑性ヒンジとなる継手部の照査方法を規定するものである．

（2）について　構造物の耐震設計において，軸方向鉄筋に継手を配置した部材に限定的な損傷を許容する場合には，その損傷の程度は地震後の復旧性を勘案して設定する必要がある．したがって，継手を配置した部材の損傷は，設計で想定する損傷程度に対して，地震後に適切に修復が可能であることを，実物大実験等によって確認する必要がある.

（３）について　(i) および (ii) は軸方向鉄筋に設ける継手に関するもの, (iii) は横方向鉄筋に設ける継手に関する規定である.

軸方向鉄筋に継手を用いる場合, 軸方向鉄筋の強度が低い方が曲げ耐力が小さくなり, かえって耐震性が良くなる場合も考えられるため, f_{jk}/γ_s と $0.9f_{jk}/\gamma_s$ の両方で照査することとした.

(i)　式 (3.5.1) に示す設計強度だけでなく母材強度による検討も併せて行うこととした.

(ii)　「鉄筋定着・継手指針 (2007年版)」では, SA級I種であれば継手の集中度が1/2を超える場合であっても, f_{jk}/γ_s を用いて照査することが可能としていたが, 近年太径SA級継手の大型化が進み, このような継手を適用した場合に設計時に意図していた位置で塑性ヒンジを形成することを確認できる実験データが乏しかったことから, 地震時に塑性化するような位置で継手の集中度が1/2を超える継手の場合は, 実験または解析等により, 部材の性能を確認することとした. ここでいう「施工や検査の信頼性を考慮可能な適切な方法」とは, 試験体製作時においても, 設計図書に記載されている信頼度を満足するための施工管理および検査を実施することである.

(iii)　部材が交番正負繰返し載荷を受けても横方向鉄筋には圧縮応力は作用せず, 引張応力のみが作用する片振幅となる. そこで, 横方向鉄筋に対しては, A級以上の継手を使用すれば一般部と同様に扱ってよいこととした.

3.5.7　耐 久 性

（１）軸方向鉄筋に設けられた継手の集中度が1/2以下の場合, あるいは横方向鉄筋に継手を設ける場合で, 継手部のかぶりがコンクリート標準示方書の規定を満足するとともに, 3.6.2に示すB級以上の継手が用いられている場合は,「2017年制定コンクリート標準示方書［設計編：標準］2編」に準ずる方法で耐久性に対する照査を行ってよい. この場合, 継手の影響は考慮しなくてよい.

（２）軸方向鉄筋に設けられた継手の集中度が1/2を超える場合は, 継手部あるいはその近傍におけるひび割れが耐久性に及ぼす影響を適切に考慮しなければならない.

【解　説】　コンクリート構造物の耐久性照査には中性化に関する照査, 塩化物イオンの侵入に伴う鋼材腐食に関する照査など, 多くの項目に対する照査が必要であるが, 継手部の耐久性は, 継手単体の耐久性が保証され確実にコンクリートが充填されていれば, 継手を含まない一般部に準ずることとした. しかしながら継手の集中度が大きいとひび割れを誘発する恐れがあるため, その影響を考慮するものとした.

3.6 継手単体特性の評価

3.6.1 一 般

（１）継手単体の特性は，次の各特性のうち，必要な項目について（３）に規定する方法で評価しなければならない．

(i) 強度，剛性，伸び能力およびすべり量

(ii) 疲労強度

(iii) その他（特殊な使用条件に応じて求められる特性）

（２）継手単体の特性は，実際に使用される条件を考慮した材料，施工方法によって製作された供試体を用いて，試験によって適切に評価しなければならない．

（３）継手単体の特性評価は，一般に，**表 3.6.1** に示す項目に対して，それぞれ 3.6.2，3.6.3 に示す方法で行ってよい．また，その場合の試験および記録は 3.6.4 に従ってよい．

表 3.6.1 継手単体の特性評価項目

評価の項目	特性の条件
強度，剛性，伸び能力および すべり量（3.6.2 より）	SA 級 ：強度，剛性，伸び能力がほぼ母材鉄筋に相当する
	A 級 ：強度と剛性は母材鉄筋に相当するが，その他の特性は母材鉄筋よりも劣る
	B 級 ：強度はほぼ母材鉄筋に相当するが，その他の特性は母材鉄筋よりも劣る
	C 級 ：強度，剛性等も母材鉄筋よりも劣る
疲労強度（3.6.3 より）	試験値あるいは S-N 線図

【解 説】 （１）について 鉄筋の継手単体の性能は，鉄筋母材と同等であることが理想的であるが，このような継手をつくることは一般に困難である．そこで鉄筋の有すべき力学的性質に着目して継手単体の特性評価項目を定めた．(iii) のその他は特殊な条件下で継手が使用される場合に要求される特性を対象としており，極低温に対する性能等が挙げられる．

（２）について 鉄筋の継手には，ガス圧接継手，溶接継手，機械式継手があり，またそれぞれの種類において様々な工法がある．鉄筋継手の施工に用いる材料や施工方法は，実際に使用される条件に応じて，適切な工法，材料等が選定されるため，その使用条件を考慮して製作された供試体を用いるものとした．試験に用いる供試体の詳細は 3.6.4 に示している．

（３）について 継手単体の特性は継手単体の強度，剛性，伸び能力，すべり量，疲労強度などの力学的性能について，適切な分類あるいは水準を設けて評価するものとした．

3.6.2　強度，剛性，伸び能力およびすべり量

（1）継手単体の特性である，継手単体の強度，剛性，伸び能力およびすべり量は，強度，軸方向剛性ならびに残留変形量について3.6.4に示す試験を行い，機械式継手は継手特性をSA級，A級，B級，C級の4種類に区分して評価するものとする．この場合，継手単体の引張降伏強度の特性値f_{jk}は，式（3.6.1）に従うものとする．

$$f_{jk}=\rho_{mj}f_{yk} \tag{3.6.1}$$

ここに，f_{jk}　：継手単体の引張降伏強度の特性値（N/mm^2）

f_{yk}　：母材鉄筋の規格降伏強度の特性値（N/mm^2）

ρ_{mj}　：継手単体の材料修正係数（**表3.6.2**参照）

表3.6.2　継手単体の材料修正係数ρ_{mj}

継手種類	継手単体の材料修正係数
SA級	1.0
A級	1.0
B級	0.8
C級	0.6

（2）ガス圧接継手単体の特性は，第Ⅲ編4章の規定に従い施工された場合，SA級とみなしてよい．この場合，継手単体の引張降伏強度の特性値f_{jk}は母材鉄筋の引張降伏強度の特性値f_{yk}としてよい．

（3）溶接継手単体の特性は，A級とA級以外の2種類とする．いずれの場合も，継手単体の引張降伏強度の特性値f_{jk}は母材鉄筋の引張降伏強度の特性値f_{yk}としてよい．

【解　説】　（1）について　この項は，継手単体の特性の基本である強度をはじめ，剛性，伸び能力，すべり量によって，継手単体の特性を**表3.6.1**に示すSA級～C級の4種類に区分して評価するものである．

継手単体の特性の判定は，3.6.4に示す一方向引張試験，弾性域正負繰返し試験，および塑性域正負繰返し試験を行い，**解説 表3.6.1**に掲げる特性判定基準によって判定する．この特性判定基準は「2015年版　建築物の構造関係技術基準解説書　3.7.3鉄筋の継手及び定着（7）鉄筋継手性能判定基準と鉄筋継手使用基準」を基本として定めた．**解説 表3.6.1**を応力–ひずみ曲線または応力–変位曲線で表現した例を**解説 図3.6.1**～3.6.3に示す．「鉄筋定着・継手指針（2007年版）」では，高応力繰返し特性が継手単体特性の判定試験項目として取り入れられていた．しかし，これまでの試験データの蓄積により，弾性域正負繰返し試験を合格した試験体は，高応力繰返し試験も合格することから，継手単体の高応力繰返し試験を省略することとした．

表3.6.2に示す引張降伏強度の特性値は，「コンクリートライブラリーNo.49 鉄筋継手指針　Ⅰ．鉄筋継手設計施工基本指針（案）9条　許容応力度」を踏襲したものであり，B級，C級については母材鉄筋の降伏強度を低減するものとした．

解説 表 3.6.1　機械式継手単体の特性判定基準

		SA 級	A 級	B 級	C 級
一方向 引張試験	強　度	$f_j \geqq 1.35 f_{yn}$ 又は f_{un}			$f_j \geqq f_{yn}$
	剛　性	$E_{0.7fyn} \geqq E_s$ $E_{0.95fyn} \geqq 0.9E_s$	$E_{0.7fyn} \geqq 0.9E_s$ $E_{0.95fyn} \geqq 0.7E_s$	$E_{0.5fyn} \geqq 0.9E_s$ $E_{0.95fyn} \geqq 0.5E_s$	$E_{0.5fyn} \geqq 0.9E_s$ $E_{0.7fyn} \geqq 0.5E_s$
	伸び能力	$\varepsilon_u \geqq 20\varepsilon_y$※ かつ $\varepsilon_u \geqq 0.04$	$\varepsilon_u \geqq 10\varepsilon_y$※ かつ $\varepsilon_u \geqq 0.02$	$\varepsilon_u \geqq 5\varepsilon_y$※ かつ $\varepsilon_u \geqq 0.01$	—
	すべり量	$\delta_s \leqq 0.3$mm	$\delta_s \leqq 0.3$mm	—	—
弾性域正負 繰返し試験	強　度	$f_j \geqq 1.35 f_{yn}$ 又は f_{un}			—
	剛　性	$E_{20c} \geqq 0.85E_{1c}$	$E_{20c} \geqq 0.5E_{1c}$	$E_{20c} \geqq 0.25E_{1c}$	—
	すべり量	$\delta_{s(20c)} \leqq 0.3$mm	$\delta_{s(20c)} \leqq 0.3$mm	—	—
塑性域正負 繰返し試験	強　度	$f_j \geqq 1.35 f_{yn}$ 又は f_{un}		—	—
	すべり量	$\varepsilon_{s(4c)} \leqq 0.5\varepsilon_y$ $\delta_{s(4c)} \leqq 0.3$mm $\varepsilon_{s(8c)} \leqq 1.5\varepsilon_y$ $\delta_{s(8c)} \leqq 0.9$mm	$\varepsilon_{s(4c)} \leqq \varepsilon_y$ $\delta_{s(4c)} \leqq 0.6$mm	—	—

ここで，f_{yn}　：母材鉄筋の規格降伏強度（又は耐力）

f_{un}　：母材鉄筋の規格引張強度

f_j　：継手単体の引張強度

δ_s　：継手単体のすべり量

E_s　：母材鉄筋の規格降伏強度の70%の応力度における母材の割線剛性

$E_{0.5fyn}$，$E_{0.7fyn}$，$E_{0.95fyn}$　：それぞれ $0.5f_{yn}$，$0.7f_{yn}$，$0.95f_{yn}$ の応力における継手単体の割線剛性

E_{1c}，E_{20c}，E_{30c}　：それぞれ1回目，20回目，30回目の加力時の $0.95f_{yn}$ の応力における継手単体の割線剛性

$\varepsilon_{s(4c)}$，$\varepsilon_{s(8c)}$　：それぞれ4回目，8回目の加力における継手単体のすべりひずみ

$\delta_{s(4c)}$，$\delta_{s(8c)}$，$\delta_{s(20c)}$　：それぞれ4回目，8回目，20回目の加力における継手単体のすべり量

ε_y　：継手単体の降伏ひずみ
※母材鉄筋の規格降伏強度から求まる降伏ひずみを用いてよい

ε_u　：継手単体の終局ひずみ

ε_s　：継手単体のすべりひずみ

（２）について　ガス圧接継手については，3.6.4 に準ずる方法により実施したガス圧接継手の特性を確認するための試験によれば，第Ⅲ編4章の規定に従い施工されたガス圧接継手単体の特性（強度，剛性，伸び能力およびすべり量）は SA 級を満足することが確認されている．よって，一般的な鉄筋コンクリートにおいて第Ⅲ編4章の規定に従い施工されるガス圧接継手は，載荷試験による評価を省略してよいものとした．（付録Ⅲ-1「ガス圧接継手単体の特性評価試験」参照）

（３）について　溶接継手についてはSA級を設けないものとし，A級とA級以外の2種類とし，重ね継手となるフレア溶接継手を除いた突合せ溶接継手（突合せアーク溶接継手，突合せ抵抗溶接継手）に対して，以下の単体特性を満足するものとする．

・施工するすべての溶接継手単体は，母材の引張強度の規格値を満足しなければならない．

・A級継手として施工する溶接継手単体は，上記に加えて，次の特性を有しなければならない．

　a．溶接継手単体の降伏強度は，母材の降伏点の規格値を満足すること．

　b．溶接継手単体が繰返しの引張力を受けた後であっても，母材部分で破断すること．

A級継手として施工する溶接継手単体の特性は，建築分野での溶接継手に対する「A級継手」の性能との整合を図るため，日本鉄筋継手協会規格 JRJS0008:2017（A級継手性能評価基準）の内容と整合させている．

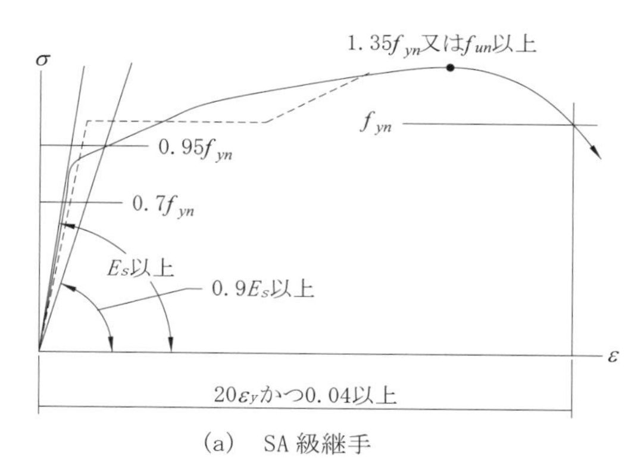

(a)　SA 級継手

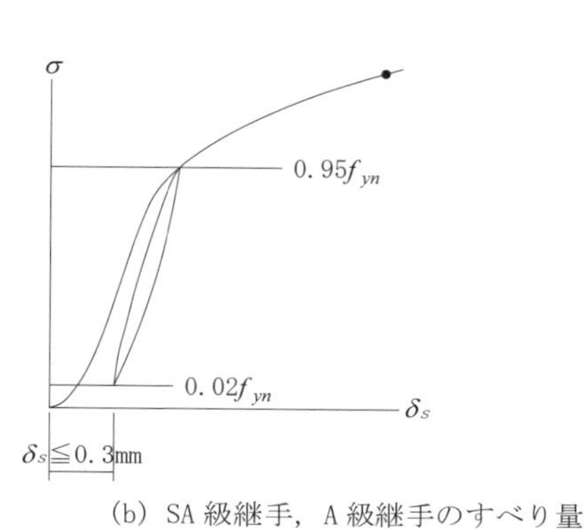

(b) SA 級継手，A 級継手のすべり量

解説 図 3. 6. 1　一方向引張試験の判定基準

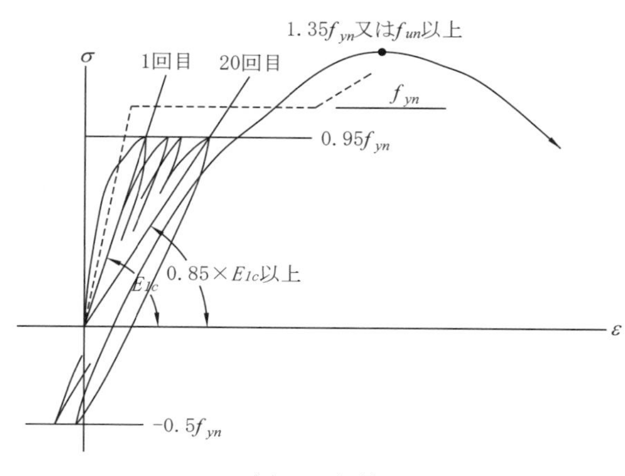

(a)　SA 級継手

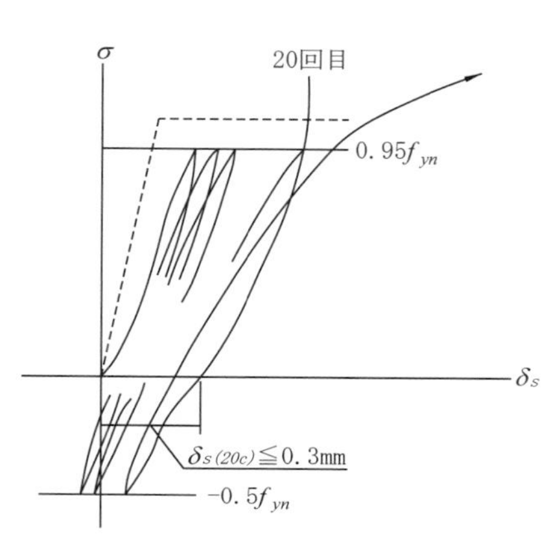

(b) SA 級継手，A 級継手のすべり量

解説 図 3. 6. 2　弾性域正負繰返し試験の判定基準

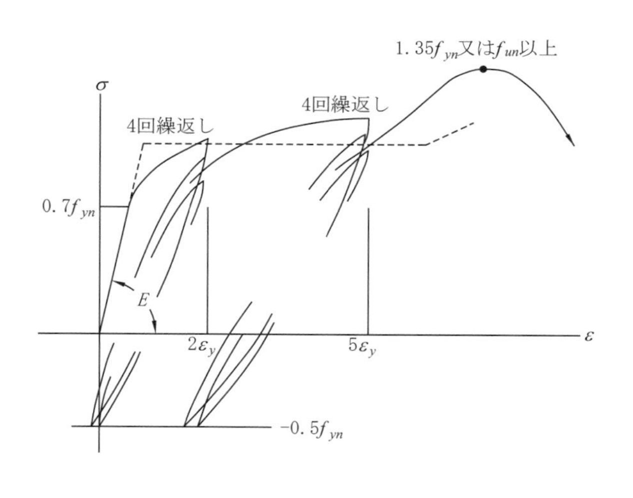

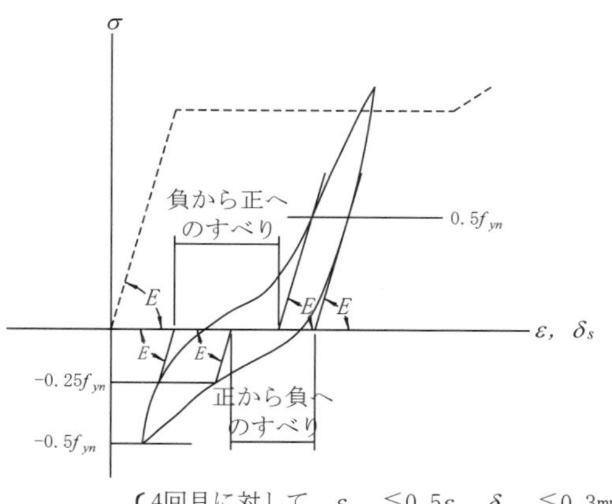

SA級継手… { 4回目に対して　$\varepsilon_{s(4c)}$≦0. 5ε_y，$\delta_{s(4c)}$≦0. 3mm
　　　　　　 8回目に対して　$\varepsilon_{s(8c)}$≦1. 5ε_y，$\delta_{s(8c)}$≦0. 9mm

A級継手 …　4回目に対して　$\varepsilon_{s(4c)}$≦ε_y，$\delta_{s(4c)}$≦0. 6mm

(a) SA 級継手　　　　(b) SA 級継手，A 級継手のすべり量

解説 図 3. 6. 3　塑性域正負繰返し試験の判定基準

3.6.3 疲労強度

継手単体の疲労強度の特性値 f_{jrk} は，設計で想定した繰返し回数に対する強度で評価することを原則とする．ただし，複数水準の応力振幅に対して疲労試験を行ない，*S-N* 線図が得られていることが望ましい．

【解　説】 本項は主として列車荷重のような繰返し変動荷重を受ける構造物における継手単体に必要な疲労強度を規定するものである．試験方法は，付録 I-1「継手単体の疲労試験方法（案）」に準じてよい．

3.6.4 試験と記録

（1）継手単体の特性評価試験に用いる供試体は，その継手が実際に現場で用いられている場合と同様の材料および施工方法によって製作されたものであり，かつ継手の特性を代表するような平均的なものとする．なお，供試体は試験前に応力を受けたものであってはならない．また原則として検長の中央に継手を設ける．

（2）機械式継手単体の特性評価試験は，以下の方法により実施する．

(i) 母材の鉄筋の試験は JIS Z 2241（金属材料引張試験方法）に準じて行う．なお，供試体本数は 3 本とする．

(ii) 継手単体の一方向引張試験は，（1）に示す供試体を用い，JIS Z 2241（金属材料引張試験方法）に準じて行う．載荷方法は**表 3.6.3** を原則とするが，すべり量を計測する場合には母材の規格降伏強度の 95%の応力を載荷後，同 2%以下に除荷して残留変形量を測定し，ふたたび載荷を行うものとする．なお，供試体本数は 3 本とする．

(iii) 継手単体の正負繰返し試験は準静的載荷とし，荷重と変位を正確に読み取れる速度で，**表 3.6.3** に示す荷重範囲で行う．なお，供試体本数は 3 本とする．

表 3.6.3 機械式継手単体の試験の載荷方法

試　験　項　目	載　荷　方　法
1. 一方向引張り試験	$0 \to 0.95f_{yn} \to (0 \to 0.02\,f_{yn} \to)$ 破断　　（ ）はすべり量を計測する場合.
2. 弾性域正負繰返し試験	$0 \to (0.95f_{yn} \leftarrow\to -0.5f_{yn}) \to$ 破断 (20 回繰返し)
3. 塑性域正負繰返し試験	
SA 級継手	$0 \to (2\varepsilon_y \leftarrow\to -0.5f_{yn}) \to (5\varepsilon_y \leftarrow\to -0.5f_{yn}) \to$ 破断 (4 回繰返し)　(4 回繰返し)
A 級継手	$0 \to (2\varepsilon_y \leftarrow\to -0.5f_{yn}) \to$ 破断 (4 回繰返し)

*引張が正

ここに，f_{yn} ：母材鉄筋の規格降伏強度
ε_y ：一方向引張り試験による継手単体の降伏強度または耐力（永久ひずみが 0.2%となるときの応力）を割線剛性で除した値

(iv) 継手単体の疲労試験は，付録 I-1「継手単体の疲労試験方法(案)」の耐疲労特性試験により実施する．

(v)　評価に用いる強度の値は，試験値のうちの最低値とする．

(vi)　評価に用いる軸方向剛性または変形量の値は，試験値の平均値とする．

(vii)　変形量の測定は1／100mmまで測定可能な器具を用いて行う．

（3）ガス圧接継手および突合せアーク溶接継手単体の特性がA級であることを評価するための試験は，**表3.6.4**に示す一方向繰返し試験により実施する．なお，供試体本数は3本とする．

表3.6.4　ガス圧接継手および突合せアーク溶接継手単体のA級特性試験の載荷方法

試験項目	載荷方法
一方向繰返し試験	0→(f_c←→$0.05\,f_{yn}$)→破断 (20回繰返し)

（4）継手単体の特性評価試験での剛性または残留変形量を測定する場合の検長は，原則として継手両端部からそれぞれ20mmまたは鉄筋直径の1/2のうち大きい方の長さだけ離れた位置の間の距離とする．ただし，その検長が50cmより短い場合は，50cmを限度として検長を長くとってもよい．なお，適当な方法があれば継手端部における鉄筋の抜出し量を直接測定してもよい．

（5）継手単体の特性評価試験での伸び能力を測定する場合の検長は，以下の距離とする．

(i)　鉄筋径がD25未満の場合：継手端部から両側に鉄筋直径の4倍の長さ離れた位置の間の距離とする．

(ii)　鉄筋径がD25以上の場合：継手端部から両側に鉄筋直径の2.5倍の長さ離れた位置の間の距離とする．

(iii)　異径間継手の場合：太径側を継手端部から20mmまたは鉄筋直径の1/2のうち大きい方，細径側を鉄筋端部からD25未満は鉄筋直径の8倍，D25以上は鉄筋直径の5倍の長さ離れた位置の間の距離とする．

（6）継手単体の性能試験の結果は，原則として次の要領で記録しなければならない．

(i)　供試体の条件：用いた材料の規格上の分類とその試験値，鉄筋の銘柄と表面形状，継手の製作に用いた機械器具の名称と型式および継手の製作状況等について記録する．

(ii)　継手単体の性能試験結果：継手単体の性能試験結果は，母材の鉄筋の試験，継手の一方向引張り試験，弾性域正負繰返し試験，塑性域正負繰返し試験，その他の試験の順に，結果の一覧表，応力－ひずみ曲線，試験状況等を記録する．

【解　説】　<u>（1）について</u>　鉄筋継手は，継手に用いた材料の種類および施工の方法によってその特性が大幅に異なることがあるので，試験に用いる供試体は継手が実際に現場で用いられる場合と同等の材料および施工方法によって製作されたもので，かつ継手の特性を代表するような平均的なものとする必要がある．具体的には，製造者が品質を確保するために作成する施工要領書に示された，施工上許容される限界値を考慮した供試体とする．また，試験の前に供試体が応力を受けた場合には継手の剛性が変化し，正しい試験結果が得られないので，供試体は試験の前に荷重の履歴を受けたものであってはならない．変形等の偏りが計測値に影響しないよう，継手の位置は検長の中央になるように配置する．

<u>（2）について</u>　継手部の特性評価試験では，特性評価のための静的載荷試験のほかに，比較のための母材鉄筋の静的引張試験を実施しなければならない．母材鉄筋の静的引張試験は，JIS Z 2241（金属材料引張

試験方法）に規定されている．

継手部の一方向引張試験および正負繰返し試験については，両試験とも載荷速度などの試験方法は結果に影響を与えることが少ないと考えられるので JIS Z 2241（金属材料引張試験方法）に準拠して行うこととした．

なお，いずれの試験においても，変形量を測定する場合の検長は，（４）の規定によるものとした．

（３）について　ガス圧接継手および突合せアーク溶接継手の特性が A 級であることを評価するための試験は，建築分野での溶接継手に対する「A 級継手」の性能との整合を図るため，日本鉄筋継手協会規格 JRJS0008:2017（A 級継手性能評価基準）の内容と整合させている．

（４）について　継手部の残留変形量（すべり量）は，継手部分を検長（標点間の距離）として測定するのが原則である．しかし，一般には，継手部分のみを検長として変形を測定することは必ずしも容易でないので，継手部両端近くの母材鉄筋上の適当な位置を標点として定め，この間隔の変形量を測定することとした．この場合，継手部と母材鉄筋の軸方向剛性は同一ではないので継手端部から標点までの距離があまり長くなると，継手部の残留変形量を正確に計測することができなくなり，また，継手端部と母材鉄筋上の標点との間の距離の影響を把握することも困難であるので，継手部の残留変形量を測定する場合の検長は，原則として継手部の両端からそれぞれ 20mm または母材鉄筋直径の 1/2 のうち大きい方の長さだけ離れた位置の間の距離とした．

（５）について　継手部に求められる伸び能力の基本は，継手を含むある区間の伸び能力であることから，継手端部から D25 未満は鉄筋直径の 8 倍，D25 以上は鉄筋直径の 5 倍の長さの鉄筋を含む区間の伸びを評価することとした．

異径間継手の場合は，細径鉄筋側にひずみが集中する．実構造物でも同様の傾向となることが想定されることから，検長の鉄筋区間を細径側へ集中させることとした．

（６）について　継手部の特性試験結果には，母材鉄筋の試験結果，継手供試体の条件，継手部の特性試験結果，およびこの指針に従った評価結果を記載しなければならない．なお，記録にあたっては，供試体の製作状況，試験の状況等の写真を貼付するのがよい．

試験の結果および評価についての記録様式の一例を次に示す．

鉄筋継手特性評価試験結果報告書（様式の一例）
（継手の種類，工法名）

1. **試験の目的**（簡潔に記述する）
2. **供試体の特性**
   (i)　試験年月日
   (ii)　試験場所
   (iii)　母材鉄筋の規格，銘柄，表面形状，機械的性質
   (iv)　継手部の状況（継手諸元，製作年月日，製作方法，製作機械名，製作中の写真等）
3. **母材鉄筋の試験**
4. **一方向引張試験**
   (i)　試験方法（試験機名，検長，試験中の写真，試験担当者名等）
   (ii)　試験結果と判定

（例）

供試体番号	引張強度 (N/mm²)	軸方向剛性 みかけのヤング係数（N/mm²）			伸び能力		すべり量 (mm)
		$0.5f_{yn}$時	$0.7f_{yn}$時	$0.95f_{yn}$時	降伏ひずみ ε_y	終局ひずみ ε_u	δ_s
1							
2							
3							
平均							
判定							

5. **弾性域正負繰返し試験**
   (i)　試験方法（試験機名，検長，試験中の写真，試験担当者名等）
   (ii)　試験結果と判定

（例）

供試体番号	引張強度 (N/mm²)	軸方向剛性 みかけのヤング係数（N/mm²）		すべり量 (mm)
		1回目	20回目	20回目の δ_s
1				
2				
3				
平均				
判定				

6. 塑性域正負繰返し試験

(i)　試験方法（試験機名，検長，試験中の写真，試験担当者名等）

(ii)　試験結果と判定

（例）

供試体番号	引張強度 (N/mm^2)	すべり量		
		ひずみ		
		降伏ひずみ ε_y	4回目のすべりひずみ	8回目のすべりひずみ
1				
2				
3				
平均				
判定				

7. 施工および検査に起因する信頼度

8. その他の特性試験

9. 評価のまとめ

（例）

項目	判定	条件または特記事項
強度，剛性および伸び能力		
施工および検査に起因する信頼度		
その他の性能		

10. 試験および報告責任者所属氏名

11. 試験の測定値の記録（測定データの記録）

4章　施工，検査および記録

4.1　定着部の施工

定着部の施工は，定着工法ごとに定められた施工要領に従って，設計図書に示された詳細を確実に反映するように行わなければならない.

【解　説】　構造物が所要の性能を発揮するため，定着部は機械式定着工法ごとに定められた施工要領書に従って，設計図書で示されている所定の位置に設置するよう施工しなければならない．機械式定着具の位置が設計で決定した位置からずれると，所要の耐力が確保できない，またはかぶり不足によって耐久性に影響を与えることがあるため，機械式定着体がコンクリート打込み中に移動しないよう，確実に結束しなければならない.

4.2　定着部の検査

（1）発注者は，定着部の施工に先立ち，定着部の検査体制について定めなければならない．検査結果の最終判断は，責任技術者が行わなければならない.

（2）施工者は，定着部の検査項目と合否判定基準を定着部施工計画書に明記し，責任技術者の承認を得なければならない.

（3）検査者は，適切な時期に定められた項目について定着部の検査を行い，設計図書との整合性をコンクリート打込みまでに確認しなければならない.

（4）検査の結果，合格と判定されない場合は，適切な措置を講じなければならない.

【解　説】　定着部の検査は，配筋検査の一部として，責任技術者が行わなければならない.

（1）について　鉄筋定着部の検査体制として，以下が考えられる．発注者は，その検査体制について施工者に通知しなければならない．検査結果の合否の最終判断は，いずれの検査体制においても責任技術者が行うこととする.

①　責任技術者が直接，または責任技術者が指定した検査者が検査を行う.

②　工事を受注した施工者が指定した検査者が検査を行い，責任技術者が立会いにより確認する.

③　工事を受注した施工者が指定した検査者が検査を行い，その検査記録を責任技術者に提出し，確認を受ける.

（2）について　適用する定着工法により材料，施工手順などが異なることから，定着工法ごとの要領書を参考にしながら，検査項目と合否判定基準を示した定着部の施工計画書（あるいは鉄筋組立施工計画書）を施工者が作成し，定着部の施工前に責任技術者の承認を得なければならない.

（3）について　検査者は，施工工程に影響を与えないよう，適切なタイミングで定着部施工計画書に記載された検査項目について検査を行い，所要の品質を確保できるよう，定着部の施工状況を確認しなければならない．

（4）について　検査者によって不合格となった箇所は，コンクリート打込みまでに適切な処置を行い，是正の記録を残さなければならない．是正内容は（1）の検査体制に応じて確認されなければならない．

4.3　継手部の施工

（1）施工者は，あらかじめ設計図書に示された事項を反映した継手施工計画書を作成し，責任技術者の承認を得なければならない．
（2）鉄筋継手の施工は，適用する継手工法に関する技量を有する資格者が，継手施工計画書に基づいて適切に行わなければならない．

【解　説】　（1）について　鉄筋継手の施工にあたっては，施工者は作業の工程や品質管理などを明確にするため，継手施工計画書を作成し，責任技術者の承認を得なければならない．継手施工計画書は，継手工事着手前に，各継手工法の施工要領に従って作成し，各施工段階での確認項目を明確に示しておく必要がある．

（2）について　継手の品質は継手作業に大きく起因するため，適用する継手工法に応じた技量資格者が実施することとした．各継手工法における技量資格者の詳細は，第Ⅲ編 ガス圧接継手編，第Ⅳ編 溶接継手編，および第Ⅴ編 機械式継手編による．

4.4　継手部の検査

（1）発注者は，継手部の施工に先立ち，継手部の検査体制について定めなければならない．検査結果の最終判断は，責任技術者が行わなければならない．
（2）発注者は，継手部の検査項目と合否判定基準をあらかじめ定めなければならない．
（3）検査者は，継手の施工者から独立した，検査に精通したものであることを原則とする．
（4）検査者は，適切な時期に定められた項目に対して検査を行い，その品質をコンクリート打込みまでに確認しなければならない．
（5）検査の結果，合格と判定されない場合は，適切な措置を講じなければならない．

【解　説】　（1）について　鉄筋継手部の検査体制として，以下が考えられる．発注者は，その検査体制について施工者に通知しなければならない．検査結果の合否の最終判断は，いずれの検査体制においても責任技術者が行うこととする．

① 責任技術者が直接，または責任技術者が指定した検査者が検査を行う．
② 工事を受注した施工者が指定した検査者が検査を行い，責任技術者が立会いにより確認する．
③ 工事を受注した施工者が指定した検査者が検査を行い，その検査記録を責任技術者に提出し，確認を受ける．

（2）について　発注者は，鉄筋継手工事標準仕様書（日本鉄筋継手協会）を設計図書として示すなどにより，検査項目と合否判定基準を施工者に示さなければならない．ただし，鉄筋継手工事標準仕様書に示されていない工法では，施工者が提案する検査項目と合否判定基準を，責任技術者が承認してもよい．

（3）について　継手部の品質は施工者の技量に依るところが大きく，検査者は継手部の品質の良し悪しを検査によって判定しなければならない．したがって，検査の公正性，客観性を確保する為に，検査者は施工者から独立した者でなければならない．検査の資格者が公的機関により認証されている工法では，認証された者が検査を行わなければならない．施工者は，責任技術者の直接検査を受けない場合においては，施工者の責において検査者に検査を依頼し，記録を残さなければならない．この指針の第Ⅲ編 ガス圧接継手編，第Ⅳ編 溶接継手編，および第Ⅴ編 機械式継手編にそれぞれの検査資格を示している．

（4）について　検査者は，施工工程に影響を与えないよう，適切なタイミングで継手部施工計画書に記載された検査項目について検査を行い，所要の品質を確保できるよう，継手部の施工状況を確認しなければならない．

（5）について　検査者によって不合格となった箇所は，コンクリート打込みまでに適切な処置を行い，是正の記録を残さなければならない．是正内容は（1）の検査体制に応じて確認されなければならない．

4.5　定着および継手部の記録

（1）施工者は，適用した定着工法あるいは継手工法の詳細を示した竣工図を作成しなければならない．

（2）検査者は，維持管理のため，検査の結果を適切な書式で記録しなければならない．

（3）発注者は，施工者によって作成された（1）および（2）を構造物の供用期間中，保管することを標準とする．

（4）施工者は定着部や継手部の施工の内容を記録しなければならない．

【解　説】　（1）について　施工者は，適用した定着工法あるいは継手工法の詳細を竣工図に記述し，構造物引き渡し時に発注者に提出しなければならない．

（2）について　検査結果は，定着部あるいは継手部が設計図書どおりに施工されたことを保証する資料であるので，検査者はその記録を適切な書式で残さなければならない．

（3）について　発注者は，施工者から構造物の引き渡し時に提出された（1）および（2）の施工の記録を，維持管理に役立つよう，構造物の供用期間中，保管することを標準とした．

（4）について　記録すべき資料の種類は，発注者と施工者が協議して決めるものとする．鉄筋継手に関してはJIS Z 3450:2015（鉄筋の継手に関する品質要求事項）に発注者が施工者に要求する品質記録の種類が示されているので参考にすることができる．

施工記録は，施工者が設計図書に基づき施工を行い，定着部や継手部が所要の特性を有することを証明するものでもある．構造物引渡し後に何らかの変状が認められた場合には，施工記録はその原因を究明する上で重要となる．このため施工者は，工事を終えた後もなるべく長期間，施工記録を保存することが望ましい．

機械式継手では品質管理の記録としてプロセスチェックの記録が作成される．機械式継手の検査ではプロセスチェック記録の確認が行われる場合があるが，責任技術者が記録の提出を求める場合には，プロセスチェック記録は発注者側にも保管されることになる.

付録Ⅰ－１　継手単体の疲労試験方法（案）

１．供試体の品質

継手部の疲労試験に用いる供試体は，その継手が実際に現場で用いられる場合と同等の材料および施工方法によって製作されたものであり，かつ継手の特性を代表するような平均的なものとする．なお，供試体は試験前に応力を受けたものであってはならない．

２．供試体の条件の記録

供試体採取にあたっては，用いられている材料の規格上の分類とその試験値，継手の製作に用いた機械器具の名称，形式および継手の製作状況等について，これらを確実に記録する．

３．載荷方法

載荷応力は，下限を $30\mathrm{N/mm^2}$ とし，応力振幅から疲労強度が求められるように各供試体について上限応力を定めるものとする．載荷速度は，一般に 3～10Hz 程度で一定とする．なお，載荷は軸引張で行うことを原則とする．

４．残留変形量の測定

200 万回に達したときなど繰返し載荷によって破断する前の状態において，継手部の残留変形量を測定する．測定は 1/100mm まで測定の可能な器具を用いて行うものとする．ここで，測定の検長は原則として継手両端部からそれぞれ 20mm または鉄筋直径の 1/2 のうち大きい方の長さだけ離れた位置の間の距離とする．なお，適当な方法があれば，継手端部における鉄筋の抜け出し量を測定して残留変形量を求めてもよい．試験値は同一荷重に対する供試体の値の平均値とする．

５．耐疲労特性試験

継手の耐疲労特性を疲労強度の試験値として評価しようとする場合には，次の事項に基づいて試験を行い，その結果をその工法の標準的な耐疲労特性としてよい．この場合の疲労強度は *S-N* 線図を用いて求めるものとする．ただし，特定の工事を対象として試験を行う場合には，(i) ～ (iii) を工事に適合させて行うものとする．

(i)　鉄筋の材質：SD345

(ii)　鉄筋の直径：D41～D51 の場合につき，そのいずれか一つの径
D29～D38 の場合につき，そのいずれか一つの径
D16～D25 の場合につき，そのいずれか一つの径

(iii)　鉄筋のふし形状：いずれか 1 種類．ただし，その形状，銘柄を必ず明示する．

(iv)　供試体数：原則として 8 本以上とする．なお，*S-N* 線図が水平になる応力の近傍では，同一応力に対し 2 本試験を行う．

(v)　*S-N* 線図の作成：JIS Z 2273:1974（金属材料の疲れ試験方法通則）を参考にして作成する．

付録Ⅰ－２　継手部の破壊確率と継手の不良率について

１．安全性指標 β について

一般に強度のばらつきが正規分布に従う場合，安全性指標 β を導入して破壊確率を検討することが多い．安全性指標 $\beta=3$ は品質管理用語の 3σ と等価であり，限界値を平均値±3×標準偏差とする場合に相当する．このときの不良率は 2.7×10^{-3} となる（破壊確率はその半分で 1.4×10^{-3}）．以下では，一般的に用いられる値 $\beta=3$ として検討を進めることとする．参考までに β と破壊確率の関係を以下に示す．

付録 表Ⅰ-2.1　β と破壊確率の関係

β	2	3	4
破壊確率	0.02275	0.00135	0.00003

２．継手部における安全性指標 β の考え方

n 本の鉄筋で継手部が構成されており，継手１本あたりの不良率が p の場合，継手部に含まれる不良継手の本数 X は二項分布 $B(n,p)$ に従う．さらに，n が十分大きい場合，二項分布 $B(n,p)$ は平均値 np,分散 $np(1-p)$ の正規分布 $N(np,np(1-p))$ で近似できる．

したがって，継手部の有効率を R とした場合の安全性指標 β と R の関係は式（付　Ⅰ-2.1）となる．

$$(1-R)n = np + \beta[np(1-p)]^{1/2} \quad \text{（付　Ⅰ-2.1）}$$

ここに，有効率 R とは，不良品の発生確率を考慮するための係数であり，継手部において設計で想定する有効な鉄筋本数を全鉄筋本数で除したものである．

３．有効率 R に対応した不良率の計算

継手の信頼度Ⅰ種の場合，母材と同様の安全性が求められるため継手部の有効率はできるだけ 1 に近いことが望ましい．鋼材の材料安全係数 γ_s は 1.05 であることから，信頼度Ⅰ種の有効率 R は 1/1.05≒0.96 と考える．Ⅱ種，Ⅲ種の有効率は第Ⅰ編 3. 6. 2 に従って，それぞれ 0.8，0.6 を用いることとする．

継手本数 n については，土木構造物は比較的大規模構造物が多いことを考慮して $n=20$ として検討を進める．$\beta=3$ とした時の不良率 p を逆算すると以下のとおりとなる．

付録 表Ⅰ-2.2　有効率から求まる継手の不良率

安全性指標	β	継手本数 n	有効率 R	不良率 p（%）
Ⅰ種	3	20	0.96	0.3
Ⅱ種			0.80	5.2
Ⅲ種			0.60	15.6

（※Ⅰ種の有効率 R は $\gamma_s=1.05$ を用いることを前提として，$R=0.96$ → 1.0 とみなしてよい）

以上より，継手の信頼度に応じた不良率はⅠ，Ⅱ，Ⅲ種でそれぞれ 0.3%，5%，15%が適当である．式(付Ⅰ-2.1)を β について解いて n の関数と見れば，n が大きくなるほど β も増加する．したがって，継手部を構成する鉄筋が多いほど継手部の破壊確率は減少する事がわかる．

４．鉄筋本数の影響について

単柱の場合の鉄筋本数 n は柱部材の引張側主筋の本数であるが，ラーメン構造物など複数の柱で構成される場合は，外力に同時に抵抗する柱全てに含まれる引張側主筋の本数と考えてよい．したがって，ほとんどの土木構造物では n＝20 以上の条件を満たしていると言える．

継手部の鉄筋本数が 20 本を大幅に下回る場合で，構造物の不静定次数が低く継手部の不良が構造物全体の破壊に直結するような場合は，有効率 R を小さめに設定して設計する等の注意が必要である．その場合の有効率 R は，安全性指標 β を適切に設定した後，継手の不良率 p を用いて式（付　Ⅰ-2.1）から算定可能である．

５．継手部に継手を千鳥配置した場合

・Ⅱ種の継手 5 本中 4 本が良品（全数継手）　→　千鳥配置　10 本中 9 本が良品

・Ⅲ種の継手 5 本中 3 本が良品（全数継手）　→　千鳥配置　10 本中 8 本が良品

したがって，Ⅱ，Ⅲ種の千鳥配置時の有効率 R はそれぞれ 0.9，0.8 となる．

付録Ⅰ－3　鉄筋継手照査例

照査例1：安全性，使用性の照査

本照査例は，この指針の第Ⅰ編3.5.1(4)により，継手単体の特性評価と信頼度を用いて照査を行う場合を（解説 図3.5.1の照査方法②）示す．

継手に手動ガス圧接継手を用いる場合を示す．

1．対象構造物

本事例の対象構造物は，鉄筋コンクリート単純桁（橋長 20m 鉄道橋）とし，主桁の軸方向鉄筋（図1.1，写真1.1）に設ける継手を照査対象とする．

写真1.1　鉄筋コンクリート単純桁の軸方向鉄筋の継手

2．継手部の設計

2.1　継手部の位置

（第Ⅰ編2.2）

主桁の部材性能に与える影響が小さくなるように，鉄筋の継手はスパン中央を避けて配置する．

スパン中央に定尺最長である12m長の鉄筋を配置し，両端部に継手を設けて桁端まで延長する．

隣接する鉄筋の継手の位置は，鉄筋径の25倍（32×25＝800mm）だけ相互にずらす．

2.2　継手部に必要な特性

（第Ⅰ編2.4）

主桁の軸方向鉄筋の継手に必要な特性は，以下である．

(i)　安全性（断面破壊）に関して，継手単体の強度，剛性，伸び能力，すべり量と，継手部（＝継手を含むはり断面）の破壊耐力．

(ii)　安全性（疲労破壊）に関して，継手単体の高サイクル繰返し特性と，継手部（＝継手を含むはり断面）の疲労破壊耐力．

(iii) 使用性（外観）に関して，継手部（＝継手を含むはり断面）のひび割れ幅．

(iv) 使用性（車両走行の快適性）に関して，継手部（＝継手を含むはり全体）の変形（たわみ）．

継手は手動ガス圧接継手を用いることとし，継手の特性評価はSA級，信頼度はⅡ種とする．

３．継手部を有する構造物の性能照査

3.1　照査の対象

応力度が最も大きい位置に配置されるB6鉄筋の継手（スパン中央からの距離3741mm）がある断面を対象として限界状態の照査を行う．

第Ⅰ編3.5.3(4)解説により，軸方向鉄筋にA級以上の継手を用いた場合は，継手のせん断耐力への影響は無視できると考え，せん断耐力の照査は継手が無い部材とみなして行う．また，横方向鉄筋（スターラップ）には継手を設けていない．したがって，以降では曲げモーメントに対する照査のみ記述する．

断面破壊に関しては，継手部（断面）の曲げモーメントを照査指標とする．

疲労破壊に関しては，継手の応力度を照査指標とする．

3.2　応答値の算定

（第Ⅰ編3.2）

対象構造物は4主桁であるが，設計応答値が大きいG1主桁を代表として照査する．

継手を応力の小さい位置に設け，継手の集中度を1/2以下とするので，応答値の算定では継手の存在を考慮しない．

断面破壊に関しては，格子桁解析により算出した継手部の曲げモーメントを設計応答値とする．G1桁の曲げモーメント図より，

$M_d = 6077.3$ kNm

疲労破壊に関しては，格子桁解析により算出した継手部の曲げモーメントから算出した軸方向鉄筋の変動応力度を設計応答値とする．

$\sigma_{rd} = 42.0$ N/mm^2　（安全側にスパン中央での値を用いる）

3.3　継手部を有する部材の限界状態の照査

(1) 照査方法の選択

（第Ⅰ編3.5.1）

単純桁であり，継手部に作用する荷重状態が明確であるので，継手単体の特性評価によって間接的に継手部の特性を評価できると判断する．

(2) 安全性（断面破壊）の照査

（第Ⅰ編3.5.3）

継手の引張降伏強度の設計値は，信頼度がⅡ種，継手の集中度が1/2以下であるため，第Ⅰ編式（3.5.1），**表3.5.2**より，

$f_{jd} = 0.9 f_{jk} / \gamma_s = 0.9 \cdot 345 / 1.0 = 310.5$ N/mm^2

ここに，$f_{jk} = f_{yk} = 345$ N/mm^2

（第Ⅰ編**表3.6.2**よりSA級であるので，母材鉄筋の規格降伏強度とする）

$\gamma_s = 1.0$　（母材鋼材の材料係数）

継手部の設計曲げ耐力を設計限界値とする．

この断面での継手数は，軸方向鉄筋24本に対して1～2本だが，安全側に全て継手の引張強度の設計値を用いて算出した設計曲げ耐力は，

M_{ud} = 9658.8 kNm

断面破壊の照査

$\gamma_i \cdot M_d / M_{ud} = 1.2 \cdot 6077.3 / 9658.8 = 0.755 \leq 1.0$

ただし，γ_iは構造物係数で1.2とする．

断面破壊に対して安全である．

(3) 安全性（疲労破壊）の照査

（第Ⅰ編3.5.4）

2017年制定コンクリート標準示方書［設計編：標準］3編3.4.3(3)より，より，ガス圧接継手の設計疲労強度は，母材の設計疲労強度の70%とする．

鉄道の計画運行本数より求めた，母材の設計疲労強度は，

f_{srd} = 111.7 N/mm^2

ガス圧接継手の設計疲労強度は，

$f_{jrk} / \gamma_s = 0.7 \cdot 111.7 = 78.2$ N/mm^2

継手の疲労強度の設計値は，信頼度がⅡ種，継手の集中度が1/2以下であるため，第Ⅰ編**式**3.5.2，**表**3.5.2より，

$f_{jrd} = 0.9\, f_{jrk} / \gamma_s = 0.9 \cdot 78.2 = 70.4$ N/mm^2

疲労破壊の照査

$\gamma_i\, \sigma_{rd} / (f_{jrd} / \gamma_b) = 1.0 \cdot 42.0 / (70.4 / 1.0) = 0.597 \leq 1.0$

ただし，γ_iは構造物係数で1.0とする．

疲労破壊に対して安全である．

(4) 使用性（ひび割れ，変位・変形）の照査

（第Ⅰ編3.5.5）

継手の集中度を1/2以下とするので，継手に着目した使用性の照査は省略する．

（部材の使用性の照査は，継手を考慮しないで行う．）

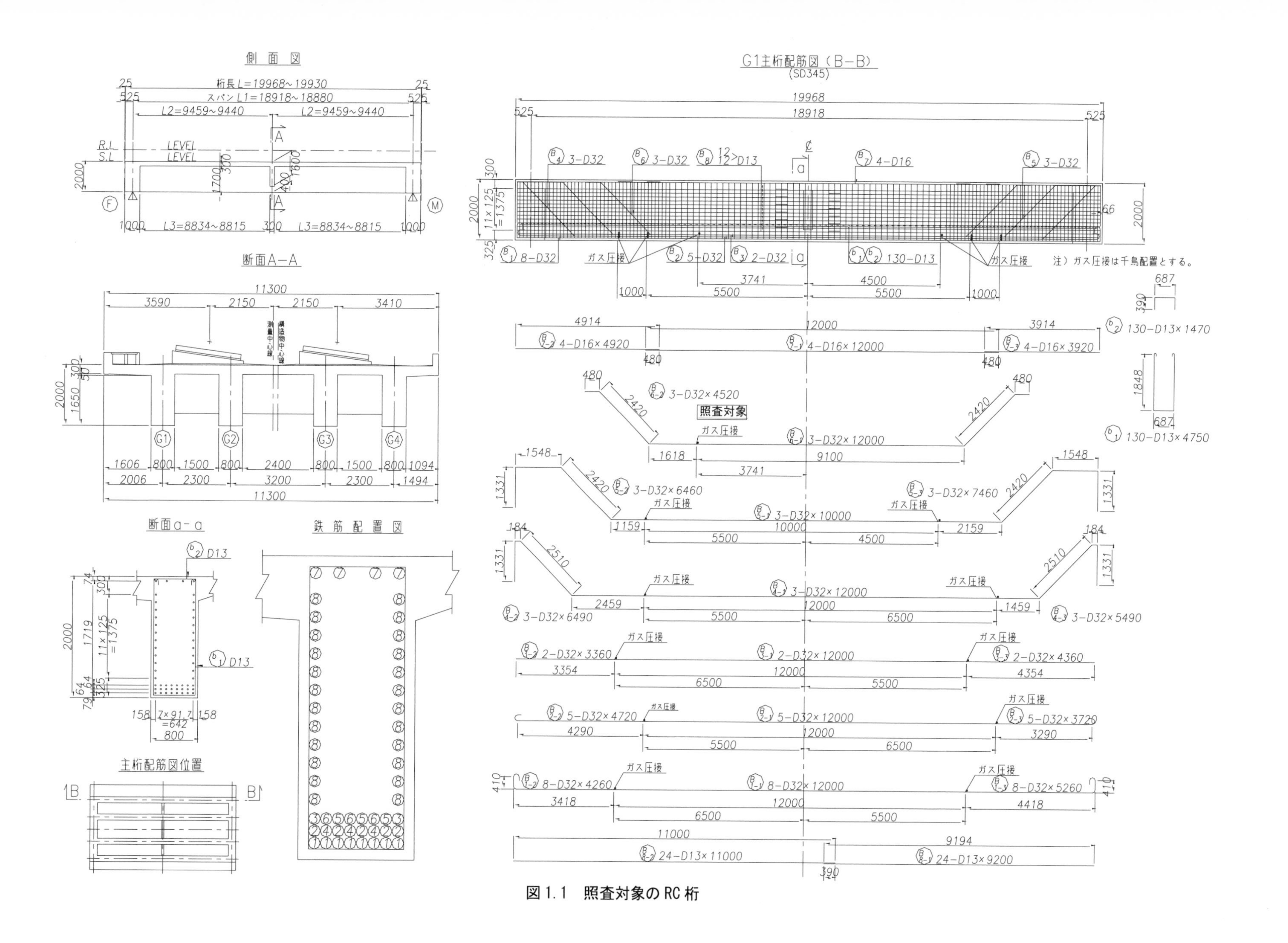

図 1.1　照査対象の RC 桁

照査例２：耐震性の照査

本照査例は，この指針の第Ⅰ編 3.5.1(1)により，実験により継手部の照査を行う場合を（**解説 図 3.5.1** の照査方法①）示す．

継手にねじ節鉄筋継手（A級）を用いる場合を示す．

１．対象構造物

本事例の対象構造物は，**図 2.1**，**図 2.2** に示すボックスカルバートとし，壁部材の鉛直方向鉄筋（軸方向鉄筋）の継手を照査対象とする．

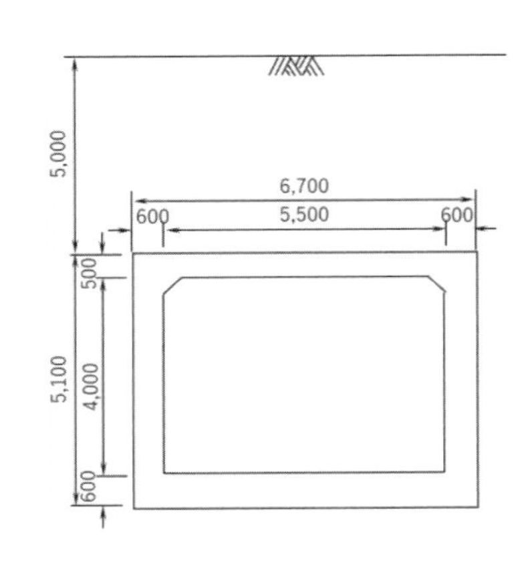

図 2.1　ボックスカルバート一般図

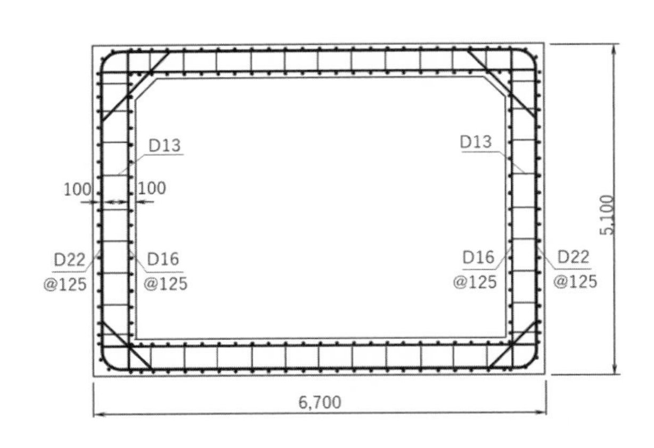

図 2.2　配筋図

２．継手部の設計

2.1　継手部の位置

（第Ⅰ編 2.2）

施工面の利点を考慮の結果，部材特性に継手が与える影響を考慮して照査を行うことを前提に，鉄筋の継手を壁部材下端の塑性ヒンジ部に，同列に配置する．

2.2　継手部に必要な特性

（第Ⅰ編 2.4）

対象構造物には，安全性，使用性，耐震性，耐久性が要求されるが，ここでは耐震性のみを扱う．

構造物の耐震性に対する限界状態は，安全性に関しては断面破壊であり，継手部に必要な特性は，高応力繰返し特性である．また，復旧性に関しては修復性であり，継手部が塑性ヒンジ化した後も修復が可能でなければならない．

継手はねじ節鉄筋継手を用いることとし，継手の特性評価はA級，信頼度はⅠ種とする．

継手の信頼度は実験による照査には陽に現れないが，実験の試験体は入念に製作されたものであり，実験結果の再現性を担保するために，信頼度はⅠ種とした．

３．継手部を有する構造物の性能照査

3.1　照査の対象

壁部材の変形性能と修復性の限界状態の照査を行う．

3.2　応答値の算定

（第Ⅰ編 3.2）

ボックスカルバートの応答値は，線材モデルを用いた応答変位法により求める．

部材の力学特性は，2017 年制定コンクリート標準示方書［設計編：標準］5 編 5.2.3.3 の部材の力学モデル（曲げモーメント M と曲率 ϕ の関係）を用いる．A 級の継手を用いることで，部材降伏点，最大耐力点の曲げモーメントが継手を設けない場合と同等であることは担保される．ここでは，継手を考慮しないで求めたモデル（**図 2.3**）を使用し，その妥当性は実験結果により検証する．

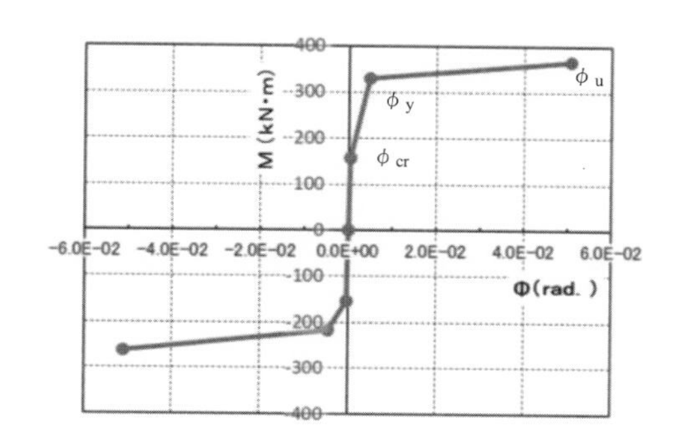

図 2.3　壁部材の M～ϕ 関係

応答変位法により求めた L2 地震時の部材角は 1/100rad.であり，**図 2.3** における初降伏時 ϕ_y 相当となる．

3.3　継手部を有する部材の性能照査

(1) 照査方法の選択

（第Ⅰ編 3.5.1）

継手を塑性ヒンジ部に同列に配置した壁部材の変形性能と修復性は，継手単体の特性を用いた照査によっては照査できないと判断し，実験による照査を行う．

(2) 実験計画

試験体の形状は，**図 2.4** に示すようにボックスカルバートの一部を切り出した片持ち形式の壁試験体である．壁部は幅 1,000mm，厚さ 600mm，高さ 2,200mm，スタブは幅 1,500mm，奥行き 2,000mm，高さ 750mm の実大スケールである．縮小模型実験で計画する場合は，各材料の寸法効果を考慮の上，計画することが望ましい[3]．軸力については，道路の舗装厚と土かぶり 5m を想定した場合，約 0.5N/mm^2 と非常に小さな軸力であることから載荷していない．各試験体の主鉄筋には SD345 の D22 を使用した．配筋は，実物件の鉄筋間隔をそのまま採用し，片側に 7 本とした．試験体は，継手を設けない「基準試験体」と，主鉄筋を A 級の機械式で接合した「A 級継手試験体」の 2 体とした．コンクリートの目標強度は，24N/mm^2 とした．また，地震時荷重，常時荷重の組み合わせによる発生曲げモーメントの反曲点を考慮し，せん断スパン a を 2,000mm，有効高さ d を 480mm，せん断スパン比（a/d）を 4.2 とした．試験体配筋図を**図 2.4** に示す．反力フレームと剛結するスタブの設計は，最大耐力時にスタブに過大なひび割れが発生しないよう，配筋を決定している．

ねじ節鉄筋継手中心部の位置は，スタブから 195mm の高さとした．配力鉄筋は，全試験体で SD345 の D16 を使用し，250mm 間隔で配筋した．ねじ節鉄筋継手下部の配力鉄筋の位置は，スタブ上面から 70mm の高さとした．せん断補強鉄筋は，SD345 の D13 を使用し，定着は道路橋示方書に準拠し，片側を半円形フック，もう一方を直角フックとして，1段あたり 3 本または 4 本とした．スタブ部の高さは，主鉄筋の基本定着長を満足するように設定した．

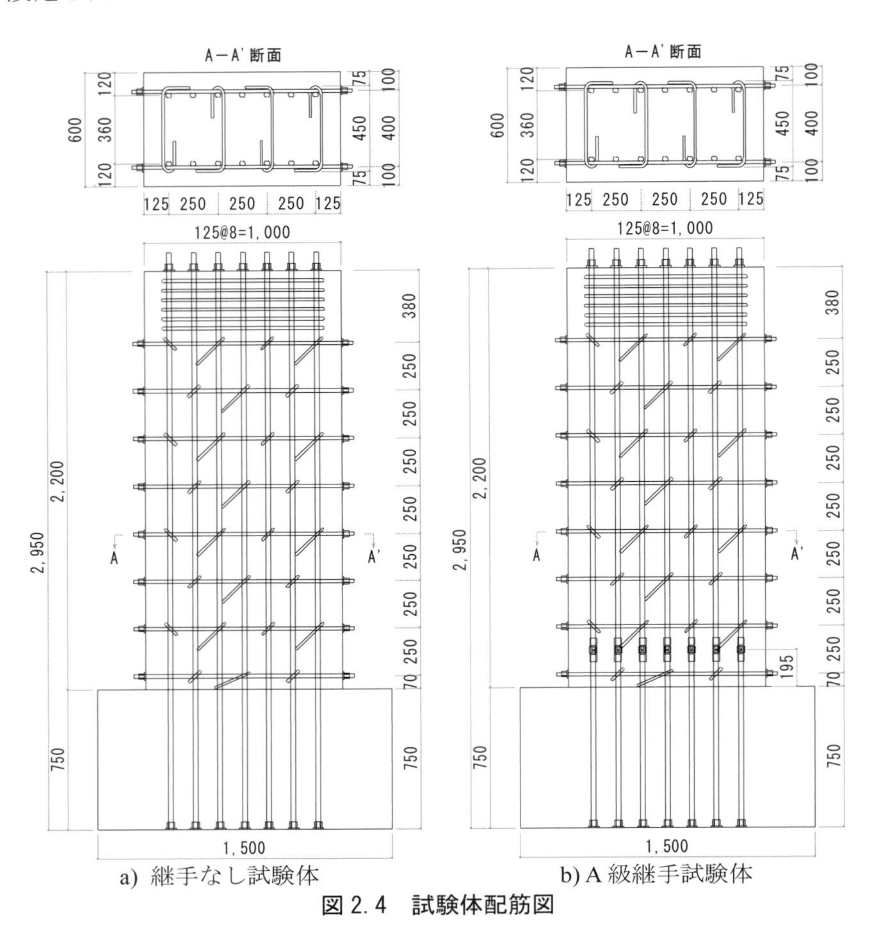

図 2.4 試験体配筋図

(3) 使用する機械式継手の単体特性

使用する機械式継手の単体特性は，第 I 編3. 6継手単体特性の評価に基づき評価した．**解説 表**3. 6. 1の特性判定基準では，一方向引張試験，弾性域正負繰返し試験，塑性域正負繰返し試験の3種類の試験方法において，強度，剛性，伸び能力およびすべり量を評価する．

一方向引張試験は，母材の規格降伏強度（以下「f_{yn}」）を経て破断に至るまで載荷する試験である．なお，特性判定基準では，0.95f_{yn}に到達した後，一度0.02f_{yn}まで除荷し，その際のすべり量を計測する．弾性域正負繰返し試験は，0.95f_{yn}と-0.5f_{yn}の応力を20回繰り返した後，破断に至るまで載荷する．塑性域正負繰返し試験は，A級継手の場合，一方向引張試験による継手単体の降伏強度または耐力を割線剛性で除した値（以下「ε_y」）の2倍のひずみに達した後，-0.5f_{yn}まで載荷することを4回繰返して，破断に至るまで載荷する試験である．なお，この耐力とは，永久ひずみが0.2%となるときの応力を示す．なお，伸び能力は，引張載荷における継手単体の破断直前の終局ひずみε_uを継手単体の降伏ひずみε_yで除して算出する．

また，試験中の変位測定は，変位計と円盤治具を用い，カプラー端部から20mmの位置までを特定検長として行った．なお，本事例における伸び能力は，計測限界に達し，この変位計を取り外した点をε'_uとして評価した．**図2.5**は，前述した一方向引張試験，弾性域正負繰返し試験，塑性域正負繰返し試験を連続して行って得られた応力－ひずみ関係である．これは，弾性域正負繰返し試験および塑性域正負繰返し試験を行う過程で，一方向引張試験での剛性およびすべり量の評価を行い，伸び能力については，これらの繰返し載荷終了後に引張載荷することで評価している．以上の試験の判定結果を**表2.1**に示す．

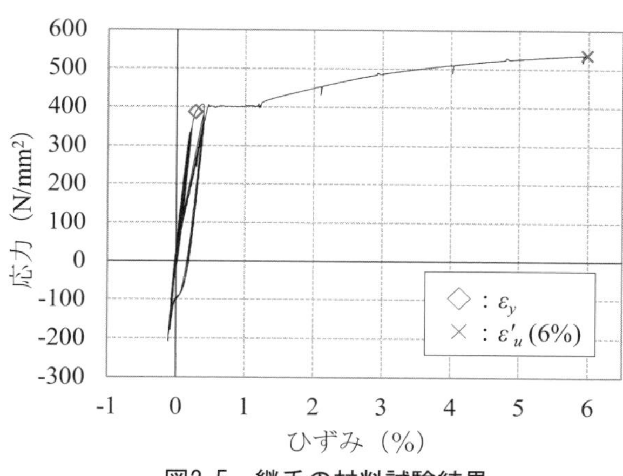

図2.5　継手の材料試験結果

表 2.1　継手単体の特性の判定結果

試験体名	強度	一方向引張試験			弾性域正負繰返し試験		塑性域正負繰返し試験	伸び能力	等級
		剛性比		すべり量※1	剛性比	すべり量※1	すべり量※2 $2\varepsilon_y$時		
	f_j (N/mm²)	$E_{0.7f_{yn}}$ $/E_s$	$E_{0.95f_{yn}}$ $/E_s$	δ_s (mm)	E_{20c}/E_{1c}	$\delta_{s(20c)}$ (mm)	$\delta_{s(4c)}$ (mm)	$\varepsilon'_u/\varepsilon_y$	
継手	562	0.94	0.89	0.01	0.78	0.09	0.17	15.4	A 級
A 級	$f_j \geqq 1.35f_{yn}$ または f_{un}	≧0.9	≧0.7	≦0.3	≧0.5	≦0.3	≦0.6	≧10	－

※1：原点からのシフト量で評価
※2：$0.5f_{yn}$時の割線剛性と$-0.25f_{yn}$時の割線剛性とX軸との交点間距離
（正から負のすべりまたは負から正のすべりの大きい値）

(4) 耐力の計算値

本実験は，鉄筋継手の影響を検証する目的であるため，曲げ破壊先行となるよう計画した．2017年制定 コンクリート標準示方書設計編[4]に基づくせん断耐力を**表 2.2** に示す．実験の事前計算では，安全係数を全て1.0 としている．そのため，**表 2.3～2.4**，**図 2.5** に示す実験で用いた材料の試験値による計算からせん断余裕度を確認した．本例の試験体のせん断余裕度は，基準試験体，A 級継手試験体ともに 2.43 である．

表 2.2 コンクリートの目標強度および圧縮強度を用いた計算値

試験体名	有効せい	せん断スパン	鉄筋		コンクリート		計算値					
			主鉄筋	せん断補強鉄筋	目標強度	圧縮強度	曲げ耐力時せん断力		せん断耐力		せん断余裕度	
			降伏強度	降伏強度			目標強度	圧縮強度	目標強度	圧縮強度	目標強度	圧縮強度
	d (mm)	a (mm)	f_y (N/mm²)	f_{wy} (N/mm²)	f'_c (N/mm²)		M_u/a (kN)		V_y (kN)		$V_y/(M_u/a)$	
基準	480	2,000	391	396	24	30.8	250	262	613	637	2.45	2.43
A級継手						31.6		263		640		2.43

表 2.3 鉄筋の引張試験結果

鉄筋	鋼種	呼び名	降伏強度 (N/mm²)	引張強さ (N/mm²)	弾性係数 (kN/mm²)	降伏ひずみ (μ)	伸び (%)
主鉄筋	SD345	D22	391	561	201	1,945	22.4
せん断補強鉄筋	SD345	D13	396	554	189	2,095	24.0

表 2.4 コンクリートの圧縮強度試験結果

試験体名	コンクリートの目標強度 (N/mm²)	壁部		
		材齢 (日)	圧縮強度 (N/mm²)	静弾性係数 $E_c\times10^3$ (N/mm²)
基準	24	67	30.8	30.7
A級継手		74	31.6	30.0

(5) 載荷方法

試験体への載荷は，変位制御による正負交番載荷とする．水平力は，2,000kNのサーボアクチュエータを使用した．載荷位置は，スタブ上面から2,000mmの位置とした．

載荷は土木研究所資料[3]を参考に，使用時，主鉄筋降伏時，最大耐力時，限界時の構造性能を確認できるよう設定した．**図2.6**に載荷ステップを示す．ひび割れ発生時で1回，主鉄筋のひずみが1,500μ時で1回繰返し載荷を行った．1,500μ時の加力終了後，主鉄筋降伏時の水平変位をδ_y（=11mm）とし，その整数倍の水平変位毎に3回繰返し載荷を実施した．なお，主鉄筋降伏の判定には，壁部材下端の主鉄筋に貼付したひずみゲージの値を用いた．

(6) 測定方法

測定項目は，荷重，壁部水平変位，軸変位の伸び，ひび割れ幅とした．荷重の測定には，ひずみ変換型のロードセルを用いる．荷重および変位の測定位置の例を，**図2.7**に示す．各試験体の損傷過程をステップ毎に記録する．実験中は，ひび割れ発生，進展のスケッチ，写真撮影，ひび割れ幅の変化，かぶりコンクリートの剥落状況，鉄筋破断の発生状況などについて詳細に記録する．ひび割れ観察とひび割れ幅の測定は，各荷重階のピーク時と荷重ゼロの段階に実施した．

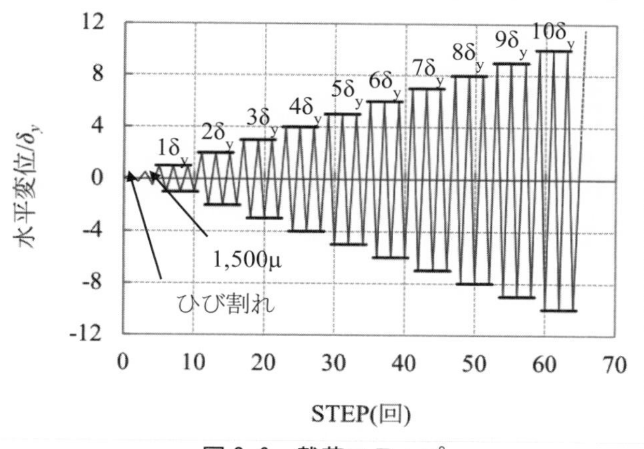

図 2.6　載荷ステップ

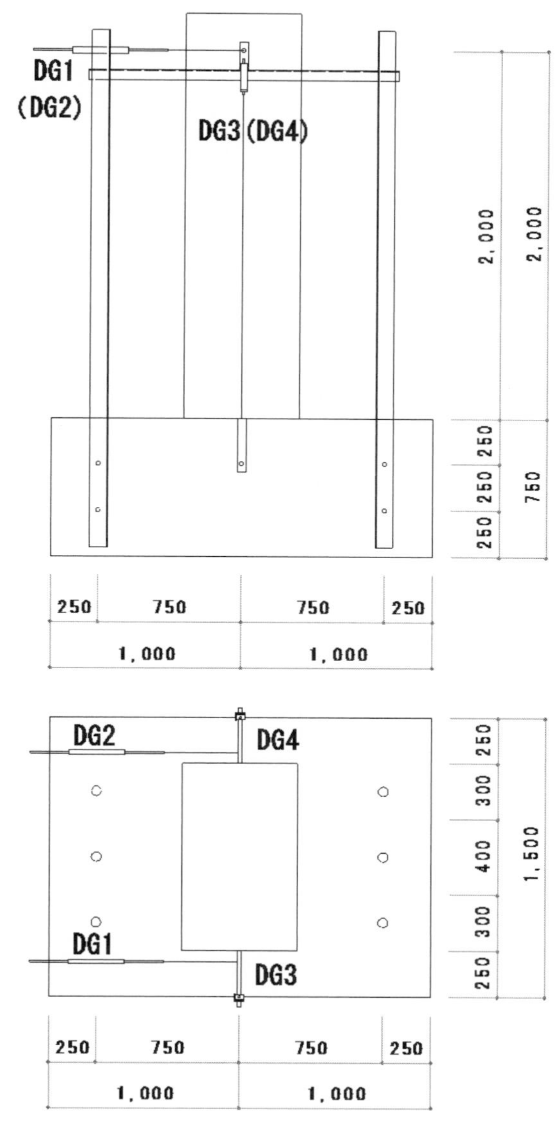

図 2.7　荷重・変位測定位置

(7) 変形性能の照査

変形性能は降伏剛性およびじん性率で評価する．実験結果の整理の一例として，**図 2.8** に荷重－水平変位履歴曲線を，**図 2.9** に実強度から計算した骨格曲線を，**図 2.10** に荷重－水平変位包絡曲線を，**表 2.4** に降伏剛性，水平変位および荷重の試験結果を示す．実験結果から，応答変位法による L2 地震時の部材角 1/100rad. に相当する降伏変位 δ_y において，両試験体は同等の荷重であった．したがって，応答値の算定において継手を考慮していない部材モデルを使用したことの妥当性が検証された．

じん性率は最大荷重時変位 δ_{max} を降伏変位 δ_y で除した値で定義する．本検討例では，**表 2.4** に示すように，基準試験体は正側および負側で 8.0 となった．一方，A 級継手試験体では正側で 9.0，負側で 10.0 となった．以上より，A 級継手試験体の変形性能は基準試験体と同等以上と評価した．

対象構造物に対しては，鉄筋継手を考慮しない部材モデルを用いて，変形性能が照査されているが，本実験結果から塑性ヒンジ部に同列に鉄筋継手を設けた場合にも所要の変形性能を有することが確認できた．

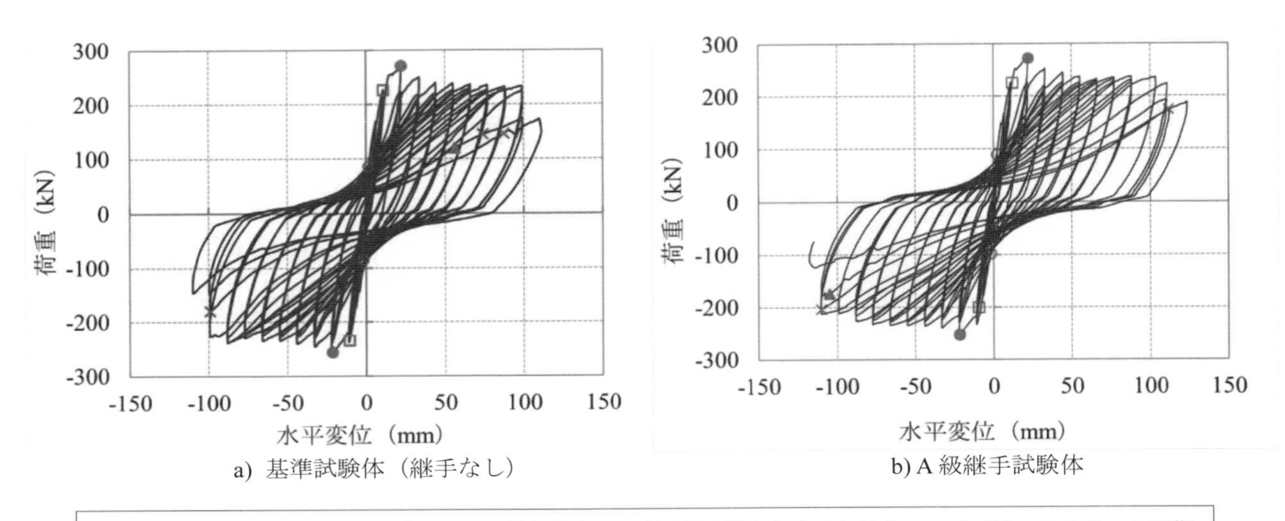

a) 基準試験体（継手なし）　b) A 級継手試験体

○：曲げひび割れ　□：主鉄筋降伏　●：最大荷重　▲：軸変位が増加しなくなる点　×：かぶりコンクリート剥落

図 2.8　荷重－水平変位履歴曲線

表 2.4　降伏剛性，水平変位および荷重の試験結果

試験体名	加力方向	主鉄筋降伏時 P_y (kN)	主鉄筋降伏時 δ_y (mm)	降伏剛性 K_y $K_y=P_y/\delta_y$ (kN/mm)	降伏剛性比※1 K_y/K_{y1}	曲げ耐力時計算値 P_u $P_u=M_u/a$ (kN)	最大荷重 P_{max} (kN)	P_{max}/P_u	変形性能※2 δ_{max} (mm)	変形性能※2 δ_{max}/δ_y
基準	正	227	11.0	20.6	1.00	262	270	1.03	88.0	8.0
	負	-234	-10.7	21.9	1.00		-256	0.98	88.0	8.0
A 級継手	正	226	11.0	20.5	0.99	263	-273	1.04	99.0	9.0
	負	-231	-10.8	21.4	0.98		-252	0.96	110.0	10.0

※1：基準試験体と A 級継手試験体の降伏剛性の比率とした．
※2：変形性能 δ_{max} は，荷重が下がる一つ手前の水平変位とした．

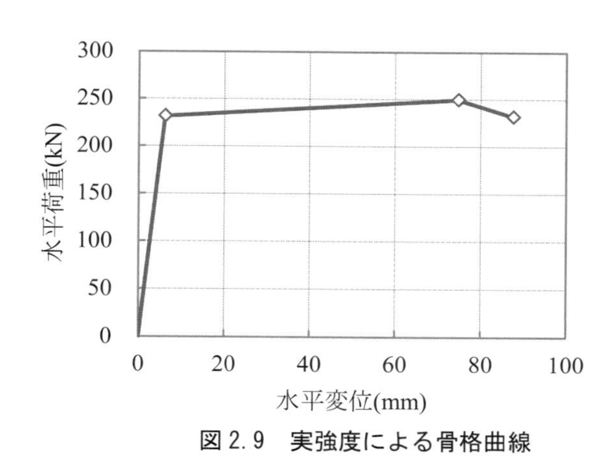

図 2.9　実強度による骨格曲線

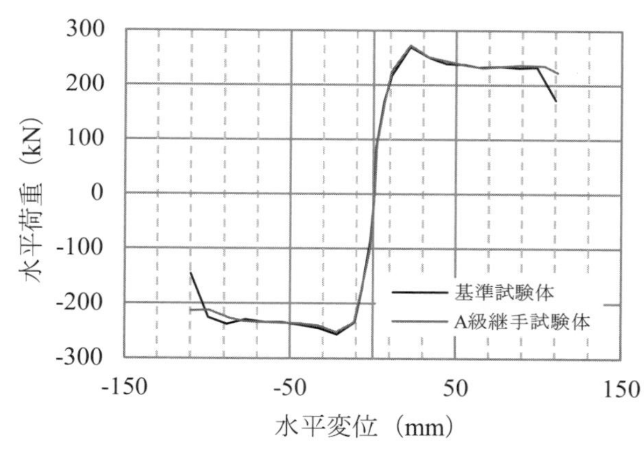

図 2.10　荷重－水平変位包絡曲線

(8) 修復性の照査

表 2.5 に 3 回繰返し除荷後の最大ひび割れ幅（mm）の計測結果を，**表 2.6** にひび割れ発生状況を示す．計測位置の例として，カプラー上端近傍高さと壁厚高さ（1D）近傍での計測値を示す．両試験体ともひび割れ幅は概ねカプラー近傍の位置にあるひび割れが最大となる傾向であった．表中の値は，変位ステップ δ_y，$4\delta_y$ の 2 水準での計測値である．

土木学会の耐震設計ガイドライン(案)（2001 年）[6)]では，構造物の耐震性能 I とは，レベル 1 地震動を受けても機能は健全で補修をすることなく使用可能であることと定義している．また，日本コンクリート工学会のコンクリートのひび割れ調査，補修，補強指針-2013-[7)]では，補修を必要としないひび割れ幅は，0.20mm 以下としている．

変位ステップ δ_y では，両試験体とも耐久性上の配慮からひび割れ注入が必要となる 0.20mm を下回るひび割れ幅にとどまり，継手の有無によるひび割れ発生状況の差は無く，使用性に影響しない軽微な損傷であった．

一方，変位ステップ $4\delta_y$ では A 級継手試験体は基準試験体よりも損傷が小さい結果となった．橋脚の地中連続壁基礎における最大応答変位の制限値は，橋の機能回復を容易に行い得る変位の範囲として，回転角で 0.02rad 程度を目安とすることが示されている[8)]．ボックスカルバートも地中構造物であることから，同様に $4\delta_y$ 時（≒0.02rad）のひび割れ幅を目安に比較すると，A 級継手試験体の方が修復性に有利な結果となった．

したがって，塑性ヒンジ部に同列に鉄筋継手を設けた場合にも修復性を有することが確認できた．

表 2.5　3 回繰返し除荷後の最大ひび割れ幅（mm）

	ひび割れ位置	変位ステップ	最大ひび割れ幅	
			基準試験体	A 級継手試験体
東面(正側載荷時)	1D 近傍	δ_y	0.15(A)	0.08(A)
		$4\delta_y$	0.20(A)	0.06(A)
	カプラー近傍	δ_y	0.04(C)	0.06(E)
		$4\delta_y$	1.10(G)	0.04(E)
西面(負側載荷時)	1D 近傍	δ_y	0.10(B)	0.06(D)
		$4\delta_y$	0.04(B)	0.04(D)
	カプラー近傍	δ_y	0.00(D)	0.06(F)
		$4\delta_y$	1.50(H)	0.04(F)

※アルファベットはひび割れ幅測定位置を示す.

表 2.6　ひび割れ発生状況（4δy）

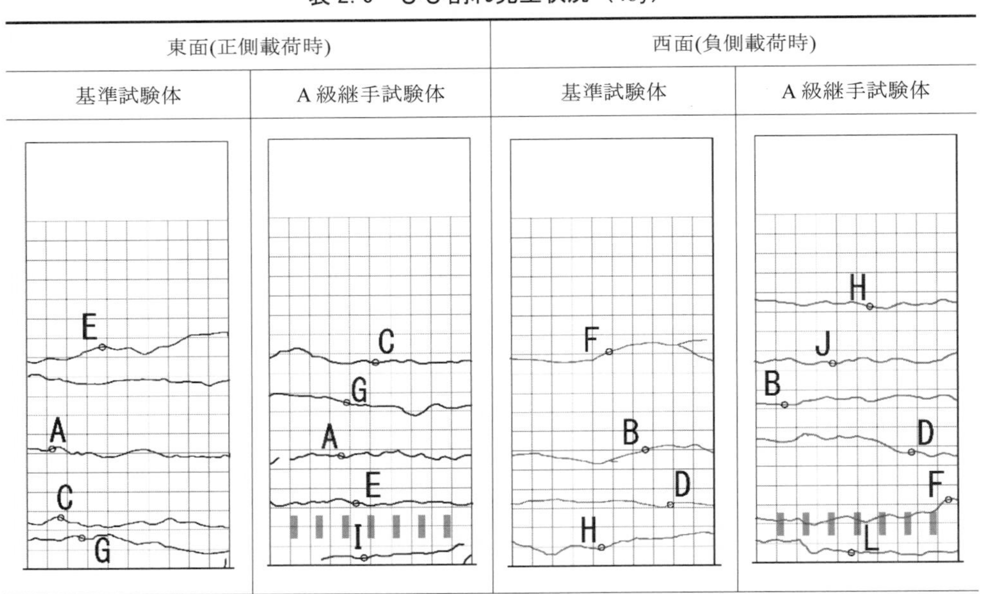

※アルファベットは，ひび割れ幅測定位置，図中の太線は機械式継手の位置と長さを示す.

【参考文献】

1) 後藤隆臣，栗原光司，島弘，他：機械式継手単体の特性と実大 RC 壁部材の部材性能との関係，土木学会論文集 E2，Vol.75，No.3，pp208-225，2019.
2) 後藤隆臣，小倉貴裕，島弘，他：機械式継手を用いた鉄筋の座屈抵抗性と実大壁部材の変形性能との関連性，土木学会論文集 E2，Vol.73，No.2，pp150-164，2017.
3) 独立行政法人土木研究所 耐震研究グループ耐震チーム：橋の耐震性能の評価に活用する実験に関するガイドライン（案）（橋脚の正負交番載荷実験及び振動台実験方法），土木研究所資料第 4023 号
4) 土木学会：2017 年制定 コンクリート標準示方書設計編
5) 土木学会：コンクリートライブラリー128 鉄筋定着・継手指針［2007 年度版］，2007.
6) 土木学会：耐震設計ガイドライン（案）（2001 年），2001.
7) 日本コンクリート工学会：コンクリートのひび割れ調査，補修，補強指針-2013-，2013.
8) 日本道路協会：道路橋示方書 下部構造編（平成 29 年度版），2017.

II　機械式定着編

1章　総　　則

この編は，軸方向鉄筋および横方向鉄筋に機械式定着を用いる場合の定着具の特性ならびに定着体特性の評価で用いる試験体の設計の考え方，定着具の検査方法を示すものである．

【解　説】　この編は，機械式定着の定着具の特性，定着体特性の評価を行う場合の具体的な試験体の設計，定着具の検査方法を示すものである．なお，第Ⅰ編2章により設計する機械式定着は，この編に従ってその定着具の前提を確認する必要がある．機械式定着は，軸方向鉄筋と横方向鉄筋への適用がある．また，横方向鉄筋へは，せん断補強を目的とした適用と，軸方向鉄筋の座屈防止や内部コンクリートの拘束によるじん性補強を目的とした適用がある．現在一般に流通している定着具は，以下の4種類に分類される．

①　ねじ節嵌合定着具

②　摩擦圧接定着具

③　鉄筋端部拡径定着具

④　ねじ加工嵌合定着具

①～④はそれぞれ，①ねじ節鉄筋に定着金物を有機グラウト材，無機グラウト材または内装バネなどを介して嵌合したもの，②異形鉄筋と定着金物を摩擦圧接により接合したもの，③異形鉄筋端部に熱間加工等により拡径部を形成したもの，④異形鉄筋端部にねじ加工を施して，または定着金物取付用ねじを摩擦圧接により接合して，定着金物を嵌合したものである．この編は，これらの各種機械式定着を対象としており，これらの機械式定着を用いる場合の共通的な事項を示したものである．なお，これらの機械式定着はそれぞれ特徴があり，特性を確認するための試験等を行う場合にはこの指針によるほか，製品ごとに定められた施工要領等によらなければならない．付録Ⅱ－1に機械式定着工法の一覧を示す．

2章　定着具の特性

2.1　一　　般

この章は，機械式定着に用いる定着具の材料および形状・寸法の考え方，ならびに定着具が備えるべき特性を示すものである．

【解　説】　機械式定着は，ねじ節嵌合，摩擦圧接，鉄筋端部拡径，ねじ加工嵌合の4種類があり，それぞれ材料，形状・寸法および必要な特性は異なる．適切な方法で評価された機械式定着工法の施工要領等がある場合は，その施工要領に従った定着具を使用することとする．施工要領等がない場合は，ここに示す考え方および方法により，材料，形状・寸法を決定するとともに必要な特性を有していることを確認するものとする．

2.2　定着具の材料および形状・寸法

定着具の材料および形状・寸法は，部材の限界状態および構造細目を満足することができるものでなければならない．

【解　説】　定着具は，かぶりの確保，配筋の施工性，コンクリートの充填性などを考慮して選定するものとする．

2.3　定着具が備えるべき特性

定着具が備えるべき特性は，**表2.3.1**に示すものの中から，部材の限界状態，使用目的などに応じて選定する．

表2.3.1　定着具の特性

項目	基準
(i)　鉄筋と定着具の接合部の引張強度	使用する鉄筋の規格引張強度以上※1
(ii)　鉄筋と定着具の接合部の残留すべり量（嵌合部を有する場合）	すべり量（δ_s※2）が0.3mm以下
(iii)　鉄筋と定着具の接合部の勾配引張強度※3	使用する鉄筋の規格引張強度以上
(iv)　鉄筋と定着具の接合部の疲労強度	設計で想定した繰返し回数に対する強度以上※4

※1　引張強度は，最大引張荷重を鉄筋の公称断面積で除した値とする

※2　δ_sは鉄筋応力で$0.95f_{yn}$まで加力後，$0.02f_{yn}$まで除荷した時点の残留すべり量とする（f_{yn}：鉄筋の規格降伏強度）

※3　支圧面に1/20以上の勾配を有する座金を用いて定着具に偏心力が作用するようにした試験

※4　複数水準の応力振幅に対する疲労試験結果による *S-N* 線図があれば用いても良い.

【解　説】　定着具が備えるべき特性を試験によって確認する場合，試験に用いる供試体は，部材に用いられるものと同じ材料および方法によって製造されたものであり，試験前に製造に伴う以外の応力を受けていないものとする.

試験は，鉄筋の種類ごとに行うことを基本とするが，定着具の寸法や強度が鉄筋の種類にかかわらず同一の場合は，鉄筋の強度が異なっても高い強度の鉄筋を用いた試験結果により評価できるので，試験で確かめられた強度よりも強度の低い鉄筋を用いた試験は省略してもよい.

疲労強度試験については，鉄筋の直径ごとに行うことが望ましいが，鉄筋の呼び名を D13～D22，D25～D35，D38～D51 の 3 グループに分けて，グループ内の最大の呼び名について行った試験結果を，そのグループの試験結果とみなしてもよい.

その他，例えば嵌合部に用いるグラウト材料が異なるなど，特性に差異が生じることが想定される場合は，その条件ごとに試験を行う必要がある.

鉄筋と定着具の接合部の引張強度は，**解説 図 2. 3. 1** に示すように，定着具の主たる支圧面を支持した鉄筋の引張試験により確認する.

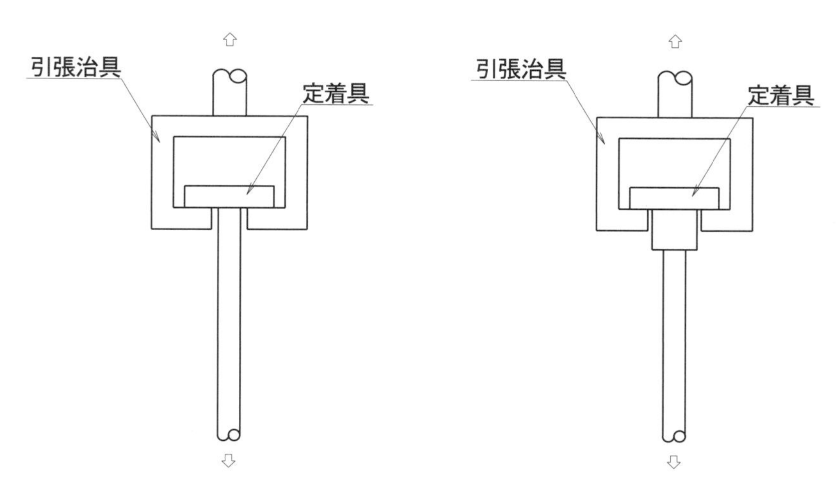

解説 図 2. 3. 1　引張強度試験方法の一例

嵌合部を有する定着具のすべり量試験は，**解説 図 2. 3. 2** に示すように，引張強度試験と同様の治具を用いて定着具の主たる支圧面を支持した鉄筋に引張力を与え，残留すべり量を測定するものである．鉄筋が定着具を貫通していない非貫通タイプの場合には，定着具端部から鉄筋径の 1/2 または 20mm のうち大きい方の長さに定着具の長さを加えた距離を標点間距離とし，この間の残留すべり量を測定する．貫通タイプ（鉄筋自体あるいは鉄筋端部に摩擦圧接などで接合したねじが定着具を貫通するタイプ）の場合には定着具の外端部と突出した鉄筋あるいはねじの材端を標点距離としてもよい．残留すべり量の基準値 0.3mm は機械式継手に要求される性能に準じた.

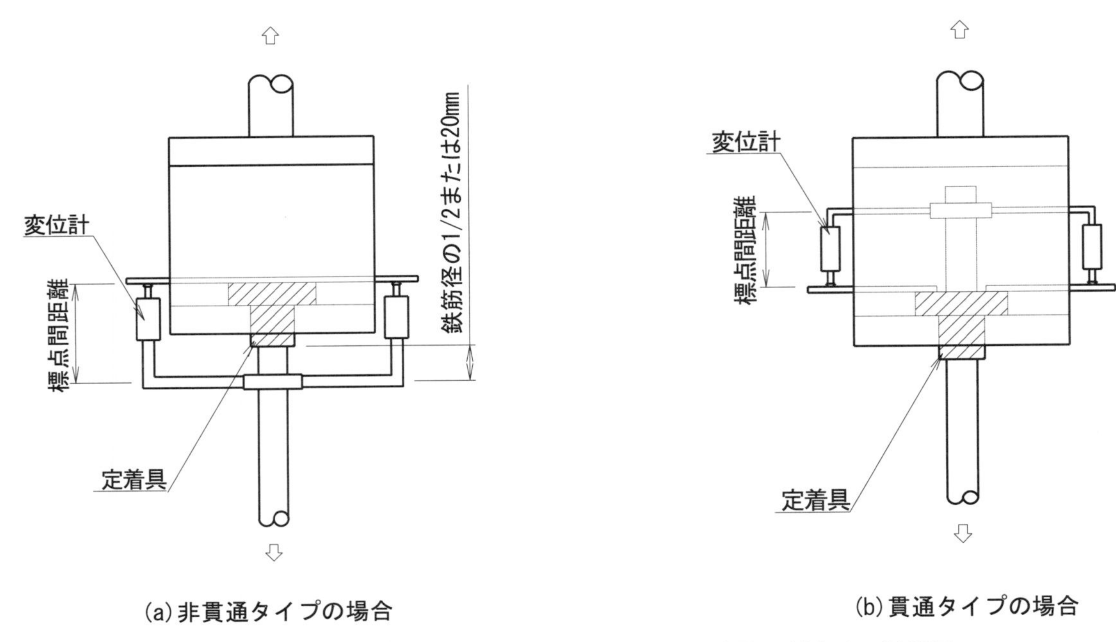

解説 図2.3.2　残留すべり量試験における標点間距離とその計測例

鉄筋と定着具の接合部の勾配引張強度試験の目的は，定着具が軸方向鉄筋の座屈抑止効果や内部コンクリートの拘束効果を期待する横方向鉄筋に用いられる場合を想定し，定着具に偏心荷重が作用したときの引張強度を確認することである．試験は，**解説 図2.3.3**に示すように支圧面に勾配を有する座金をセットし，引張強度試験と同様の要領で実施する．座金の勾配は1/20以上とする．

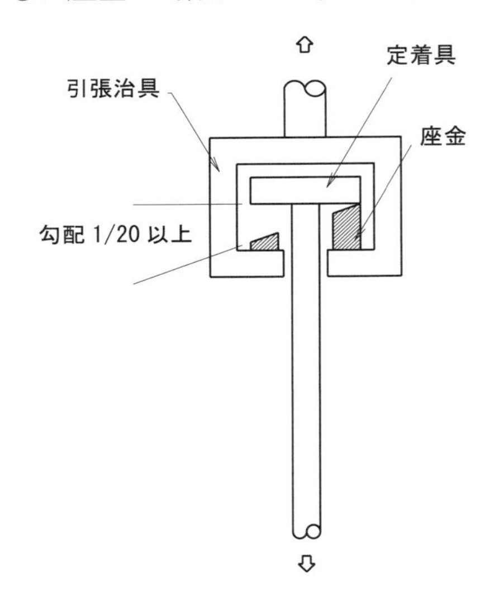

解説 図2.3.3　勾配引張強度試験方法の例

鉄筋と定着具の接合部の疲労強度試験は，引張強度試験と同様の治具を用いて行う．定着具の主たる支圧面に凹凸があるような場合は，定着具と治具の間に鉛などを挿入して支圧面に均一に支圧力が作用するようにする．

疲労試験は，設計条件を反映した応力振幅と繰返し回数で実施する．対象構造物が変わるたびに疲労試験を行うことは現実的でないため，*S-N*線図を作成しておくことが望ましい．

3章　機械式定着体の特性評価試験

3.1　一　般

機械式定着の定着体の特性は，3.2～3.6 に示す試験体を用いて，第Ⅰ編 3.4 により評価するものとする．

【解　説】　この章は，第Ⅰ編3.4に示される，構造物の要求性能および部材の限界状態に応じて必要とされる機械式定着の定着体の特性を評価するための試験体について，その設計の考え方を示したものである．3.2～3.6には，強度および抜出し量，せん断補強特性，高応力繰返し特性，じん性補強特性，高サイクル繰返し特性の各々の特性の評価に使用する試験体および試験方法を示した．軸方向鉄筋と横方向鉄筋の定着体では必要な特性が異なるため，試験体の設計に当たっては，構造物の要求性能および部材の限界状態と，対象とする定着体の種類およびその使い方について十分に考慮する必要がある．

3.2　強度および抜出し量

強度および抜出し量は，定着体と評価基準フックとを比較できる試験体を用いて評価するものとする．

【解　説】　評価基準フックとは，曲げ内半径を「2017 年制定 コンクリート標準示方書[設計編：標準]」2.5.2 で規定されている軸方向鉄筋の最小曲げ内半径とし，余長を 4φ以上で 60mm 以上とした半円形フックである．また，定着体の特性の比較は，機械式定着の定着具の部分とフックの部分のみを対象として，鉄筋の定着長に相当する部分の付着を除去した状態で行うこととした．

① 試験体の選定

強度および抜出し量を評価する場合の試験は，原則として鉄筋の種類ごとに行うものとする．ただし，定着具の寸法や強度が鉄筋の種類にかかわらず同一の場合は，鉄筋の強度が異なっても高い強度の鉄筋を用いた試験結果により評価できるので，試験で確かめられた強度よりも低い鉄筋を用いた試験は省略してもよい．

鉄筋の直径については，すべての呼び名について試験を行うことが望ましいが，以下のように呼び名によってグループ分けを行い，グループ内の最大の呼び名について行った試験結果をグループ内のすべての呼び名の試験結果とみなしてもよい．

鉄筋の呼び名グループ：D38～D51
D25～D35
D13～D22

② 試験体

試験体の標準形状を**解説 図 3.2.1** に示す．試験体の平面形状は正方形とし，その 1 辺の長さは 25φ以上，厚さは 20φ以上とする．鉄筋の定着長に相当する部分の長さは 12φとし，その部分の付着は除去するものとする．反力用支圧板のあきは 12 φ とする．なお，試験体に曲げひび割れが発生しないように十分な厚さを確保するか，もしくは鉄筋により補強するものとする．ただし，鉄筋で補強する場合には，載荷する鉄筋から 6 φ 以内の範囲には鉄筋を配置してはならない．

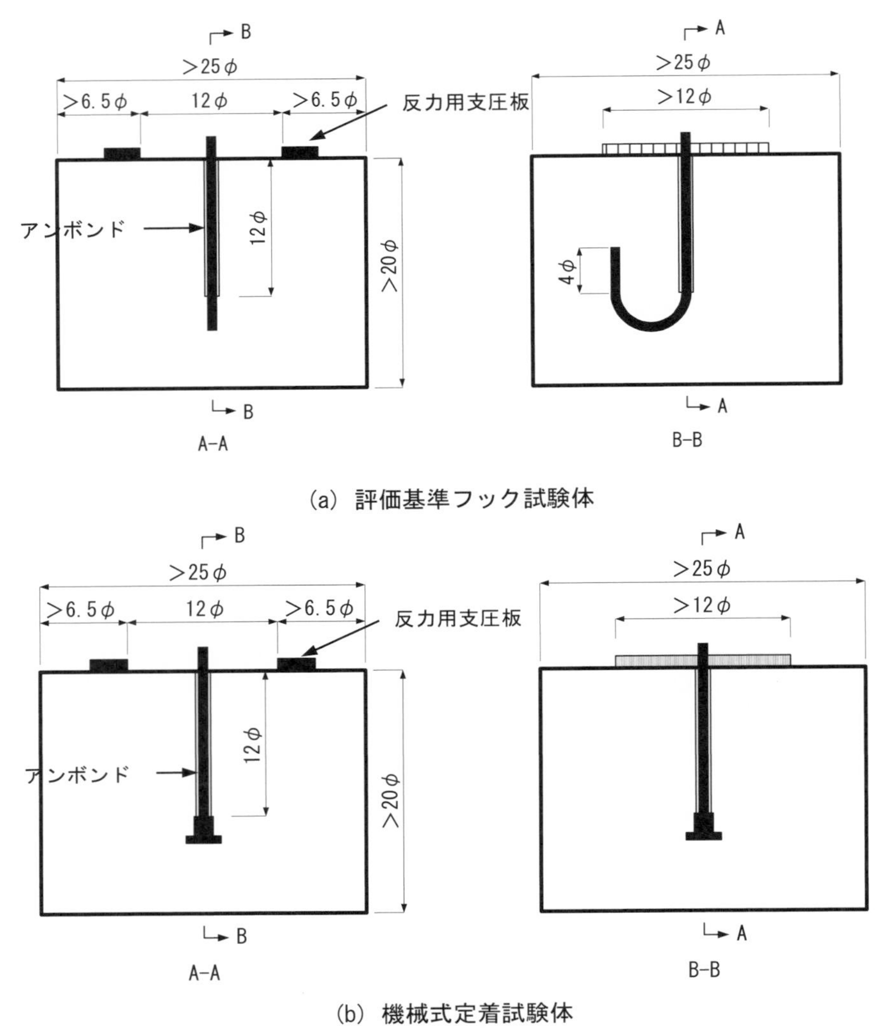

解説 図 3. 2. 1　試験体の標準形状

試験体のコンクリートの圧縮強度は，実強度で 24N/mm² 程度を標準とする．なお，引張強度が大きい鉄筋種類を対象とする場合にはコンクリートの圧縮強度を大きくしてもよいが，その場合の試験体の実強度は実際に構造物で使用されるコンクリートの設計基準強度を上回らないように留意する．コンクリートの打込み方向は，**解説 図** 3. 2. 1 の上面からとする．

③ 載荷および計測方法

載荷は**解説 図** 3. 2. 2 に示すようにフックの曲げ方向と平行に設置した反力用支圧板および載荷用はりに反力をとり，鉄筋を鉛直方向に静的に引き抜くものとする．なお，強度（最大耐力）については，3. 4 に示す高応力繰返し試験を行ったあとの試験体で試験をしてもよい．

解説 表 3. 2. 1 に計測項目および測点数を示す．荷重は最大荷重の 1%以内の精度を有するロードセルを用いて計測する．鉄筋の抜出し量は，定着具自体の変形は無視し，評価基準フックのフック部あるいは定着具の底面にインバー線等を取り付けて，鉄筋軸直下近傍のコンクリートの底面との相対変位として計測する．その際 1/100mm 以上の精度を有する変位計を用いる．

解説 表 3.2.1　計測項目および機器

計測項目	計測機器	1 体当たりの測点数
引抜き荷重	ロードセル	1
定着部相対変位	変位計	1

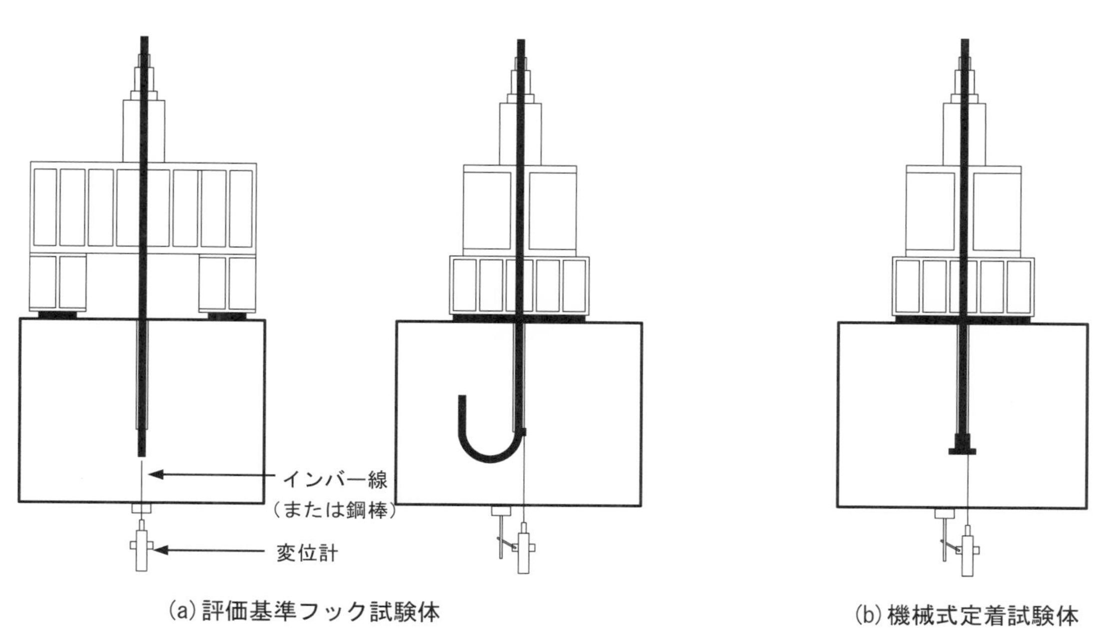

解説 図 3.2.2　載荷方法と抜出し量の計測方法

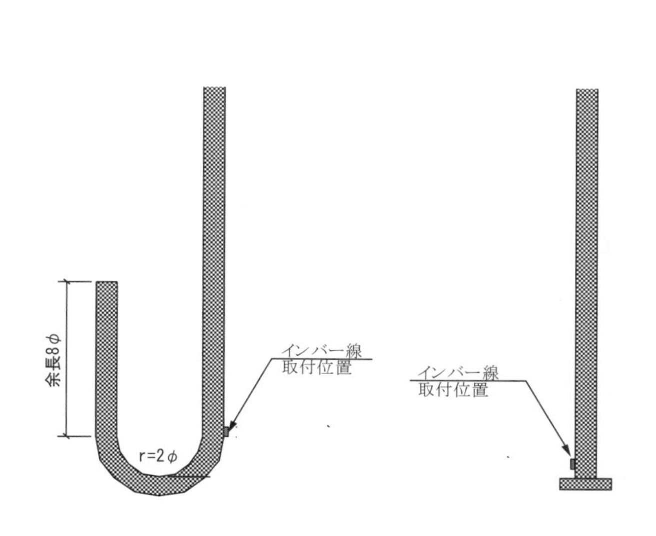

解説 図 3.2.3　インバー線取付け位置参考図

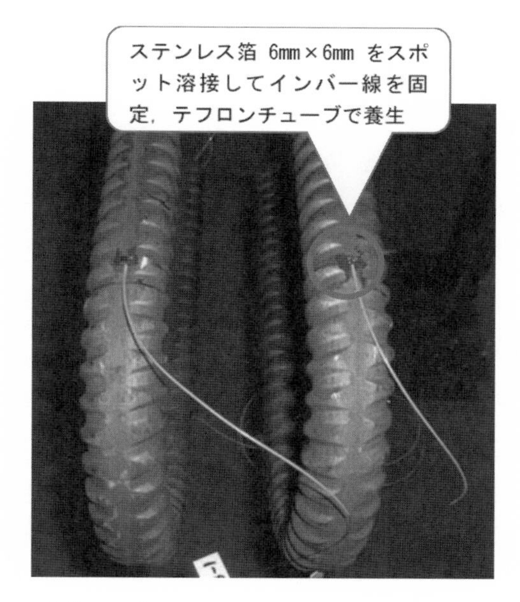

解説 写真 3.2.1　インバー線の取付け例

計測方法の一例を**解説 図 3.2.2** に示す．同図では評価基準フックの折曲げ開始位置および定着具の底面にインバー線を固定し，これをコンクリートと付着を切った状態で試験体底面まで引き出している．この時，インバー線が緩まないようにインバー線の先端におもりを取り付ける等の配慮が必要である．インバー線の取付け位置の詳細を**解説 図**3.2.3に示す．**解説 写真**3.2.1には，インバー線をステンレス箔（6×6mm）でスポット溶接した状況を示す．

嵌合部を有する定着具の試験において定着金具の底面で計測する場合の鉄筋の抜出し量は，定着具のすべり量試験における鉄筋の規格降伏強度の95%応力時のすべり量を計測値に加算して求めるものとする．試験体は，機械式定着試験体，評価基準フック試験体ともそれぞれ3体以上とし，試験結果はそれぞれの平均値で評価することを原則とする．

④ 記録

試験の結果は，次の事項を記録する．

a) 試験体の条件

鉄筋の種類と呼び名，試験体の寸法諸元，コンクリートの配合，計測機器の名称と型式，計測方法，載荷方法，試験体の製作状況など．

b) 試験結果

使用したコンクリートおよび鉄筋の強度，荷重（鉄筋応力）−抜出し量曲線，強度，鉄筋の規格降伏強度の95%時の抜出し量，試験体状況など．なお，嵌合部を有する定着具の試験において定着具の底面で計測する場合には，定着具のすべり量試験における鉄筋の規格降伏強度の 95%応力時のすべり量を併記する．

3.3　せん断補強特性

（1）横方向鉄筋に機械式定着を用いる場合のせん断補強特性は（2），（3）により評価する．

（2）横方向鉄筋の定着部の強度および抜出し量は，機械式定着と評価基準フックとを比較できる試験体により評価するものとする．

（3）横方向鉄筋に機械式定着を用いた部材のせん断補強特性は，機械式定着を用いた部材のせん断耐力と，評価基準フックを用いた部材のせん断耐力とを比較し，せん断補強特性の差異を確認できるはり等の試験体により評価するものとする．

【解　説】　（2）について　定着特性の試験では，センターホールジャッキを用いてコンクリート中に配置した横方向鉄筋の引抜き試験を行い，横方向鉄筋の強度および抜出し量について評価基準フックとの比較を行うこととする．

① 試験体

試験体の標準形状を**解説 図**3.3.1に，配筋の例を**解説 図**3.3.2および**解説 図**3.3.3に示す．本試験では，かぶりコンクリートが剥落した状態を想定し，かぶりコンクリートのない試験体とする．機械式定着具では，定着具は軸方向鉄筋を直接拘束せず，定着部コンクリートへの支圧により強度が確保されるので，軸方向鉄筋を省略した試験体としている．

試験体の高さは15φ以上，幅および奥行きは25φ以上とし，曲げひび割れに対して適切に補強鉄筋を配置するものとする．載荷時の反力用支圧板のあきは12φ以上とする．

また，**解説 図**3.3.1に示すように，横方向鉄筋の直線部はコンクリートとの付着を除去し，評価基準フック試験体は，フックを軸方向鉄筋に掛けた形とする．

試験体のコンクリートの圧縮強度は，実強度で24N/mm^{2}程度を標準とする．なお，引張強度が大きい鉄筋種類を対象とする場合にはコンクリートの圧縮強度を大きくしてもよいが，その場合の試験体の実強度は実際に構造物で使用されるコンクリートの設計基準強度を上回らないように留意する．

各呼び名における評価基準フック試験体の仕様の例を**解説 表 3.3.1** に示す．機械式定着の場合もこれに準ずるものとする．

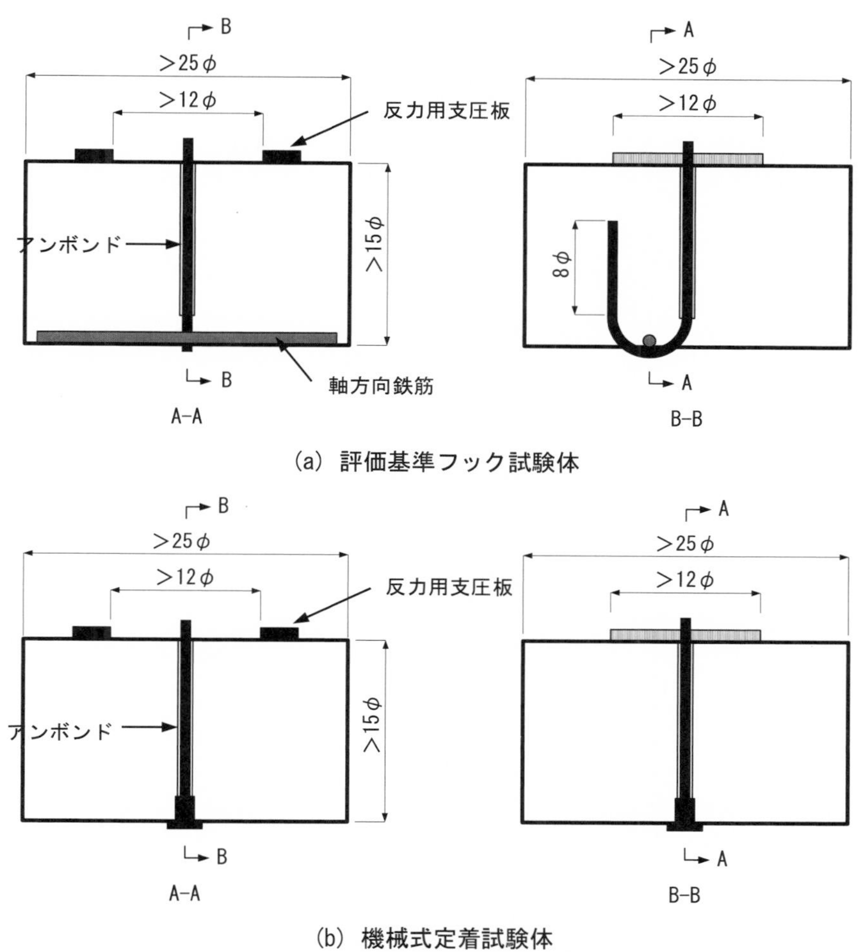

(a) 評価基準フック試験体

(b) 機械式定着試験体

解説 図 3.3.1　試験体の標準形状

解説 表 3.3.1　試験体の仕様の例

横方向鉄筋の呼び名	供試体寸法（mm）	軸方向鉄筋の呼び名	用心鉄筋※の呼び名	反力用支圧板のあき（mm）
D51	1500×1500×800	D51	D22	800
D41				
D38				
D35	1000×1000×550	D38	D19	500
D32				
D29				
D25	800×800×400	D29	D16	400
D22				
D19	600×600×300	D22	D13	300
D16				
D13				

※ひび割れ制御鉄筋

試験は，実際に適用する鉄筋の種類および呼び名について行うことが望ましいが，呼び名を以下の 3 グループに分けて，グループ内の最大の呼び名について行った試験結果を，そのグループの試験結果とみなしてもよい．

鉄筋の呼び名グループ：D38～D51
　　　　　　　　　　　D25～D35
　　　　　　　　　　　D13～D22

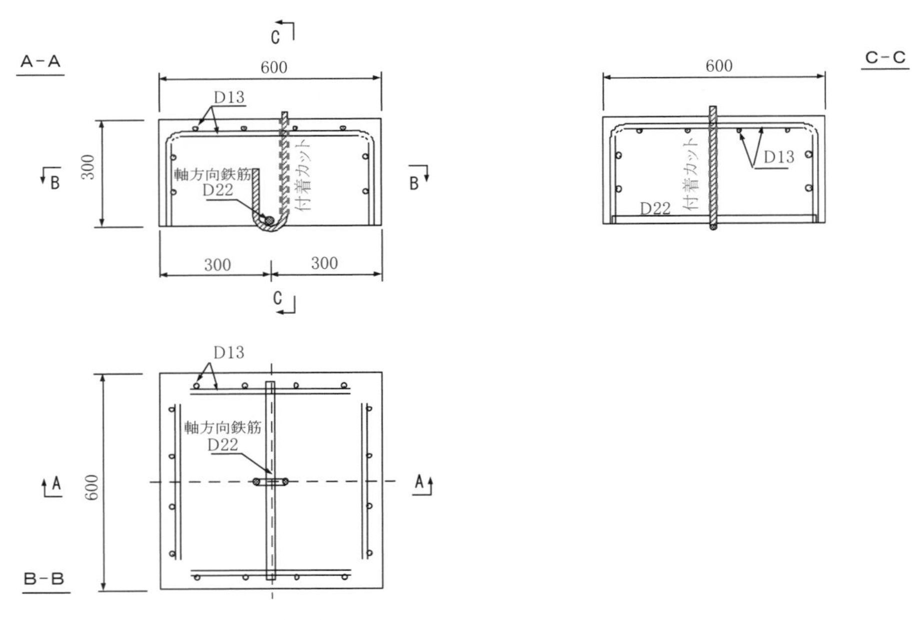

解説 図 3.3.2　試験体配筋例（評価基準フック試験体，D16）単位(mm)

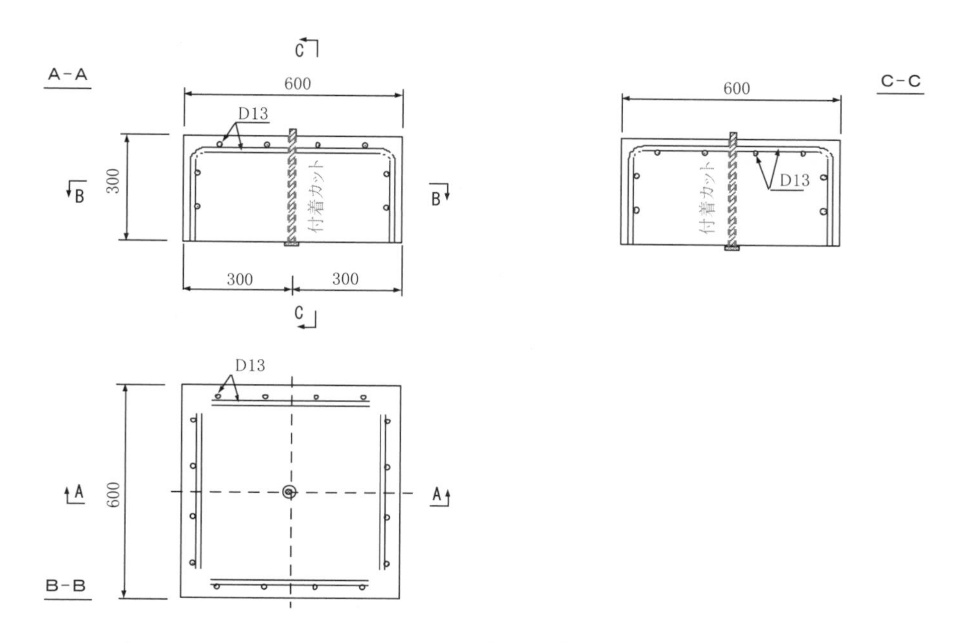

解説 図 3.3.3　試験体配筋例（機械式定着試験体，D16）単位(mm)

【試験体の選定】

・鉄筋の種類：種類ごと

・鉄筋の呼び名：

　・D38～D51 のグループ内の最大径

　・D25～D35 のグループ内の最大径

　・D13～D22 のグループ内の最大径

・軸方向鉄筋の呼び名：横方向鉄筋の呼び名より 1 サイズ以上，3 サイズ以下とする．なお，D51 の場合は D51 とする．

② 載荷要領

載荷パターンは以下の通りとする．載荷方法と抜出し量の計測方法については**解説 図 3.3.4** に示す．

0→規格降伏強度の 95%相当荷重→規格引張強さに相当する荷重→除荷

③ 計測方法

抜出し量（相対変位）は，**解説 図 3.3.4** に示すようにインバー線などを鉄筋に固定し，先端を変位計に取り付けて計測する．ここで，抜出し量の計測は，変位計を試験体の変形の影響を受けない箇所に取り付けて行う．

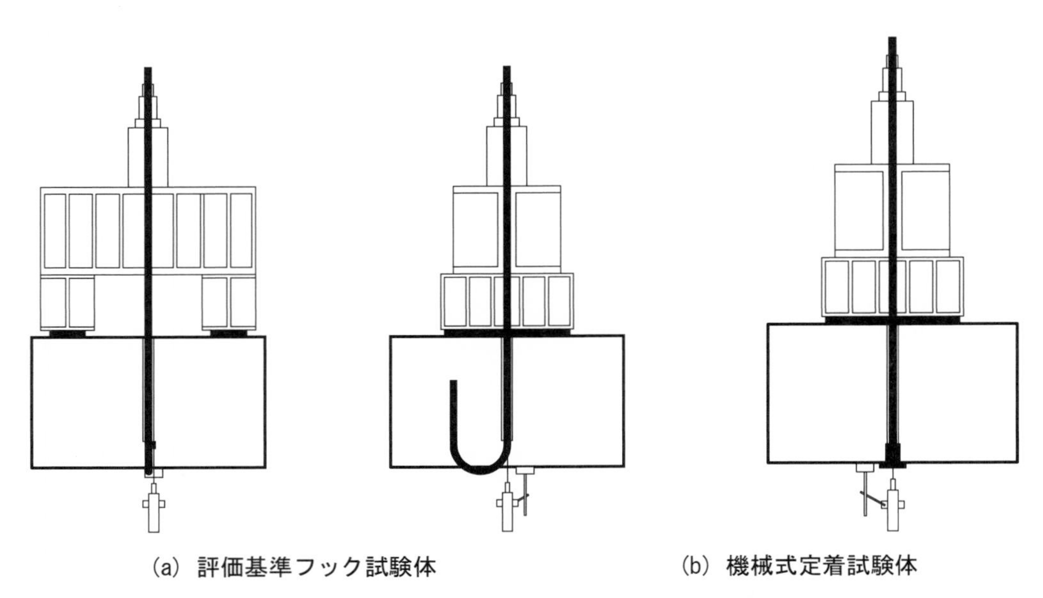

解説 図 3.3.4　載荷方法と抜出し量の計測方法

試験体は，機械式定着試験体，評価基準フック定着試験体ともそれぞれ 3 体以上とし，試験結果はそれぞれの平均値で評価することを原則とする.

④ 記録

試験の結果は，次の事項を記録する.

a) 試験体の条件

鉄筋の種類と呼び名，試験体の寸法諸元，コンクリートの配合，計測機器の名称と型式，計測方法，載荷方法，試験体の製作状況など.

b) 試験結果

使用したコンクリートおよび鉄筋の強度，荷重（鉄筋応力）－抜出し量曲線，強度，鉄筋の規格降伏強度の 95%時の抜出し量，試験体状況など.

（３）について　機械式定着をせん断補強鉄筋に用いる場合，そのせん断補強特性は評価基準フックの特性との比較により評価すればよい．ただし，定着体のせん断補強特性は，定着体の強度のように定着体単体では直接確認できないので，はり試験体等を用いてせん断耐力の差異を確認する必要がある.

この時，せん断モードで破壊させるはり部材では，例えば軸方向鉄筋に沿った付着破壊など，機械式定着と評価基準フックとで破壊モードが異なるケースも考えられるため，横方向鉄筋として機械式定着を用いた部材のせん断補強耐力が，横方向鉄筋に評価基準フックを用いた場合のせん断耐力と同等であることを，部材レベルにおいて評価できる適切な仕様のはり試験体とすることが原則となる.

以下に，機械式定着と評価基準フックのせん断補強特性を比較するための標準的な試験方法，評価方法を示す.

① 試験体

せん断補強特性は，はり試験体により評価することを標準とし，以下の事項を考慮して試験体を設計する.

a) 試験要因

試験要因は，前述のように評価基準フックと比較すること，コンクリート圧縮強度が大きく，コンクリートの分担せん断力が大きいと通常の配筋ではせん断補強鉄筋によるせん断耐力分担率が小さくなり，せん断補強の効果が評価しにくくなることなどを考慮して，標準を以下の通りとする．

・補強鉄筋種類：機械式定着，評価基準フック
・コンクリート圧縮強度：24N/mm^{2}程度
・横方向鉄筋：SD345

b) 試験体寸法および配筋

試験体寸法，配筋は，次の事項を考慮して決めるものとする．

・コンクリートのせん断強度は，試験体の寸法効果の影響を受けるので，実構造物に対して小さくなりすぎないように試験体の大きさを決める必要がある．例えば，縮小率で1/3～1/2程度以上とするのがのぞましいが，最小でも有効高さdを400mm以上とするのがよい．
・a/d（せん断スパン比）：2.5～3程度とする．
・p_t（引張鉄筋比）：せん断破壊前に曲げ破壊しないように鉄筋比を設定する．
・せん断補強鉄筋のせん断耐力分担率（$=V_s/V_u$，ここに，V_s:せん断補強筋が分担するせん断力，V_u:せん断耐力）：30～50%程度を標準とする．また，コンクリートの分担せん断力は，補強鉄筋無しの場合の試験または適切な方法による計算などにより確認する．なお，適用を想定する構造物のせん断補強鉄筋のせん断耐力分担率が著しく大きい場合には，これと同程度の分担率で確認することを原則とする．
・評価基準フックの加工：「2017年制定 コンクリート標準示方書[設計編：標準]」2.5.2によるものとし，余長は4φまたは60mmのうち大きい値とする．

c) 破壊形態：試験体は，材料特性のばらつきなどを考慮してせん断破壊するように設計する．

【試験体の例】

試験体の例を**解説 図3.3.5**に示す．なお，本試験体のせん断スパン比は3.0，横方向鉄筋のせん断力分担率は約36%で，せん断破壊前に曲げ破壊しないように考慮して設計している．なお，引張鉄筋，圧縮鉄筋の呼び名と強度は，ともにD32（SD490）である．

① 載荷方法および測定

載荷は，**解説 図3.3.6**に示すように単調増加載荷とし，試験体がせん断破壊するまで載荷する．予備載荷の後，ひび割れ発生荷重まで載荷し，せん断破壊まで荷重を増加させ，試験体を破壊させる．

測定項目は，載荷荷重，試験体の中央変位および載荷点変位，せん断補強鉄筋のひずみ，ひび割れ発生状況とする．試験においては，横方向鉄筋が降伏していることを確認することが重要である．なお，軸方向鉄筋のひずみなどの測定項目を必要に応じて追加する．

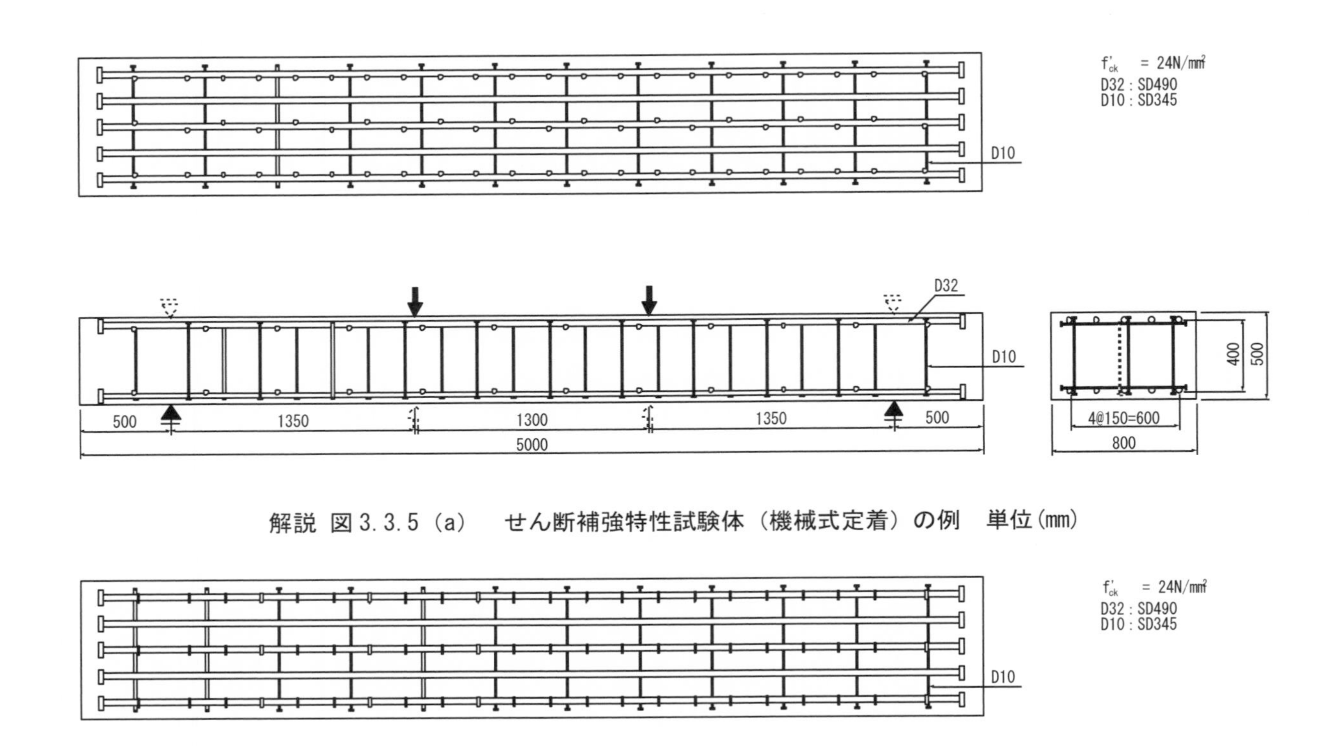

解説 図 3.3.5（a）　せん断補強特性試験体（機械式定着）の例　単位（mm）

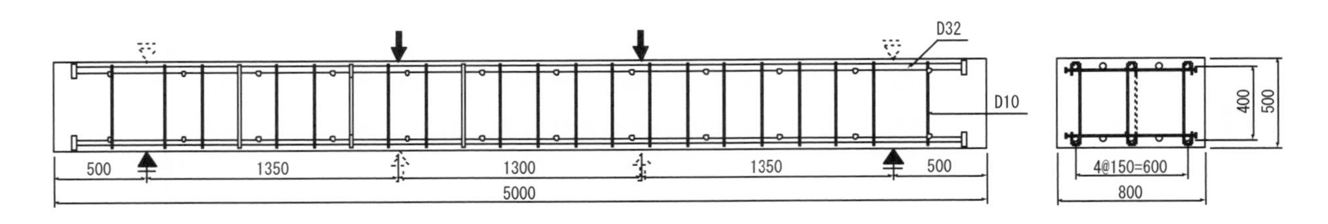

解説 図 3.3.5（b）　せん断補強特性試験体（評価基準フック）の例　単位（mm）

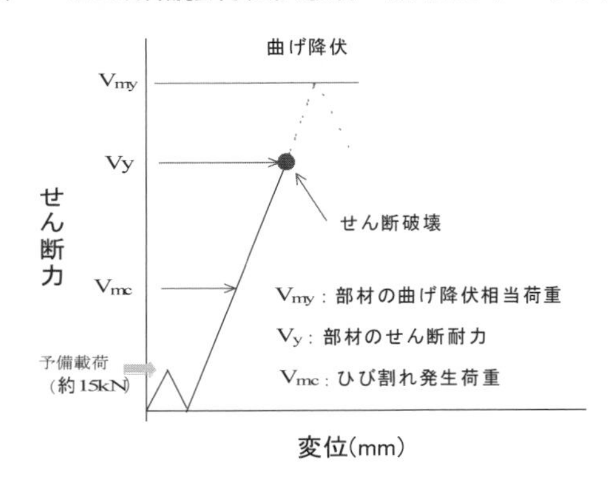

解説 図 3.3.6　せん断補強特性試験における単調載荷のパターン

② 評価方法

横方向鉄筋に機械式定着を用いた部材のせん断補強特性の評価は以下の点を考慮して行う．

a) 機械式定着を用いた部材が想定したせん断補強状況を示していること

b) 機械式定着を用いた部材のせん断耐力が評価基準フック鉄筋を用いた部材のせん断耐力に対して95%以上の耐力となること

③ 記　録

試験の結果は，次の事項を記録する．

a) 試験体の条件

鉄筋の種類と呼び名，コンクリートの仕様および配合，試験体形状寸法，試験体配筋図（鉄筋比を含む），試験体の製作状況など．

b) 載荷および測定方法

載荷条件（支点条件，支点間距離，*a/d* など），載荷方法（載荷ステップ他），測定項目および測定機器（測定仕様を含む），測定位置など．

c) 試験結果

使用した鉄筋およびコンクリートの強度，最大荷重，荷重-変位関係，鉄筋ひずみ，ひび割れ発生状況などの試験体状況，破壊モードなど．

3.4　高応力繰返し特性

（1）高応力繰返し特性は，載荷時の抜出し量について，定着体と評価基準フックとを比較できる試験体により評価するものとする．

（2）高応力の繰返しは，下限を鉄筋の規格降伏強度の 2%以下，上限を鉄筋の規格降伏強度の 95%とした応力で静的に 30 回の繰返し載荷を行うことを標準とする．

【解　説】　（1），（2）について

試験体の選定，試験体，計測方法は，軸方向鉄筋については 3.2 の強度および抜出し量の試験，横方向鉄筋については 3.3（2）の強度および抜出し量の試験と同様とする．

繰返し載荷の方法を**解説 図 3.4.1** に示す．載荷は静的にかつ連続的に行うものとし，ひび割れの観察程度の小休止を除き，原則として載荷の途中で中断しない．

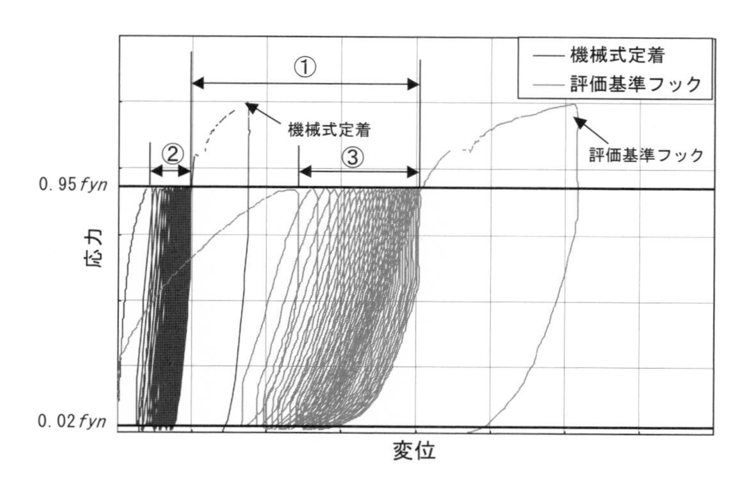

ここに，① 機械式定着と評価基準フックの 30 回目の上限応力時の抜出し量の差

② 機械式定着の 30 回目と 1 回目の抜出し量の差

③ 評価基準フックの 30 回目と 1 回目の抜出し量の差

解説 図 3.4.1　高応力繰返し試験における加力方法と結果の評価方法

嵌合部を有する定着具で，変位を定着具の底面で計測する場合には，抜出し量の値としては，定着具のすべり量試験における①鉄筋の規格降伏強度の95%応力での30回目の上限応力時のすべり量，②30回目と1回目の抜出し量の差をそれぞれ計測値に加算するものとする．

試験体は機械式定着試験体，評価基準フック定着試験体ともそれぞれ3体以上の試験結果の平均値で評価することを原則とする．

試験の結果は，次の事項を記録する．

① 試験体の条件

鉄筋の種類と呼び名，試験体の寸法諸元，コンクリートの配合と試験時の強度，計測機器の名称と型式，計測方法，試験体の製作状況など．

② 試験結果

荷重（鉄筋応力）−抜出し量曲線，1回目と30回目の上限応力時の抜出し量，試験体状況など．なお，定着具の底面で計測する場合には，定着具のすべり量試験における鉄筋の規格降伏強度の95%応力での30回目の上限応力時のすべり量，30回目と1回目の抜出し量の差を併記すること．

3.5　じん性補強特性

（1）横方向鉄筋のじん性補強特性は，地震等の作用による高応力繰返し荷重に対して，定着体の高応力繰返し特性を評価基準フックの特性と比較する（2）と，（3）に示す軸方向鉄筋の座屈防止および内部コンクリートの拘束の効果を確認できる柱試験体により評価するものとする．

（2）横方向鉄筋の高応力繰返し特性は3.4により評価する．

（3）横方向鉄筋に機械式定着を使用した場合のじん性補強特性は，せん断補強鉄筋（中間帯鉄筋）に機械式定着を用いた柱部材が，横方向鉄筋に評価基準フックを用いた柱部材と同等以上のせん断耐力と変形性能を有することを確認できるように，所定の軸力を作用させた正負交番繰返し試験体により評価するものとする．

（4）正負交番繰返し試験体は，対象とする部材の応力状態や配筋状態を適切にモデル化したものとする．

【解　説】　（1），（3）について　「2017年制定 コンクリート標準示方書［設計編：標準］」8.4では，定着部に地震の作用によって高応力繰返し作用が作用した場合，構造物が所要の性能を有していることを，対象とする部材の応力状態や配筋方法を再現した実験や解析により確認することを原則としている．しかしながら定着部の解析は現時点では難しいため，実際には実験による評価が行われている．

地震時には，一般に作用が正負の繰返しで生じることから実験においても正負交番載荷を原則とし，加力方法も，実際の構造物における応力状態を再現するような方法とする必要がある．載荷は，軸方向鉄筋が降伏する時点の変位を基本とし，その整数倍の変位で正負に繰り返して行う．設定変位ごとに，同一条件の機械式定着を用いた部材と評価基準フックを用いた部材との耐力や挙動を相対比較により評価する．

曲げ性状が卓越する部材では，一般に，最大耐力に達した後に，かぶりコンクリートの剥落や軸方向鉄筋のはらみ出しにより，変位の増加とともに緩やかな耐力の低下を示すが，コアコンクリートの圧壊や軸方向鉄筋の破断などが生じて過大な損傷になる場合がある．また，部材のせん断耐力は，曲げ降伏後あるいは正負交番作用下では低下することが知られている．したがって，実験では，部材の終局変位を超えても急激な耐力低下を生じない等，想定外の作用に対する冗長性を確認しておくのがよい．

（４）について　「2017 年制定 コンクリート標準示方書［設計編：標準］」8.4 解説では 7 編にしたがった試験体を基準試験体とし，実部材と同じ寸法で，かつ実部材と同じ応力状態を再現できる実験を行うこととし，基準試験体と同等以上の性能を有していることが望ましいとされているが，実物大試験は現実には不可能であるため，破壊挙動に影響をしない範囲での縮小を行ってよいとしている．ただし，縮小模型における鉄筋径の選定やその配置，かぶりの取り方等の構造詳細は，責任技術者の責任の下で，適当にモデル化を行う必要がある．

① 試験方法

じん性補強特性の評価は，軸方向鉄筋の座屈防止，内部コンクリートの拘束の効果の差異が顕著に表れるように，軸力を作用させた柱部材の正負交番繰返し曲げ試験により行う．塑性ヒンジ領域においては，定着体の特性が部材性能に与える影響が大きいことから，性能の照査の限界状態を超えた状態においての挙動についての確認を含めるのがよいとされている（「2017 年制定 コンクリート標準示方書［設計編：標準］」2.5.5 解説）．

a) 試験体

試験体は，想定される部材(橋脚，ボックスカルバートの中柱，底版，側壁など)を柱部材にモデル化したものとするが，審査証明等では，単柱橋脚モデルの正負交番繰返し試験による評価が一般的である．

本試験は，横拘束鉄筋による軸方向鉄筋の座屈防止を評価することを目的としているため，試験体の設計にあたってはその効果がより顕著に現れる(軸方向鉄筋がはらみ出し，横方向鉄筋の負荷が大きくなる)ように十分な配慮が必要である．一般的には，横方向鉄筋がない場合にはせん断破壊先行型となるような部材断面とせん断スパンを設定し，横方向鉄筋を配置することで曲げ破壊先行型となるようにし，その耐力比をあまり大きくし過ぎないことが必要である．

b) 試験方法

試験は，**解説 図** 3.5.1 に示すように柱頭部に一定の軸力を与えた状態で部材の上端部に水平に正負交番繰返し荷重を与えることにより行う．このときの軸力としては，土木構造物で一般的に作用するとされる 1.0N/mm^2 (橋脚等)～3.0N/mm^2（地中構造物壁部材等）の範囲で行えばよい．

水平載荷は，軸方向鉄筋が降伏する時点の変位を基本とし，その整数倍の変位で正負に繰り返して行う．設定変位ごとの繰返し回数については，相対比較により評価するため 1 回から 10 回の範囲で適当に設定すればよいが 3 回程度繰り返せばよい．交番載荷のパターンを**解説 図** 3.5.2 に示す．設計地震動よりも大きな地震動が作用した場合でも構造物としての機能を極力確保できるようにすることが重要であるため，載荷の範囲は，部材の終局状態を超えた変位までとするのがよい．

試験における測定項目は，載荷荷重と部材の変形，コンクリートのひび割れ発生，かぶりコンクリートの剥落および鉄筋（軸方向鉄筋，せん断補強鉄筋）の降伏と軸方向鉄筋のはらみ出しの時期などとし，水平方向の復元力が失われる状態までの挙動を確認する．

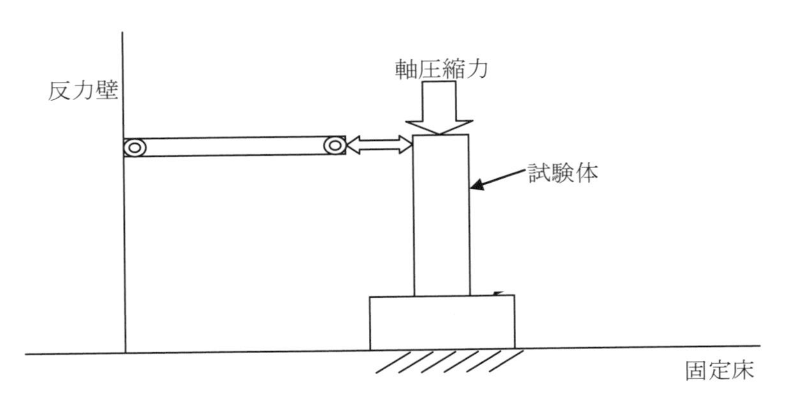

解説 図 3.5.1　載荷方法の概要図

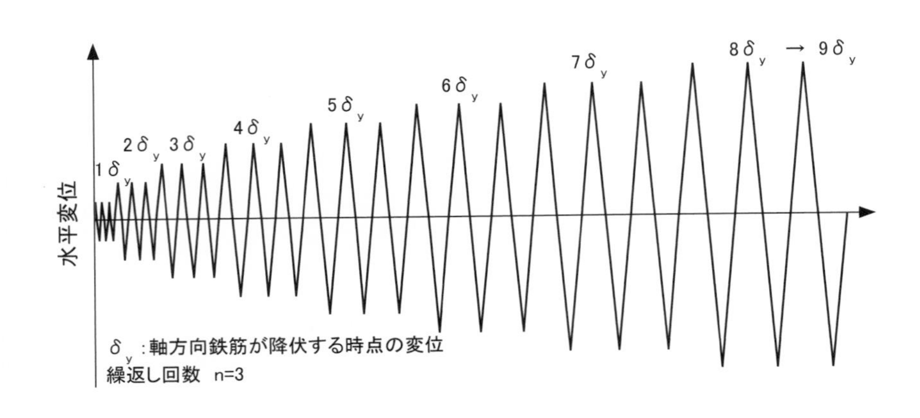

解説 図 3.5.2　載荷パターンの例

② 評価方法

評価は，同一条件の機械式定着を用いた試験体と評価基準フックを用いた試験体の荷重—変形曲線の包絡線を相対比較する．また各塑性率(ステップ)における履歴吸収エネルギーを比較する．また，荷重—変位曲線の包絡線の正側では差が生じていない場合でも，負側では正側載荷時に降伏した軸方向鉄筋がはらみだそうとする影響が早期から見られることが多く，判断は荷重—変形曲線の包絡線の負側についても十分留意する必要がある．**解説 図** 3.5.3 に荷重—変形曲線とその包絡線の，**解説 図** 3.5.4 に塑性率（ステップ）における履歴吸収エネルギーの例を示す．

③ 記録

試験の結果は，次の事項を記録する．

a) 試験体の条件

鉄筋の鋼種と呼び名，試験体の寸法諸元および配筋状況，コンクリートの配合，計測機器の名称と型式，計測方法，載荷方法（軸力の大きさ，載荷パターン），試験体の製作状況など．

b) 試験結果

使用した鉄筋およびコンクリートの強度，荷重－変位曲線，ひび割れ発生荷重，降伏荷重・変位，最大荷重・変位および試験体状況（ひび割れの発生状況，かぶりコンクリートの剥落，軸方向鉄筋のはらみ出し状況），鉄筋ひずみ，破壊モードなど．

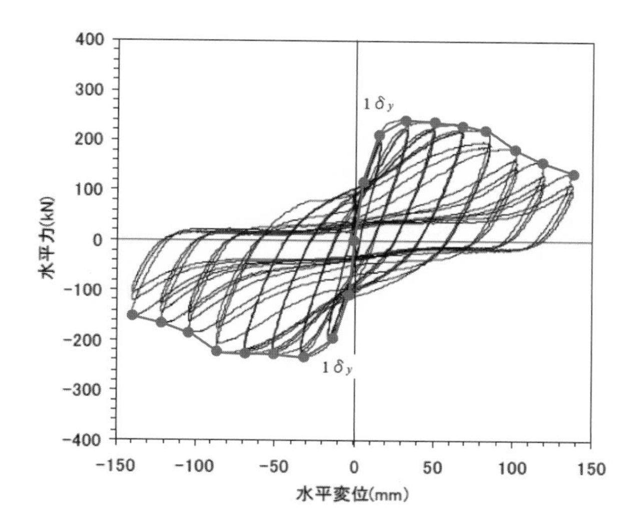

解説 図 3.5.3　荷重—変形曲線とその包絡線の表示例

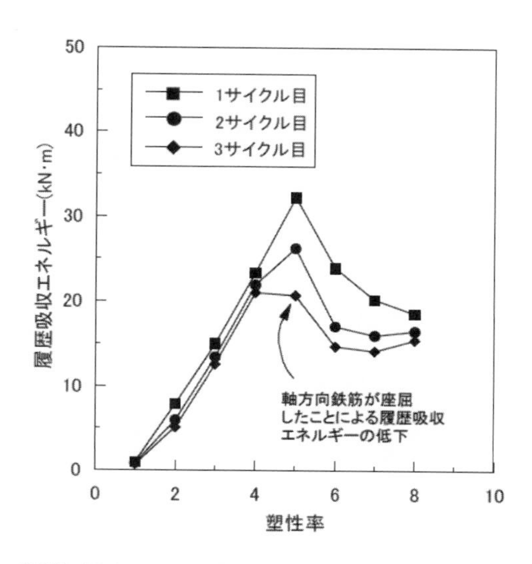

解説 図 3.5.4　履歴吸収エネルギーの表示例

参考として，過去に実施された試験体の例を，以下に 3 例示す．

試験体例 1：鉄道構造物等の配筋を対象とした模擬試験体

試験体の柱部分の断面は 450mm×900mm で軸方向鉄筋は D32 が 150mm 間隔，配力鉄筋とせん断補強鉄筋は D16 であり，壁部材の一部を取り出した形となっている（**解説 図 3.5.5**）．

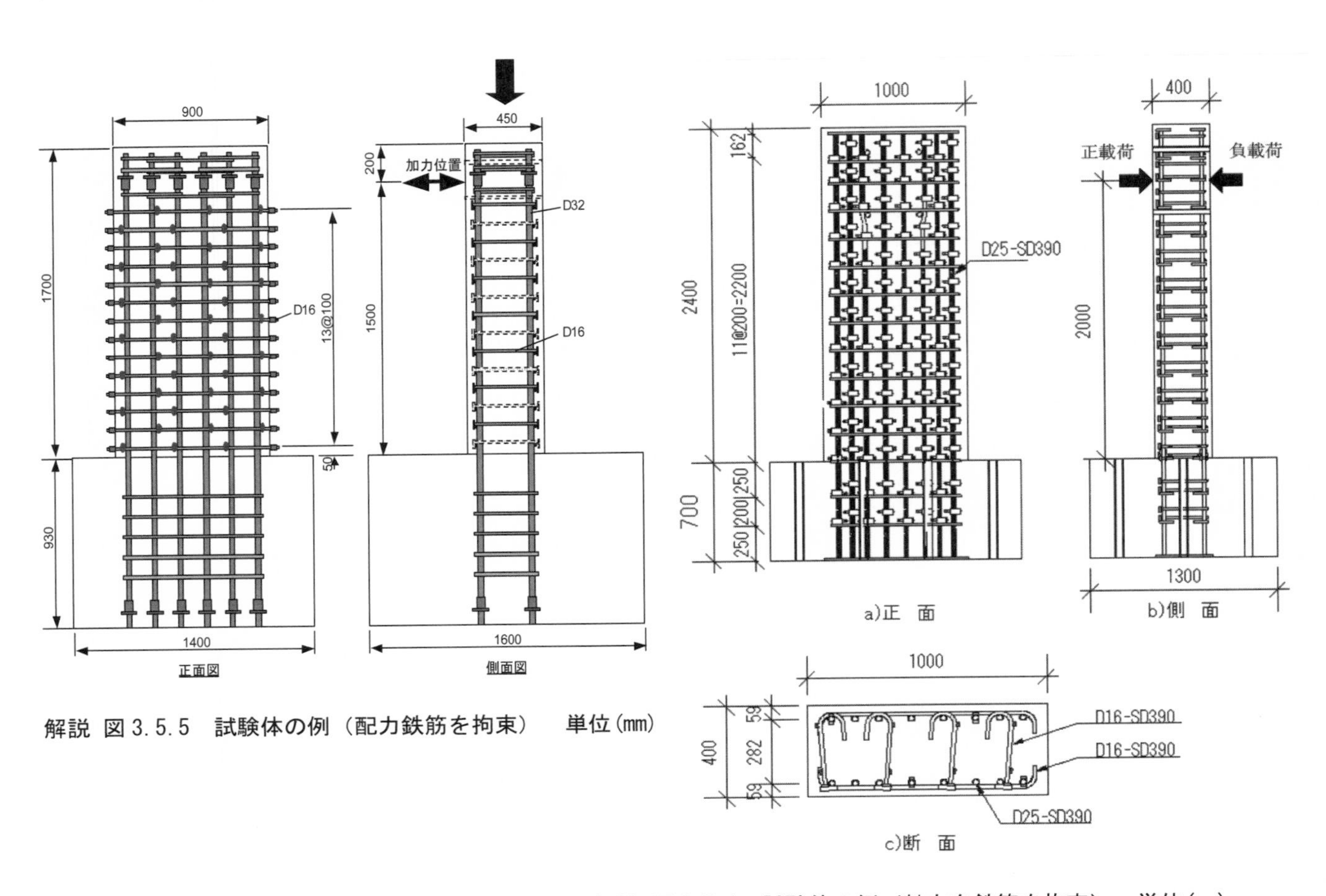

解説 図 3.5.5　試験体の例（配力鉄筋を拘束）　単位(mm)

解説 図 3.5.6　試験体の例（軸方向鉄筋を拘束）　単位(mm)

軸力は 3.0N/mm^2，有効高さは 375mm，せん断スパン比が 4.0，軸方向鉄筋比が 2.35%，せん断補強鉄筋比（体積比）は 2.65%である．比較用試験体は，横方向鉄筋の定着を評価基準フックとし，その他の条件は全て同一としている．この試験体ではせん断補強鉄筋は配力鉄筋を拘束しているが，適用する構造物の配筋の構成によっては，軸方向鉄筋を機械式定着によって直接拘束するモデルとする場合もある（**解説 図-3.5.6**）．

試験体例２：道路構造物（橋梁下部工・カルバート工）の配筋を対象とした模擬試験体

解説 図3.5.7は，道路構造物としての単柱橋脚を模擬したもので，せん断補強鉄筋（中間帯鉄筋）は帯鉄筋を介して軸方向鉄筋を拘束している．

試験体の柱部分の断面は 600mm×1050mm で軸方向鉄筋は D32 が 150mm 間隔，帯鉄筋と中間帯鉄筋は D16 である．軸力は $2.0N/mm^2$，有効高さは 520mm，せん断スパン比が 3.65，軸方向鉄筋比が 1.76%，せん断補強鉄筋比（体積比）は 1.77%である．せん断補強鉄筋量を大きくしないで横方向鉄筋としての 1 本の負担を大きくし，軸方向鉄筋が大きくはらみ出したときに横方向鉄筋がのびて，定着部が壊れるように構成しているという特徴がある．

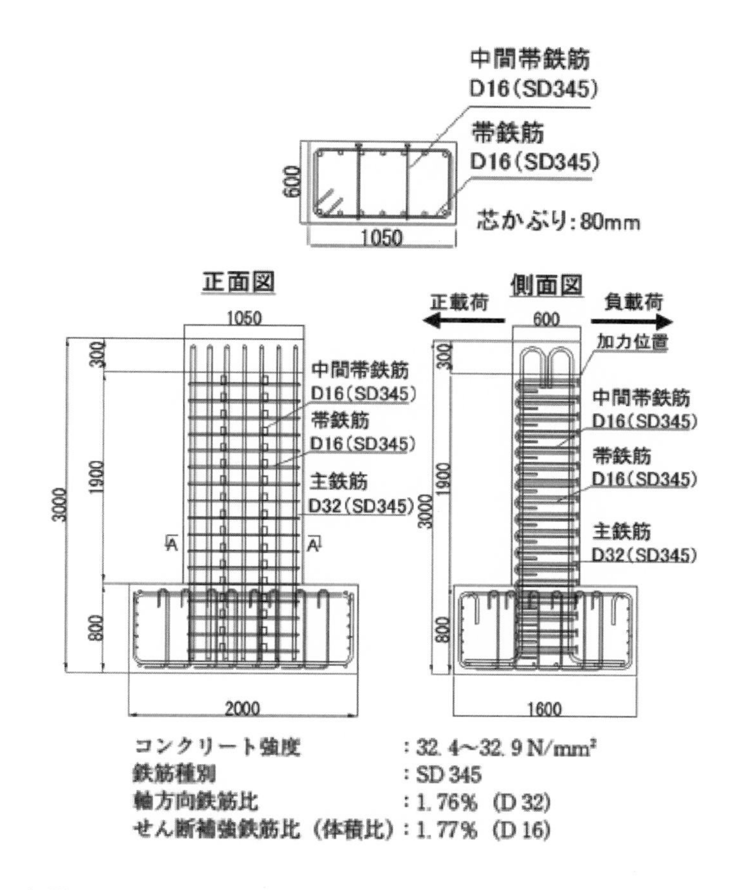

解説 図3.5.7　試験体の例（道路構造物を模擬した場合）　単位(mm)

道路橋示方書Ⅴ耐震編(H24.3)10.3 では，構造物の設計範囲について，軸圧縮応力度（$3N/mm^2$ 以下），軸方向鉄筋比（2.5%以下），中間帯鉄筋量（横拘束鉄筋体積比 1.8%以下）に制限がある．試験体にも同様の制約のもとで設計することが一般的である．断面の寸法としては，厚さ 500mm 程度以上，幅 1000mm 程度以上が推奨され，軸方向鉄筋のピッチを実構造物の鉄筋配置や施工時のコンクリートの回りを考慮して適切に設定するものとされており，横拘束鉄筋のピッチは実態を考慮して 150mm 程度が標準とされている．

また中間帯鉄筋量を，横拘束鉄筋体積比が最大の 1.8%程度とそれ以下の 2 つの試験体で実施することが望ましいとしている．これは，せん断補強鉄筋比が比較的大きい条件で曲げ変形性能を確保して水平変位が大きい条件での試験と，せん断補強鉄筋比が比較的小さい条件で，横方向鉄筋にかかる負担を大きくした条件での試験の双方において，機械式定着と評価基準フックの特性の差異を確認するためである．

横方向鉄筋の定着具は，各々の定着具の特徴に合わせ，軸方向鉄筋あるいは帯鉄筋に適切に接して配置するものとされている．この時，横方向鉄筋は軸方向鉄筋にかける必要はなく，帯鉄筋に接して配置されるものとされている．

3.6　高サイクル繰返し特性

（1）疲労強度は，設計で想定される繰返し荷重によって定着体が疲労破壊せず，定着体の鉄筋に発生する応力度が定着体の疲労強度以下であることについて確認できる試験体により評価するものとする．

（2）定着体の疲労強度は，設計で想定される繰返し回数と応力振幅に対して疲労試験により確認することを原則とする．試験により，*S-N* 線図が求められている場合にはこれを用いて良い．

【解　説】　(1)，(2) について　軸方向鉄筋の定着部の高サイクル繰返し特性の試験体は，3.1 強度および抜出し量の試験に用いるものを参考に疲労による押抜き破壊が問題にならないように評価基準フックまたは定着具側のかぶりなどについて定めるものとする．載荷方法について**解説 図 3.6.1** にその一例を示す．

横方向鉄筋の定着部の高サイクル繰返し特性を評価する場合には，3.3（3）に示すせん断補強特性を評価するはり試験体と同様にするのがよい．

上記試験体により疲労試験を行い，疲労強度が評価基準フック以上であれば，評価基準フックと同等の性能を有しているとしてよい．

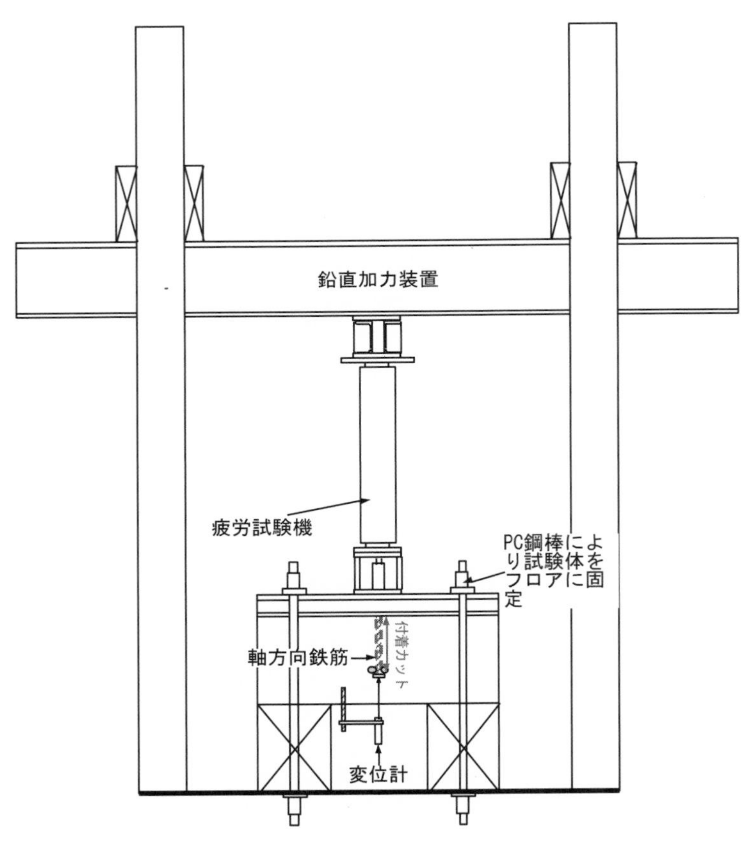

解説 図 3.6.1　載荷方法例

試験の結果は，次の事項を記録する．

① 試験体の条件

鉄筋の種類，製造会社と呼び名，試験体の寸法諸元，コンクリートの配合，計測機器の名称と型式，計測方法，載荷方法，試験体の製作状況など．

② 試験結果

使用したコンクリートおよび鉄筋の強度，最大応力，最小応力，応力振幅，最大荷重，最小荷重，疲労寿命（疲労破壊した繰返し回数），周波数，試験体状況（ひび割れの発生状況）など．

4章　施工，検査および記録

4.1　一　般

機械式定着が，所要の性能を発揮するため，機械式定着具の受け入れ時や品質を確認するために施工の各ステップで検査を行い，その結果を適切に記録しなければならない．

【解　説】　この章は，機械式定着を用いるにあたり，定着具の受け入れ時，ならびに施工時の検査と，その記録方法について示す．

4.2　施　工

定着部の施工は，工法ごとに定められた施工要領に従って，所要の特性を発揮するように施工計画書を作成し，施工しなければならない．

【解　説】　定着部は，鉄筋のかぶり，定着長の取り方などに留意し施工要領に従って施工する必要がある．機械式定着を塑性ヒンジ部に適用する場合には，所要の特性を発揮するため，鉄筋配置に関して配慮が必要である．特に，スターラップまたは中間帯鉄筋が複数本の軸方向鉄筋を取り囲むように配置された場合と同等のじん性補強性能を機械式定着具により確保する場合には，所要の特性を発揮できるように，配置計画を検討する必要がある．また，橋脚の軸方向鉄筋のはらみ出しを抑制する場合には，軸方向鉄筋のすぐ近傍の帯鉄筋に機械式定着具を配置するなどの工法ごとの特徴に合わせた検討が必要である．

4.3　検査および記録

（1）機械式定着具は，納入のつど受入れ検査を実施し，製造工場が発行する製品検査証明書によって所定の規格を満足していることを確認しなければならない．

（2）ねじ節嵌合定着具で機械式定着に有機または無機グラウト材を用いる場合には，これらの材料の品質を試験によって事前に確認しなければならない．試験の項目および方法については責任技術者の指示に従わなければならない．

（3）鉄筋の加工および組立検査は，「コンクリート標準示方書　施工編：検査標準（2017 年制定）」7.3 によるものとする．なお，適用する機械式定着に特有な検査項目がある場合には事前に検査計画を作成し，これに基づいて検査を行うものとする．特に，定着具が軸方向鉄筋の座屈抑止効果や内部コンクリートの拘束効果を期待する横方向鉄筋に用いられる場合には，各定着工法の施工要領により横方向鉄筋と軸方向鉄筋などとの位置関係を確認しなければならない．

（4）検査の結果，鉄筋の加工および組立が適当でないと判定された場合は，鉄筋の加工および組立を修正しなければならない．

（5）施工時の検査の結果ならびに修正した結果は，記録として残さなければならない．

【解　説】　（1）について　機械式定着具の受入れ検査は，添付されている製品検査証明書によって各定着具が所定の規格を満足していることを確認することで行うことを原則とした．なお，検査要領は発注者が定めた検査計画に従うが，一般には公的認定機関によって認定された要領に従うとよい．

製品検査証明書に記載されている項目は，定着具によって異なるが，共通する項目として引張試験，外観検査，寸法検査がある．なお，寸法検査の項目は，定着具の種類により異なる．**解説 表 4.3.1** に受入れ検査項目の例を示す．なお，記録方法，提出資料は各工法の基準および仕様に従ってもよい．

解説 表 4.3.1　受入れ検査項目（嵌合定着具の例）

工程	確認及び検査項目	確認及び検査方法	判定基準	抜き取り率
検査	引張試験	① 降伏強度，引張強さ ② 試験方法はこの指針に準拠	JIS G 3112 に準拠， 鉄筋規格引張強さ以上	出荷前に鉄筋鋼種と径ごとに各 3 本
	外観検査	目視検査	有害なキズ，曲がりがないこと	全数
		充てん確認	グラウトがはみ出していること	全数
	寸法検査	長さ測定	※	※

※各工法の基準に従うものとする

（2）について　ねじ節嵌合定着具で有機または無機グラウト材を用いる場合には，工事に先立って試験を行い用いる材料が所要の品質であることを確認しなければならない．ただし，製品検査証明書等によりグラウト材の性能が確認できる場合には，発注者または工事監理者の判断によりこれで代用してよい．

有機または無機グラウト材の試験項目と方法は，コンクリートなどの場合と異なるので発注者または工事監理者の指示に従うことにした．また，試験項目と方法に関して公的認定機関によって認定された要領がある場合にはこれに従ってもよい．

（3）について　機械式定着を用いた場合の施工の検査は，通常の構造物と同じである．しかし，適用にあたって期待する性能，種々の形状の機械式定着が対象となるので施工された機械式定着が所要の性能を有することを確認するために特定の検査項目がある場合には，事前にそれぞれの定着具に対応した検査計画を作成し，検査を実施しなければならない．検査内容については，適用する定着工法により項目が異なることから，定着工法ごとに規定されている施工要領を参考にしながら，事前に検査者と協議して決定しておく．

また検査者は，機械式定着について精通し，「コンクリート標準示方書　基本原則編（2012 年制定）」1.4 のコンクリート専門技術者またはこれと同等の能力を有する者であることが必要である．

通常の鉄筋工の検査と異なるのは，定着端部の形状に関する事項で，とくに鉄筋のかぶり，定着長の取り方などが該当する．鉄筋のかぶりは，いずれの定着工法ともに「コンクリート標準示方書　施工編：検査標準（2017 年制定）」7.3 の**表 7.3.1** に示された判定基準を満たさなければならない．また，定着具が鉄筋の座屈抑止効果や内部コンクリートの拘束効果を期待する横方向鉄筋に用いられる場合には，定着具と拘束すべき鉄筋の位置関係がその性能に大きく影響を及ぼすため，各定着工法の施工要領により位置関係を確認しなければならない．

定着具がコンクリート打込み中に移動すると，その性能が十分に発揮できない恐れがあるので，定着具が所定の位置に十分に固定されていることを確認する．

（４）について　検査によって不合格となった箇所は，コンクリート打ち込みまでに適切な処置を行い，その結果を検査者が確認することとした，

（５）について　すべての検査結果は，構造物の維持管理における初期データとして，発注者が構造物の供用期間中保管するため，記録として残すこととした．

付録Ⅱ－１　機械式定着工法一覧

注　　記

この工法一覧は，本指針の研究委託を行った会社が自社の技術内容を申告したものである．

工法一覧

・Head-bar（VSL JAPAN）
・T ヘッド工法鉄筋（第一高周波工業）
・プレートフック（東京鉄鋼）
・フリップバー（伊藤製鐵所）
・タフナット（共英製鋼）
・TP ナット鉄筋（ユニタイトシステムズ）
・EG 定着板工法（合同製鐵）
・オニプレート定着工法（伊藤製鐵所）
・FRIP 定着工法（伊藤製鐵所）
・タフ定着工法（共英製鋼）
・スクリュープレート工法（朝日工業）
・ネジプレート定着工法（JFE 条鋼）

工法名称		1. Ｈｅａｄ－ｂａｒ（プレート定着型せん断補強鉄筋，ヘッドバー）
技術の概要		「Head-bar」は，自動車産業等で信頼性が認められている摩擦圧接技術により端部プレートを鉄筋と一体化する工法であり，軸方向鉄筋（円形プレート），横方向鉄筋（矩形プレート・円形プレートとも適用可能）の双方に対して，半円形フックの置換えとして適用可能です． 1999.9 に機械式定着工法として初めて土木研究センターから技術審査証明を取得して以来，20 年間で約 5,000 万本の実績があります． Head-bar 工法協会を組織し，北海道から沖縄まで全国 18 工場から供給，技術力向上と品質確保に努めています．
技術の特徴		プレートによる確実な支圧定着に加え，耐震性についても，最外縁の鉄筋をプレートが直接拘束することで，軸方向鉄筋の座屈抑止効果および部材のじん性が破壊までの挙動を含め半円形フックと同等以上であり，塑性ヒンジ部位への適用が可能です．道路橋示方書(H24 年版)準拠の正負交番繰返し実験により，横拘束鉄筋としての性能が評価され審査証明において認められています． 掛ける鉄筋の径に合わせプレートの大きさを調節できることから，様々な組合せの配筋に適用可能です（横方向鉄筋・被拘束鉄筋とも D13～D51 に対して対応可能，軸方向鉄筋については D32 まで対応可能）．
証明番号		建設技術審査証明　(土木系材料・製品･技術、道路保全技術) 建技審証　第 0408 号　(一財)土木研究センター
使用鉄筋	種類	SD295, SD345, SD390, SD490
	呼び名	横方向鉄筋：D13～D51，軸方向鉄筋：D13～D32
	形状	形状を問わずすべての異型鉄筋（含む，ネジ節鉄筋）に適用可能
適用箇所		せん断補強鉄筋・中間帯鉄筋（塑性化部位を含む），軸方向鉄筋
対象鉄筋 性能確認		■横方向鉄筋：○(矩形・円形プレート) ・せん断補強：○ ・じん性補強(L2)／軸方向鉄筋の座屈防止目的：○ ■軸方向鉄筋：○(円型プレート)
問合せ先		■VSL JAPAN 株式会社　Head-bar 事業本部 〒160-0023 東京都新宿区西新宿 2-2-26 立花新宿ビル 5 階 TEL：03-3346-8913　FAX：03-3345-9153 ■大成建設株式会社 技術センター社会基盤技術研究部材工研究室 〒245-0051 神奈川県横浜市戸塚区名瀬町 344-1 TEL：045-814-7231　FAX：045-814-7255

工法名称		2. Tヘッド工法鉄筋（拡径部による機械式定着鉄筋）
技術の概要		「Tヘッド工法鉄筋」は，加熱成形によって鉄筋端部に拡径部を設け，機械的にコンクリートに定着することにより，鉄筋コンクリート部材のスターラップ，中間帯鉄筋および軸方向鉄筋の定着において，従来の標準フックの代わりに使用することを目的としている．標準タイプの「TH25」，軸方向鉄筋のみに適用できる小型拡径タイプの「TH20」，横方向鉄筋の定着具として高いじん性補強性能を有する「THL」の3種類がある．部材の最大耐力を超えて，終局状態に近い変位まで評価基準フックを用いた部材と同等以上の特性を有する本指針のじん性補強性能(L2)を満足する．また，評価基準フックと同等以上の疲労性能を有する． 開発から20年間で，全国約5,300現場，約5,000万箇所の実績を有する． TH20　TH25　THL THLの配置例
技術の特徴		・定着具は，鉄筋母材自体を成形加工した一体物であり，配筋場所での付加的な作業（プレート，ナットのセット，充填等）が不要． ・耐震性能だけでなく，異種材料の接合がないため，高い疲労性能を有する．
証明番号		「建設技術審査証明（土木系材料・製品・技術，道路保全技術） 建技審証第0314号（一財）土木研究センター」
使用鉄筋	種類	SD295A，SD295B，SD345，SD390，SD490
	呼び名	D13～D51
	形状	鉄筋メーカー・鉄筋形状(異形鉄筋およびネジ節鉄筋)を問わず使用可
適用箇所		・梁・柱のような棒部材，壁・スラブのような面部材のせん断補強鉄筋または中間帯鉄筋（外周鉄筋を除く）． ・杭・柱および橋脚等の軸方向鉄筋のフーチング等のようにマッシブなコンクリートへの定着．
対象鉄筋 性能確認		■横方向鉄筋（スターラップ、中間帯鉄筋）：○ ・せん断補強：○【TH25，THL】 ・じん性補強：○【TH25，THL】 ・じん性補強（L2）：○【TH25※1，THL】 ※1　コアコンクリート内で重ね継いだ場合 ■軸方向鉄筋：○ 【TH20，TH25】
問合せ先		■第一高周波工業株式会社 〒103-0002　東京都中央区日本橋馬喰町1－6－2 TEL：03－5623－5623　FAX：03－5649－3724 ■ 清水建設株式会社　技術研究所　社会基盤技術センター 〒135-8530　東京都江東区越中島3－4－17 TEL：03－3820－5504　FAX：03－3643－7260

<table>
<tr><td colspan="2">工法名称</td><td colspan="2">3. プレートフック　（プレート定着型せん断補強鉄筋）</td></tr>
<tr><td colspan="2">技術の概要</td><td colspan="2">プレートフックは，せん断補強鉄筋および座屈防止鉄筋などに用いるために，鉄筋（ネジテツコン）に取付けた定着具（プレートフック）により，主鉄筋を拘束する目的で横方向鉄筋に掛けてコンクリートに定着し，部材のせん断補強性能および座屈防止を確保する工法です．従来の半円形フックと同等の性能を有しています．  </td></tr>
<tr><td colspan="2">技術の特徴</td><td colspan="2">・鉄筋（ネジテツコン）と定着具の接合は，大がかりな設備は必要なく，軽微な器具で簡単に行えます．
・鉄筋（ネジテツコン）と定着具が分離型のため，鉄筋（ネジテツコン）の配筋後に定着具の取付けも可能です．よって定着具付鉄筋では配筋困難な過密配筋や多段配筋部での施工を可能とします．</td></tr>
<tr><td colspan="2">証明番号</td><td colspan="2">建設技術審査証明（土木系材料･製品･技術、道路保全技術）
建技審証第0511号（一財）土木研究センター</td></tr>
<tr><td rowspan="3">使用鉄筋</td><td>種類</td><td colspan="2">SD295A，SD295B，SD345</td></tr>
<tr><td>呼び名</td><td colspan="2">D13～D51</td></tr>
<tr><td>形状</td><td colspan="2">ネジテツコン（ネジ節鉄筋）　JIS G 3112に規定する異形棒鋼</td></tr>
<tr><td colspan="2">適用箇所</td><td colspan="2">梁部材や壁・スラブ部材のせん断補強鉄筋および柱の中間帯鉄筋（外周鉄筋を除く）</td></tr>
<tr><td colspan="2">対象鉄筋
性能確認</td><td>■横方向鉄筋：○
・せん断補強：○
・じん性補強：○</td><td>■軸方向鉄筋：×</td></tr>
<tr><td colspan="2">問合せ先</td><td colspan="2">■東京鉄鋼土木株式会社
〒102-0071 東京都千代田区富士見2-7-2 ステージビルディング10階
TEL：03-3230-2741　FAX：03-3230-2844
■鹿島建設株式会社　土木技術本部
〒107-8348 東京都港区赤坂6-5-11
TEL：03-6229-6649　FAX：03-5561-2155</td></tr>
</table>

工法名称		4. フリップバー（プレートを摩擦圧接した機械式定着鉄筋）	
技術の概要		フリップバーは，摩擦圧接によってプレート（円形の非調質鋼材）を鉄筋端部に設置し，機械的に鉄筋をコンクリートに定着する定着筋である．コンクリート部材のスターラップおよび中間帯鉄筋において，従来の標準フック代替として使用することを目的とする．フリップバーのスターラップとしてのせん断補強性能，中間帯鉄筋としての拘束性能は，従来の半円形フック鉄筋とほぼ同等の性能を有している．	
技術の特徴		・フリップバーは，既に配筋した軸方向鉄筋や帯鉄筋の間に挿入するだけで配筋が可能となることから，鉄筋組立工程の低減や組み立て時間の短縮などの施工性が向上する． ・フリップバーは，工場で鉄筋端部に定着具を摩擦圧接し出荷することから配筋場所での付加的作業（定着具の取り付け，グラウト充填など）が不要となり，施工面で優れている．	
証明番号		建設技術審査証明（土木系材料・製品・技術，道路保全技術） 建技審証第 0903 号　（一財）土木研究センター	
使用鉄筋	種類	SD295A，SD345，SD390，SD490	
	呼び名	D13～D51	
	形状	JIS G 3112 に適合する異形棒鋼	
適用箇所		梁部材や壁・スラブ部材のせん断補強鉄筋および柱の中間帯鉄筋（外周鉄筋を除く）	
対象鉄筋 性能確認		■横方向鉄筋：○ ・せん断補強：○ ・じん性補強：○	■軸方向鉄筋：×
問合せ先		■株式会社伊藤製鐵所 〒101-0032 東京都千代田区岩本町三丁目 2 番 4 号 岩本町ビル 7 階 TEL：03-5829-4630　FAX：03-5829-4632 ■株式会社安藤・間　建設本部土木技術統括部 〒107-8658　東京都港区赤坂 6-1-20 TEL：03-6234-3672　FAX：03-6234-3704	

<table>
<tr><td colspan="2">工法名称</td><td colspan="2">5. タフナット</td></tr>
<tr><td colspan="2">技術の概要</td><td colspan="2">タフナットは，ねじ節鉄筋タフネジバーの先端に，雌ねじを有するプレート型ナットを用いて嵌合し，定着鉄筋として機械的にコンクリートに定着することで，既存の半円形フックと同等以上の性能を付与する定着鉄筋です．  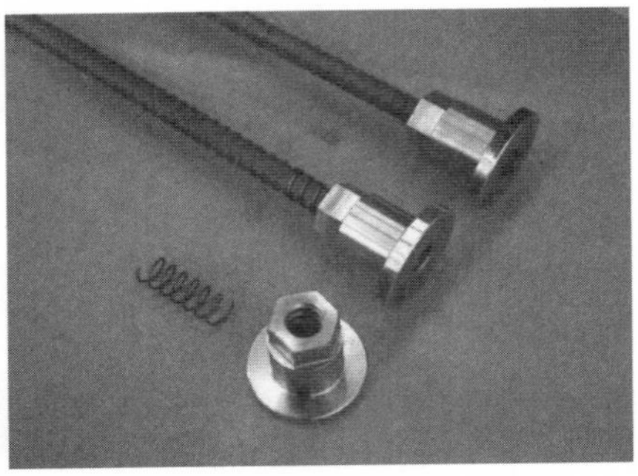</td></tr>
<tr><td colspan="2">技術の特徴</td><td colspan="2">・ねじ節鉄筋の端部に嵌合鋼線を介してプレート型ナットを嵌合することにより定着鉄筋を形成します．このため，従来の機械式定着鉄筋に比べて，配筋場所で付加的な作業のみのため，施工精度や運搬性に優れています．
・施工環境に応じて，両端にタフナットを設ける場合や，片側にタフナットを設け，もう一方は，既存の半円形フックとする場合など自由に選択することが可能です．</td></tr>
<tr><td colspan="2">証明番号</td><td colspan="2">建設技術審査証明(土木系材料･製品･技術，道路保全技術)
建技審証第1301号　(一財)土木研究センター</td></tr>
<tr><td rowspan="3">使用鉄筋</td><td>種　類</td><td colspan="2">SD295A，SD345，SD390，SD490</td></tr>
<tr><td>呼び名</td><td colspan="2">D13～D51</td></tr>
<tr><td>形　状</td><td colspan="2">タフネジバー(ねじ節鉄筋)　JIS G 3112に規定する異形棒鋼</td></tr>
<tr><td colspan="2">適用箇所</td><td colspan="2">コンクリート部材のせん断補強鉄筋，中間帯鉄筋，および軸方向鉄筋など</td></tr>
<tr><td colspan="2">対象鉄筋
性能確認</td><td>■横方向鉄筋：○
・せん断補強：○
・じん性補強：×</td><td>■軸方向鉄筋：○</td></tr>
<tr><td colspan="2">問合せ先</td><td colspan="2">■共英製鋼株式会社
名古屋事業所
〒490-1443 愛知県海部郡飛島村大字新政成字未之切809番地1
TEL：0567-55-1087　　FAX：0567-55-1097</td></tr>
</table>

<table>
<tr><td colspan="2">工法名称</td><td colspan="2">6. TP ナット鉄筋　（テーパーネジを用いた機械式定着鉄筋）</td></tr>
<tr><td colspan="2">技術の概要</td><td colspan="2">TP ナット鉄筋は，鉄筋コンクリート構造物のせん断補強鉄筋，中間帯鉄筋，主鉄筋などを対象に，従来の半円形フックの代替として鉄筋端部にネジ加工を施して取付けたナット状の定着具により定着を確保する構造の鉄筋です．</td></tr>
<tr><td colspan="2">技術の特徴</td><td colspan="2">・TP ナット鉄筋は，標準フックと同等のせん断補強性能や主鉄筋の拘束性能が得られます．
・従来の標準フックと同等の定着性能を有しながら配筋の施工性が大幅に向上するため，工期短縮が可能です．
・TP ナット鉄筋は，片側のみ取付け，両端取付けのいずれも可能であり，配筋状況や施工性に応じて自由に選択することができます．</td></tr>
<tr><td colspan="2">認証，証明等</td><td colspan="2">建設技術審査証明(土木系材料・製品・技術，道路保全技術)
建技審証　第 1010 号　一般財団法人土木研究センター
※本証明は，前田建設工業株式会社，およびユニタイト株式会社に交付されたものである．</td></tr>
<tr><td rowspan="3">使用鉄筋</td><td>種　類</td><td colspan="2">SD295，SD345，SD390，SD490　　※SD295 は D13 および D16 のみ</td></tr>
<tr><td>呼び名</td><td colspan="2">D13～D35</td></tr>
<tr><td>形　状</td><td colspan="2">JIS G 3112 に規定する異形棒鋼</td></tr>
<tr><td colspan="2">適用箇所</td><td colspan="2">スターラップ，中間帯鉄筋等の横方向鉄筋及び主鉄筋等の軸方向鉄筋</td></tr>
<tr><td colspan="2">対象鉄筋
性能確認</td><td>■横方向鉄筋：○
・せん断補強：○
・じん性補強：○</td><td>■軸方向鉄筋：○</td></tr>
<tr><td colspan="2">問合せ先</td><td colspan="2">■販売　光が丘興産株式会社
〒179-0075 東京都練馬区高松５－８－２０ J.City 17F
TEL (03)5372-4615（代）FAX (03)5372-4626
■製造　ユニタイトシステムズ株式会社
〒651-2271 兵庫県神戸市西区高塚台３丁目１番地の１２
TEL：078-991-3033　　FAX：078-991-1820</td></tr>
</table>

<table>
<tr><td colspan="2">工法名称</td><td colspan="2">7. EG 定着板工法</td></tr>
<tr><td colspan="2">技術の概要</td><td colspan="2">EG 定着板工法は，摩擦圧接工法によって鉄筋端部に接合されたねじに，円形定着板を手締め（バリにあてがって捻じ込む）のみで取付け施工を完了することが可能な機械式鉄筋定着工法です．
その定着性能は，フック付き定着筋と同等以上であることが実験によって証明されており，従来の折曲げ定着に見られる煩雑な加工，過密配筋等の諸問題を解消し，整然とした定着部の納まりの実現を可能にします．  </td></tr>
<tr><td colspan="2">技術の特徴</td><td colspan="2">・摩擦圧接による鉄筋とねじの接合 ⇒ 接合耐力≧鉄筋母材耐力
・手締めによる施工 ⇒ 工具が不要，グラウト不要
・天候（風雨）に左右されない
・配筋後の定着板の取付けが可能 ⇒ 太径鉄筋，直交鉄筋，多段配筋等による定着部の過密配筋問題を解消し，配筋の簡略化が可能
・品質管理が簡単 ⇒ 合わせマークのずれ，ねじの余長≧3mm の確認</td></tr>
<tr><td colspan="2">評定番号</td><td colspan="2">GBRC 性能証明 第 01-13 号 改 2， SABTEC 評価 12-05 R2</td></tr>
<tr><td rowspan="3">使用鉄筋</td><td>種類</td><td colspan="2">SD295A，SD295B，SD345，SD390，SD490，SD590B，SD685B</td></tr>
<tr><td>呼び名</td><td colspan="2">D13～D51（ただし，SD490 は D22～D51，SD590B 及び SD685B は D35～D41）</td></tr>
<tr><td>形状</td><td colspan="2">JIS G 3112 に規定する鉄筋コンクリート用異形棒鋼</td></tr>
<tr><td colspan="2">適用箇所</td><td colspan="2">柱及び梁主鉄筋、壁鉄筋（縦・横）、スラブ鉄筋の定着部への定着に適用する。</td></tr>
<tr><td colspan="2">対象鉄筋
性能確認</td><td>■ 横方向鉄筋：×
・せん断補強：×
・じん性補強：×</td><td>■ 軸方向鉄筋：○（建築）
・定着性能（建築）確認済
・せん断補強性能（建築）確認済</td></tr>
<tr><td colspan="2">問合せ先</td><td colspan="2">■ 合同製鐵株式会社
棒鋼販売部（東京）：
〒100-0005 東京都千代田区丸の内一丁目９番１号 丸の内中央ビル９階
TEL：03-5218-7093 FAX：03-5218-7085
棒鋼販売部（大阪）：
〒530-0004 大阪市北区堂島浜二丁目２番８号 東洋紡ビル８階
TEL：06-6343-7669 FAX：06-6343-7665</td></tr>
</table>

※せん断補強及びじん性補強等について，本指針に規定されている実験方法による確認実験は実施していないが，各種建築構造部材及び機械式定着工法を用いた実験結果によれば，構造性能（定着耐力及びせん断耐力）は，折曲げ定着と同等以上であり，かつ複数の機械式定着工法間に顕著な差異はないことが確認されている．

<table>
<tr><td colspan="2">工法名称</td><td colspan="2">8. オニプレート定着工法</td></tr>
<tr><td colspan="2">技術の概要</td><td colspan="2">オニプレート定着工法は，ねじ節鉄筋型定着金物（オニプレート）をねじ節鉄筋（ネジ onicon）の末端部に嵌合した後，無機グラウト材あるいは有機グラウト材を充填・硬化させて設置する機械式定着工法である．本定着筋は，柱梁接合部に所定の定着長さで配筋することでオニプレートの支圧強度と定着筋の付着強度により定着させる機械式定着工法である． 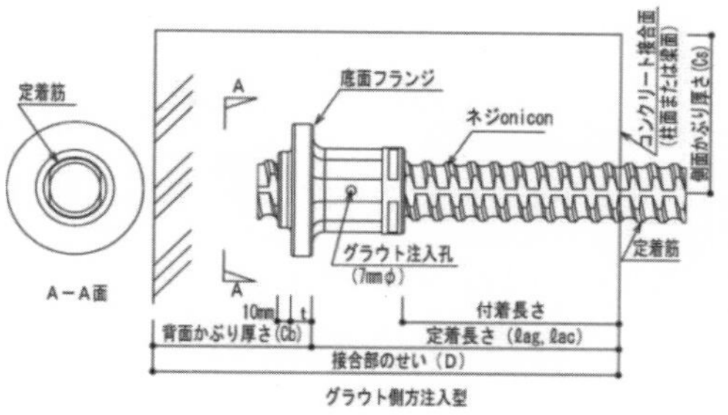 </td></tr>
<tr><td colspan="2">技術の特徴</td><td colspan="2">・柱筋と梁筋が立体的に交差する柱梁接合部の配筋で，定着金物（オニプレート）の位置決めがスピーディかつ確実にできる．
・ネジ onicon 機械式継手と併用するとグラウト材を共有でき，配筋作業中の鉄筋位置の微調整や作業工程の削減が容易となり，鉄筋工事の合理化，省力化により工期短縮が図れる．</td></tr>
<tr><td colspan="2">証明番号</td><td colspan="2">・SABTEC 評価 12-03R2[RC 構造設計指針（2017 年）]
（一社）建築構造技術支援機構
・SABTEC 評価 17-04R1[RCS 混合構造設計指針（2018 年）]
（一社）建築構造技術支援機構
注）オニプレート定着工法は，土木学会「鉄筋定着・継手指針[2007 年版]」の「軸方向鉄筋に標準フックの代替として機械式定着を用いる場合の性能評価」に準拠し，オニプレート定着体の静的耐力および高応力繰返し性能の評価試験を第三者試験機関で行い，所要の性能を有していることを確認している．</td></tr>
<tr><td rowspan="3">使用鉄筋</td><td>種類</td><td colspan="2">SD345，SD390，SD490，OSD590，OSD685</td></tr>
<tr><td>呼び名</td><td colspan="2">D19～D41</td></tr>
<tr><td>形状</td><td colspan="2">JIS G 3112 に適合するねじ節鉄筋（ネジ onicon）および国土交通大臣認定品（高強度ネジ onicon）</td></tr>
<tr><td colspan="2">適用箇所</td><td colspan="2">柱梁接合部の主鉄筋定着，小梁，スラブ，壁筋の定着，アンカーボルトの定着，杭頭の主鉄筋定着</td></tr>
<tr><td colspan="2">対象鉄筋
性能確認</td><td>■横方向鉄筋：×
・せん断補強：×
・じん性補強：×</td><td>■軸方向鉄筋：○</td></tr>
<tr><td colspan="2">問合せ先</td><td colspan="2">■株式会社伊藤製鐵所
〒101-0032 東京都千代田区岩本町三丁目 2 番 4 号 岩本町ビル 7 階
TEL：03-5829-4630　　FAX：03-5829-4632</td></tr>
</table>

<table>
<tr><td colspan="2">工 法 名 称</td><td colspan="2">9. FRIP 定着工法</td></tr>
<tr><td colspan="2">技術の概要</td><td colspan="2">FRIP 定着工法は，FRIP 定着板を異形鉄筋の端部に摩擦圧接し，柱梁接合部に所定の定着長さで配筋することで FRIP 定着板の支圧強度と定着筋の付着強度により定着させる機械式定着工法である． 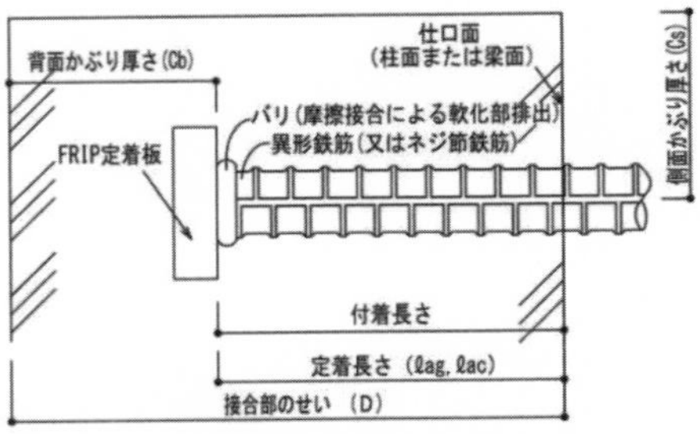 </td></tr>
<tr><td colspan="2">技術の特徴</td><td colspan="2">・柱筋と梁筋が立体的に交差する柱梁接合部の配筋がスピーディかつ確実にできる．
・FRIP 定着筋は，工場で鉄筋端部に定着具を摩擦圧接し出荷することから配筋場所での付加的作業（定着金物の取り付け，グラウト充填など）が不要となり，施工面で優れている．</td></tr>
<tr><td colspan="2">証 明 番 号</td><td colspan="2">・SABTEC 評価 12-03R2[RC 構造設計指針（2017 年）]
（一社）建築構造技術支援機構
・SABTEC 評価 17-04R1[RCS 混合構造設計指針（2018 年）]
（一社）建築構造技術支援機構
注）FRIP 定着工法は，土木学会「鉄筋定着・継手指針[2007 年版]」の「軸方向鉄筋に標準フックの代替として機械式定着を用いる場合の性能評価」に準拠し，FRIP 定着体の静的耐力および高応力繰返し性能の評価試験を第三者試験機関で行い，所要の性能を有していることを確認している．</td></tr>
<tr><td rowspan="3">使用鉄筋</td><td>種　類</td><td colspan="2">SD295A，SD345，SD390，SD490</td></tr>
<tr><td>呼び名</td><td colspan="2">D19～D41</td></tr>
<tr><td>形　状</td><td colspan="2">JIS G 3112 に適合する異形棒鋼</td></tr>
<tr><td colspan="2">適 用 箇 所</td><td colspan="2">柱梁接合部の主鉄筋定着，小梁，スラブ，壁筋の定着，アンカーボルトの定着，杭頭の主鉄筋定着</td></tr>
<tr><td colspan="2">対 象 鉄 筋
性 能 確 認</td><td>■横方向鉄筋：×
・せん断補強：×
・じん性補強：×</td><td>■軸方向鉄筋：○</td></tr>
<tr><td colspan="2">問 合 せ 先</td><td colspan="2">■株式会社伊藤製鐵所
〒101-0032 東京都千代田区岩本町三丁目 2 番 4 号 岩本町ビル 7 階
TEL：03-5829-4630　　FAX：03-5829-4632</td></tr>
</table>

<table>
<tr><td colspan="2">工 法 名 称</td><td colspan="2">10. タフ定着工法</td></tr>
<tr><td colspan="2">技術の概要</td><td colspan="2">タフ定着工法は，ねじ節鉄筋タフネジバーの先端に，雌ねじを有する定着金物タフネジナットを結合するか，竹節鉄筋タフコンまたはねじ節鉄筋タフネジバーの先端に円形定着板タフヘッドを摩擦圧接し，それぞれの異形鉄筋をコンクリート部材に機械的に定着する技術です.

タフネジナット　　タフヘッド</td></tr>
<tr><td colspan="2">技術の特徴</td><td colspan="2">・タフネジナットは，異形鉄筋と定着具が分離型のため，工事現場での運搬，配筋時の施工性が改善されます.
・タフヘッドは，工事現場での定着具の取付けが不要で施工性に優れた定着工法です.</td></tr>
<tr><td colspan="2">証 明 番 号</td><td colspan="2">(一財)日本建築総合試験所　GBRC 性能証明 第 00-16 号 改 4
(一社)建築構造技術支援機構　SABTEC 評価 12-02R4</td></tr>
<tr><td rowspan="3">使用鉄筋</td><td>種　類</td><td colspan="2">タフネジナット適用時：SD345，SD390，SD490，USD590，USD685
タフヘッド適用時：SD295A，SD345，SD390，SD490</td></tr>
<tr><td>呼び名</td><td colspan="2">タフネジナット適用時：D19～D41
タフヘッド適用時：D13～D41</td></tr>
<tr><td>形　状</td><td colspan="2">タフネジナット適用時：タフネジバー(ねじ節鉄筋)
タフヘッド適用時：タフネジバー(ねじ節鉄筋)またはタフコン(竹節鉄筋)</td></tr>
<tr><td colspan="2">適 用 箇 所</td><td colspan="2">柱･梁主鉄筋の柱梁接合部への定着，柱主鉄筋の基礎部への定着，基礎梁主鉄筋の基礎部への定着，壁筋の柱･梁･壁への定着，小梁主鉄筋･スラブ筋の梁への定着</td></tr>
<tr><td colspan="2">対 象 鉄 筋
性 能 確 認</td><td>■横方向鉄筋：×
・せん断補強：×
・じん性補強：×</td><td>■軸方向鉄筋：○</td></tr>
<tr><td colspan="2">問 合 せ 先</td><td colspan="2">■共英製鋼株式会社
名古屋事業所
〒490-1443 愛知県海部郡飛島村大字新政成字未之切 809 番地 1
TEL：0567-55-1087　FAX：0567-55-1097</td></tr>
</table>

工法名称		**11. スクリュープレート工法**	
技術の概要		スクリュープレート工法は，鉄筋と一体化したスクリュープレートを取り付けることにより，鉄筋に曲げ加工が不要となり，施工性が大幅に改善される工法です。 閉塞型　背面：円形定着板，六角形状突起，点検穴（ｸﾞﾗｳﾄ後込め）　側面：六角形状突起，円形定着板 貫通型　背面：円形定着板，円形状突起　側面：円形状突起，円形定着板	
技術の特徴		ねじ節鉄筋（ネジエーコン）との一体化により，鉄筋の曲げ加工が不要になるため，高強度・太径配筋施工の合理化が図れます．	
証明番号		BCJ 評定-RC0287-05　(一財)日本建築センター	
使用鉄筋	種類	SD295A，SD345，SD390，SD490，USD590A･B，USD685A･B	
	呼び名	D19～D41	
	形状	ネジエーコン（ネジ節鉄筋）　JIS G 3112 に適合する異形棒鋼	
適用箇所		柱梁接合部の主鉄筋定着，小梁，スラブ，壁筋の定着	
対象鉄筋 性能確認		■横方向鉄筋：× ・せん断補強：× ・じん性補強：×	■軸方向鉄筋：○
問合せ先		■朝日工業株式会社 〒170-0013　東京都豊島区東池袋 3-23-5 Daiwa 東池袋ビル TEL：03-3987-2438　　FAX：03-5396-7500	

スクリュープレート工法は，土木学会「鉄筋定着・継手指針[2007 年版]」の「軸方向鉄筋に標準フックの代替として機械式定着を用いる場合の性能評価」に準拠する静的耐力試験および高応力繰返し試験において，所要の性能を有していることを確認しています.

工法名称	12. ネジプレート定着工法	
技術の概要	ネジプレート定着工法は，ねじ節鉄筋（ネジバー）と雌ネジを有する定着金物（ネジプレート）を嵌合させ，グラウトを充填し固定する機械式定着工法です．軸方向鉄筋と横方向鉄筋について、標準フックからの置き換えができることを土木学会指針に準拠した試験で確認しました． 突出させる　グラウト材注入孔　両端からグラウト材の漏れ出しを確認　DSネジバー	
技術の特徴	・軸方向鉄筋について，標準フックの代替として、L形部や基礎部に使用することで施工性が改善できます． ・横方向鉄筋，特にせん断補強鉄筋への適用により，鉄筋工事の効率化・生産性向上による工期短縮効果が期待できます． ・配筋後のあと施工が可能で，様々な施工計画に対応できます．	
証明番号	★土木学会「鉄筋定着・継手指針[2007年版]」準拠試験 定着具単体性能評価および軸方向鉄筋、横方向鉄筋に標準フックの代替として用いる場合の性能評価試験を実施し、所要の性能を有することを確認しております。 （第三者試験機関（コベルコ科研）：JAK1240720、JAK1431110、JAK1531030 他） ☆建築認定・SABTEC 評価 12-01R4 [RC 構造設計指針（2017 年）] ・SABTEC 評価 17-01R1 [RCS 混合構造設計指針（2018 年）] ・GBRC 性能証明 07-18 号 改 3［DS ネジプレート定着工法］	
使用鉄筋　種類	SD345　（SD295～USD685）　（　）内建築認定範囲	
使用鉄筋　呼び名	D13～D51　（D13～D41）　（　）内建築認定範囲	
使用鉄筋　形状	JIS G 3112 に適合するねじ節鉄筋ネジバー （および国土交通大臣認定品ハイテンネジバー）	
適用箇所	従来　上　下　→　変更　上　下 横方向鉄筋 L形部定着 ネジプレート　基礎部定着 ネジプレート 軸方向鉄筋	
対象鉄筋性能確認	■横方向鉄筋：○ ・せん断補強：○ ・じん性補強：○	■軸方向鉄筋：○
問合せ先	■ＪＦＥ条鋼株式会社 鉄筋棒鋼営業部　〒105-0004 東京都港区新橋 5 丁目 11 番 3 号 TEL：03-5777-3820　FAX：03-5777-3804 西日本鉄筋棒鋼営業部　〒550-0002 大阪市西区江戸堀 1 丁目 9 番 1 号 TEL：06-4803-8700　FAX：06-4803-8720	

Ⅲ　ガス圧接継手編

1章　総　　則

1.1　適用の範囲

この編は，軸方向鉄筋および横方向鉄筋の接合にガス圧接継手を用いる場合の施工，検査および記録に適用する．この編に示していない事項は，第Ⅰ編によるものとする．

【解　説】　この編は，一般の鉄筋コンクリートおよびプレストレストコンクリートの軸方向鉄筋および横方向鉄筋の継手にガス圧接継手を用いる場合について，継手単体を対象とした施工，検査および記録の標準を示すものである．鉄筋のガス圧接は，接合端面を突き合わせて，圧力を加えながら，酸素とアセチレンなどの可燃性ガスの混合ガス炎で接合部を1200℃～1300℃に加熱し，接合端面を溶かすことなく赤熱状態でふくらみを作り接合する（**解説 図 1.1.1**）．接合は，加圧および加熱により突き合わせた両端面の原子が接合面を跨いで拡散し，金属結合して一体化することにより行われる[1.1]（**解説 図 1.1.2**）．熱源として，一般には酸素とアセチレンの混合ガス炎を使用するが，最近は天然ガス，水素・エチレン混合ガスなどの新しいガスを利用したガス圧接工法が開発され実用化されている．なお，この編に規定のないガス圧接工法を適用する場合は，十分な実験的検討が必要である．

この編は，手動ガス圧接，自動ガス圧接および熱間押抜ガス圧接，並びに高分子天然ガス圧接および水素・エチレン混合ガス圧接を適用の範囲としており，「鉄筋継手工事標準仕様書　ガス圧接継手工事（2017年）」，「鉄筋継手工事標準仕様書　高分子天然ガス圧接継手工事（2018年）」，「鉄筋継手工事標準仕様書 水素・エチレン混合ガス圧接継手工事（案）（2016年）」[1.2)~1.4)]（日本鉄筋継手協会），同協会の諸規定および基準，JISの関連規格などを参考としている．

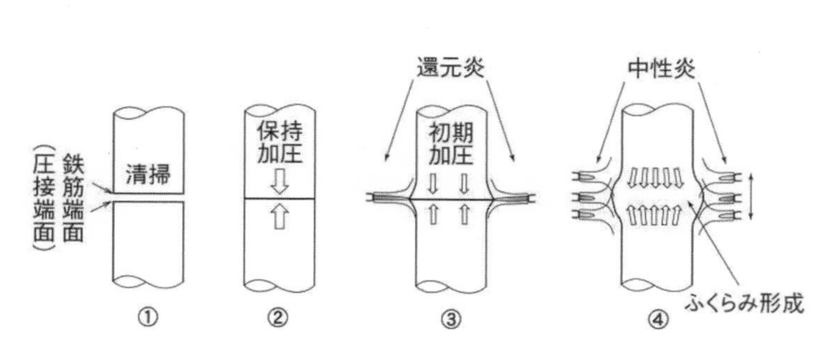

注）高分子天然ガス圧接は，中性炎のみを使用

解説 図 1.1.1　ガス圧接の工程

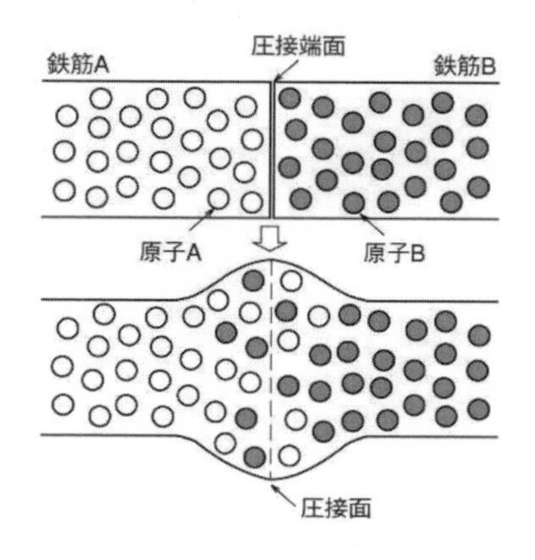

解説 図 1.1.2 接合のメカニズム

1.2　ガス圧接工法の種類

この編は，次のガス圧接工法を対象とする．

(i)　手動ガス圧接
(ii)　自動ガス圧接
(iii)　熱間押抜ガス圧接
(iv)　高分子天然ガス圧接
(v)　水素・エチレン混合ガス圧接

【解　説】　(i) について　手動ガス圧接は，加圧力の大きさ，加圧パターン，圧接部の温度上昇およびアプセット（縮み量）の進行状態を手動で管理するものである（**解説 写真 1.2.1**）．手動ガス圧接装置は加熱器，圧接器，加圧器からなり，加熱器は JIS に規定するものを用いる．検査は，外観検査および超音波探傷検査により行うこととしている．

解説 写真 1.2.1　手動ガス圧接の施工状況

(ii) について　自動ガス圧接は，鉄筋の加熱，加圧の各操作を制御し所定の工程を繰り返し再現する機能を有する機材を用いる（**解説 写真 1.2.2～1.2.3**）．検査は，外観検査，圧接施工記録の検査により行うこととしている．

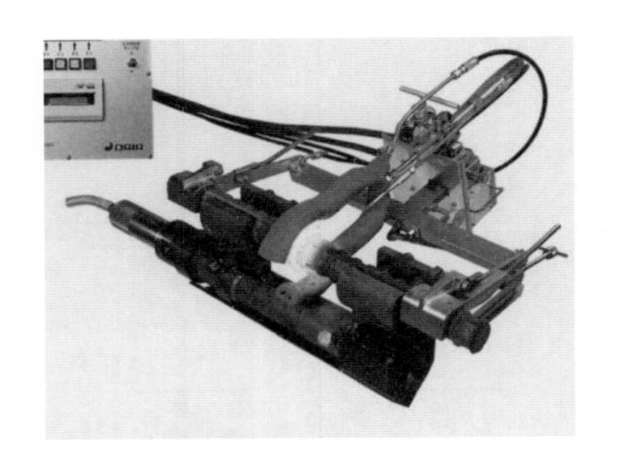

解説 写真 1.2.2　自動ガス圧接装置の例

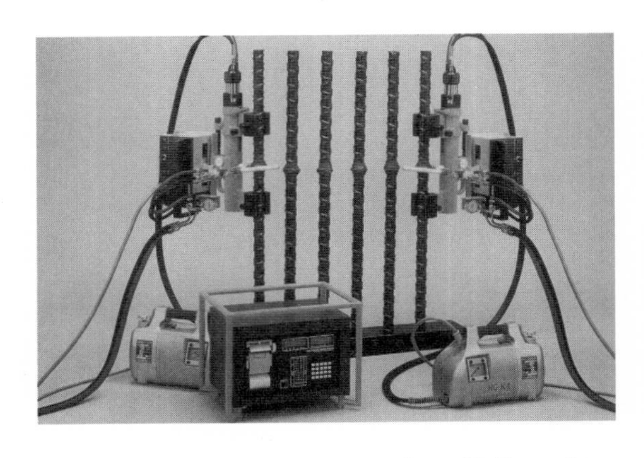

解説 写真 1.2.3　自動ガス圧接装置の例

(iii) について　熱間押抜ガス圧接は，圧接後の押抜き工程が異なるだけで圧接工程そのものは通常の圧接と基本的に同じであり，圧接を終了した直後に圧接部のふくらみをせん断刃で鉄筋径の 1.2 倍程度の直径に押抜き除去する施工法である（**解説 写真 1.2.4～1.2.6**）．そのため，熱間押抜ガス圧接器は，手動ガス圧接器に圧接後のふくらみを押抜き除去するためのせん断刃を装備したものとなっている．圧接部の良否を目視にて判定することができるため，検査は外観検査のみによることとしている．

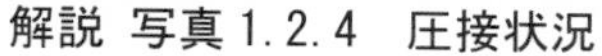
解説 写真 1.2.4　圧接状況

解説 写真 1.2.5　押抜き状況

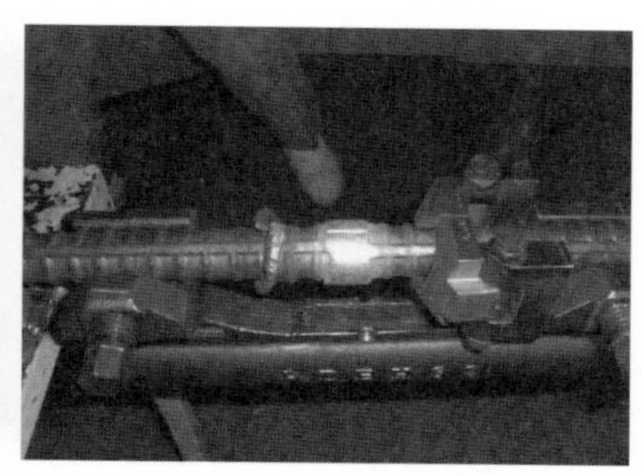
解説 写真 1.2.6　圧接完了状況

(iv) について　高分子天然ガス圧接は，加熱燃料として天然ガスを用いることに加え，PS リングと呼ばれる還元材を用いて鉄筋端面の酸化防止を行うガス圧接工法である．天然ガスを用いることで逆火しにくいなどの特長も有している．PS リングは，あらかじめ鉄筋端面に取り付け，加熱により還元材が分解され，発生する還元性ガスで鉄筋端面の酸化防止を行っている（**解説 図 1.2.7**）．圧接装置は，加熱器，圧接器，加圧器からなり，加熱器は高分子天然ガス圧接専用品を用いる（**解説 写真 1.2.8**）．検査は外観検査および超音波探傷検査により行なうこととしている．

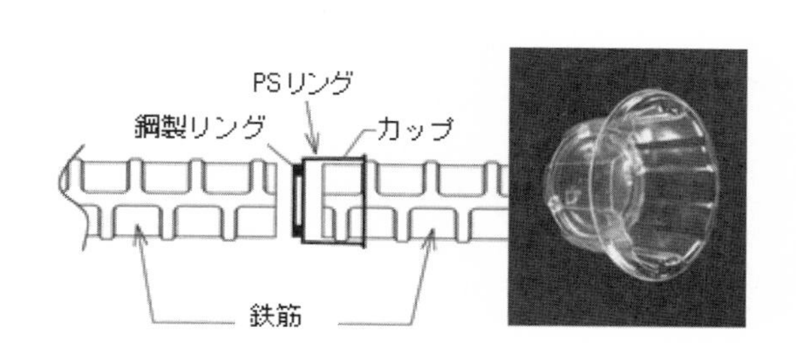

解説 図 1.2.7 還元材（PS リング）[1.3)]

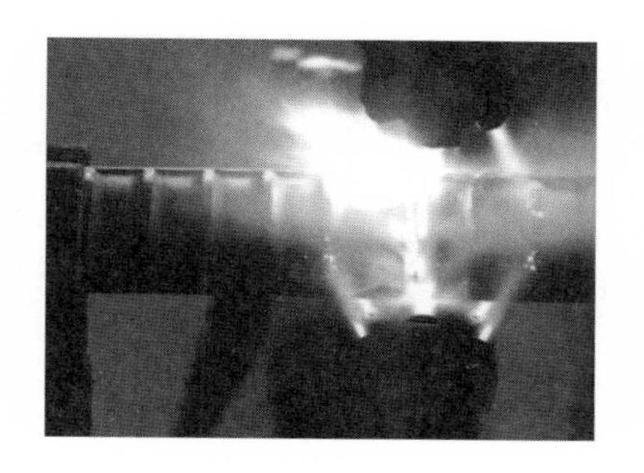
解説 写真 1.2.8　圧接状況

(v) について　水素・エチレン混合ガス圧接は，水素・エチレン混合ガスを使用して行うガス圧接工法である．この工法は，アセチレンガスを用いるガス圧接工法と比較して，逆火しにくく，空気より軽く滞留し難い，アセチレン容器の爆発事故の原因である自己分解爆発が起こらないなどの特長を有している．また，ガスの流量管理に流量計を用いることで還元炎を管理し，加圧器に上限圧および下限圧を設定でき加圧時間を自動的に保持する機能を有する自動加圧器を用いる工法であり，その他の圧接工程はアセチレンガスを用いるガス圧接工法と基本的に同じである（**解説 写真 1.2.9**）．検査は，外観検査および超音波探傷検査により行うこととしている．

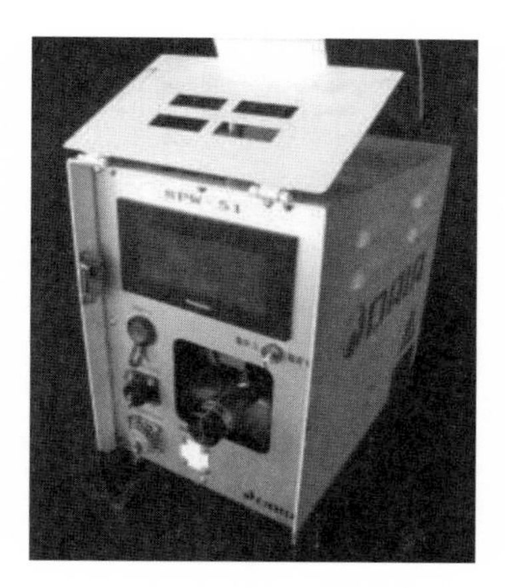
解説 写真1.2.9　加圧装置[1.4)]

1.3　鉄筋の種類および組合せ

各ガス圧接工法において，圧接できる鉄筋の種類および組合せは，次に示すとおりとする．

（1）手動ガス圧接，自動ガス圧接および熱間押抜ガス圧接

(i)　圧接できる鉄筋の種類は，**表1.3.1**に示すJIS G 3112（鉄筋コンクリート用棒鋼）に適合するもので，丸鋼は径16mm以上，50mm以下，異形棒鋼は呼び名D16以上，D51以下とする．

表1.3.1　圧接できる鉄筋の種類

区　分	圧接できる鉄筋の種類
丸　鋼	SR235，SR295
異形棒鋼	SD295A，SD295B，SD345，SD390，SD490

(ii)　圧接できる鉄筋の種類の組合せは，**表1.3.2**に示すとおりとする．

表1.3.2　圧接できる鉄筋の種類の組合せ

鉄筋の種類	圧接できる鉄筋の種類
SR 235	SR 235，SR 295
SR 295	SR 235，SR 295
SD 295 A	SD 295 A，SD 295 B，SD 345
SD 295 B	SD 295 A，SD 295 B，SD 345
SD 345	SD 295 A，SD 295 B，SD 345，SD 390
SD 390	SD 345，SD 390，SD 490※)
SD 490	SD 390※)，SD 490

※）SD490の継手として扱う

(iii)　手動ガス圧接の場合，鉄筋径が異なる鉄筋同士の継手は，原則として鉄筋径の差が7mm以下とする．ただし，異形棒鋼で，呼び名D41とD51との継手においてはこの限りでない．なお，自動ガス圧接および熱間押抜ガス圧接の場合，鉄筋径が異なる鉄筋同士の接合は行ってはならない．

（2）高分子天然ガス圧接

(i)　高分子天然ガス圧接できる鉄筋の種類は，**表1.3.3**に示すJIS G 3112（鉄筋コンクリート用棒鋼）に適合する異形棒鋼で，呼び名D19以上，D51以下とする．

表1.3.3　圧接できる鉄筋の種類[1.3)]

区　分	圧接できる鉄筋の種類
異形棒鋼	SD345，SD390，SD490

(ii)　高分子天然ガス圧接できる鉄筋の種類の組合せは，**表1.3.4**に示すとおりとする．

表1.3.4　圧接できる鉄筋の種類の組合せ [1.3)]

鉄筋の種類	圧接できる鉄筋の種類
SD 345	SD 345，SD 390
SD 390	SD 345，SD 390，SD 490※)
SD 490	SD 390※)，SD 490

※）SD490の継手として扱う

(iii)　鉄筋径が異なる鉄筋同士の圧接は，原則として鉄筋径の差が7mm以下とする．ただし，異形棒鋼で，呼び名D41とD51との継手においてはこの限りでない．

（3）水素・エチレン混合ガス圧接

(i)　水素・エチレン混合ガス圧接できる鉄筋の種類は，**表1.3.5**に示すJIS G 3112（鉄筋コンクリート用棒鋼）に適合する異形棒鋼で，呼び名D19以上，D51以下とする．ただし，ねじ節鉄筋は除く．

表1.3.5　圧接できる鉄筋の種類 [1.4)]

区　　分	圧接できる鉄筋の種類
異形棒鋼	SD345，SD390，SD490

(ii)　水素・エチレン混合ガス圧接できる鉄筋の種類の組合せは，**表1.3.6**に示すとおりとする．

表1.3.6　圧接できる鉄筋の種類の組合せ [1.4)]

鉄筋の種類	圧接できる鉄筋の種類
SD 345	SD 345，SD 390
SD 390	SD 345，SD 390，SD 490※)
SD 490	SD 390※)，SD 490

※）SD490の継手として扱う

(iii)　鉄筋径が異なる鉄筋同士の圧接は，その径の差が呼び名による1寸法差以内とする．

【解　説】　（1）から（3）の（i）について　鉄筋のガス圧接性については，鉄筋の圧接端面間の接合の健全さや，圧接器で鉄筋を支持するために生じる「クランプきず」および鉄筋の節の立ち上がり部の曲率半径などの，継手全体としての性能の観点から判断される．**表1.3.1**，**表1.3.3**および**表1.3.5**に示すJIS規格品以外の鉄筋を圧接する場合，あるいはミルシートに記載されている鋼材品質（成分・機械的性質）に疑問のあるときは，施工前試験を実施して上述の圧接性の良否を確認するものとする．なお，ガス圧接工法の種類によって，**表1.3.1**，**表1.3.3**および**表1.3.5**に示すように，圧接できる鉄筋の種類が異なるため留意する必要がある．

この指針では，鉄筋の径16mm（異形棒鋼の場合は呼び名D16）以上の圧接部に対する超音波探傷検査方法が確立されたことより，従来のガス圧接（手動ガス圧接，自動ガス圧接および熱間押抜ガス圧接鉄筋）の圧接できる径を16mm以上（異形棒鋼の場合は，D16）としているが，高分子天然ガス圧接および水素・エチレン混合ガス圧接は呼び名D19以上の鉄筋径で特性確認を実施していることから，鉄筋径を19mm以上とするものとする．高分子天然ガス圧接および水素・エチレン混合ガス圧接で径が19mm未満の鉄筋を圧接する場合は，施工前試験を実施して施工方法と継手の特性との関係を確認しておくとともに，必要に応じて実施工した継手を切り取り，引張試験を実施して継手の特性が確保できていることを確認するものとする．

手動ガス圧接および高分子天然ガス圧接では，施工ができ，A級継手としての特性を担保できる径違いの圧接継手として，「鉄筋径が異なる鉄筋同士の継手は，原則として鉄筋径の差が7mm以下とする．ただし，異形棒鋼で，呼び名D41とD51との継手においてはこの限りでない．」としている．自動ガス圧接および熱間押抜ガス圧接は，径違いの圧接が施工できない．また，水素・エチレン混合ガス圧接は，A級継手の特性が確認できている範囲としている．なお，第I編2.5.2において，鉄筋径が異なる鉄筋同士の継手については，「継手の集中度が1/2を超える場合には，原則として異なる径の鉄筋の断面積比を3/4以上とする．」と規定されており，鉄筋径の差が7mm以下の場合でも，この規定を超える場合もあるので，使用にあたっては留意する必要がある．

（1）から（3）の（ii）について　圧接可能な鉄筋の種類の組合せを，**表1.3.2**，**表1.3.4**，および**表1.3.6**のように規定した．異種鉄筋の圧接性に関する研究により，異なるメーカーの鉄筋の，少なくとも直近の鉄筋径の異種鉄筋間の圧接は十分可能であることが確認されている[1.5)~1.7)]．したがって，メーカーにかかわらず，**表1.3.2**，**表1.3.4**，および**表1.3.6**のように強度的に直近のものは圧接可能とした．ただし，SD490については，同じメーカーの直近の鉄筋径の異種鉄筋間の圧接は十分可能であることが確かめられている[1.8)]が，異なるメーカーの鉄筋の圧接についてのデータは十分とはいえないので，この場合は施工前試験を実施してメーカーの組合せと継手の特性との関係を確認しておくとともに，必要に応じて実施工した継手を切り取り，引張試験を実施して継手の特性が確保できていることを確認するものとする．なお，SD490を圧接する場合の圧接作業方法，外観検査などは，その他の種類の鉄筋と異なるため，SD390とSD490を圧接する場合は，SD490同士を圧接する場合と同様の方法で施工および検査を行うものとする．

異形棒鋼の節形状が異なる鉄筋同士のガス圧接については，手動ガス圧接において圧接が可能であることが確認されている[1.9)]．

【参考文献】

1.1)　日本圧接協会：建設技術者のための圧接工学ハンドブック，技報堂出版，1984年5月
1.2)　日本鉄筋継手協会：鉄筋継手工事標準仕様書　ガス圧接継手工事（2017年），2017年8月
1.3)　日本鉄筋継手協会：鉄筋継手工事標準仕様書　高分子天然ガス圧接継手工事（2018年），2018年4月
1.4)　日本鉄筋継手協会：鉄筋継手工事標準仕様書　水素・エチレン混合ガス圧接継手工事（案）（2016年），2016年3月
1.5)　日本圧接協会：メーカーの異なる鉄筋の圧接性能に関する試験研究に関する報告，1988年1月
1.6)　日本圧接協会：異種鉄筋のガス圧接性に関する試験報告書，1991年5月
1.7)　日本圧接協会：外国産鉄筋用棒鋼に関する調査研究報告書，1991年5月
1.8)　日本圧接協会：高強度鉄筋SD490のガス圧接に関する研究報告書，1999年5月
1.9)　日本圧接協会：ねじ節鉄筋のガス圧接継手性能に関する研究，2006年5月

2章　ガス圧接継手単体の特性

（1）ガス圧接継手単体の特性は，第Ⅰ編 3.6 に示す試験により評価する．

（2）第Ⅰ編 3.5 継手部を有する構造物の性能照査において，この編の 4 章の規定に従い施工されるガス圧接継手単体の特性（強度，剛性および伸び能力）は，SA 級とみなしてよい．

（3）継手単体の疲労強度は，設計で想定した繰返し回数に対する強度で評価するものとする．なお，公的認定機関での確認を得た *S-N* 線図が継手単体に対して得られている場合は，それを用いてもよい．

【解　説】　ガス圧接継手は，**解説 図 2.1** に示すように鉄筋端面同士を接触させ熱と圧力を加えることにより，原子結合する継手工法であり，**解説 図 2.2** に示すように接合する過程で圧接部は熱により母材の性質が変化する熱影響部が発生する，という特性を有する．ガス圧接継手では圧接面と熱影響部を含む範囲を圧接部と定義しており，母材部分で破断するとは，圧接部以外の箇所で破断することを示している．ガス圧接継手が母材部分で破断すれば，剛性および伸び能力は母材鉄筋に相当するものとなる．

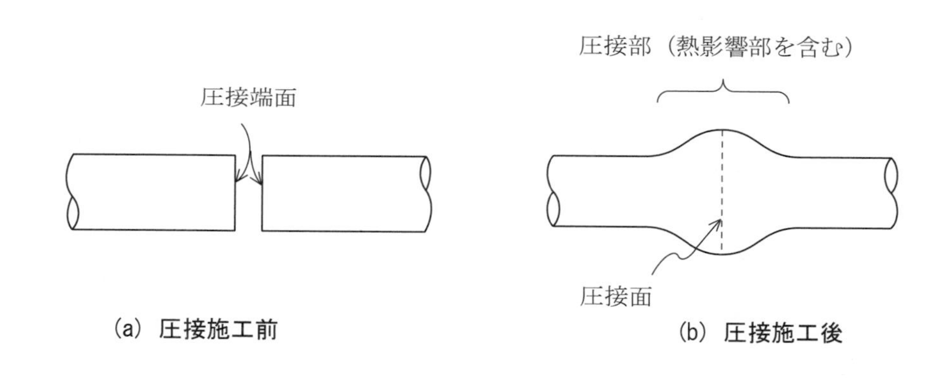

解説 図 2.1　圧接端面，圧接面および圧接部 [2.1)]

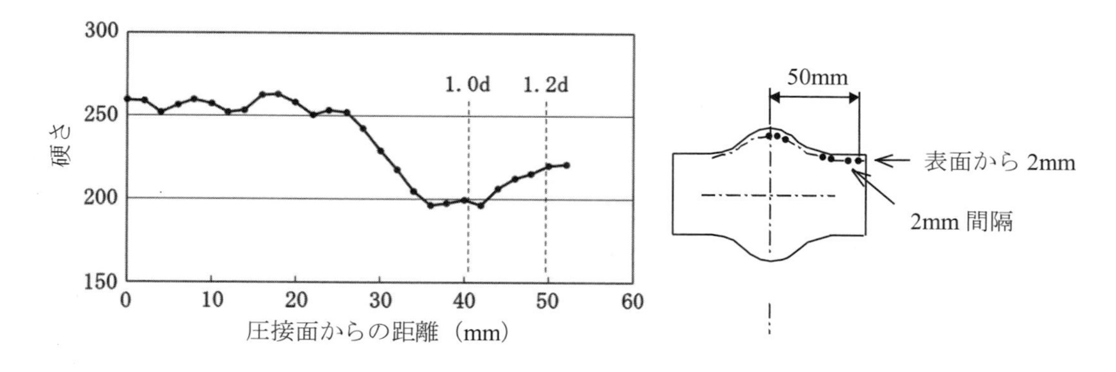

解説 図 2.2　圧接部の硬さ分布（SD490・D41）の例 [2.1)]

<u>（2）について</u>　第Ⅰ編 3.6.1 では，継手単体の特性について，実際に使用される状況，施工方法によって製作された試験片を用いて，試験などによって適切に評価しなければならないと規定している．

第Ⅰ編 3.6.2 に準ずる方法により実施したガス圧接継手の特性を確認するための試験[2.2]によれば，4章の規定に従い施工されたガス圧接継手単体の特性（強度，剛性および伸び能力）は，第Ⅰ編 3.6.2 に示す特性判定基準における SA 級を満足することが確認されている（付録Ⅲ-1「ガス圧接継手単体の特性評価試験」を参照）．よって，第Ⅰ編 3.6.2 ではガス圧接継手単体の特性を SA 級とした．

（3）について　鉄道構造物や道路橋などの高サイクル繰返し荷重を受ける構造物の鉄筋継手にガス圧接継手を用いる場合に適用するものである．ガス圧接の疲労強度は，2017 年制定コンクリート標準示方書［設計編：標準］3 編 3.4.3(3)に準じ，母材の 70%とする．なお，公的認定機関での確認を得た *S-N* 線図が継手単体に対して得られている場合は，それを用いてもよい．継手単体の高サイクル繰返し特性を照査するための試験方法は，第Ⅰ編 付録Ⅰ-1「継手単体の疲労試験方法（案）」に準じてよい．

【参考文献】

2.1) 日本鉄筋継手協会：鉄筋継手工事標準仕様書　高分子天然ガス圧接継手工事（2018 年），2018 年 4 月

2.2) 日本圧接協会：鉄筋のガス圧接継手性能評価に関する調査研究，2004 年 5 月

3章　ガス圧接継手の施工および検査に起因する信頼度

（1）ガス圧接継手の施工および検査に起因する信頼度は，第Ⅰ編 3.5.2 による．
（2）ガス圧接継手の信頼度は，施工と検査のレベルから定めてよい．

【解　説】　第Ⅰ編 3.5.2 では，施工および検査に起因する信頼度から，継手をⅠ種，Ⅱ種，Ⅲ種の 3 段階に区分している．継手の施工および検査に起因する信頼度は，施工における不良品の発生確率と検査において不良品を確実に不合格と判定する確率（不良品の検出確率）の組合せにより定められる．4 章においては，ガス圧接継手が所定の品質を満足するために，圧接作業に従事する者および検査を行う者の要件，具体的な施工と検査の方法，品質判定基準などについて規定している．一例として，アセチレンガスを用いたガス圧接継手を使用する部位と，施工および検査に起因する信頼度の関係を**解説 表 3.1** に示す．なお，高分子天然ガス圧接および水素エチレン混合ガス圧接については，**解説 表 3.1** を参考にして適切に設定するのがよい．

解説 表 3.1　ガス圧接継手の施工および検査に起因する信頼度の例

圧接工法	信頼度	施工のレベル	検査のレベル	外観検査	圧接施工記録	非破壊検査	検査者
手動ガス圧接	Ⅱ種	2	2	全数	―	30 箇所/ロット -24dB	鉄筋継手部検査技術者
	Ⅱ種	1 ※)	2	全数	―	30 箇所/ロット -26dB	
自動ガス圧接	Ⅱ種	2	2	全数	全数	なし	
	Ⅱ種	1 ※)	2	全数	全数	30 箇所/ロット -26dB	
熱間押抜ガス圧接	Ⅰ種	2	1	全数	―	なし	熱間押抜検査技術者

※）A 級継手圧接施工会社による施工

（i）手動ガス圧接について：一般に施工される手動ガス圧接は，施工のレベルを 2，検査のレベルを 2 とし，施工および検査に起因する信頼度をⅡ種として計画・設計を行うことを標準とする．部材内の応力が小さい部位に圧接継手を設ける場合はこれで十分な特性が得られる．手動ガス圧接継手の施工は，公的機関により認証された圧接技量資格者により行われるため，不良品の発生確率が十分小さいと判断し，施工のレベルを 2 とした．検査は公的機関により認証された鉄筋継手部検査技術者により外観検査と超音波探傷検査により行われる．日本鉄筋継手協会の「鉄筋継手工事標準仕様書 ガス圧接継手工事（2017 年）」によれば，外観検査は全数検査であり，超音波探傷検査は 1 検査ロットを 200 箇所とし，30 箇所の抜取検査を行って，不合格が 1 箇所以下のロットを合格としている．この場合の AOQL（Average Outgoing Quality Limit；平均出検品質限界）は約 2.2%で十分に小さいことから，不良品を良品と判定する確率が十分に小さいと判断し，検査のレベルを2とした．なお，AOQの具体的な算出方法については，付録Ⅲ-2「AOQ（Average Outgoing Quality：平均出検品質）の求め方」を参照のこと．

部材内で応力が大きい部位に継手を計画・設計する場合は，この指針の趣旨を十分に踏まえた上で，別途対象とするガス圧接継手の施工と検査の要領を定めなければならない．施工のレベルを高める方法として，施工前試験を義務付ける，品質管理システムの認定を受けた圧接施工会社が施工するなどが考えられる．施工のレベル1を満足する品質管体制の整った継手施工会社の一例としては，日本鉄筋継手協会が認定したA級継手圧接施工会社がある．また，検査のレベルを高める方法として，検査の抜取り率を増やす，合否判定基準を厳しいものにするなどが考えられる．**解説 表**3.1では，日本鉄筋継手協会の鉄筋手継手工事標準仕様書を参考に，超音波探傷検査の合否判定基準レベルを-26dBとしている．

(ii) 自動ガス圧接について：自動ガス圧接は，手動ガス圧接で行う加熱および加圧操作を機械により自動的に制御し圧接を行う施工法である．よって，自動ガス圧接については，手動ガス圧接と同様，応力が小さい部位に自動ガス圧接を使用する場合，施工のレベルを2，検査のレベルを2とし，施工および検査に起因する信頼度をⅡ種として計画・設計を行うことを標準とする．また，部材内で応力が大きい部位に継手を設ける場合は，手動ガス圧接に準ずる．

(iii) 熱間押抜ガス圧接について：熱間押抜ガス圧接は，手動ガス圧接と同様な方法で得られたガス圧接部を熱間で押し抜くことで，全数の外観検査による合否判定が可能である．よって，施工のレベルを2，検査のレベルを1とし，施工および検査に起因する信頼度をⅠ種として計画・設計を行うことを標準とする．熱間押抜ガス圧接は，施工者自身が不具合の有無を確認できるため，不良品の発生確率がきわめて小さいと考えられる．

(iv) 検査について：ガス圧接継手の検査は，資格を有する鉄筋継手部検査技術者が行わなければならない．一般的な応力が小さい部位にガス圧接継手を使用する場合の検査は，不良品を良品と判定する確率が十分に小さいとし，外観検査を全数および超音波探傷検査を1検査ロットごとに30箇所の抜取検査をして，合否判定レベルを基準レベルの-24dBで行うことを標準とする．応力が大きい部位にガス圧接継手（熱間押抜ガス圧接を除く）を使用する場合の検査は，外観検査を全数および超音波探傷検査を1検査ロットあたり30箇所の抜取りで行うこととし，基準レベルの-26dbで行うこととする．

熱間押抜ガス圧接は押し抜いた圧接部の外周を外観検査することで，圧接内部に欠陥があるか否かを検査できる特徴を有することから外観検査を全数することを条件として検査レベル1としている．これは，加熱初期に圧接部内部に発生した欠陥（フラット称する酸化膜）が加圧により外周部に押し出され熱間で圧接部を押し抜くことで欠陥が外周部に露出するとされているためである．

なお，部材内で塑性化する部位に継手を計画・設計する場合は，実験および解析などにより部材性能の確認を行い，この指針の趣旨を十分に踏まえた上で，ガス圧接継手の施工と検査の要領を定めなければならない．

4章　ガス圧接継手の施工，検査および記録

4.1　一　　般

（1）ガス圧接工法，鉄筋の種類，圧接位置，施工および検査のレベルは設計図書によるものとする．
（2）施工者は，ガス圧接継手の施工にあたって施工要領および検査要領などが考慮されたガス圧接継手施工計画書を作成する．
（3）施工者は，ガス圧接継手施工計画書に基づき施工および施工管理を行わなければならない．

【解　説】　この章は，ガス圧接継手の施工，検査および記録について示すものである．なお，この章に記載のない事項については，日本鉄筋継手協会の「鉄筋継手工事標準仕様書　ガス圧接継手工事（2017年）」[4.1]，「鉄筋継手工事標準仕様書　高分子天然ガス圧接継手工事（2018年）」[4.2]，および「鉄筋継手工事標準仕様書　水素・エチレン混合ガス圧接継手工事(案)（2016年）」[4.3]による．ただし，最新版を使用するものとする．

（1）について　鉄筋の種類，圧接位置，ガス圧接工法，施工および検査のレベルは，設計図書に明記されなければならない．一部の詳細については，施工の順序・方法などの関係から，施工図や施工計画書に示されることもあるが，いずれにしても，これらは責任技術者と施工者の双方で施工前に確認し，圧接施工会社に指示しなければならない．

（2）について　ガス圧接継手の施工および検査には，圧接施工会社，検査会社，工程を管理する鉄筋コンクリート工事全体の施工者，検査結果の最終判断を行う責任技術者などの多くの関係者が関与する．また圧接施工会社，検査会社はそれぞれの品質管理のために標準的な施工要領および検査要領を有しているのが通常である．そこで，鉄筋コンクリート工事全体を管理する施工者は施工要領，検査要領，その他の基準類などを考慮して，ガス圧接継手の施工，検査および記録の全体を網羅したガス圧接継手施工計画書を作成しなければならない．なお，ガス圧接継手施工計画書作成の手引きとして日本鉄筋継手協会の「鉄筋ガス圧接継手施工要領書」[4.4]および「鉄筋ガス圧接継手部検査要領書」[4.5]を参考とするのがよい．ガス圧接継手施工計画書の作成は，ガス圧接継手に関して十分な知識および経験を有する鉄筋継手管理技士または圧接継手管理技士が行うことを推奨する．ただし，施工者にこれらの管理技士を置けない場合は，圧接施工会社の鉄筋継手管理技士または圧接継手管理技士の協力を得てガス圧接継手施工計画書の作成を行うこととしてよい．

（3）について　圧接施工会社の施工管理は，日本鉄筋継手協会の鉄筋継手管理技士または圧接継手管理技士が行うことを推奨する．また，圧接継手管理技士（または，鉄筋継手管理技士）が主体となる圧接施工会社の品質保証能力を認定する制度として「優良圧接会社認定制度」（日本鉄筋継手協会）があるので，圧接施工会社を選定する際の参考とするとよい．

4.2 施　　工

（1）圧接の作業は，JIS Z 3881:2014（鉄筋のガス圧接技術検定における試験方法及び判定基準）に適合した圧接技量資格者が行う．

（2）圧接しようとする鉄筋の両端部は，鉄筋冷間直角切断機で切断する．

（3）SD490の鉄筋を圧接する場合，自動ガス圧接を施工する場合および責任技術者が材料，施工条件などを特に確認する必要があると判断した場合は，施工前試験を実施する．

【解　説】　（1）について　圧接の作業は，JIS Z 3881:2014（鉄筋のガス圧接技術検定における試験方法及び判定基準）に基づき，技量資格を認証された者が行うことを規定した．技量資格はガス圧接工法により，また，鉄筋の種類および鉄筋径により種別が定められているので，日本鉄筋継手協会の「ガス圧接技量検定規定」を参照のこと．

（2）について　圧接部の品質の良否は，圧接端面の状態に大きく左右されるので，圧接端面の処理は圧接作業においてきわめて重要であり，十分注意して行うことが必要である．圧接端面間のすきまをなくすことは，フラット破面の発生を防止する最良の方法である。このような端面間のすきまの状態を確保するために，圧接する鉄筋の両端部を鉄筋冷間直角切断機（**解説 写真 4.2.1**）で切断することとした。また，圧接端面の切断・加工は一般に補助者が行っているのが実情であるため，圧接作業の責任者である圧接技量資格者は，圧接する前に圧接端面が直角でかつ平滑に切断・加工されていることを確認する必要がある．

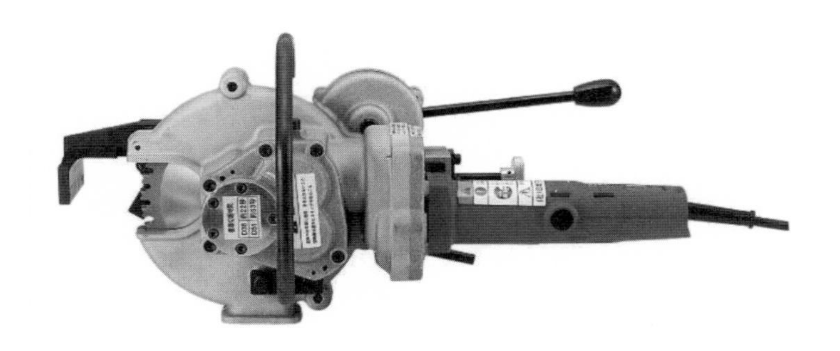

解説 写真 4.2.1　鉄筋冷間直角切断機 [4.1)]

（3）について　施工前試験は，次の方法により実施する．

(i) SD490 以外の鉄筋を圧接する場合

① 手動ガス圧接，熱間押抜ガス圧接，高分子天然ガス圧接および水素・エチレン混合ガス圧接を実施する場合で，責任技術者が材料，施工条件などを特に確認する必要があると判断した場合には，施工前試験を実施する．

② 自動ガス圧接を実施する場合には，施工前試験を実施し，その圧接試験記録を作成する．この場合，装置1台につき試験片の数は2個とする．

③ 施工前試験において作製した試験片の外観検査および強度試験はJIS Z 3120:2014（鉄筋コンクリート用棒鋼ガス圧接継手の試験方法及び判定基準）によるが，破断位置は締付けボルト位置以外の母材

部分でなければならない．

④　施工前試験の合否判定は責任技術者が実施する．

（ii）SD490の鉄筋を圧接する場合

①　SD490を圧接する場合，手動ガス圧接，自動ガス圧接，熱間押抜ガス圧接，高分子天然ガス圧接および水素・エチレン混合ガス圧接のいずれにおいても，施工前試験を実施する．

②　施工前試験は，SD490の圧接に従事するすべての圧接技量資格者に対して実施する．なお，施工前試験の不合格者については，圧接条件などの不具合の原因を検討し，再度，1回に限り施工前試験を実施してよい．

③　施工前試験において作製した試験片の外観検査および強度試験はJIS Z 3120:2014によるが，破断位置は締付けボルト位置以外の母材部分でなければならない．

④　施工前試験の合否判定は責任技術者が行う．

4.3　検査および記録

（1）ガス圧接継手の検査体制は責任技術者が定める．また，検査結果の最終判断は責任技術者が行う．

（2）検査者は，ガス圧接継手の検査に関する知識と技術を持つ技術者とする．

（3）検査者は，継手工事そのものの施工者とは別の組織に所属する者とする．

（4）検査は，外観検査，超音波探傷検査とする．なお，自動ガス圧接は超音波探傷検査に替えて圧接施工記録の確認を検査とし，熱間押抜ガス圧接の場合は外観検査とする．

（5）超音波探傷検査の方法は，JIS Z 3062:2014（鉄筋コンクリート用異形棒鋼ガス圧接部の超音波探傷試験方法及び判定基準）による．

（6）検査の結果ならびに不合格時の処置の結果の記録は，第Ⅰ編4.5による．

【解　説】　（1）について　ガス圧接継手の検査体制として，以下が考えられる．これらは工事の示方書や仕様書として施工者に通知されるのが通常である．

①　責任技術者が直接，または責任技術者が指定した検査者が検査を行う．

②　工事を受注した施工者が指定した検査者が検査を行い，責任技術者が立会いにより確認する．

③　工事を受注した施工者が指定した検査者が検査を行い，その検査記録を責任技術者に提出し，確認を受ける．

いずれの体制においても，検査結果の最終判断は責任技術者が行う．したがって，③による場合は，検査記録の確認はコンクリートの打込み前で，検査結果に疑義がある場合に処置が可能な段階で行わなければならない．

（2）について　手動ガス圧接部および自動ガス圧接部，高分子天然ガス圧接部および水素・エチレン混合ガス圧接部の外観検査は，ふくらみの直径および長さなど定量的に計測が可能な項目のほか，ふくらみの形状および表面性状など定量化が困難な項目により品質判定が行われるため，検査者は，鉄筋ガス圧接部の検査に関する知識を持つ技術者である必要がある．また，超音波探傷検査および熱間押抜ガス圧接部の外観検査は，鉄筋ガス圧接に関する知識とそれぞれの検査を行うための技術を有する技術者として認証された資格者が実施する（詳細は日本鉄筋継手協会の「鉄筋工事標準仕様書」[4.1)〜4.3)]を参照）.

（3）について　圧接部の検査は，一般に専門の検査会社により実施される．検査会社または検査技術者を選任する場合は，ガス圧接工事に対して圧接施工会社と利害関係のない独立した者を選任するものとする．なお，検査会社の品質保証能力を認定する制度として，「優良鉄筋継手部検査会社認定制度」（日本鉄筋継手協会）があるので，検査会社を選任する際の参考とするのがよい．

なお，圧接施工会社も自らの品質管理のための検査を行うが，これは一般に自主検査と呼ばれる品質管理活動であり，最終的な検査とはみなされない．

（4）について　圧接部の検査は，外観検査と超音波探傷検査によるものとする．従来，圧接部は引張試験による検査が一般的に行われていたが，次の①から③などの欠点があることから，引張試験に代わるものとして超音波探傷検査を実施することとした．

①　引張試験を行う継手は切り取られるため，実際の構造体となる継手の品質は，あくまでも抜取検査結果からの推定である．

②　切り取った箇所の再圧接は，既にせん断補強鉄筋などで拘束されていて，再圧接時に鉄筋の引き寄せが困難になっていることが多く，再圧接箇所の品質が劣る恐れがある．

③　試験結果を得るのに時間を要し，その結果を施工管理に迅速にフィードバックできないため，工事工程への支障も大きい．

外観検査の対象項目は，圧接部のふくらみの直径および長さ，圧接面のずれ，圧接部の折曲がり，圧接部における鉄筋中心軸の偏心量，たれ・過熱，その他有害と認められる欠陥とする．各項目の基準値については「鉄筋継手工事標準仕様書」を参考とするのがよい．自動ガス圧接部の検査は，外観検査および圧接施工記録によるものとする．圧接施工記録の検査対象項目は，圧接端面が鉄筋冷間直角切断機で切断されていることの確認と記録，上下限加圧力，および圧接時間とし，機種によりアプセット量も対象となる．熱間押抜ガス圧接の対象項目は，圧接部のふくらみの長さ，オーバーヒートによる表面不整，ふくらみを押し抜いた後の圧接面に対応する位置の圧接部表面の割れ，へこみ，その他有害と認められる欠陥とする．各項目の基準値については「鉄筋継手工事標準仕様書」を参考とするのがよい．

（5）について　鉄筋ガス圧接部の超音波探傷検査は，周波数の高い波（超音波）を斜めに鉄筋内に入射させ，圧接面の欠陥からの反射波の強さを捕らえて内部欠陥を検査する方法である．**解説 図 4.3.1** は，横軸に反射エコーの最大高さと母材の透過波の強さ（基準レベルという）との比較をdB（デシベル）で表したもので，縦軸はJIS規格引張強さを１とした引張強さを示している．JIS Z 3062:2014（鉄筋コンクリート用異形棒鋼ガス圧接部の超音波探傷試験方法及び判定基準）では，合否判定レベルを**解説 図 4.3.1** に示すように-24dBとしている．

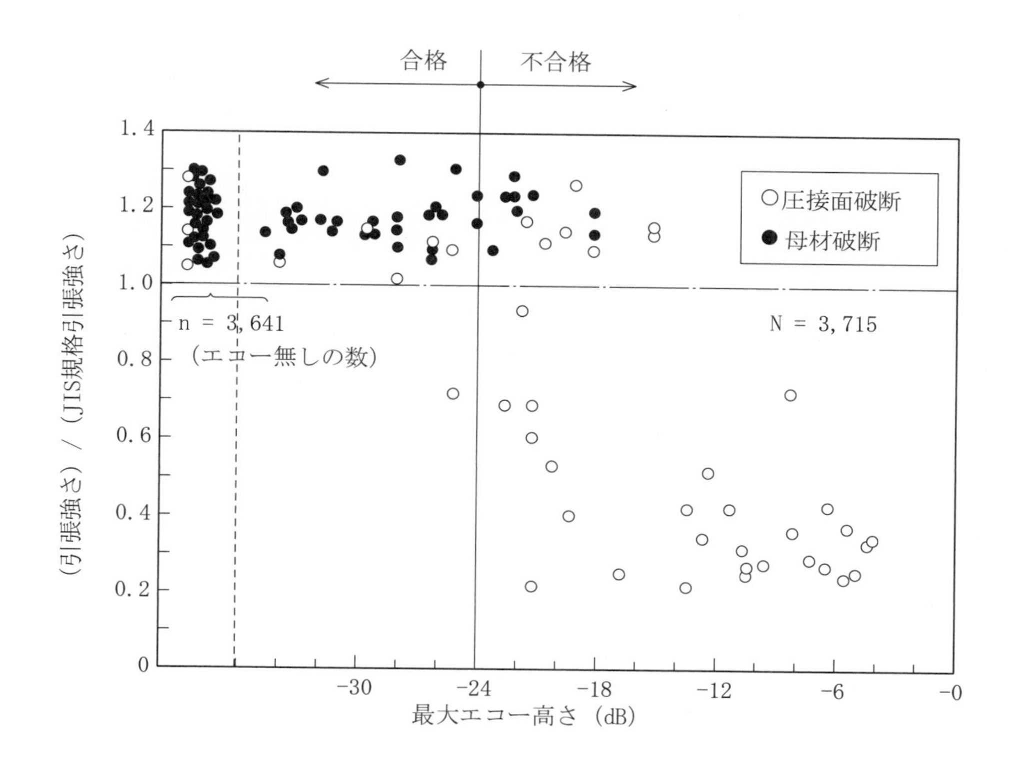

解説 図4.3.1 圧接面からのエコー高さと引張強さとの関係 4.6)

【参考文献】

4.1)　日本鉄筋継手協会：鉄筋継手工事標準仕様書　ガス圧接継手工事（2017年），2017年8月

4.2)　日本鉄筋継手協会：鉄筋継手工事標準仕様書　高分子天然ガス圧接継手工事（2018年），2018年4月

4.3)　日本鉄筋継手協会：鉄筋継手工事標準仕様書　水素・エチレン混合ガス圧接継手工事（案）（2016年），2016年3月

4.4)　日本鉄筋継手協会：鉄筋ガス圧接継手施工要領書，2019年5月

4.5)　日本鉄筋継手協会：鉄筋ガス圧接継手部検査要領書，2019年5月

4.6)　日本圧接協会：鉄筋ガス圧接部の超音波探傷検査，2000年5月

付録Ⅲ－1　ガス圧接継手単体の特性評価試験

表 1.1 は，ガス圧接継手の特性を確認することを目的とし，日本圧接協会が 2003 年度に実施した試験の種別・内容・数量を一覧に示したものである．試験項目は，一方向繰返し試験・弾性域正負繰返し試験・塑性域正負繰返し試験のほか，曲げ試験・断面マクロ試験・断面硬さ試験である．このうち，弾性域正負繰返し試験および塑性域正負繰返し試験は，同一の試験片を用いて一連の試験（以下，弾塑性域繰返し試験）として実施している．一方向繰返し試験および弾塑性域繰返し試験の加力パターンを**図 1.1** および**図 1.2** に示す．鉄筋の種別は SD345・SD390・SD490 の 3 種類，呼び名は D25 から D51 まで，圧接工法は，手動ガス圧接および熱間押抜ガス圧接の 2 種類である．継手試験片は「鉄筋のガス圧接工事標準仕様書」（日本圧接協会）に準拠して作製され，試験片の超音波探傷検査結果はすべて合格であった．

一方向繰返し試験の結果を**表 1.2** に，応力－ひずみ関係の例を**図 1.3** に示す．**表 1.2** は，鉄筋種類ごと試験片 3 本の平均値であるが，すべての試験片において規格降伏強度および規格引張強度を満足し，破断も母材部分で生じている．

弾塑性域繰返し試験の結果を**表 1.3** に，試験片の破断状況を**写真 1.1** に，応力－ひずみ関係の例を**図 1.4** に示す．この試験においても高応力繰返し試験と同様に，すべての試験片において強度および剛性は SA 級の性能判定基準を満足し，破断も母材部で生じている．

表 1.1　試験の種別・内容・数量

試験項目	圧接方法	鋼種	D25	D29	D35	D41	D51
素材引張試験（計24本）	ー	SD345	3本	3本			3本
		SD390		3本	3本	3本	
		SD490			3本	3本	
一方向繰返し試験（計39本）	手動圧接	SD345	3本	3本			3本
		SD390		3本	3本	3本	
		SD490			3本	3本	
	熱間押抜	SD345	3本	3本			
		SD390		3本	3本		
		SD490			3本		
曲げ試験（計63本）	手動圧接	SD345	6本	6本			6本
		SD390		6本	6本	6本	
		SD490			6本	6本	
	熱間押抜	SD345	3本	3本			
		SD390		3本	3本		
		SD490			3本		
弾塑性繰返し試験（計18本）	手動圧接	SD345	3本				
		SD490			4本		
	熱間押抜	SD345	5本				
		SD490			6本		
断面マクロ試験及び硬さ試験（計13本）	手動圧接	SD345	1本	1本			1本
		SD390		1本	1本	1本	
		SD490			1本	1本	
	熱間押抜	SD345	1本	1本			
		SD390		1本	1本		
		SD490			1本		

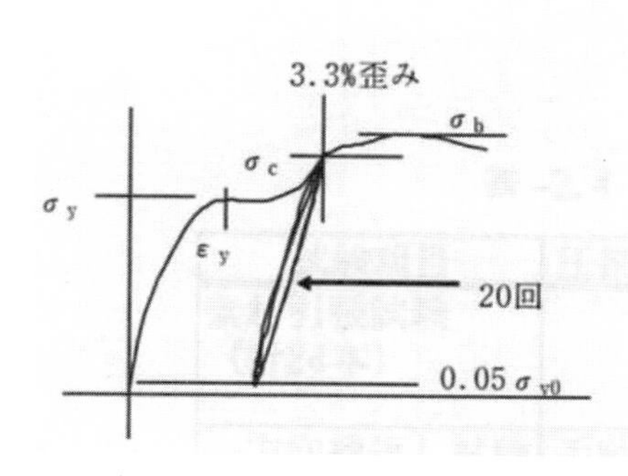

図 1.1　一方向繰返し試験

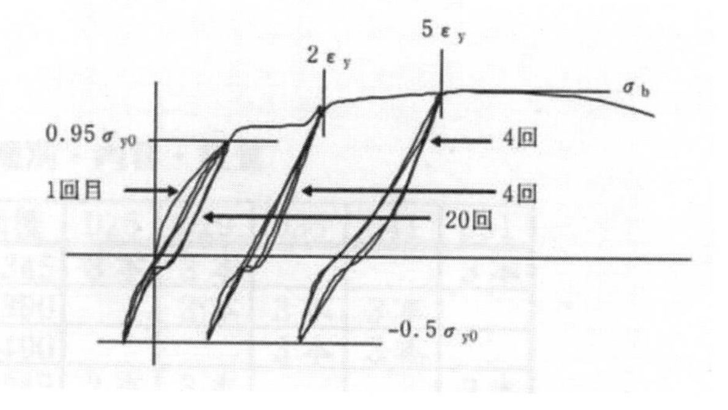

図 1.2　弾塑性域繰返し試験

表 1.2　一方向繰返し試験結果

	呼び名	鋼種	σ_y (N/mm²)	σ_b (N/mm²)	破断位置	ε_y (*10^{-6})
手動圧接	D25	SD345	397	570	母材	1829
	D29	SD345	392	566	母材	-
		SD390	442	639	母材	-
	D35	SD390	428	627	母材	-
		SD490	521	686	母材	2214
	D41	SD390	444	629	母材	-
		SD490	518	691	母材	-
	D51	SD345	394	570	母材	-
熱間押抜	D25	SD345	397	570	母材	1818
	D29	SD345	395	565	母材	-
		SD390	439	628	母材	-
	D35	SD390	428	624	母材	-
		SD490	516	683	母材	2288

各試験片３本の平均値を示す．個々の試験片でも合格している．

(*1)破断位置の判定基準；破断は母材部で生じること。

(*2)降伏強度と引張強度の判定基準；

$\sigma_y \geqq \sigma_{y0}$　かつ　$\sigma_b \geqq \sigma_{y0} * 1.35$　又は σ_{b0}

（σ_{y0}；素材の規格降伏強度　σ_{b0}；素材の規格引張強度）

(*3)降伏ひずみは、弾塑性域繰返し試験に適用。

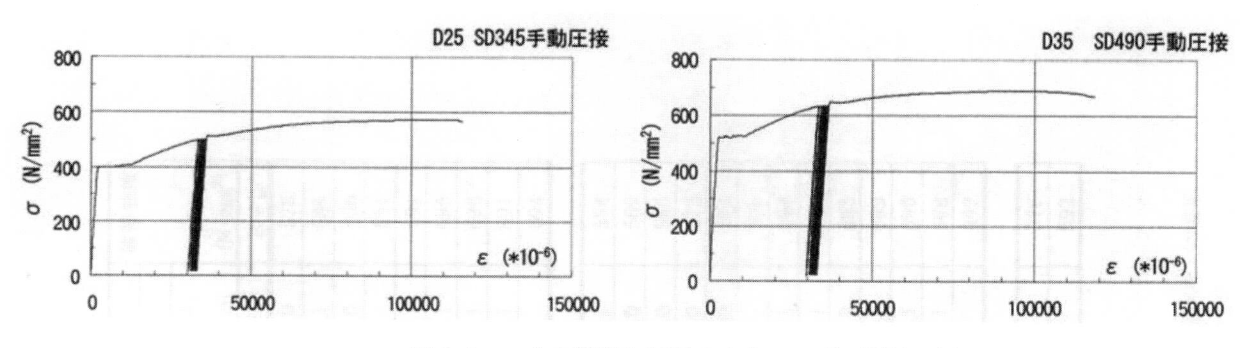

図 1.3　一方向繰返し試験の応力ーひずみ関係の例

表 1.3 弾塑性域繰返し試験結果

呼び名	鋼種	試験材番号	一方向繰返し試験	弾性域正負繰返し試験 剛性			弾性域正負繰返し試験 すべり量	塑性域正負繰返し試験 すべり量(2ε時)			塑性域正負繰返し試験 すべり量(5ε時)			破断強度
			ε_y (*10^{-6})	$_{1c}E$ (N/mm^2)	$_{20c}E$ (N/mm^2)	$_{20c}E/_{1c}E$	$_{20c}\delta_s$ (mm)	$_{4c}\varepsilon_s$ (*10^{-6})	$_{4c}\varepsilon_s/\varepsilon_y$	$_{4c}\delta_s$ (mm)	$_{8c}\varepsilon_s$ (*10^{-6})	$_{8c}\varepsilon_s/\varepsilon_y$	$_{8c}\delta_s$ (mm)	σ_b (N/mm^2)
				−	−	≧0.85	≦0.3	−	≦0.5	≦0.3	−	≦1.5	≦0.9	≧ σ_{b0}
「手動圧接」														
D25	SD345	DA-1(12)	−	206000	207000	1.00	0.0	21	0.0	0.0	221	0.1	0.0	578
		DA-2(14)	−	241000	259000	1.07	0.0	205	0.1	0.0	340	0.2	0.1	588
		DA-3(16)	−	310000	264000	0.85	0.0	-52	0.0	0.0	83	0.0	0.0	606
		平均	1,829				0.0							591
D35	SD490	DE-1(11)	−	407000	389000	0.96	0.0	217	0.1	0.1	436	0.2	0.1	691
		DE-2(12)	−	225000	226000	1.00	0.0	295	0.1	0.1	467	0.2	0.1	695
		DE-3(14)	−	203000	199000	0.98	0.0	84	0.0	0.0	382	0.2	0.1	696
		DE-4(16)	−	208000	211000	1.01	0.0	214	0.1	0.1	337	0.2	0.1	691
		平均	2,214											694
「熱間押抜」														
D25	SD345	DI-1(8)	−	228000	221000	0.97	0.0	28	0.0	0.0	304	0.2	0.1	584
		DI-2(9)	−	216000	213000	0.99	0.0	76	0.0	0.0	195	0.1	0.0	589
		DI-3(10)	−	211000	212000	1.00	0.0	56	0.0	0.0	198	0.1	0.0	586
		DI-4(12)	−	213000	208000	0.98	0.0	71	0.0	0.0	219	0.1	0.0	573
		DI-5(13)	−	200000	203000	1.02	0.0	26	0.0	0.0	182	0.1	0.0	574
		平均	1,818											586
D35	SD490	DM-1(8)	−	337000	450000	1.34	0.0	248	0.1	0.1	591	0.3	0.1	694
		DM-2(9)	−	197000	198000	1.01	0.0	54	0.0	0.0	313	0.1	0.1	688
		DM-3(10)	−	305000	384000	1.26	0.0	5	0.0	0.0	149	0.1	0.0	693
		DM-4(11)	−	192000	189000	0.98	0.1	23	0.0	0.0	273	0.1	0.1	689
		DM-5(12)	−	207000	201000	0.97	0.1	247	0.1	0.1	451	0.2	0.1	690
		DM-6(13)	−	203000	203000	1.00	0.0	120	0.1	0.0	350	0.2	0.1	688
		平均	2,288											692
「素材」														
D25	SD345	DSA-1(4)	1,829	194	193	1.00	−	−	−	−	−	−	−	576
D35	SD490	DSE-1(4)	2,214	206	200	0.97	−	−	−	−	−	−	−	692

ε_y；接合鉄筋の降伏ひずみ（一方向繰返し試験で得られた値。種別毎の平均値）

$_{1c}E$ $_{20c}E$；各々1回目、20回目載荷時の0.95σ_{y0}応力における接合鉄筋の割線剛性

$_{20c}\delta_s$；20回目載荷時における接合鉄筋のすべり変形

$_{4c}\varepsilon_s$ $_{8c}\varepsilon_s$；各々4回目、8回目の載荷における接合鉄筋のすべりひずみ

$_{4c}\delta_s$ $_{8c}\delta_s$；各々4回目、8回目の載荷における接合鉄筋のすべり変形

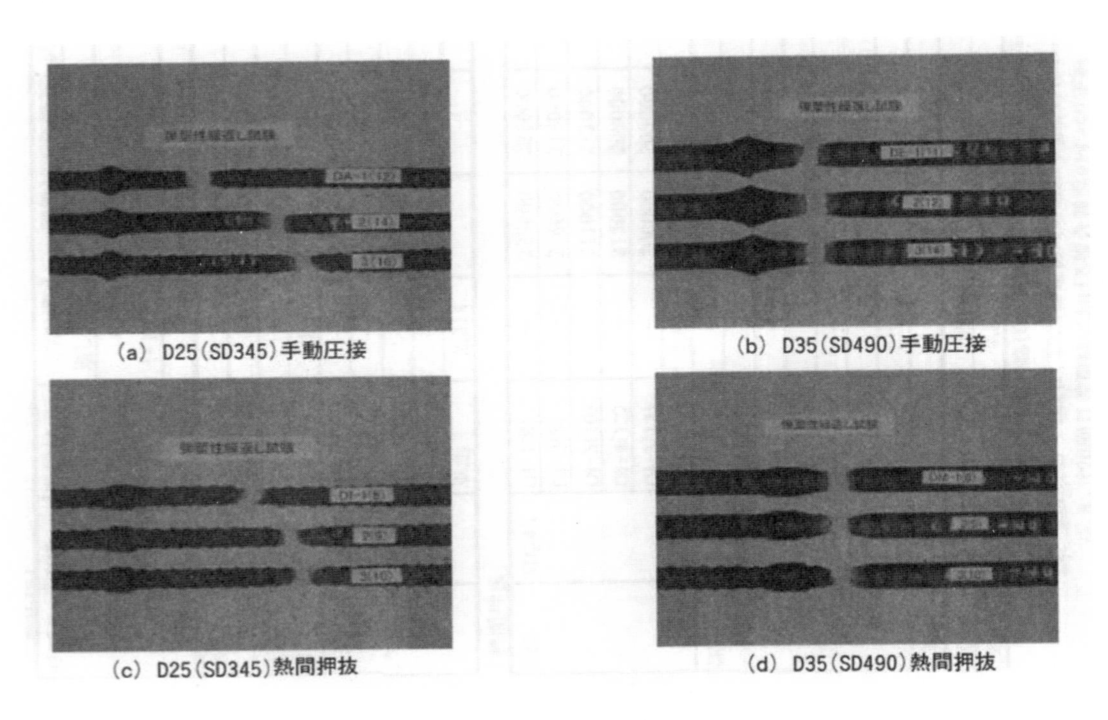

(a) D25(SD345)手動圧接

(b) D35(SD490)手動圧接

(c) D25(SD345)熱間押抜

(d) D35(SD490)熱間押抜

写真 1.1 弾塑性繰返し試験片の破断状況

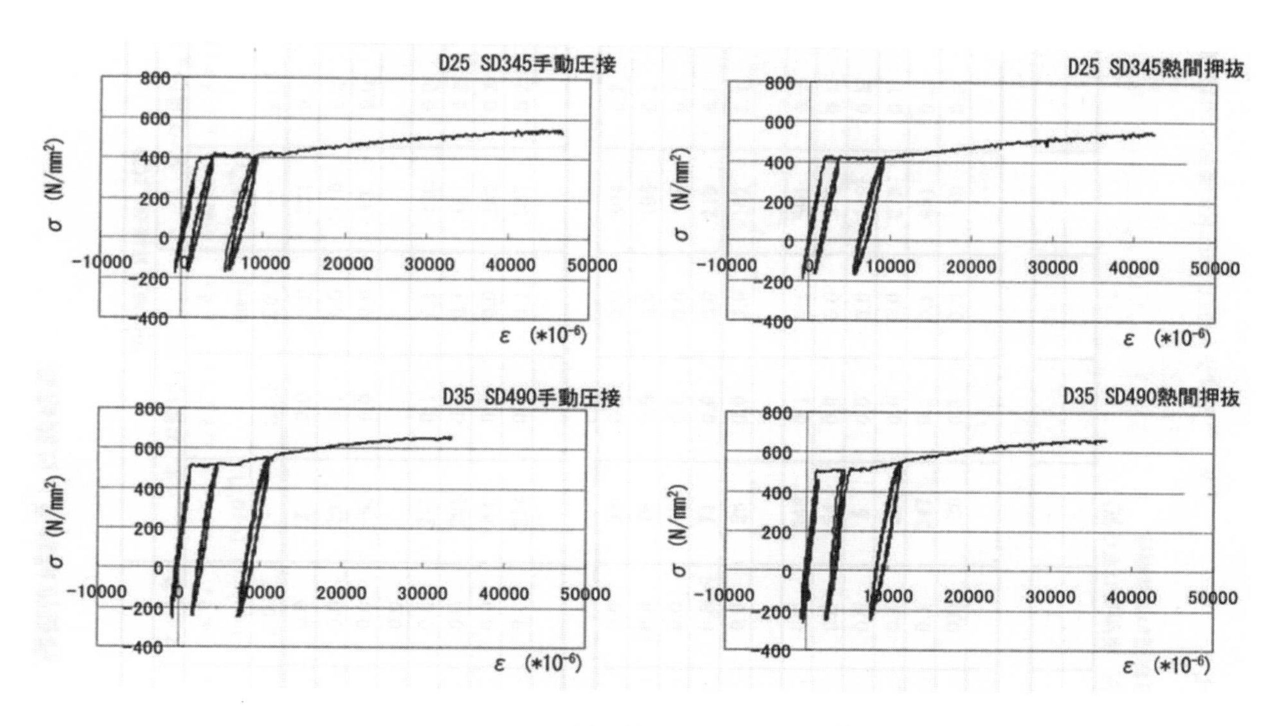

図 1.4　弾塑性繰返し試験の応力－ひずみ関係の例

【参考文献】

日本鉄筋継手協会：鉄筋のガス圧接継手性能評価に関する調査研究 2004 年 5 月

付録Ⅲ-2 AOQ（Average Outgoing Quality：平均出検品質）の求め方

1. **ロットの大きさ** $N=200$, **抜取数** $n=30$, **合格判定個数** $c=1$, **工程平均不良率** $p=5\%$（**不良品数** $pN=10$, **良品数** $(1-p)N=190$）**の場合の** AOQ

ロットが合格となる割合

$$L(p)=\underbrace{({}_{190}C_{30}/{}_{200}C_{30})}_{\text{30本全部が良品である確率}}+\underbrace{({}_{10}C_{1}\cdot{}_{190}C_{29}/{}_{200}C_{30})}_{\text{1本が不良品, 29本が良品である確率}}$$

$$=\sum_{x=0}^{c}({}_{pN}C_{x}\cdot{}_{(1-p)N}C_{n-x}/{}_{N}C_{n})$$　（ただし，良品数 $(1-p)N>=n-1$）

ここに，x＝不良品数

$=54.1\%$

ここに，${}_{r}C_{s}=r!/\{(r-s)!\cdot s!\}$

大きさNのロットがMロットある場合，検査後の不良品数を整理すると，

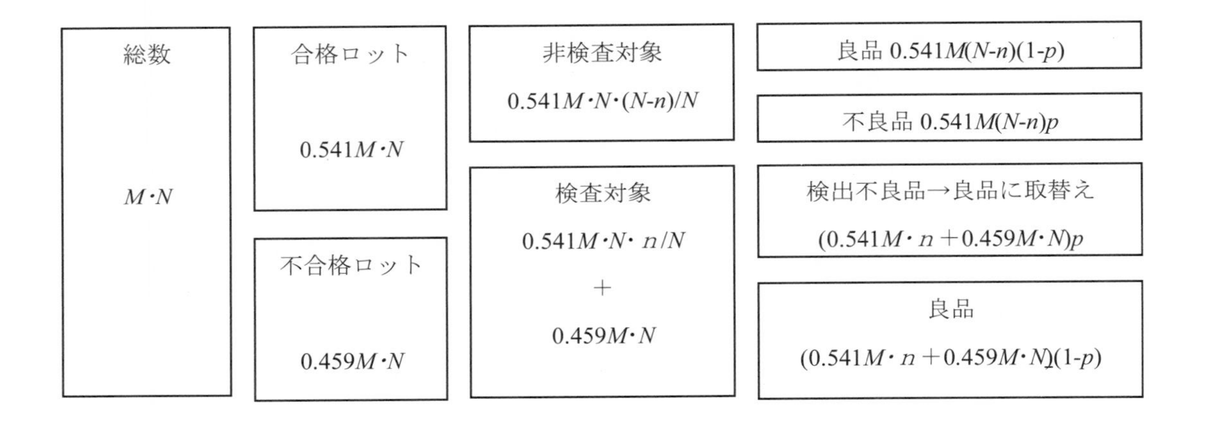

上図より，検査後不良率

AOQ＝ 最終的な不良品数／総数

$= L(p)\cdot M(N-n)p/M\cdot N$

$= L(p)(N-n)p/N$

$= 0.541\times(200-30)\times0.05/200$

$= 2.3\%$

2. **ロットの大きさ** $N=200$, **抜取数** $n=30$, **合格判定個数** $c=1$, **工程平均不良率** $p=5\%$（**不良品数** $pN=10$, **良品数**（$1-p$）$N=190$）, **非破壊検査検出確率** $\alpha=0.8$ **の場合の** AOQ

ロットが合格となる割合

$$L(p)=\underbrace{({}_{190}C_{30}/{}_{200}C_{30})}_{\text{30本全部が良品である確率}}$$

$$+({}_{10}C_1\cdot{}_{190}C_{29}/{}_{200}C_{30})\times0.2+({}_{10}C_1\cdot{}_{190}C_{29}/{}_{200}C_{30})\times0.8$$

$$+({}_{10}C_2\cdot{}_{190}C_{28}/{}_{200}C_{30})\times0.2\text{^}2+({}_{10}C_2\cdot{}_{190}C_{28}/{}_{200}C_{30})\times{}_2C_1\times0.8\times0.2$$

$$+\underbrace{({}_{10}C_3\cdot{}_{190}C_{27}/{}_{200}C_{30})\times0.2\text{^}3}_{\text{3本が不良品，27本が良品で，3本の不良品を見逃す}}+\underbrace{({}_{10}C_3\cdot{}_{190}C_{27}/{}_{200}C_{30})\times{}_3C_2\times0.8\times0.2\text{^}2}_{\text{3本が不良品，27本が良品で，2本の不良品を見逃す}}$$

・
・
・

$$+({}_{10}C_{10}\cdot{}_{190}C_{20}/{}_{200}C_{30})\times0.2\text{^}10+({}_{10}C_{10}\cdot{}_{190}C_{20}/{}_{200}C_{30})\times{}_{10}C_9\times0.8\times0.2\text{^}9$$

$$=\sum_{m=0}^{c}\sum_{x=m}^{\min(pN,n)}\{\underbrace{({}_{pN}C_x\cdot{}_{(1-p)N}C_{n-x}/{}_NC_n)}_{\text{抜き取った試験体 n 本に不良品が x 本ある確}}\times\underbrace{{}_xC_{x-m}\times\alpha\text{^}m\times(1-\alpha)\text{^}(x-m)}_{\text{不良品 x 本のうち，m 本を検出，x−m 本を見逃す確率}}\}$$

ここに，x＝不良品数，m＝不合格品数

$=65.8\%$

大きさNのロットがMロットある場合，検査後の不良品数を整理すると，

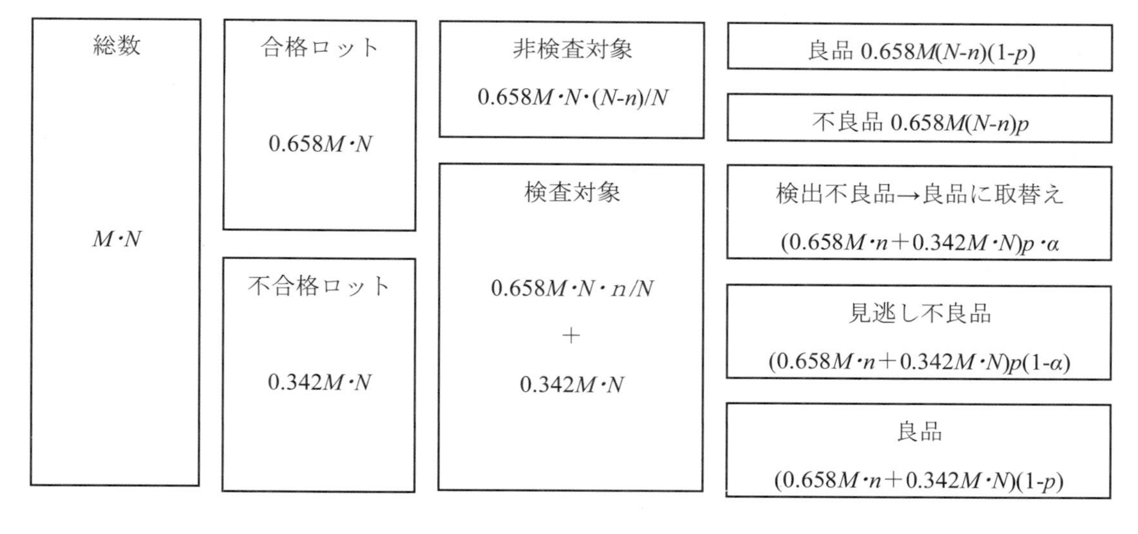

上図より，検査後不良率

$$\mathrm{AOQ}=[L(p)\cdot M(N-n)p+\{L(p)\cdot M\cdot n+(1-L(p))M\cdot N\}p(1-\alpha)]/M\cdot N$$

$$=L(p)\cdot(N-n)/N\cdot p+\{L(p)\cdot n/N+(1-L(p))\}p(1-\alpha)$$

$$=0.658\times170/200\times0.05+(0.658\times30/200+0.342)\times0.05\times0.2$$

$$=3.2\%$$

Ⅳ　溶接継手編

1章　総　　則

1.1　適用の範囲

この編は，軸方向鉄筋および横方向鉄筋の接合に溶接継手を用いる場合の施工，検査および記録に適用する．この編に示していない事項は，第Ⅰ編によるものとする．

【解　説】　この編は，鉄筋の継手に突合せアーク溶接継手，突合せ抵抗溶接継手，フレア溶接継手を用いた場合の，継手単体を対象とした施工，検査および記録の標準を示すものである．この編に規定のない溶接継手工法を適用する場合は，十分な実験的検討が必要である．

1.2　溶接継手の種類

この編は，次の溶接継手を対象とする．

(i)　突合せアーク溶接継手

(ii)　突合せ抵抗溶接継手

(iii)　フレア溶接継手

【解　説】　旧指針（土木学会「鉄筋定着・継手指針」コンクリート・ライブラリー第128号：2007年版）では，突合せアークスタッド溶接継手も工法として紹介されていたが，同工法はスカッドロック工法としてのみ国内に存在しており，かつ施工実績も極端に少ないのが現状であることから削除することとした．なお，スカッドロック工法の施工を検討する場合は，スカッドロック工法施工研究会と施工および検査などについて協議のうえ実施することを推奨する．

突合せアーク溶接継手については，日本建築センター，日本鉄筋継手協会などの公的認定機関によってA級継手の評定または認定された溶接継手工法があり，溶接できる鉄筋の適用種類・鉄筋径が工法ごとに異なる点に注意が必要である．なお，評定または認定されたA級溶接継手工法については，公的認定機関に確認するとよい．

2 章　溶接継手単体の特性

（1）溶接継手単体の特性は，第Ⅰ編 3.6 に示す試験により評価する.

（2）公的認定機関によりA級の認定を受けた溶接継手施工要領書により施工される突合せアーク溶接継手および突合せ抵抗溶接継手は，第Ⅰ編 3.5 継手部を有する構造物の性能照査において継手単体の特性をA級とみなしてよい.

（3）突合せアーク溶接継手単体の疲労強度は，設計で想定した繰返し回数に対する強度で評価するものとする．なお，公的認定機関での確認を得た *S-N* 線図が継手単体に対して得られている場合は，それを用いてもよい.

【解　説】 （2）について　A級の認定では母材の引張強度の規格値を満足し，母材部分で破断するとして評価が行われており，これは第Ⅰ編3.6の内容と同じであることから，設計・施工毎に試験をおこなわなくてもA級とみなしてよいとした．特に，突合せアーク溶接継手の特性は溶接姿勢や溶接作業者の技量，施工環境などの影響を受けやすく，適切な品質管理が必要である．品質管理体制が整った継手施工会社の例として日本鉄筋継手協会が認定した優良A級継手溶接施工会社がある．このような突合せアーク溶接継手を「A級継手として施工する突合せアーク溶接継手」と称することとした．溶接継手部は，同じ材質の母材同士を接合しても一様な材質にはならず，**解説 図2.1**に示すように，溶接金属，熱影響部，熱影響を受けない母材部といった，材質の異なる材料の連続的な接合体となる．溶接金属とは，継手の開先を充填する溶接材料と母材部が溶融の後に急冷され凝固した部分である．充填する溶接材料として，母材よりも若干高強度の材料が使用される．熱影響部（Heat Affected Zone：HAZ）とは，溶接金属に隣接した母材部で，局部的に急加熱・冷却の熱サイクルを受けるため，組織および機械式性質が母材から変化した部分である．一般に，溶接金属は，母材よりもやや強度は高くなるがじん性は低くなる．また，熱影響部においても溶接金属に近い部分では強度は高くなるがじん性が低くなるため，溶接継手部のぜい性破壊特性に大きな影響を及ぼす．突合せアーク溶接継手が母材部分で破断すれば，剛性および伸び能力は母材鉄筋に相当するものとなる．なお，母材部分で破断するとは，溶接金属や熱影響部以外の箇所で破断することを示している．日本鉄筋継手協会のJRJS 0010:2016（A級溶接継手の試験方法及び判定基準）では，施工されたA級突合せアーク溶接継手の引張試験を行う場合の判定基準を，「母材で破断するか，又は所要の伸びを満たすこと．ただし，溶接金属で破断しないこと」としている．また，突合せ抵抗溶接継手の特性は電流・電圧など製造設備の影響を受けやすく，適切な品質管理が必要である．品質管理体制が整った突合せ抵抗溶接継手会社の例として日本鉄筋継手協会が認定した優良溶接せん断補強筋製造会社がある.

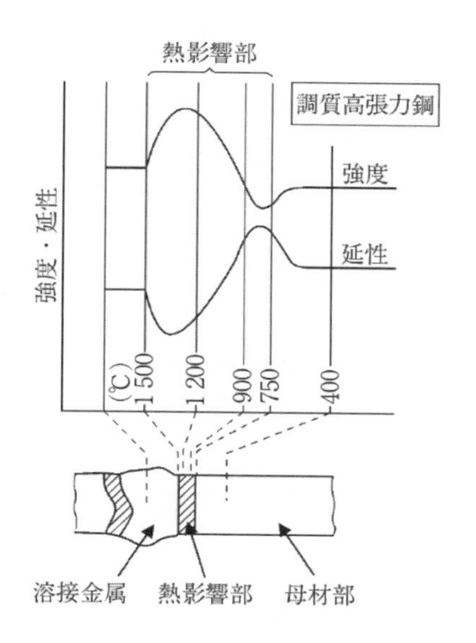

解説 図2.1　溶接継手部 各部の名称と強度・延性の分布

<u>（３）について</u>　鉄道構造物や道路橋などの高サイクル繰返し荷重を受ける構造物の鉄筋継手に突合せアーク溶接継手を用いる場合に適用するものである．継手単体の高サイクル繰返し特性を照査するための試験方法は，第Ⅰ編 付録Ⅰ-1「継手単体の疲労試験方法（案）」に準じてよい．

3章　突合せアーク溶接継手

3.1　一　　般

この章は，ガスシールドアーク半自動溶接装置を用いた突合せアーク溶接継手に関する施工，検査および記録に適用する．

【解　説】　突合せアーク溶接（エンクローズ・アーク溶接）継手とは，接合しようとする鉄筋を同軸直線上に適切な施工上の隙間を設けて突合せ，アーク溶接により接合する継手をいい，主にガスシールドアーク半自動溶接によって行われる．なお，被覆アーク溶接については，被覆アーク溶接棒を用いて手動で溶接した継手であるが，JIS Z 3450:2015（鉄筋の継手に関する品質要求事項）において，溶接継手の定義を「ガスシールドアーク半自動溶接によって接合された鉄筋の継手」としていることや，施工事例もみられないことから，対象外とした．

ガスシールドアーク半自動溶接は，ガスシールド方式による分類と裏当て方式による分類に大別される．

ガスシールド方式による分類
- トーチシールド方式　：　溶接のトーチからシールドガスが供給されアークを大気から保護する方式
- 治具内シールド方式　：　溶接部を含む溶接治具内にシールドガスを送給し溶接部全体を大気から保護する方式

裏当て方式による分類
- セラミック裏当て方式　：　セラミック裏当て材を用いる方式
- 鋼裏当て方式　：　鋼裏当て材を用いる方式
- 銅裏当て方式　：　銅裏当て材を用いる方式
- その他の方式　：　グラスウール製などの裏当て材を用いる方式

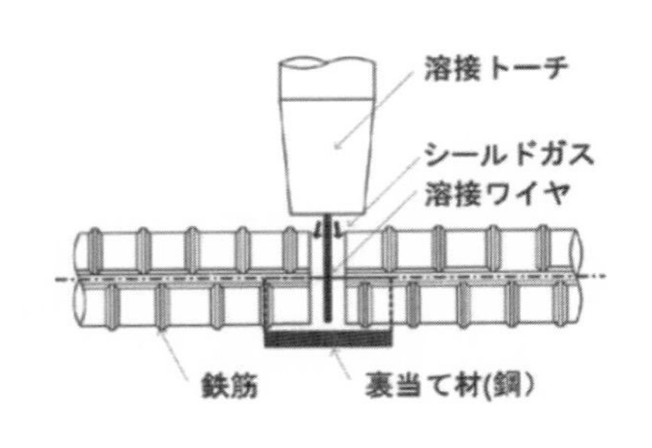

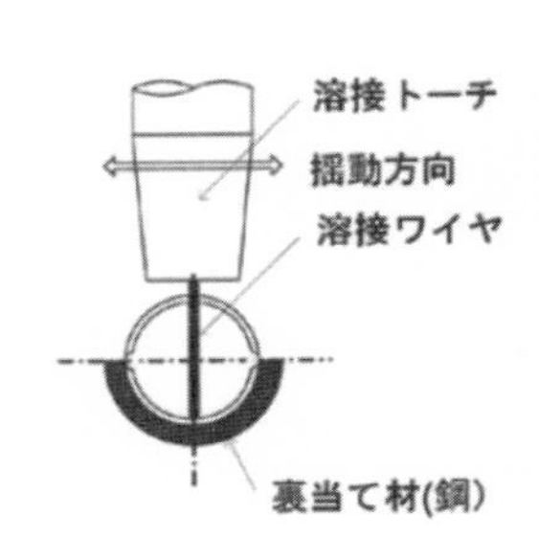

解説 図3.1.1　トーチシールド方式[3.1)]

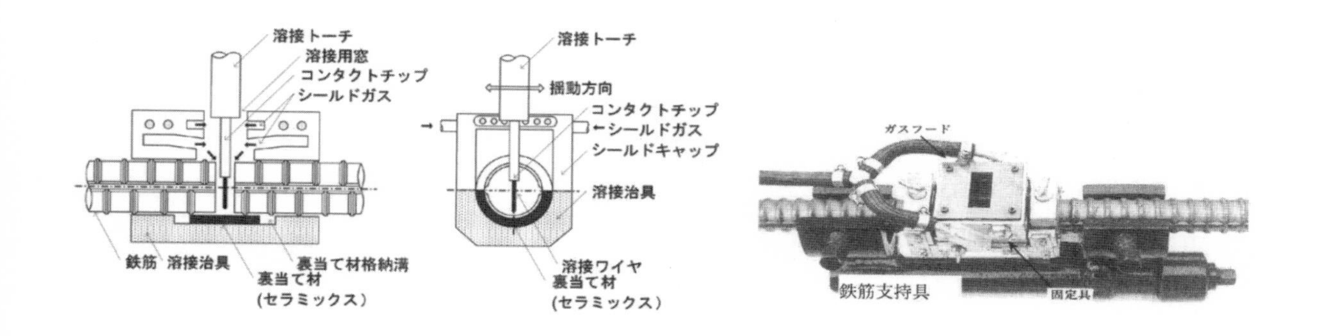

解説 図3.1.2　治具内シールド方式

ガスシールドアーク半自動溶接装置は，半自動溶接機(溶接電源，ワイヤ送給装置，溶接トーチ)，溶接治具，シールドガス供給装置(ボンベ，圧力調整器)，および付属用具であるケーブル類，電流計で構成される．

裏当て材は，溶融の有無と溶接後の取り外しの可否により，以下のように分類される．

・裏当て材が溶融しなく，溶接後は取り外しが可能：銅・セラミック・グラスウール製など裏当て材

・裏当て材が溶融し，溶接後は取り外しが不可能　：鋼裏当て材

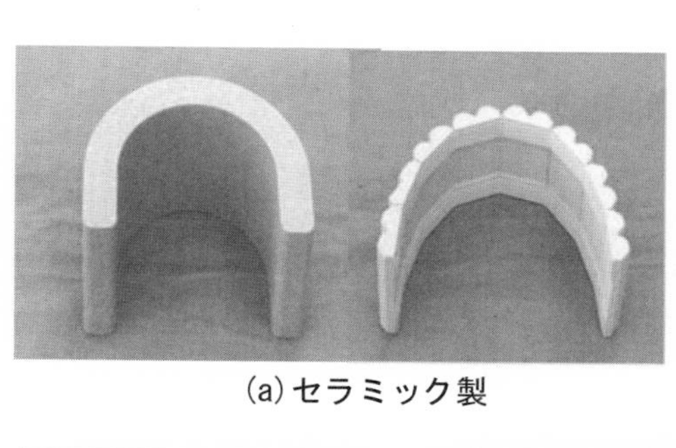

(a)セラミック製

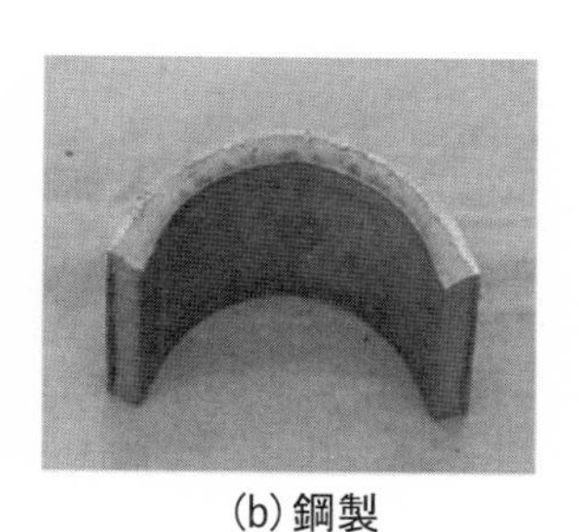

(b)鋼製

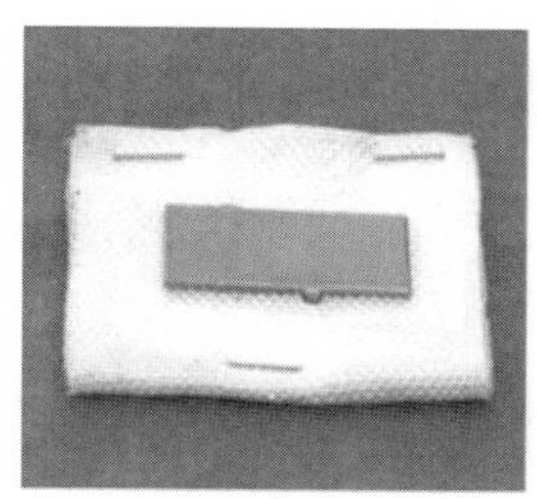

(c)グラスウール製

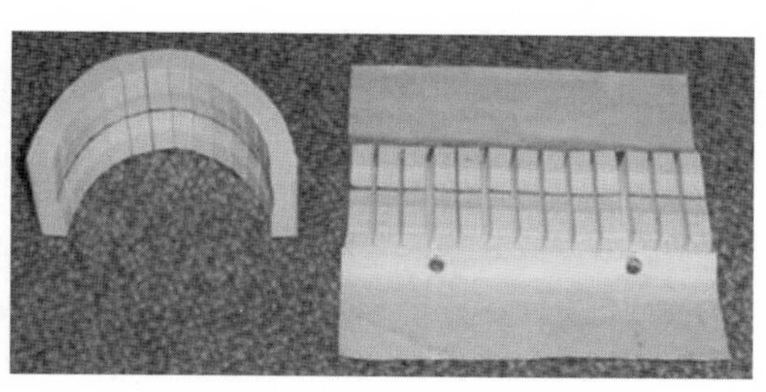

(d)アルミ箔付きセラミック

解説 写真3.1.1　突合せアーク溶接継手の裏当て材の例 [3.1)]

3.2　鉄筋の種類，組合せおよび溶接材料

（1）突合せアーク溶接継手に用いる鉄筋は，JIS Z 3112（鉄筋コンクリート用棒鋼）に適合するものとし，鉄筋径は各突き合せアーク溶接継手工法の施工要領書による．
（2）突合せアーク溶接継手ができる鉄筋の組合せは，各突き合せアーク溶接継手工法の施工要領書による．
（3）溶接ワイヤは，各突き合せアーク溶接継手工法の施工要領書に定められたものを使用する．

【解　説】　（1）について　溶接できる鉄筋の種類の例を**解説 表**3.2.1に示す．SD490については，すべての溶接継手工法が適用対象としているわけではないことから，事前に適用対象としている工法であるかを確認することが必要である．

解説 表3.2.1　溶接できる鉄筋の種類の例 [3.1)]

区　分	鉄筋の種類
丸　鋼	SR235，SR295
異形棒鋼	SD295A，SD295B，SD345，SD390，SD490

（2）について　溶接できる鉄筋の組合せは，各アーク溶接継手工法で異なることから，各アーク溶接継手工法の施工要領書を確認することが必要である．溶接できる鉄筋の種類と組合せ，および径が異なる鉄筋同士を溶接する場合の径差は，日本鉄筋継手協会の「鉄筋継手工事標準仕様書 溶接継手工事（2017年）」[3.1)]や，日本建築センターなどによって認定および評定を取得した溶接継手工法ごとに示されている．

（3）について　施工品質確保の観点から最も重要な使用材料として，溶接ワイヤが挙げられる．溶接ワイヤは，JIS Z 3312:2009（軟鋼，高張力鋼及び低温用鋼用のマグ溶接及びミグ溶接ソリッドワイヤ）に適合し，かつ接合される鉄筋の種類に相応した引張強度以上のものを選定することが重要である．電炉鉄筋の降伏点および引張強度は，JIS規格値の概ね1.11～1.25倍で製造されるため，溶接継手の確実な母材破断のためにも，母材の規格強度よりも高い強度のワイヤを使用する必要がある．

溶接継手の強度が，接合される鉄筋の引張強度を満足するための鉄筋の種類と溶接ワイヤとの組合せの例を**解説 表**3.2.2に示す．溶接ワイヤは，これ以上の強度のものを使用するとよい．ただし，過度に高強度の溶接ワイヤの選定は，継手の機械的性質に悪影響を及ぼす要因となることから避けなければならい．なお，種類が異なる鉄筋同士を溶接する場合は，引張強度の低い方の鉄筋に適合した溶接ワイヤを使用するとよい．溶接ワイヤの種類（銘柄）は，接合する鉄筋の種類に対応して各アーク溶接継手工法の施工要領書で規定される．施工者および鉄筋溶接技量資格者は，溶接作業前に鉄筋の種類と溶接ワイヤが適正であることを，溶接ワイヤのミルシートと使用する溶接ワイヤの種類（銘柄）および製造番号が一致していることにより確認する必要がある．

解説 表 3.2.2 鉄筋の種類と溶接ワイヤの組合せの例[3.1)]

	鉄筋の種類			
	SR235, SR295 SD295A, SD295B	SD345	SD390	SD490
溶接ワイヤの種類	YGW11	YGW18	590 N/mm^2 級鋼用	690 N/mm^2 級鋼用

3.3 突合せアーク溶接継手の施工および検査に起因する信頼度

（1）突合せアーク溶接継手の施工および検査に起因する信頼度は，第Ⅰ編 3.5.2 による．

（2）突合せアーク溶接継手の信頼度は，施工と検査のレベルから定めてよい．

【解　説】 突合せアーク溶接継手の施工と検査のレベルの組合せの例を**解説 表 3.3.1** に示す．

適用する裏当て材の種類や工法に応じた施工要領書に基づいて適切に施工された場合は，不良品の発生確率が十分小さいと判断し，施工のレベルを 2 とする．

突合せアーク溶接継手の検査は公的機関により認証された鉄筋継手部検査技術者により外観検査と超音波探傷検査により行われる．日本鉄筋継手協会の「鉄筋継手工事標準仕様書 溶接継手工事（2017 年）」[3.1)]によれば，外観検査は全数検査であり，超音波探傷検査は 1 検査ロットを 200 箇所とし，30 箇所の抜取検査を行って，不合格が 1 箇所以下のロットを合格としている．この場合の AOQL（Average Outgoing Quality Limit；平均出検品質限界）は約 2.2%で十分に小さいことから，不良品を良品と判定する確率が十分に小さいと判断し，検査のレベルを 2 とする．

解説 表 3.3.1 継手の施工および検査に起因する信頼度の例

施工および検査に起因する信頼度	施工レベル	検査レベル	検査方法		検査者
			外観検査	超音波探傷検査	
Ⅱ種	2	2	全数	1 検査ロット※）ごとに 30 箇所抜取り	鉄筋継手部検査技術者

※）同一作業班が同一日に施工する溶接箇所，大きさは 200 箇所程度を標準とする．

3.4 突合せアーク溶接継手の施工，検査および記録

3.4.1 一　般

（1）溶接継手工法，鉄筋の種類，継手位置，施工および検査のレベルは設計図書によるものとする．

（2）施工者は，溶接継手の施工にあたって施工要領および検査要領などが考慮された施工計画書を作成する．

（3）施工者は，施工計画書に基づき施工および施工管理を行わなければならない．

【解　説】　この節は，突合せアーク溶接継手の施工，検査および記録について示すものである．なお，この節に記載のない事項については，日本鉄筋継手協会の「鉄筋継手工事標準仕様書 溶接継手工事（2017年）」3.1)による．ただし，最新版を使用するものとする．

（１）について　鉄筋の種類，継手位置，溶接継手工法，施工および検査のレベルは，設計図書に明記されなければならない．一部の詳細については，施工の順序・方法などの関係から，施工図や施工計画書に示されることもあるが，いずれにしても，これらは責任技術者と施工者の双方で施工前に確認し，溶接継手施工会社に指示しなければならない．

（２）について　突合せアーク溶接継手の施工および検査には，溶接継手施工会社，検査会社，工程を管理する鉄筋コンクリート工事全体の施工者，検査結果の最終判断を行う責任技術者などの多くの関係者が関与する．また溶接継手施工会社，検査会社はそれぞれの品質管理のために標準的な施工要領および検査要領を有しているのが通常である．そこで，鉄筋コンクリート工事全体を管理する施工者は施工要領，検査要領，その他の基準類などを考慮して，突合せアーク溶接継手の施工，検査および記録の全体を網羅した施工計画書を作成しなければならない．なお，施工計画書作成の手引きとして，日本鉄筋継手協会の「ＪＲＪＩ鉄筋溶接継手工法施工要領書」3.2)および「鉄筋溶接継手検査要領書」3.3)があるので参考とするのがよい．日本鉄筋継手協会では，施工計画書の作成は，施工者の鉄筋継手管理技士または溶接継手管理技士が行うことを推奨している．ただし，施工者に鉄筋継手管理技士または溶接継手管理技士を置けない場合は，溶接継手施工会社の鉄筋継手管理技士または溶接継手管理技士の協力を得て施工計画書の作成を行うこととしてよい．

（３）について　溶接継手施工会社の施工管理は，日本鉄筋継手協会の鉄筋継手管理技士または溶接管理技士が行うことを推奨する．また，溶接継手管理技士（または，鉄筋継手管理技士）が主体となる溶接継手施工会社の品質保証能力を認定する制度として「優良Ａ級継手溶接会社認定制度」（日本鉄筋継手協会）があるので，溶接継手施工会社を選定する際の参考にするとよい．

3.4.2　施　　工

（１）アーク溶接の作業は，JIS Z 3882:2015（鉄筋の突合せ溶接技術検定における試験方法及び判定基準）に適合した鉄筋溶接技量資格者が行う．
（２）溶接しようとする鉄筋の両端部は，鉄筋冷間直角切断機で切断することを原則とする．
（３）裏当て材は，施工要領書に定められたものを使用する．
（４）異形鉄筋 D41 または丸鋼 42mm を超える径の鉄筋，ねじ節鉄筋を施工する場合，施工前試験を実施する．

【解　説】　突合せアーク溶接継手の施工において施工レベル2を実現するため，日本鉄筋継手協会の「鉄筋継手工事標準仕様書　溶接継手工事（2017年）」3.1)に準じて施工するのがよい．

（１）について　突合せアーク溶接継手の作業に従事できる溶接作業者の技量認定などの例として，日本鉄筋継手協会における鉄筋溶接技量に関する検定制度がある．この制度は，JIS Z 3882:2015（鉄筋の突合せ溶接技術検定における試験方法及び判定基準）で規定の技術検定種別に基づき，溶接作業が可能な鉄筋の種類，最大径，溶接姿勢（部材）によって１Ｆ種，１Ｈ種，２Ｆ種，２Ｈ種，３Ｆ種，３Ｈ種の６種の技量資格を定めている（**解説 表3.4.1**）．その内，溶接姿勢が横向は，柱主筋の溶接作業を念頭に置いており，技量資格種別としてＨ種が該当する．施工者は，施工する部材と現場状況に最適な鉄筋溶接技量資格者に，作業の実施を指示する必要がある．

解説 表3.4.1　鉄筋溶接技量資格者の溶接作業可能範囲 [3.1)]

技量資格種別	溶接作業可能範囲		
	鉄筋の種類	鉄筋径	溶接姿勢
１Ｆ種	SR235,SR295 SD295A,SD295B SD345,SD390	径32mm以下 呼び名D32以下	下向
１Ｈ種			下向，横向
２Ｆ種		径50mm以下 呼び名D51以下	下向
２Ｈ種			下向，横向
３Ｆ種	SR235,SR295 SD295A,SD295B SD345,SD390,SD490		下向
３Ｈ種			下向，横向

（２）について　開先面は直角とするとともに，錆などの異物を除去する必要があるため，現場での切断加工においては，鉄筋冷間直角切断機を使用するか，ディスクグラインダーなどによる切断面の修正が必要である．特に，平刃シャー切断機により加工された鉄筋端部は，切断面の変形により端曲がりや切断バリが生じるため，これらを鉄筋冷間直角切断機で切断・除去するとともに，ディスクグラインダーで研削して，適正なＩ形開先になるよう端面処理を行う必要がある．

解説 写真3.4.1　鉄筋冷間直角切断機 [3.1)]

解説 写真3.4.2　平刃シャー切断機 [3.1)]

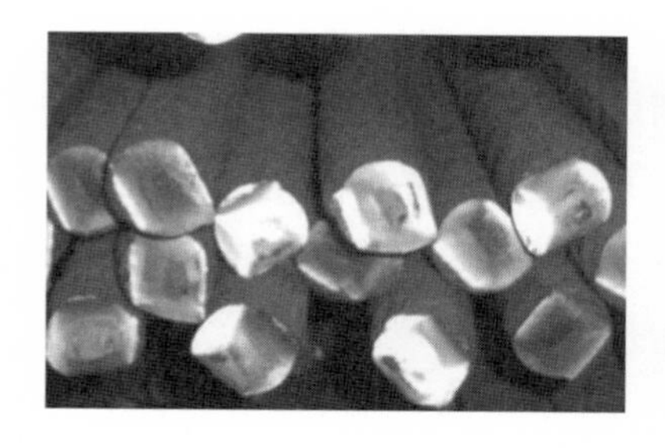

解説 写真3.4.3　平刃シャー切断機による切断面の例 [3.1)]

（３）について　裏当て材の選定においては，溶接作業中のずれ，溶着，溶落ちなどの不具合がないよう，材質および形状が適正で，鉄筋径に適合していることを確認する．

（4）について　異形鉄筋D41または丸鋼42mmを超える径の鉄筋，ねじ節鉄筋の継手については，JIS Z 3882:2015（鉄筋の突合せ溶接技術検定における試験方法及び判定基準）で定められた技術検定において技量が確認されていないため，施工前試験を実施することとした．

施工前試験では，試験片による外観試験と引張試験の結果，および鉄筋溶接技量資格者が施工要領書に記載されたどおりに溶接作業を実施しているかどうかについて，責任技術者が合否判定を行う．試験の実施前には，突合せアーク溶接継手の施工計画書を作成して，施工前試験の径・種類，方法，回数，試験片作製数，合否判定基準，不合格時の処置などについて，責任技術者の承認を得る必要がある．施工前試験の試験方法および判定基準は，日本鉄筋継手協会の「A級溶接継手の試験方法及び判定基準」を参考とするのがよい．なお，日本鉄筋継手協会では，判定基準を，引張強度が鉄筋母材の規格引張強度以上で，かつ母材破断または5%以上の伸びを示した熱影響部破断の場合は合格とし，溶接金属を起点とする破断は不合格としている．

3.4.3　検査および記録

（1）突合せアーク溶接継手の検査体制は責任技術者が定める．また，検査結果の最終判断は責任技術者が行う．

（2）検査者は，鉄筋溶接部の検査に関する知識と技術を持つ技術者とする．

（3）検査者は，継手工事そのものの施工者とは別の組織に所属する者とする．

（4）溶接部の検査は，外観検査および超音波探傷検査によって行う．

（5）超音波探傷検査の方法は，JIS Z 3063（鉄筋コンクリート用異形棒鋼溶接部の超音波探傷試験方法及び判定基準）によるものとする．

（6）検査の結果ならびに不合格時の処置の結果の記録は，第Ⅰ編4.5による．

【解　説】　（1）について　溶接継手の検査体制として，以下が考えられる．これらは工事の示方書や仕様書として施工者に通知されるのが通常である．

① 責任技術者が直接，または責任技術者が指定した検査者が検査を行う．

② 工事を受注した施工者が指定した検査者が検査を行い，責任技術者が立会いにより確認する．

③ 工事を受注した施工者が指定した検査者が検査を行い，その検査記録を責任技術者に提出し，確認を受ける．

いずれの体制においても，検査結果の最終判断は責任技術者が行う．したがって，③による場合は，検査記録の確認はコンクリートの打込み前で，検査結果に疑義がある場合に処置が可能な段階で行わなければならない．なお，溶接継手施工会社も自らの品質管理のための検査を行うが，これは一般に自主検査と呼ばれる品質管理活動であり，最終的な検査とはみなされない．

（2）について　溶接継手部の外観検査は，ピットおよびアンダーカットなど定量的に計測が可能な項目のほか，溶接部の割れおよび表面性状など定量化が困難な項目により品質判定が行われるため，検査を実施する者は，溶接の検査に関する知識を持つ技術者である必要がある．また，超音波探傷検査および溶接部の外観検査は，溶接継手に関する知識と検査を行うための技術を有する技術者として認証された資格者が実施する（詳細は日本鉄筋継手協会の「鉄筋継手工事標準仕様書　溶接継手工事（2017年）」[3.1]を参照）．

（３）について　溶接継手部の検査は，一般に専門の検査会社により実施される．検査会社または検査技術者を選任する場合は，溶接継手に対して溶接継手施工会社や施工会社と利害関係のない独立した者を選任するものとする．なお，検査会社の品質保証能力を認定する制度として，「優良鉄筋継手部検査会社認定制度」（日本鉄筋継手協会）があるので，検査会社を選任する際の参考とするのがよい．

（４）について　鉄筋溶接部の検査は，外観検査と超音波探傷検査によるものとする．従来，溶接部は引張試験による検査が一般的に行われていたが，次の①から③などの欠点があることから，引張試験に代わるものとして超音波探傷検査を実施することとした．

① 引張試験を行う継手は切り取られるため，実際の構造体となる継手の品質は，あくまでも抜取検査結果からの推定である．

② 切り取った箇所の再溶接は，既にせん断補強鉄筋などがあり，再圧接箇所の品質が劣る恐れがある．

③ 試験結果を得るのに時間を要し，その結果を施工管理に迅速にフィードバックできないため，工事工程への支障も大きい．

外観検査の対象項目は，溶接部の割れ，溶込み不良，溶落ち，ピット，ビードの不整，クレータのへこみ，余盛高さ，アンダーカット，鉄筋中心軸の偏心量，折れ曲がりとする．各項目の基準値については「鉄筋継手工事標準仕様書　溶接継手工事（2017）」[3.1] を参考とするのがよい．鉄筋溶接部に生じる内部欠陥としては，**解説 写真3.4.4**に示すような溶込み不良・融合不良・割れ・ブローホールなどがある．このような内部欠陥は，溶接継手性能を著しく低下させる原因となる．

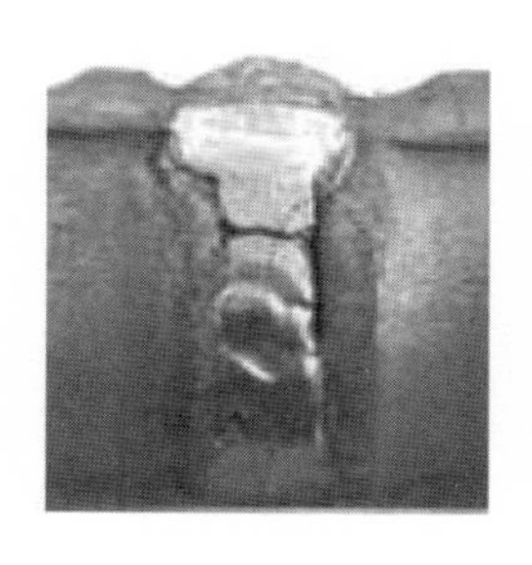

(a) 溶込み不良（外部）

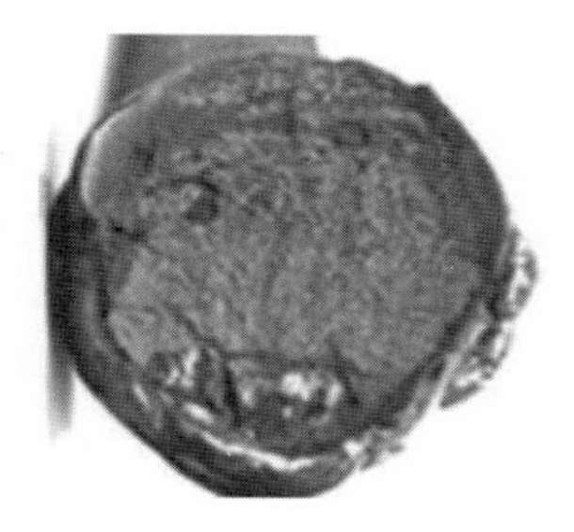

(b) 溶込み不良（内部）

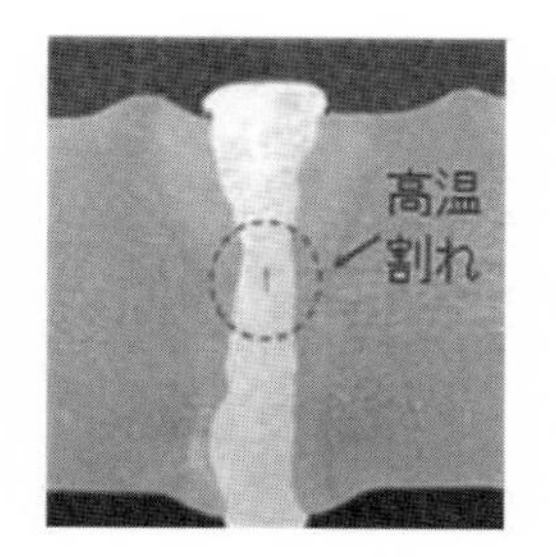

(c) 高温割れ（内部）

解説 写真3.4.4　溶接欠陥の例

（５）について　鉄筋溶接部の超音波探傷検査は，2 面振動子を用いて周波数の高い波（超音波）を斜めに鉄筋内に入射させ，溶接部の欠陥からの反射波の強さを捕らえて内部欠陥を検査する方法である．**解説 図3.4.5**は，横軸に反射エコーの最大高さと母材の透過波の強さ（基準レベルという）との比較を dB（デシベル）で表したもので，縦軸はJIS 規格引張強度を 1 とした引張強度を示している．JIS Z 3063（鉄筋コンクリート用異形棒鋼溶接部の超音波探傷試験方法及び判定基準）では，合否判定レベルを**解説 図3.4.5**に示すように-20dB としている．ただし，JIS Z 3063 は 2019 年 9 月に制定されていることから，当面は日本鉄筋継手協会の JRJS 0005:2008[3.4]に規定された直角 K 走査法および斜め K 走査法を併用する超音波探傷試験方法（JRJS 併用法）を使用できるのもとする．

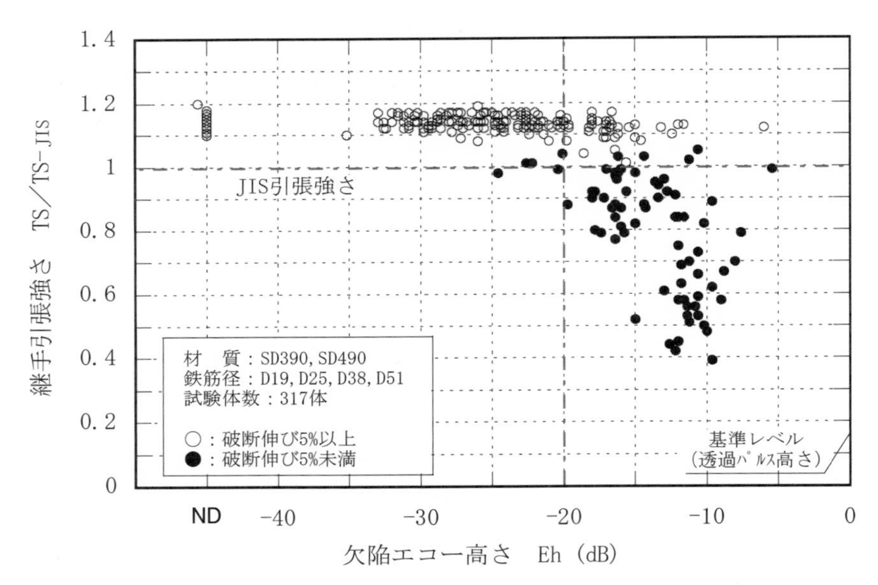

解説 図3.4.5 溶接部からのエコー高さと引張強度との関係 [3.1)]

【参考文献】

3.1) 日本鉄筋継手協会：鉄筋継手工事標準仕様書 溶接継手工事（2017 年）2017 年 8 月

3.2) 日本鉄筋継手協会：ＪＲＪＩ鉄筋溶接継手工法施工要領書，2019 年 4 月

3.3) 日本鉄筋継手協会：鉄筋溶接継手部検査要領書，2019 年 5 月

3.4) 日本鉄筋継手協会：JRJS 0005:2008（鉄筋コンクリート用異形棒鋼溶接部の超音波探傷検査方法及び判定基準（案）），2009 年 6 月

4章　突合せ抵抗溶接継手

4.1　一　　般

この章は，工場溶接される鉄筋の突合せ抵抗溶接継手の加工，検査および記録に適用する．

ここでいう突合せ抵抗溶接継手とは，突合せた接合材に通電し，抵抗発熱により接合部の温度を上昇させた後，加圧により接合する継手とする．

【解　説】　突合せ抵抗溶接は工場で加工を行い，主に溶接閉鎖型せん断補強鉄筋として用いる．また，溶接閉鎖型せん断補強鉄筋の製造は，突合せ抵抗溶接のほか，鉄筋の切断加工，曲げ加工などの加工を伴う．

突合せ抵抗溶接の溶接方式には，**解説 図4.1.1**に示すアプセット溶接とフラッシュ溶接がある．アプセット溶接は，端面を突合せ，加圧・通電をしながらの抵抗発熱で行う溶接であり，フラッシュ溶接は，端面を接触させた状態で通電し，接触部をフラッシュ（火花）として溶融飛散させた後，加圧・通電して行う溶接である．いずれも加圧により溶接部はふくらみができる．

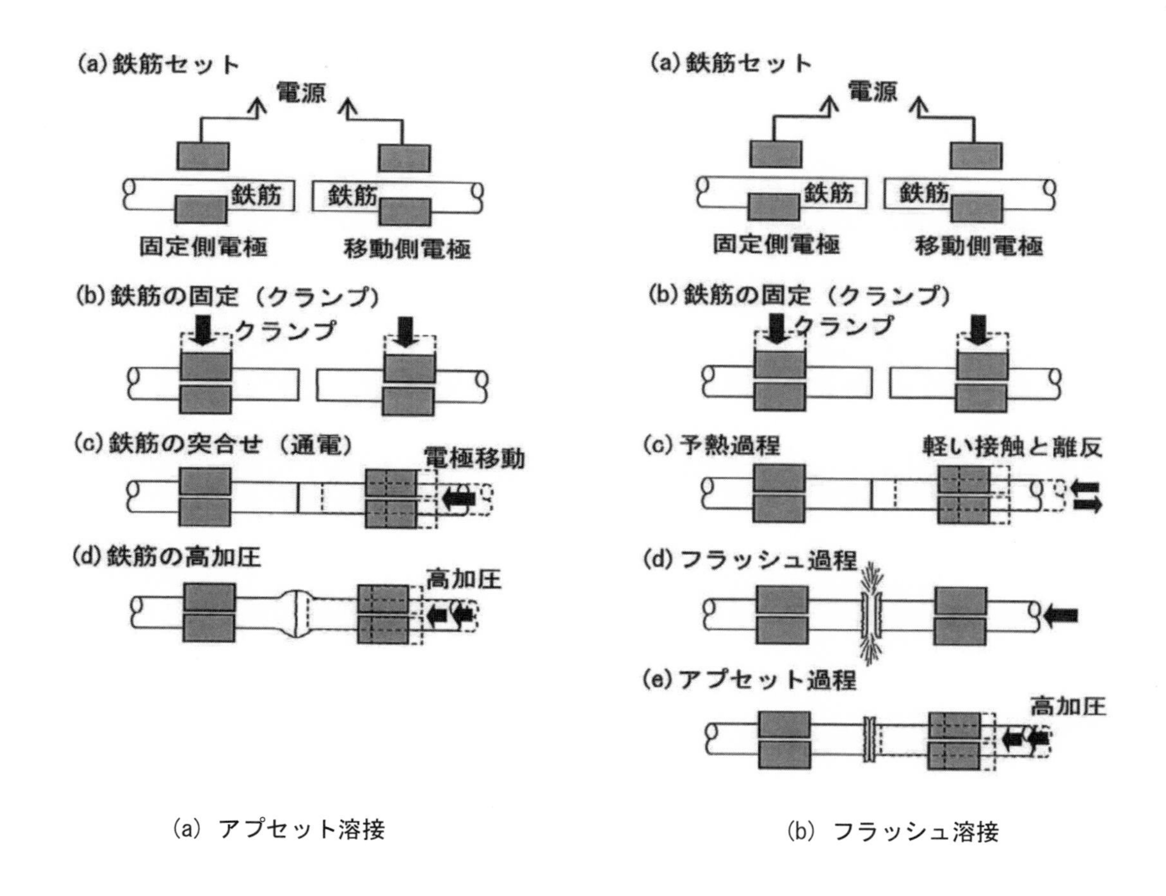

(a) アプセット溶接　　　(b) フラッシュ溶接

解説 図4.1.1　突合せ抵抗溶接の方法

4.2 鉄　　筋

突合せ抵抗溶接継手に用いる鉄筋は，原則として，JIS G 3112（鉄筋コンクリート用棒鋼）に規定するSD295A，SD295B，SD345，SD390とする．なお，径はD10，D13，D16とする．

【解　説】 JIS G 3112にはSD490も含まれるが，実績が少ないことから原則としては適用範囲外としている．ただし，第Ⅰ編3.5で，性能が確認された鋼種，径は適用範囲内としてよい．

なお，高強度鉄筋として，降伏点が685N/mm^{2}級，785N/mm^{2}級および1275N/mm^{2}級の材料があり，それらを用いた突合せ抵抗溶接継手において，継手部の性能が確認されているものもある．

4.3 突合せ抵抗溶接継手の加工および検査に起因する信頼度

（1）突合せ抵抗溶接継手の加工および検査に起因する信頼度は，第Ⅰ編3.5.2による．

（2）突合せ抵抗溶接継手の信頼度は，加工と検査のレベルから定めてよい．

【解　説】 （2）について　解説 表4.3.1に示すように，突合せ抵抗溶接継手は工場加工であるため，第Ⅰ編3.5.2の解説から施工レベルは1相当と考えられる．また，不合格品の発生率は低いが，責任技術者による検査ではなく自主検査であることから検査のレベルを3相当とし，信頼度はⅡ種を標準とした．

解説 表4.3.1 継手の加工および検査に起因する信頼度の例

施工および検査に起因する信頼度	施工レベル	検査レベル	検査方法	
			外観検査	破壊検査
Ⅱ	1	3	全数	3本/製造ロット※

※破壊検査は引張試験とし，製造ロットの初期，中期，末期から3本無作為に採取する

4.4 加　　工

4.4.1 一　　般

突合せ抵抗溶接継手は，あらかじめ定められた加工要領に従い，所要の品質を満足するように加工と管理を行なわなければならない．

【解　説】 突合せ抵抗溶接継手に求められる特性を実現するために，加工と管理について必要な事項を示すものとする．

4.4.2　溶接作業者

溶接作業は，公的認定機関により認定された技能検定システムにより，教育プログラムを受講した作業員が行う．

【解　説】　突合せ抵抗溶接は，材料をセットし，装置を始動することにより自動的に行われ，環境，作業員による性能のバラツキは少ないが，製品全体の品質を確保するため，作業員は講習会を受けた者とする．

また，公的認定機関に技能管理システムが認定された場合は，学科講習，実技講習及び技量確認試験などの項目に対して要求条件を満足しているものとする．

4.4.3　溶接機械

鉄筋の突合せ抵抗溶接に用いる溶接機械は，JIS C 9305（抵抗溶接機通則）による．

【解　説】　JIS C 9305（抵抗溶接機通則）は，抵抗溶接機，変圧器付きガン，移動式溶接機に適用する規格である．その適用範囲には，突合せ溶接機（アプセット溶接機およびフラッシュ溶接機）が含まれている．鉄筋用の突合せ溶接機として，**解説 写真**4.4.1 にアプセット溶接機の例を，**解説 写真**4.4.2 にフラシュ溶接機の例を示す．

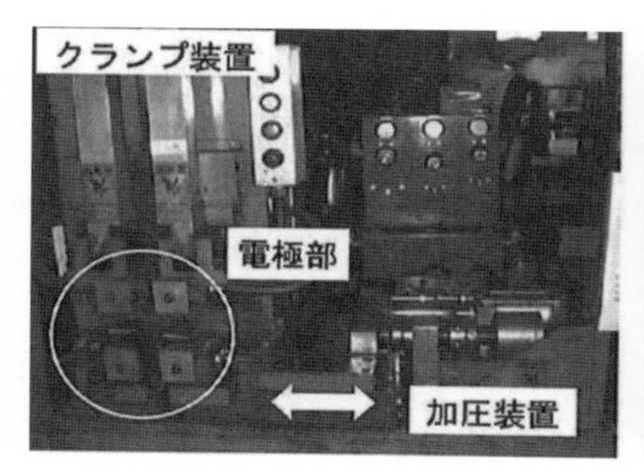

(a) アプセット溶接機

(b) 電極部

(c) 溶接状況

解説 写真 4.4.1　アプセット溶接機の例 [4.1)]

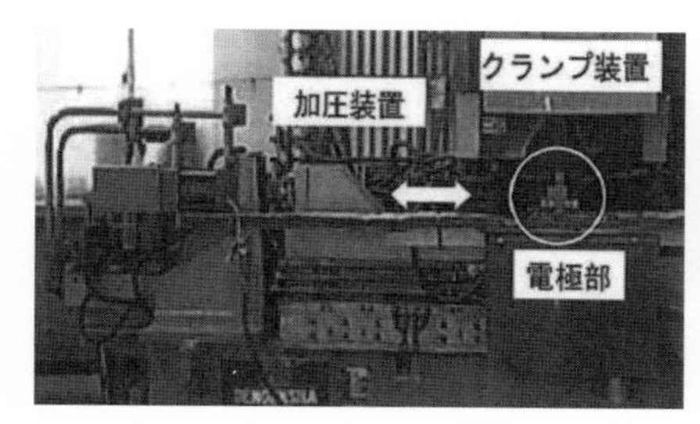

(a) フラシュ溶接機

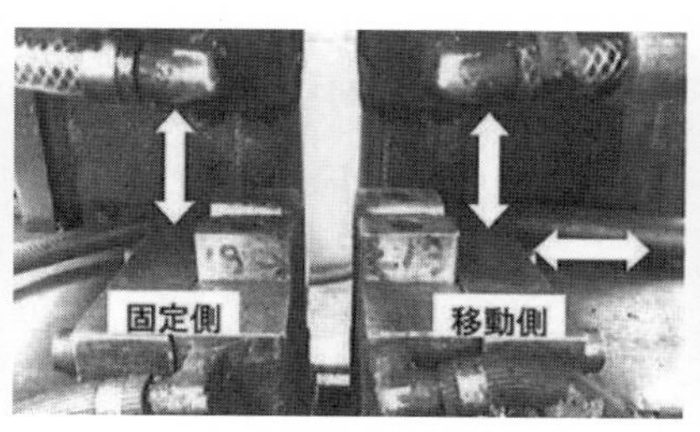

(b) 電極部

(c) 溶接状況

解説 写真 4.4.2　フラシュ溶接機の例 [4.1)]

4.4.4　加工と管理

突合せ抵抗溶接継手は工場で加工を行う．加工の管理は，公的認定機関により認定された生産管理システムにより行う．

【解　説】　突合せ抵抗溶接は，鉄筋をセットし，装置を始動することにより，加熱工程，加圧工程，保持工程が自動的に行われて完了し，環境，作業員などによる特性のばらつきは少ない．公的認定機関に生産管理システムが認定された場合は，鉄筋の受け入れ，溶接，検査，出荷などの項目に対して要求条件を満足しており，溶接部の特性が保証されているものとした．

4.5　検査および記録

4.5.1　一　　般

（1）突合せ抵抗溶接継手の検査は，外観検査と破壊検査により行なうものとする．

（2）検査の結果ならびに不合格時の処置の結果の記録は，第Ⅰ編 4.5 による．

【解　説】　この節は，突合せ抵抗溶接継手の検査項目や品質判定基準，検査の実施方法，ならびに不合格継手の措置について，必要な事項を示すものである．

4.5.2　品質判定基準

（1）外観検査

外観検査において，偏心，ふくらみなど形状に異常がないこと．

（2）破壊検査

破壊検査において，引張強度がJIS G 3112（鉄筋コンクリート用棒鋼）に示す規格値を満足し，母材破断すること．

【解　説】　（1）について　溶接形状の異常には，例えばクランプ力不足による溶接部のふくらみが 1.1 ϕ 以下となるような場合があげられる．なお，溶接機の機構上，溶接部のふくらみが過大になることはない．

溶接継手部の外観検査の項目には，鉄筋の偏心及び溶接部のふくらみの径とする．それらの判定基準は，公的認定機関で認定された生産管理システムの品質判定基準値を使用すること．

（2）について　試験片は，工場で溶接された加工品から切り出しするものとする．

4.5.3　検査および不合格継手の措置

（１）溶接継手の検査は，次に従って実施する．

(i)　外観検査

溶接後に，形状と偏心について全数検査を実施する．

(ii)　破壊検査

破壊検査は，製造１ロットごと，３本の試験片を抜き取り，引張試験を行う．すべての試験片が規格引張強度以上かつ，母材破断であればそのロットを合格とする．

（２）不合格継手の措置は，次による．

(i)　外観検査により不合格となったものは破棄とする．

(ii)　引張試験により試験片が不合格と判定された場合は，JIS G 0404（鋼材の一般受け渡し条件）により２倍の試験片をとって再試験を行い，そのすべての試験片が規格引張強度以上であれば，そのロットを合格とする．再試験で不合格となった場合には，そのロットはすべて破棄とする．

【解　説】　（１）について　外観検査および破壊検査の結果は記録する．また，破壊試験の試験片は製造１ロットの初期，中期，末期から３本を無作為に採取する．なお，製造１ロットの定義は，各工法に製造要領書によるが，一般に鋼種，呼び名，溶解番号，加工溶接機，加工日が同一なもの，としている．

（２）について　再試験の場合も，破壊試験の試験片はロットの初期，中期，末期から無作為に採取する．

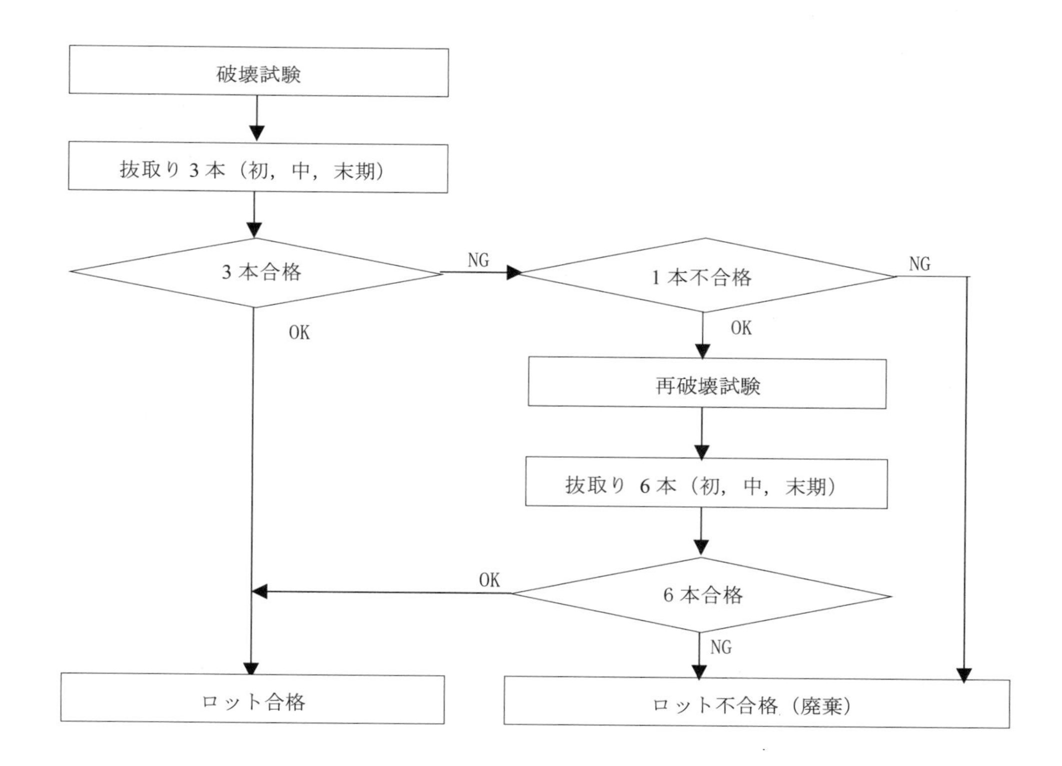

解説 図 4.5.1 破壊検査のフロー（突合せ抵抗溶接継手）

【参考文献】

4.1)　日本鉄筋継手協会：溶接せん断補強筋の手引き，2014年5月

5章　フレア溶接継手

5.1　一　　般

この章は，フレア溶接継手のうちV形溶接継手の施工，検査および記録に適用する．

フレア溶接継手は，コンクリートに有害なひび割れを発生させないように適用箇所や配置に留意しなければならない．

【解　説】　フレア溶接継手には，鉄筋接合部の片側を溶接するフレアV形溶接継手と，鉄筋接合部の両側を溶接するフレアX形溶接継手があるが，この章では適用例の多いフレアV形溶接継手のみを対象とする．**解説 図5.1.1**に，フレアV形溶接継手を示す．

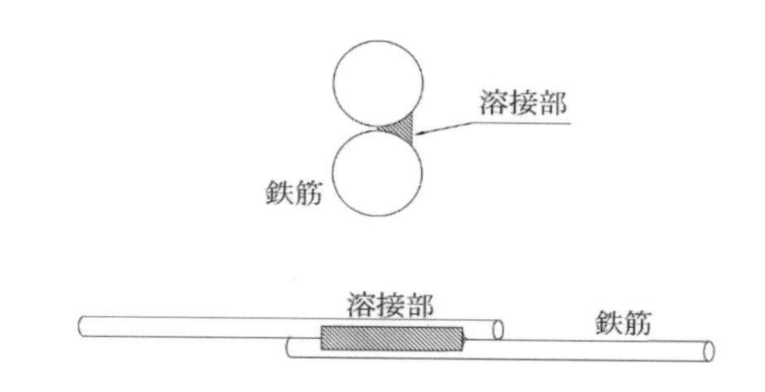

解説 図5.1.1 フレアV形溶接継手

フレア溶接継手のように鉄筋の軸線が一致しない溶接継手は，鉄筋に引張力が作用すると，鉄筋軸と直交する方向に力が作用し，かぶりコンクリートの押出しやひび割れの増大が予想される．そのため，フレア溶接継手は，一断面に集中しないように配置することを原則とし，かぶり面に平行に配置した鉄筋の継手として用いるなど，鉄筋およびコンクリートに拘束された環境下における鉄筋継手として用いるのがよい．フレア溶接継手には，半自動アーク溶接機あるいは被覆アーク溶接が用いられる．

橋脚などの帯鉄筋に用いる継手は，橋脚の帯鉄筋の継手や箱抜き部の補強筋の継手など，形状や施工条件により通常の鉄筋継手を用いることが出来ない場合に施工されることが多い．

5.2　鉄筋および溶接材料

（1）鉄筋はJIS G 3112（鉄筋コンクリート用棒鋼）に適合したものとする．

（2）鉄筋径は，32mm（異形棒鋼の場合は，呼び名D32）以下とする．

（３）溶接棒は，JIS Z 3212，3312，3313のうち表5.2.1に示すものを使用することを原則とする．

表5.2.1 溶接材料の適用

鉄筋の種類	JIS規格（溶接材料）
SD295	JIS Z 3212 (D5016)
SD345	JIS Z 3312 (YGW11, 12, 21)
SD390	JIS Z 3313 (YFW-C500X)

【解　説】　（１）について　鋼材に炭素量が多いと溶接性が悪くなるため，溶接に使用する鉄筋については炭素当量（Ceq）のなるべく小さい材料を選定するとよい．

（２）について　施工実績から鉄筋径は，32mm（異形棒鋼の場合は，呼び名D32）以下とした．なお，32mmを超える場合は，施工前試験を行い施工性および継手単体の特性を確認することが必要である．

（３）について　現場溶接のための溶接材料，鉄筋の強度を考慮して490N/mm^2 級とする．また，一般に鉄筋は炭素当量が高い材料であることから，耐割れ性を考慮して低水素系のものを用いるとよい．

5.3　フレア溶接継手の施工および検査に起因する信頼度

（１）フレア溶接継手の施工および検査に起因する信頼度は，第Ⅰ編3.5.2による．

（２）フレア溶接継手の信頼度は，施工と検査のレベルから定めてよい．

【解　説】　（２）について　フレア溶接継手は，半自動アーク溶接を用いて橋脚など鉄筋径D32以下の帯鉄筋に使用し，5.5以降に示す方法で施工と管理を行った場合を前提に，施工および検査に起因する信頼度をⅡ種と設定した．これは，フレア溶接継手の使用実績を考慮し判断したもので，それ以外の状況で用いる場合は，Ⅲ種と設定する．これは，フレア溶接継手に関する管理を厳密に行わなかった場合においても一定の性能を保証できるようにしたためである．

解説 表5.3.1 施工及び検査に起因する信頼度の例

施工および検査に起因する信頼度	施工レベル	検査レベル	施工前試験	施工後試験		検査者
				外観検査	引張試験	
Ⅱ	2	2	3本	全数	1本※	責任技術者
Ⅲ	2	3	※	全数	※	責任技術者

※ 責任技術者の判断で，必要に応じて実施

5.4　構造細目

フレア溶接継手の断面形状，溶接長，溶接継手の形状は，（１）～（３）による．

（１）フレア溶接継手のサイズは**図 5.4.1** に示すとおりとし，その溶接ビードの幅（w）を鉄筋径の 1/2 以上にすることを標準とする．ただし，最小幅は 6mm とする．

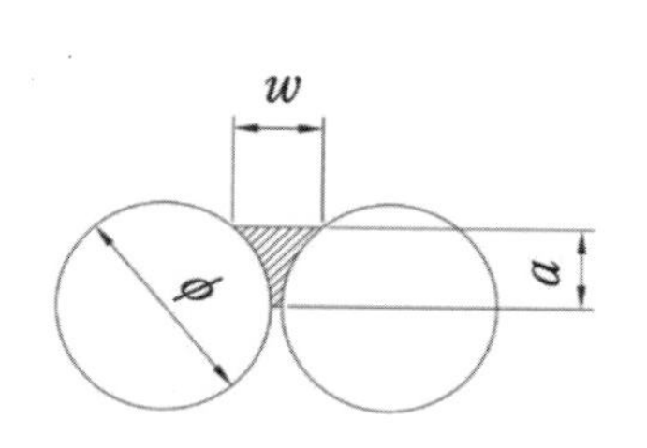

$w \geqq \phi/2$　　$a \geqq 0.39\phi - e$

ここに，w：溶接ビートの幅（mm）

a：強度計算上の設計のど厚（mm）

e：余裕長，一般に以下の値としてよい

$\phi \leqq$ 10mm，e=2mm

10mm＜$\phi \leqq$ 22mm，e=3mm

ϕ＞22mm，e=4mm

ϕ：鉄筋径（呼び名）(mm)

図 5.4.1　フレア溶接継手のビート幅とのど厚

（２）溶接長は，鉄筋径の 10 倍以上を原則とする．また，溶接長，溶接サイズ，溶接材料などを変更する場合には，継手の性能を確認した上で溶接長を決めるものとする．

（３）フレア溶接継手の形状は**図 5.4.2** のとおりとする．

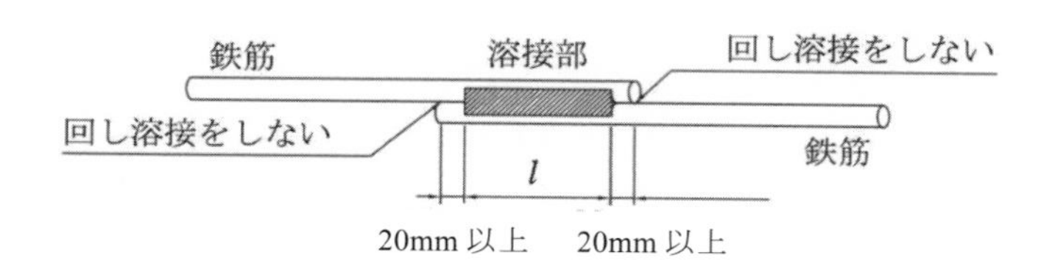

図 5.4.2 フレア溶接継手の形状

（４）フレア溶接継手のサイズ，溶接長，継手の形状は，設計図面に明示しなければならない．

【解　説】　（１）について　溶接サイズについては施工実績などを考慮して，ビードの幅を$\phi/2$ とした．溶接ビードの幅（w）および強度計算に用いるのど厚（a）は**図 5.4.1** のとおりとする．

（２）について　溶接長は，一般的に用いられる溶接材料を用いて規定どおり溶接した場合の計算値を上回るように鉄筋径の 10 倍を原則とした．

溶接長の計算値は，強度計算上の有効長（L）と端部ののど厚が不足する不完全部分を足し合わせたもので，不完全部分の長さが溶接ビードの幅（w）に等しいと仮定し，継手の強度計算は鉄筋の設計引張降伏強度で行うものとする．

溶接サイズ，溶接材料などを変更する場合には，継手の特性を確認した上で溶接長を決めるものとする．

溶接長（ l ）の計算式を以下に示す．

$$l \geq \frac{A_s \cdot f_{yd}}{a \cdot \tau_u} + 2 \cdot w$$

ここに，A_s　：鉄筋の公称断面積

f_{yd}　：鉄筋の設計引張降伏強度

a　：強度計算上の設計のど厚

τ_u　：溶接部の設計せん断強度

w　：溶接ビードの幅

溶接部の設計せん断強度は，溶接材料に応じて適切な数値を設定するのがよい．また，溶着部のせん断強度は，現場溶接による強度低下を 0.9 程度と考え，せん断降伏強度の 0.9 倍とする．

この指針に定める以外の溶接長を用いる場合は，溶接長の計算値を満足するとともに，事前に継手の特性を確認しなければならない．特に，溶接ビードの幅を小さくして溶接長を延長する場合は，溶接ビードの幅の 30 倍を超えないように注意しなければならない．

（３）について　フレア溶接では，一般に回し溶接箇所にアンダーカットを生じやすく，鉄筋の強度が低下するので，原則として回し溶接をしないこと．

（４）について　図面に明示すべき事項について述べたものである．

5.5　施　　工

5.5.1　一　　般

フレア溶接継手は，あらかじめ定められた品質管理のための標準的な施工要領書に従い，所要の品質を満足するように施工と管理を行なわなければならない．

【解　説】　施工および検査に起因する信頼度Ⅱ種で，構造上重要な箇所において溶接継手の品質を確保しなければならない場合には，原則として，溶接継手工事の施工計画およびフレア溶接継手の施工要領書に従い，溶接作業者の指導などを常駐の溶接技術者が行う必要がある．ただし，これまでの実績から信頼度Ⅲ種のフレア溶接継手においては溶接技術者を常駐することとしていないが，施工箇所の重要性，施工量に応じて，溶接技術者の配置を検討するとよい．

5.5.2　溶接作業者の技量資格

溶接作業者は，JIS Z 3801（手溶接技術検定における試験方法および判定基準），もしくは，JIS Z 3841（半自動溶接技術検定における試験方法およびその判定基準）において適用構造物の溶接に応じた資格を有するものとする．

【解　説】　この節は，鉄筋の継手に用いる溶接の品質を確保することを目的として，溶接作業者に対する最低限の技量を定めたものである．

5.5.3　溶接機械

（1）電源は必要な電流容量と溶接に適する電気特性を有し，かつ溶接電流，アーク電圧を円滑に調整できるものでなければならない．
（2）半自動アーク溶接のワイヤ送給装置は，安定，円滑にワイヤを送給することができるものでなければならない．
（3）溶接トーチ，シールドガス用に使用する圧力調整器は適用する溶接方法に応じたものでなければならない．

【解　説】　フレア溶接には，半自動アーク溶接機あるいは被覆アーク溶接が用いられる．溶接機は使用する溶接棒に必要な電流，同時に溶接する溶接箇所数（ホルダーの数）に十分安定した電流を供給しうるものを使用することと，溶接機と溶接場所の距離はなるべく近いことが望まれる．溶接機器に重要なことは，ワイヤの送り速度を調節するガバナによって電流負荷の急変に対応出来るように調節できる遠隔制御装置のあるものを使用することが望ましい．また，半自動アーク溶接機を使用する場合，および被覆アーク溶接で手溶接する場合のいずれにおいても，回路となる電線は温度上昇が大とならないよう十分な断面を有し電撃のおそれがないよう，外界との絶縁が確実なものを用いる．

5.5.4　施工と管理

（1）フレア溶接継手は，所要の品質を満足するように溶接環境，溶接姿勢，溶接作業などに配慮して施工と管理を行わなければならない．
（2）フレア溶接継手の溶接作業着手前に溶接作業者の技量確認，作業手順および品質の確保を目的として，施工前試験を実施する．
（3）検査の手順および不合格時の処置などは，事前に責任技術者の承認を得なければならない．

【解　説】　（1）について

(i)　溶接環境について

①　降水時には湿気を除去することが難しいだけでなく電撃の危険もあるため溶接作業を行ってはならない．付着した水分は，溶接時に水素と酸素に分離し，水素は溶着金属の割れ，ブローホール，熱影響部のぜい化など，有害な欠陥の原因となる．したがって，溶接時の湿気は十分取り除いて施工する必要がある．

②　強風時には，風の影響により溶接欠陥が生じないように適切な防風対策を行うものとする．風はアークが不安定となりアンダーカットやブローホールが生じやすく，アーク切れなどを生ずるので被覆アーク溶接では，風速10m/sec以下，炭酸ガスアーク溶接では風速1m/sec以下で施工することが望ましい．

この場合でも防風対策を講じることは重要である．

③　気温が0℃以下の場合は，施工を中止するか，予熱処理を行い施工する．気温が低いと溶接部が急冷され割れの発生原因となる．細径鉄筋であっても50℃以上に予熱をするとよい．また，溶接部の急冷は風によっても助長されるので，予熱と共に防風処置が必要な場合もある．

（ii）溶接姿勢について

溶接の作業性および品質は下向きが最もよく，次いで横向き，立向きの順に低下する．したがって，溶接の姿勢は下向き，横向き，立向きで行い，上向きでは施工しない．

（iii）溶接作業一般

①　溶接に先立ち，ゴミ，浮き錆，油，セメントペースト，水滴などの付着物はワイヤーブラシ，火炎などで取り除く．

②　溶接に際して，鉄筋相互の位置を正確に保てるように結束する．仮付けを行った場合，仮付けビードには割れが生じやすく，本溶接を行っても，この割れを十分溶かすことができないことがあるので仮付け溶接は行ってはならない．また，回し溶接箇所にアンダーカットが生じると鉄筋の強度を低下させるので，回し溶接せずに鉄筋の端部を20mm以上残して溶接する．

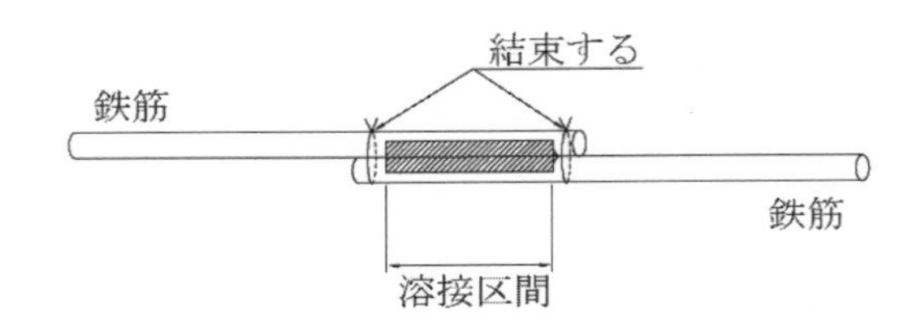

解説 図5.5.1　鉄筋の結束

③　溶接中および冷却時には鉄筋または部材に有害な衝撃または振動を与えてはならない．

④　被覆アーク溶接棒で行う場合には，第一層目の溶接はφ3.2mmを使用し，第二層目からはφ4mmを使用してもよい．

⑤　多層盛の各層は自層の溶接に先立ち，その表面からスラグ，スパッターなどを除去，清掃しなければならない．最終層の溶接終了の場合も同様に行うものとする．

⑥　溶接は，その途中においてなるべくアークを切らないようにするとともに，部材端部にクレータを残してはならない．

⑦　鉄筋の両端を溶接する場合など拘束の大きい場合には溶接順序の検討や治具による固定などの対策を行って収縮割れを防止する．

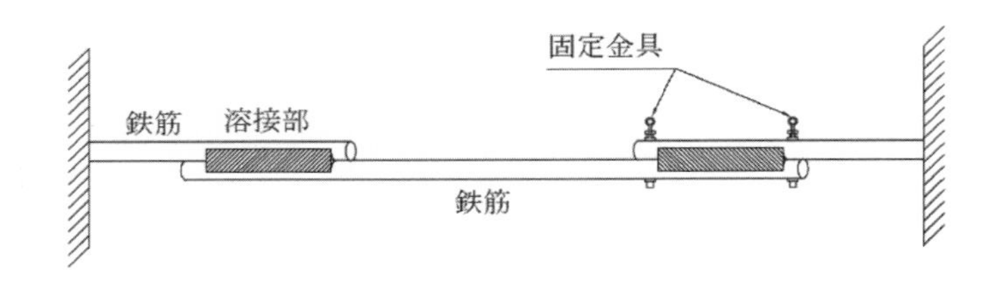

解説 図5.5.2　鉄筋の固定

⑧　フレア溶接の第1層目の溶接はストレート溶接を基本とし，過度なウィービングを行ってはならない．

⑨　床版の箱抜きなどで一度折り曲げた鉄筋をまっすぐにして溶接継手を施工する場合は，曲げ戻した鉄筋はじん性が低下するので，折り曲げた部分を650〜850℃（暗い赤色）に加熱して曲げもどし，空冷したのち，溶接を施工する．

⑩　次の場合には予熱して溶接する．予熱条件は溶接部材の大きさ，気温などによって決定する．

解説 表5.5.1　予熱条件

鉄筋径	気温5℃以上	気温5℃未満
25mm 未満	なし	50℃
25mm 以上	50℃	100℃

溶接作業では，適切な予熱を行って，継手部の硬化を少なくして溶接割れの防止を図っている．溶接部の硬化，軟化には鋼材の炭素当量および溶接時の冷却速度が大きく関与しており，炭素当量が高くなるほど，また，溶接時の冷却速度が速いほど硬化する．そのため，予熱を必要としない場合でも特に炭素当量の多い場合は50℃の予熱を行う．予熱の範囲は溶接区間の両側から100mm程度を含んだ長さとする．

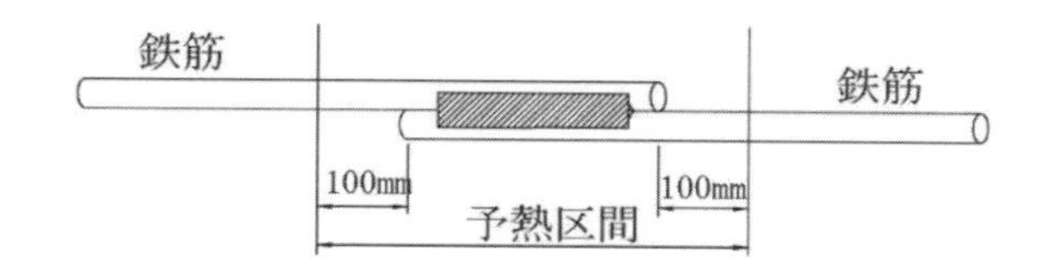

解説 図5.5.3　予熱区間

予熱は一般的にトーチランプなどで行うが，図示の区間についてあらかじめ実験し，温度チョークなどによって温度を測定し作業すれば能率よく行える．プロパンガスなどを用いる場合はガスの燃焼によって生じる湿気に注意する必要がある．

⑪　溶接材料の管理

溶接部の欠陥は溶接材料の管理が悪いために発生するものが多い．被覆の剥離および汚損のある溶接材料，ならびに湿潤状態を経た溶接材料は使用しないこと．

溶接棒は乾燥したものを使用し，現場で作業中には，溶接棒は防湿筒に入れておくこと．溶接棒は梱包の開封直後でもそのまま使用せず，直前に再乾燥（300〜350℃で1h）させることが義務化されている．特に低水素系の溶接棒は湿潤しやすいので，防湿筒（80〜150℃）に保管するなど，注意が必要である．

（２）について　溶接作業着手前にフレア溶接継手の溶接作業員の技量や現場条件による施工品質の判定を行うために，作業手順，溶接姿勢など現場の状況に近い状態で施工試験を実施し，施工上の条件を決定する．施工前試験の合否判定は責任技術者が行う．

施工前試験は，以下の試験頻度で実施する．

a. 試験片は，1施工単位（たとえば，1橋脚）あたり，溶接作業員・鉄筋材質・鉄筋径ごとに3本とする．ただし，気象条件や溶接環境が大きく変化する場合は，その都度施工試験を行うのが望ましい．

b. 試験頻度は1施工単位あたり，外観および形状寸法試験については全数（3本）行うものとし，その後，引張試験は2本，断面マクロ試験は監督員が必要と認めた場合に1本行う．

5.6　検査および記録

5.6.1　一　　般

（1）フレア溶接継手の検査は，外観および形状寸法検査と引張試験により行なうものとする．

（2）検査の結果ならびに不合格時の処置の結果の記録は，第Ⅰ編4.5による．

5.6.2　品質判定基準

フレア溶接継手の検査の品質判定基準は以下とする．

（1）外観および形状寸法検査

(i)　目視により，ブローホール，ピット，アンダーカットなどの欠陥がないこと．

(ii)　スケールなどを用いて，溶接長，および溶接ビードの幅が設計長以上確保されていること．

（2）引張試験

(i)　引張試験は，JIS Z 2241（金属材料引張試験方法）により行うものとする．

(ii)　引張強度は，JIS G 3112（鉄筋コンクリート用棒鋼）に示す規格値を満足し，破断位置は，溶接箇所以外であること．

5.6.3　検査および不合格継手の措置

（1）溶接作業完了後，品質の確認を目的として，外観および形状寸法検査を行う．検査は，継手30箇所程度を1ロットとして全数行い，不合格が10%以上の場合は，工事を中止し，欠陥の発生原因を調査し，再発防止措置を講じ，工事を再開しなければならない．そのロットの扱いについて責任技術者と協議し，その指示に従うものとする．不合格となった継手は，適切な処置を行う．

（2）引張試験は責任技術者が必要と判断した場合に実施するものとし，試験片は，責任技術者の指示に従い抜き取る．なお，試験片を抜き取った箇所は，新たに同型の鉄筋を継ぎ足して再溶接を行うものとする．

【解　説】　**解説 図5.6.1**に，フレア溶接継手の検査フローを示す．フレア溶接継手の検査は，外観および形状寸法の全数検査を基本とした．これは，鉄筋の切取り・補修による悪影響や，フレア溶接継手に有効な非破壊検査手段がないことを考慮したことによる．

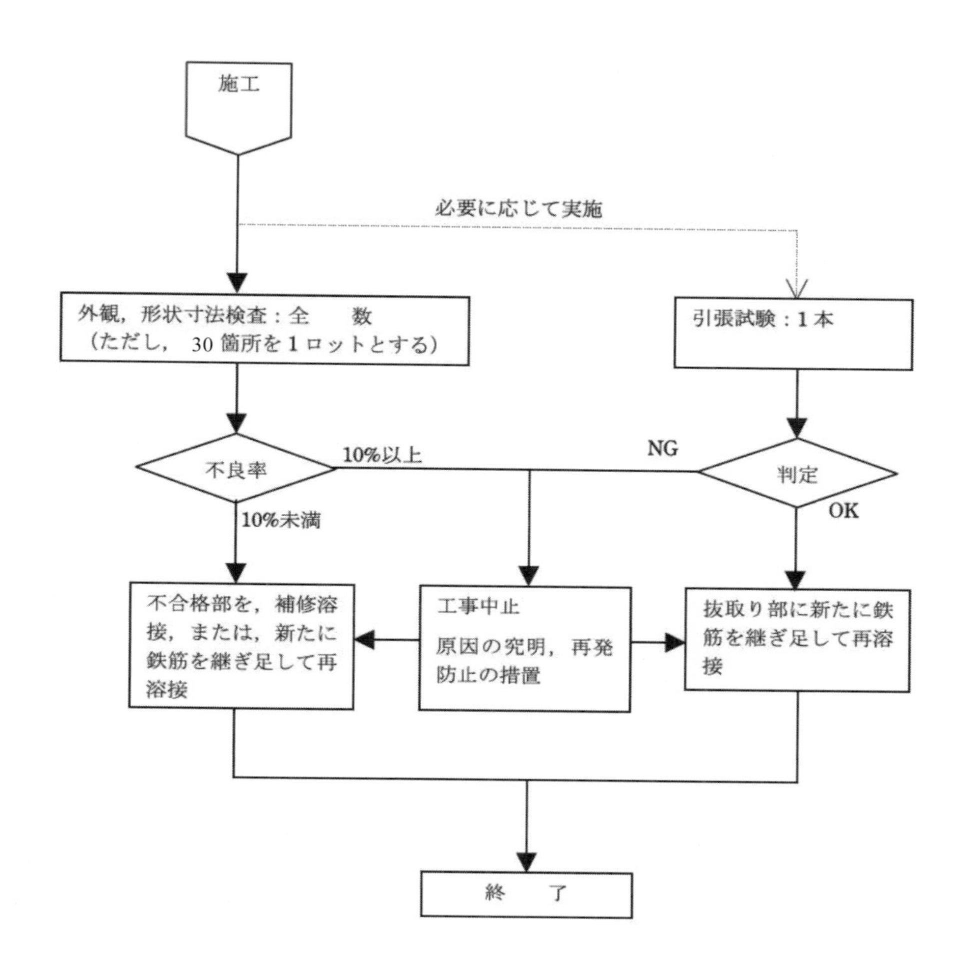

解説　図5.6.1　フレア溶接継手の検査フロー

全数検査は，継手 100 箇所程度を 1 ロットとし，ロット単位の不合格率が 10%未満の場合，そのロットを合格とする．不合格が 10%以上の場合は，溶接の環境変化や溶接作業者の問題など考えられるため，そのロットの扱いについて責任技術者と協議し，その指示に従うものとする．なお，不合格とされた継手は，施工要領書の不合格時の処置に従い，補修溶接を行うなど適切に処置する．なお，補修溶接を行う場合には，50℃程度の予熱処理を行い，急冷しないようにする．なお，**解説　図 5.6.1** 右側のフローに示す必要に応じて実施する場合とは，例えば 1 橋脚に 1 箇所からのように 1 部材 1 箇所から抜き取り，引張試験により検査を行うことを指している．

【参考文献】

5.1)　東日本旅客鉄道：鉄筋フレア溶接設計施工マニュアル，2006 年 6 月
5.2)　東日本高速道路・中日本高速道路・西日本高速道路：構造物施工管理要領 ，2017 年 7 月
5.3)　日本鉄筋継手協会：鉄筋継手工事標準仕様書　溶接継手工事（2017 年），2017 年 8 月

V　機械式継手編

1章　総　　則

1.1　適用の範囲

この編は，軸方向鉄筋および横方向鉄筋の接合に機械式継手を用いる場合の施工，検査および記録に適用する．この編に示されていない事項は，第I編によるものとする．

【解　説】　この編は，一般の鉄筋コンクリートおよびプレストレストコンクリートに用いる鉄筋の機械式継手の施工，検査および記録に適用する．

機械式継手には仕様の異なる各種の方法があり応力伝達機構も異なるため，この編は第1章から第4章まで機械式継手に共通する事項を示した後，第5章以降に継手の種類ごとに施工の標準と検査方法について定めている．この編で示されていない既存の機械式継手，あるいは，今後新たに開発される機械式継手を用いる場合は，第I編およびこの編の規定を参考として，十分な検討を行うことが必要である．

なお，この編は「鉄筋継手工事標準仕様書　機械式継手工事（2017年）」[1.1]（日本鉄筋継手協会），同協会の諸規定および基準，JISの関連規格等を参考としている．

1.2　機械式継手の種類

この編では，以下の機械式継手を対象とする．

(i)　ねじ節鉄筋継手
(ii)　モルタル充填継手
(iii)　摩擦圧接ねじ継手（端部ねじ加工継手）
(iv)　スリーブ圧着ねじ継手（端部ねじ加工継手）
(v)　スリーブ圧着継手
(vi)　くさび固定継手

【解　説】　鉄筋の機械式継手として，これまでに，多数の継手方式が提案・実用化されてきた．この編では，使用実績等を考慮し，対象とする機械式継手を本文および**解説 図1.2.1**に示すように分類を行うこととした．なお，過去に実用化されたが現在では使用されていない継手（例えば，併用式継手，溶融金属充填継手など）はこの編の対象としないこととした．

工法選定の便宜を図るため，一般に普及しており実績のある機械式継手の特徴を，付録V—1「機械式鉄筋継手工法一覧」，および付録V－2「機械式鉄筋継手工法資料」に示す．

機械式継手の名称		継手の構成	備考
ねじ節鉄筋継手	トルク固定方式	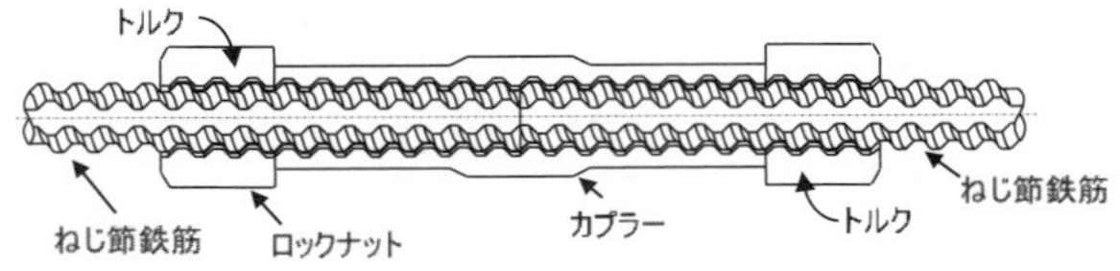 トルク ねじ節鉄筋 ロックナット カプラー トルク ねじ節鉄筋	鉄筋または両側のナットを締め付けて固定
	グラウト固定方式	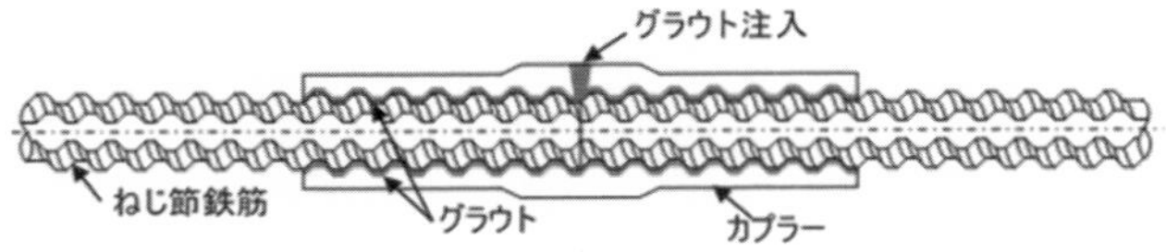 グラウト注入 ねじ節鉄筋 グラウト カプラー	カプラーと鉄筋の隙間にグラウトを充填し固定 ・有機系グラウト ・無機系グラウト
モルタル充填継手		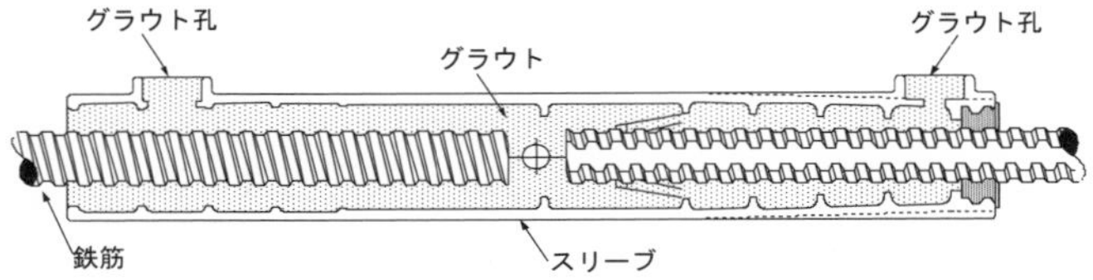 グラウト孔 グラウト グラウト孔 鉄筋 スリーブ	スリーブと鉄筋の隙間にモルタルを充填し固定
摩擦圧接ねじ継手（端部ねじ加工継手）		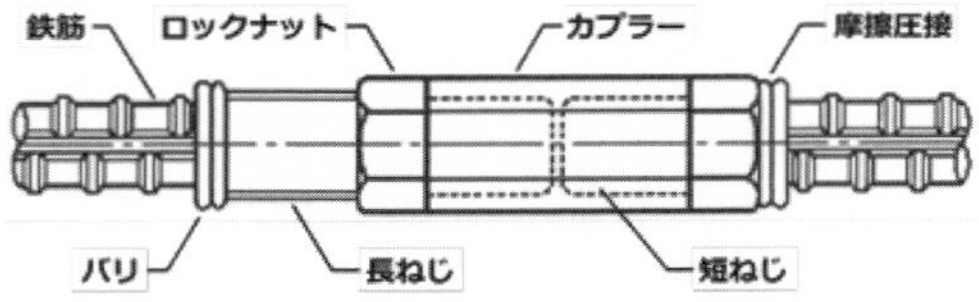 鉄筋 ロックナット カプラー 摩擦圧接 バリ 長ねじ 短ねじ	鉄筋端部にねじ部品を摩擦圧接で接続 カプラーとナットを締め付けて固定
スリーブ圧着ねじ継手（端部ねじ加工継手）		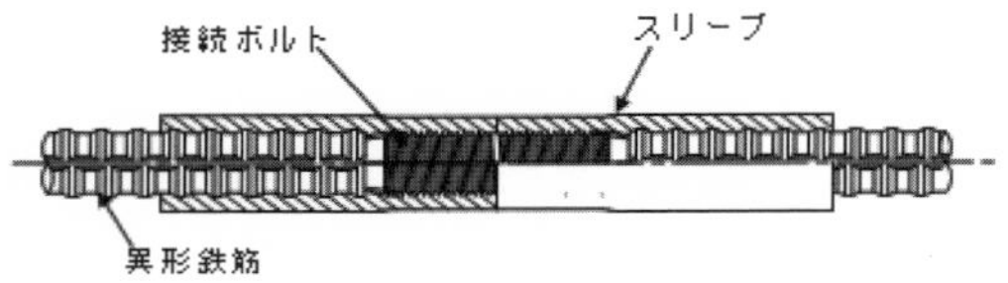 接続ボルト スリーブ 異形鉄筋	雌ねじ加工したスリーブを鉄筋に圧着し，接続ボルトで接続
スリーブ圧着継手	断続圧着方式	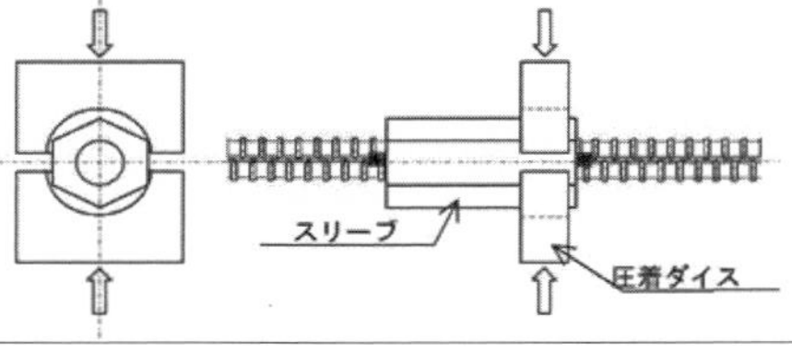 スリーブ 圧着ダイス	スリーブを断続圧着
くさび固定継手		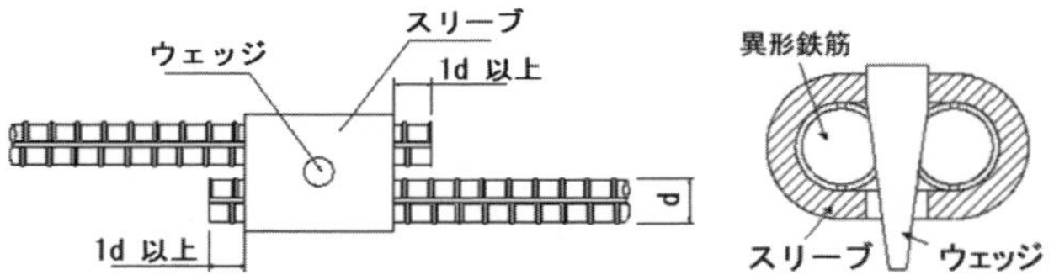 ウェッジ スリーブ 1d 以上 d 1d 以上 異形鉄筋 スリーブ ウェッジ	鉄筋重ね部にスリーブをセットし，スリーブの挿入孔にウェッジを圧入し固定

解説 図 1.2.1　機械式継手の分類

1.3　鉄筋の種類および組合せ

（1）機械式継手に使用できる鉄筋の種類，鉄筋径および形状は，JIS G 3112（鉄筋コンクリート用棒鋼）に規定する異形棒鋼および品質が確かめられた高強度鉄筋のうち，各機械式継手工法の施工要領書の範囲内とする．

（2）鉄筋の種類が異なる鉄筋同士の機械式継手は，各機械式継手工法の施工要領書の範囲内とする．

（3）鉄筋径が異なる鉄筋同士の機械式継手は，共通編 2.5.2 の規定の範囲内で，かつ，各機械式継手工法の施工要領書の範囲内とする．

【解　説】　（1）について　使用できる鉄筋の種類及び鉄筋径は，**解説 表 1.3.1**，**解説 表 1.3.2** に示すもののうち，各機械式継手工法の認定又は評定を取得した施工要領書の範囲内とする．なお，ここで扱う品質が確かめられた高強度鉄筋の例として，建築基準法第 37 条に基づく大臣認定を取得した高強度鉄筋 USD590A，USD590B，USD685A，USD685B 等がある。各機械式継手工法に使用できる鉄筋径を総括して**解説 表 1.3.2** に示す．異形鉄筋の節形状には，通常の異形鉄筋（竹節）およびねじ節があり，モルタル充填継手においては，節形状によって特性が左右されるため各機械式継手工法の施工要領書の範囲内であることを確認する必要がある．また，カプラーやスリーブなどの継手材料の耐力を上回らないよう鉄筋の上限耐力を規定している機械式継手工法があるので，施工要領書の内容と鉄筋の材質を確認する必要がある．

解説 表 1.3.1　機械式継手に使用できる鉄筋の種類の例 [1.1)]

鉄筋の種類
SD295A，SD295B，SD345，SD390，SD490， 品質が確かめられた高強度鉄筋[注)]

（注）建築基準法第 37 条に基づく大臣認定を取得した高強度鉄筋

解説 表 1.3.2　機械式継手に使用できる鉄筋径の例 [1.1)]

鉄筋径（呼び名）
D10，D13，D16，D19，D22，D25，D29，D32，D35，D38，D41，D51

（2）について　鉄筋の種類が異なる鉄筋同士の機械式継手は，各機械式継手工法の認定又は評定を取得した施工要領書の範囲内とした．機械式継手に使用できる鉄筋の種類が異なる鉄筋同士の組合せの例を**解説 表 1.3.3** に示す．

（3）について　施工要領書に規定された径差以上の場合，物理的に接合できない，あるいは所定の継手強度が得られないため，鉄筋径が異なる鉄筋同士の継手は各機械式継手工法の認定又は評定の範囲内とした．工法によっては，同径の鉄筋同士の継手のみ認定又は評定で認められているものもある．

なお，接合する鉄筋の種類が異なり，かつ，鉄筋径が異なる鉄筋同士の継手については，機械式継手工法により使用範囲が異なる．使用にあたっては，機械式継手工法の施工要領書で使用範囲及び留意点を確認する必要がある．

解説 表 1.3.3　機械式継手に使用できる鉄筋の種類が異なる鉄筋同士の組合せの例[1.1)]

鉄筋の種類	継手可能な鉄筋の種類	
	1鋼種差	2鋼種差
SD295A	SD345	SD390
SD295B	SD345	SD390
SD345	SD390	SD490
SD390	SD490	USD590A 注)，USD590B 注)
SD490	USD590A 注)，USD590B 注)	USD685A 注)，USD685B 注)
USD590A 注)	USD685A 注)，USD685B 注)	—
USD590B 注)	USD685A 注)，USD685B 注)	—

注）建築基準法第37条に基づく大臣認定を取得した高強度鉄筋の一例

【参考文献】

1.1)　日本鉄筋継手協会：鉄筋継手工事標準仕様書　機械式継手工事（2017年），2017年8月

2章　機械式継手単体の特性

（1）機械式継手単体の特性は，第Ⅰ編3.6に示す試験により評価する．

（2）公的認定機関によりSA級あるいはA級の認定を受けた継手施工要領書により施工される機械式継手は，第Ⅰ編3.5継手部を有する構造物の性能照査において継手単体の特性をそれぞれの認定に応じてSA級あるいはA級とみなしてよい．

（3）継手単体の疲労強度は，設計で想定した繰返し回数に対する強度で評価するものとする．なお，公的認定機関での確認を得た*S-N*線図が継手単体に対して得られている場合は，それを用いてもよい．

【解　説】　機械式継手の継手単体では，当該の継手が部材中において担う役割を考慮し，継手として必要な強度，剛性，伸び能力およびすべり量に関する特性判定基準を満足することを，第Ⅰ編3.6の規定に基づき確認しなければならない．なお，公的認定機関の認定を取得した機械式継手については，認定を受けた範囲において継手単体の特性を有するものとみなしてよい．

工法選定の便宜を図るため，公的認定機関の認定を受け，一般に普及し実績のある機械式継手に関して，継手単体の特性，適用範囲，特徴を付録Ⅴ-1に示す．

3 章　機械式継手の施工および検査に起因する信頼度

（1）機械式継手の施工および検査に起因する信頼度は，第Ⅰ編 3.5 による．
（2）機械式継手の信頼度は，施工と検査のレベルから定めてよい．

【解　説】　機械式継手の施工および検査に起因する信頼度は，第Ⅰ編 3.5 に基づき，施工と検査のレベルから定めることとした．

公的認定機関の認定を取得した機械式継手は，以下の特徴を有している．

(i)　施工が容易で，母材である鉄筋と同等の継手特性を有する（SA 級，A 級）．

(ii)　継手の種類ごとに，継手メーカーでは施工要領・手順を施工仕様書に定めており，継手作業者に特別な技量が無くても，施工要領・手順に関する教育を受け，機械式継手に関する十分な知識があれば施工できる．また，教育を受けたことの証明記録として，継手製造元から教育修了証が発行される．

(iii)　継手メーカーが定めた施工要領・手順どおりに施工すれば，継手は作業者の技量や天候等の影響を受けずに所定の特性を発揮し，適正な施工が行われた継手の特性はほぼ同一とみなせる．

(iv)　機械式継手の品質確保のためには，施工プロセスにおける過失（例えば，鉄筋の嵌合・挿入長さの測定ミス，締付け不足，注入モルタルの品質不良など）が生じないようにプロセスチェックを行うことが重要である．

(v)　検査方法が継手の種類ごとに定められており，検査で不合格となった場合の処置が定められている．

以上の特徴をもとに，**解説 表 3.1**，**解説 表 3.2** に示すように施工と検査のレベルを設定した．

施工のレベルは，品質管理体制に対する公的認定機関の認定の有無によって変わるものとした．これは，機械式継手の品質確保のためには施工のプロセスチェックが最も重要であり，一定の品質管理体制の確保が，施工プロセスの過失を減少させ不良品の発生確率を小さくすると考えられるためである．公的認定機関の認定を受けた品質管理体制の要件として日本鉄筋継手協会が規定する鉄筋継手管理技士，機械式継手管理技士，機械式継手主任技能者等の品質管理担当者が適切に配置されていることが考えられる．

また，検査のレベルの設定においては，機械式継手の外観検査は一般に全数検査が行われている実情を踏まえ，検査のレベルは検査頻度に依存するのではなく，検査者が公的認定機関の認定を有するか否かによるものとした．公的認定機関の認定を受けた検査者として，日本鉄筋継手協会が規定する鉄筋継手部検査技術者などが挙げられる．

機械式継手の施工および検査に起因する信頼度を**解説 表 3.3** に示す．これは第Ⅰ編**解説 表 3.5.2** を基に規定したものである．なお，**解説 表 3.3** では，継手の信頼度は検査のレベルに依存し，施工のレベルが 1 であっても 2 であってもその信頼度に違いはないにも関わらず，施工のレベル 1 を設定している．施工のレベル 1 を設定した目的は，機械式継手の品質は施工のプロセスチェックを含む品質管理体制に依存するという考え方を明示し，今後の機械式継手の品質管理体制の向上を促すことを企図したためである．

解説 表 3.1　機械式継手の施工のレベル

施工のレベル	1	公的認定機関の認定書類に示される施工手順に従って，継手製造元技術者またはそれに準ずる技術者から教育を受けた作業者が，公的認定機関から認定された品質管理体制の下で，施工仕様書に従って施工を行う場合.
	2	公的認定機関の認定書類に示される施工手順に従って，継手製造元技術者またはそれに準ずる技術者から教育を受けた作業者が，施工仕様書に従って施工を行う場合.

解説 表 3.2　機械式継手の検査のレベル

検査のレベル	1	公的認定機関から認定を受けた検査者が，全数検査を行う場合.
	2	公的認定機関の認定を受けた機械式継手のメーカーの技術講習会を受講し資格を取得した検査者が，全数検査を行う場合.

解説　表 3.3 機械式継手の施工および検査に起因する信頼度

継手の信頼度		検査のレベル	
		1	2
施工のレベル	1	I 種	II 種
	2	I 種	II 種

4 章　機械式継手の施工，検査および記録

4.1　一　　般

（1）機械式継手工法，鉄筋の種類，継手位置，特性，施工および検査のレベルは設計図書によるものとする．
（2）機械式継手の施工にあたっては，継手工法ごとの施工要領及び検査要領などが考慮された継手施工計画書を作成する．
（3）施工者は，継手施工計画書に基づき施工および施工管理を行わなければならない．

【解　説】　この章は機械式継手の施工，検査および記録について，機械式継手に共通する項目を示すものである．なお，機械式継手の施工および検査について，この編に記載のない事項については，日本鉄筋継手協会の「鉄筋継手工事標準仕様書　機械式継手工事（2017 年）」[4.1)]による．ただし，最新版を使用するものとする．

（1），（2）について　この条文は，第Ⅰ編 2.6 により定めたものである．設計図書には機械式継手の等級と信頼度が示されており，その信頼度に応じた施工と検査のレベルを満足する必要がある．機械式継手の施工にあたっては，各継手工法に異なる特色があるため，継手工法に応じた施工と検査の実施要領を考慮した継手施工計画書を作成することとした．日本鉄筋継手協会では，施工者が施工要領および検査要領などが考慮された機械式継手施工計画書を作成することとしている．また，施工要領書の作成は，継手施工会社の鉄筋継手管理技士または機械式継手管理技士が行うことを推奨している．

（3）について　機械式継手の施工管理は，日本鉄筋継手協会の鉄筋継手管理技士または機械式継手管理技士が行うことを推奨する．

4.2　施　　工

（1）継手の施工に従事する者は，公的認定機関の認定を受けた機械式継手の施工教育を受け，機械式継手作業資格者として認められた者とする．
（2）継手を施工する前に，使用するすべての鉄筋の組合せについて施工前試験を実施する．

【解　説】　（1）について　継手の施工に従事する者は，それぞれの継手に応じた施工の手順と要領を理解し，作業方法および施工管理に習熟しておく必要があるため，公的認定機関の認定書類に示される施工教育を受けたものとした．一般に機械式継手の施工に従事する者は，公的認定機関の認定を取得した機械式継手のメーカーが実施する技能講習会を受講し，継手作業資格が認定される．また，機械式継手の品質管理を担うものとして日本鉄筋継手協会は機械式継手主任技能者資格を規定しており，品質管理担当者選任要件の参考となる．その任務と責任は①鉄筋のマーキング確認，②鉄筋挿入長さの確認，③グラウトの練混ぜ及び

充填作業の確認，④トレーサビリティのためのチェックシート作成及び記録とされている．

（2）について　継手工事の開始前に，継手に用いる材料の品質，施工機器の性能，継手作業の適否等を総合的に確認する目的で使用するすべての鉄筋の組み合わせについて引張試験を行う．公的認定機関の認定を受けた機械式継手は，材料，施工機器，継手作業者の条件が同じ場合，継手の特性はほぼ同一とみなせるので，施工前に引張試験を行って，施工する機械式継手の特性を確認するものである．供試体は，鉄筋の種類，呼び名が異なるごとに3体製作するのを原則とし，引張試験により，3体とも第I編3.6.2の継手単体の特性判定基準に定める引張強度を満たすことを確認することとした．

ただし，同様の施工条件で同じ機械式継手工法を同じ機械式継手作業資格者が施工する場合など，同様の施工前試験が繰り返されるような場合においては，発注機関の責任技術者の判断により，施工前試験の全部または一部を省略してもよい．

4.3　検　　査

（1）機械式継手の検査体制は責任技術者が定める．また，検査結果の最終判断は責任技術者が行う．
（2）検査者は，機械式継手の検査に関する知識と技術を持つ技術者とする．
（3）検査者は，継手工事そのものの施工者とは別の組織に所属する者とする．
（4）機械式継手工法の検査項目と合否判定基準については，個別の工法毎に5章～10章の規定に従って設定するものとする．
（5）検査の結果ならびに不合格時の処置の結果の記録は，第I編4.5による．

【解　説】　（1）について　機械式継手の検査体制として，以下が考えられる．これらは工事の示方書や仕様書として施工者に通知されるのが通常である．

① 責任技術者が直接，または責任技術者が指定した検査者が検査を行う．
② 工事を受注した施工者が指定した検査者が検査を行い，責任技術者が立会いにより確認する．
③ 工事を受注した施工者が指定した検査者が検査を行い，その検査記録を責任技術者に提出し，確認を受ける．

いずれの体制においても，検査結果の最終判断は責任技術者が行う．したがって③による場合は，検査記録の提出・確認はコンクリートの打込み前で，不合格時の処置が可能な段階で行わなければならない．

（2）について　機械式継手の検査を実施する者は，機械式継手および検査方法に関する知識を持ち，かつ，十分な技術及び経験を持つ者とする．ここで，機械式継手に関する知識とは，材料，機械式継手の標準的な施工方法，機械式継手の欠陥の発生原因などに関する知識をいう．また検査方法に関する知識とは，機械式継手で一般に行われる外観検査や超音波測定検査に関する知識のことをいい，これらに関する十分な技術及び経験とは，検査を実施し，検査結果の合否判定ができ，報告書の作成ができることをいう．

上記の条件を満足する機械式継手の検査技術者の技量資格には日本鉄筋継手協会が認証する「鉄筋継手部検査技術者技量資格」があるので参考とするとよい．

（3）について　検査者は機械式継手施工会社と中立的で公正な立場にあることが望ましいため，検査者と施工者の独立性を保証するために設けた条文である．継手工事そのものの施工者とは別の組織に所属する者として，機械式継手施工会社から独立した検査会社の鉄筋継手部検査技術者や，機械式継手施工会社とは別の元請会社等に所属する検査者が挙げられる．検査会社の品質保証能力を認定する制度としては，「優良鉄筋継手部検査会社認定制度」（日本鉄筋継手協会）があるので，検査会社を選任する際の参考とするのがよい．

なお，機械式継手施工会社も自らの品質管理のための検査を行うが，これは一般に自主検査と呼ばれる品質管理活動であり，最終的な検査とはみなされない．

（4）について　検査項目と合否判定基準，および不合格の場合の処置は，機械式継手の種類によって異なることから，その詳細は5章から10章に定める．また，不合格継手については，その発生原因を明らかにし，再発防止のために必要な処置を講じるものとする．なお，検査で検出された不合格継手は，必ず是正処置を施さなければならない．

（5）について　機械式継手の検査においては，施工時のプロセスチェックが品質に与える影響が大きいため，施工後に行われる外観検査等の検査結果に加え，プロセスチェック記録の確認結果あるいはプロセスチェック記録を所定の期間保管することが望ましい．

【参考文献】

4.1)　日本鉄筋継手協会：鉄筋継手工事標準仕様書　機械式継手工事（2017年），2017年8月

5章　ねじ節鉄筋継手

5.1　一　　般

（1）この章は，ねじ節鉄筋継手に求められる特性を実現するために，特に必要な事項についての標準を示す．

（2）この章で扱うねじ節鉄筋継手とは，鉄筋表面の異形形状がねじ状に熱間圧延で成形された異形鉄筋（以下，ねじ節鉄筋という）を，内面にねじ加工されたカプラーによって接合するものをいう．この場合，継手はトルク固定方式またはグラウト固定方式によって固定するものとする．

【解　説】（1），（2）について　ねじ節鉄筋継手は，**解説 図**5.1.1および**解説 図**5.1.2に示すように，ねじ節鉄筋のねじ節とカプラーのねじとの間に隙間を生じ剛性の確保が出来ないため，トルク固定方式またはグラウト固定方式によって鉄筋を固定するものである．

トルク固定方式は，鉄筋またはカプラーの両側に配置されたロックナットにトルクを与えて締め付け，継手部に軸力を導入し固定する方式である．

グラウト固定方式は，カプラー内の鉄筋のねじ節とカプラーのねじとの隙間にグラウトを充填硬化させて固定する方式である．グラウトにはエポキシ樹脂等の有機系材料または高強度モルタル等の無機系材料が用いられる．また，グラウトの硬化養生のためカプラーの両端にナットを用いる場合がある．

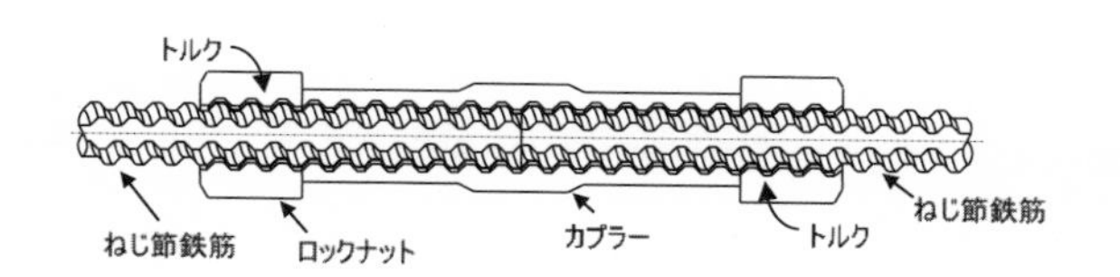

解説 図5.1.1 トルク固定方式

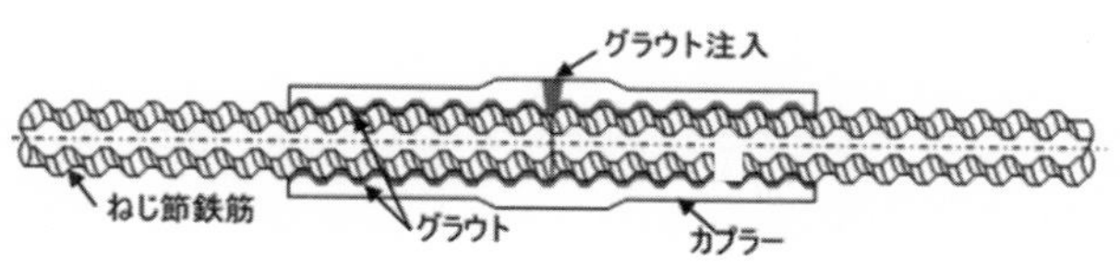

解説 図5.1.2 グラウト固定方式

5.2　材　　料

5.2.1　ねじ節鉄筋

（1）ねじ節鉄筋継手に使用するねじ節鉄筋は，品質が確かめられたものでなければならない．

（2）JIS や土木学会規準などの品質規格に適合しているねじ節鉄筋については，規格値を材料の特性値としてよい．

（3）国土交通大臣による建築材料認定を受けた高強度ねじ節鉄筋については，材料認定を受けた規格値を材料の特性値としてよい．

【解　説】 （1），（2），（3）について　ねじ節鉄筋が所要の品質を有しているか否かは，適切な試験により確認するのがよい．しかしながら，JIS などの品質規格や国土交通大臣による建築材料認定を受けた際に定められた品質規格に適合しているねじ節鉄筋は，その規格値を品質として，所要の特性を確認してよいこととした．

JIS G 3112（鉄筋コンクリート用棒鋼）では，異形鉄筋として，SD295A，SD295B，SD345，SD390，SD490 の 5 種類を規定しており，ねじ節鉄筋はこの 5 種類について製造実績がある．また，建設省総合技術開発プロジェクト「鉄筋コンクリート造建築物の超軽量・超高層化技術の開発」を契機として，JIS G 3112 に定める異形鉄筋の強度を超える高強度異形鉄筋が開発されており，国土交通大臣による建築材料認定を取得した高強度ねじ節鉄筋（USD685,USD590）がある．

これまでの試験や施工実績に基づいて，ねじ節鉄筋継手としての特性が確認されているねじ節鉄筋の呼び名は，D13 から D64 までの径のものである．

なお，ねじ節鉄筋継手に適用するねじ節鉄筋の種類および呼び名は，継手メーカーごとに異なるので，使用にあたっては事前に確認する必要がある．

5.2.2　カプラーおよびロックナット

ねじ節鉄筋継手に使用するカプラーおよびロックナットは，品質が確かめられたものでなければならない．

【解　説】　ねじ節鉄筋継手に使用するカプラーおよびロックナットは，トルク固定またはグラウト固定の固定方式に応じて，また，接合するねじ節鉄筋の種類および呼び名に対して，その材質，形状・寸法が所要の品質を有しているか否かを適切な試験により確認しなければならない．

通常，カプラーおよびロックナットは，**解説 表 5.2.1** に示す鋼材を使用し製作されることが多い．また，ねじ節鉄筋継手の特性は，カプラーおよびロックナットに使用する鋼材の材質・強度とともに，断面積や長さなどの形状・寸法も関係する．一般に，カプラーの設計は，鉄筋が破断するまでカプラーが破断しないことを前提として設計されるが，カプラー長さは，ねじ節鉄筋の切断および組立てなどにおける施工誤差を考慮し余裕を持たせるものとする．

解説 表 5.2.1　カプラーおよびロックナットの材質事例

JIS G 4051	機械構造用炭素鋼鋼材（SC）
JIS G 3106	溶接構造用圧延鋼材（SM）
JIS G 5502	球状黒鉛鋳鉄品（FCD）
JIS G 5503	オーステンパ球状黒鉛鋳鉄品（FCAD）

5.2.3　グラウト

グラウト固定方式のねじ節鉄筋継手に使用するグラウトは，品質が確かめられたものでなければならない．

【解　説】　ねじ節鉄筋継手においては，鉄筋のねじ節とカプラーのねじとが嵌合することにより必要な強度が得られる．グラウトの充填目的は，鉄筋のねじ節とカプラーの雌ねじとの間に存在する隙間にグラウトを充填硬化させて遊び（“がた”）を軽減することにある．グラウトの接着強度には期待していない．

現在，グラウト固定方式に使用されるグラウトには，二液混合型エポキシ樹脂に代表される有機系グラウトと，セメントを主体とした無機系グラウトがある．グラウトの品質規格は，継手単体の特性を確保するとともに，充填作業時の施工性を考慮して，未硬化時の物性および硬化時の物性を定めるものとする．一般には，**解説 表 5.2.2** に示す品質項目を定めておくものとする．

解説 表 5.2.2　グラウトの品質項目例

品質項目	有機系グラウト	無機系グラウト
組成，混合比	組成，主剤と硬化剤の混合比	組成，水粉体比
未硬化時の物性	外観，密度，粘度，可使時間	フロー値，可使時間
硬化後の物性	引張強さ，圧縮強さ，ヤング係数	圧縮強度，ヤング係数

なお，グラウトには，充填作業の施工性および硬化時の特性として，以下の性質が要求されている．

(i)　使用時の温度や施工条件に適した粘度・流動性や可使時間を有すること．

(ii)　施工を行う温度範囲で，適切な時間内に硬化すること．

(iii)　鉄筋とカプラーの間隙にある程度の水分があっても必要な強度が得られること．

5.3　施　　工

5.3.1　一　　般

ねじ節鉄筋継手は，所要の特性を発揮するように施工しなければならない．

【解　説】　ねじ節鉄筋継手の施工では，両側の鉄筋が確実に連続するように工法の手順を実施しなければならない．施工にあたっては，あらかじめ施工要領書を作成し，責任技術者の承認を得なければならない．

確実に継手の施工を行うため，当該現場の環境，構造物の条件，作業時の天候など，作業条件を踏まえた施工計画書を作成し，計画通りの施工となるように施工管理を行わなければならない．

また，ねじ節鉄筋継手の施工に従事する継手作業者は，**4.2** に定めた者とする．

5.3.2　継手固定装置

ねじ節鉄筋継手の固定方式に応じて，所要の特性を有する固定装置を用いなければならない．

【解　説】　ねじ節鉄筋継手の固定方式により，用いる装置はトルク固定装置とグラウト固定装置がある．

トルク固定方式は，鉄筋またはロックナットにトルクを与え，継手部に軸力を導入することによって継手特性を発揮させるものであるから，安定した継手特性を得られることが確認されたトルク固定装置を用いる必要がある．

トルク固定装置には，電動油圧ポンプと油圧レンチとからなる油圧式固定装置，締付装置と電動ナットランナーからなる電動式固定装置，締付装置とトルクレンチからなる手動式固定装置があるが，必要とする固定トルクの大きさに応じて適切な固定装置を用いるものとする．なお，油圧式固定装置に用いる電動油圧ポンプは，締付時に油圧が正常に作動していることを確認できる機能を有するものとする．

グラウト固定方式は，ねじ節鉄筋のねじ節とカプラーの節との隙間にグラウトを充填固化することによって継手特性を発揮させるものであるから，グラウトの物性に適した練混ぜ装置と，充填に適した吐出圧力を有するグラウト充填装置を用いる必要がある．グラウトの練混ぜは，電動ミキサーなど，グラウトに指定された練混ぜ装置を用いる必要がある．グラウト充填装置は，事前に練混ぜを行ったグラウトをカートリッジに詰めて電動式エアーコンプレッサーとシーラントガンを用いて充填する方式と手動式充填機器を使用する場合がある．なお，有機系グラウトでは主剤と硬化剤を専用カートリッジに詰め，ノズルに設けたスタティックミキサーを通過する際に主剤と硬化剤を混合し，同時に充填を行う方式がある．

継手固定装置は，工事開始前に，所要の性能を有していることを確認しなければならない．また，工事が長期にわたる場合は，定期的に点検・整備を行い，継手固定装置の性能を適宜確認しなければならない．

5.3.3　鉄筋の加工，組立および継手の固定

（1）鉄筋の端部は，カプラーおよびロックナットへの嵌合が可能な形状を有していなければならない．継手部の鉄筋の表面，カプラーおよびロックナットに継手特性に有害な物質が付着している場合には，これを除去しなければならない．

（2）継手部の鉄筋は，できるだけ近接した状態で突き合せて接合することを原則とする．継手部のねじ鉄筋には，必要な嵌合長さの位置にマーキングを行い，カプラーが所定の位置に配置できるようにしなければならない．継手組立前には，ねじ節鉄筋に所定の位置にマーキングされていること，継手組立後には，所定の嵌合長さが確保されていることを目視等により確認しなければならない．

（3）継手固定装置の操作は，あらかじめ定めた施工要領に従い，所定の装置を用いて確実に行わなければならない．

【解　説】　（1）について　継手部の鉄筋の切断に際しては，カプラーおよびロックナットと鉄筋の嵌合が可能なように，かつ継手特性に悪影響を与えないように注意しなければならない．ねじ節鉄筋の切断は，ソーまたはねじ節鉄筋専用のせん断刃を用いることが望ましい．通常のせん断切りで行う場合，端部に曲が

り，切断バリができ，そのままではカプラー等への嵌合が出来なくなることがあるので，その場合にはグラインダーがけ等により端面の処理を行う．また，鉄筋表面にモルタル等が付着していると継手特性に影響する恐れがあるため，ワイヤーブラシ等で除去を行う．通常のさび程度であれば継手特性への影響は小さいが，継手部の鉄筋，カプラーおよびロックナットの表面は，一般の鉄筋に要求される程度の清浄さを保つ必要がある．

（2）について　必要な嵌合長さが確実に得られるように，接合する鉄筋は，突合せ面をできるだけ接触した状態で配置し，継手施工を行うことを原則とした．所定の嵌合長さを確保するため，鉄筋には嵌合マーキングを行う．接合する鉄筋は，カプラー内で突合せ面が接触した状態に嵌合されることが望ましいが，施工誤差などによって鉄筋の突合せ面が必ずしも接触しない場合がある．そこで，カプラー長さには施工誤差を考慮した余裕を持たせるとともに，継手特性を十分に発揮しうる嵌合長さが確保されていることを確認できるように，鉄筋表面に嵌合マーキングを施すものである．カプラーの配置にあたっては，カプラー端またはロックナット端が嵌合マークの所定位置に一致するように鉄筋を嵌合させ，継手の全数について所定の嵌合長さが確保されていることを確認しなければならない．

トルク固定方式の場合，カプラーと鉄筋またはロックナットを仮締めし，継手の全数について必要嵌合長さが確保できていることを嵌合マークで確認した後，鉄筋とカプラー，または両端のロックナットとカプラーにまたがるように合マークを記入し，締付け作業の完了確認準備を行う．

（3）について　トルク固定装置を用いる場合，継手メーカーは，使用するねじ節鉄筋の種類と径に応じて，所定の継手特性を発揮するように固有の締付けトルク値（以下，規定トルク値という）を定めている．したがって，施工開始前には，トルク固定操作に関する施工要領を定め，施工にあたってはこれに従って確実にトルク固定操作を行うものとし，仮締め完了後につけた合マークがずれていること，および規定トルク値が確実に導入されたことを継手の全数について確認する．また，施工要領を定める際には，トルク固定装置の大きさや工事部位に固有の条件を考慮する．特に，鉄筋を組み立てた後にトルク固定操作を行う場合，トルク固定装置の大きさを考慮し施工順序を検討しておかないと，鉄筋が密に配置されている個所や継手が集中している個所ではトルク固定が不可能となることがあるので注意を要する．

グラウト固定装置を用いる場合，使用する鉄筋の種類に応じて，継手メーカーごとにグラウトの混合方法，充填操作方法を定めている．施工開始前にグラウト充填作業に関する施工要領を定め，施工にあたってはこれに従い確実に充填作業を行うものとする．また，施工要領を定める際には，施工個所の条件を考慮し，継手の方向，位置によってグラウトの混合場所，1 回の混合量，充填姿勢等が異なるので，確実にグラウト充填ができるよう施工順序を含めて検討しておくのが良い．

グラウト固定方式におけるグラウト充填作業では，次の事項に注意する必要がある．

(i)　グラウトの配合は正確に行い，練混ぜは十分に行わなければならない．

①　有機系グラウト用の材料は，一般に主剤と硬化剤とを所定の混合比となるように工場で事前に計量し押ぶた缶に密封して出荷される．主剤と硬化剤は異なる色で着色されているので，硬化剤の 1 缶全量を主剤 1 缶に移して色ムラがなくなるまで練混ぜを行う．練混ぜを完了したグラウトは充填用カートリッジに入れて充填準備を行う．また，現場での練混ぜ作業を省略する方法として，主剤と硬化剤を所定の混合比になるように計量し専用カートリッジに詰め，充填ノズルに設けた混練羽（スタティックミキサー）を主剤と硬化剤が通過することで練混ぜと充填を同時に実施する方法がある．

② 無機系グラウトは，プレミックス製品であり品質は安定しているが，練混ぜ水の計量を正確に行い，継手メーカーが指定する電動ミキサーなどで確実に練混ぜを行わなければならない．練混ぜを完了したグラウトは充填用カートリッジに入れて充填準備を行う．

③ 有機系グラウトおよび無機系グラウトとも，雨天時に練混ぜを行う場合には，雨水がグラウトやカートリッジの中に混入しないように注意しなければならない．

(ii) グラウト充填作業は所定の充填装置を用いて，充填ノズルをカプラーの充填孔に挿入し，グラウト充填に最適な圧力で行わなければならない．充填にシーラントガンを使用する場合，エア漏れがないことを確認しておく必要がある．

(iii) グラウト充填完了は，継手の全数について，カプラー両端からグラウトが溢出したことにより確認する．ロックナットを使用している場合はロックナットの両端からグラウトが溢出したことにより確認する．カプラーの充填孔から充填されたグラウトは，鉄筋とカプラーの隙間に沿って円周方向に充満しながらカプラー端部に向かい，縦継ぎ，横継ぎを問わず，カプラー両端からほぼ同時に溢出する．したがって，カプラー両端からグラウトの溢出を確認することによってカプラー内の充填完了を確認することができる．

(iv) カプラー内に水が入っている場合でも，グラウトが水を押し出すことで性能を発揮することが確認されている．グラウトがカプラーの両側から溢れ出しても，溢れ出たグラウトに水が混入している場合には，正常なグラウトがカプラー両端から溢れ出るまで充填を行わなければならない．

(v) 充填後は，グラウトが所定の強度に達するまで出来るだけ衝撃等を加えないように配慮する必要がある．グラウトが硬化途中に衝撃等が避けられない場合には，グラウト充填前にカプラー内で相互の鉄筋を確実に突き合せた状態にする，継手周囲の鉄筋結束を強固に行う，または，固定用のナットを使用するなどの方法で鉄筋を固定する必要がある．

5.3.4 施工管理（プロセスチェック）

（1）ねじ節鉄筋継手が所要の特性を発揮するために，品質管理担当者は継手施工の各段階で必要な管理（プロセスチェック）を行わなければならない．

（2）継手施工前に，継手部鉄筋の表面および端面の状態，カプラーおよびロックナットの清浄性，必要嵌合長さを示すマーキング位置について，目視によって全数確認を行わなければならない．

（3）継手施工時に，継手全数について鉄筋のカプラーへの嵌合長さが確保されていることを目視等により確認しなければならない．また，継手固定方式に応じて，あらかじめ定められた施工要領に従い，所定の装置を用いて継手固定が確実に行われたことを継手全数について確認しなければならない．

（4）グラウト固定方式の場合，充填するグラウトが施工要領に定める方法・頻度により，所要の充填性および硬化後の特性を有することを確認しなければならない．

（5）継手を施工する前に同一の条件でモデル供試体を製作し，これを用いて継手の引張強度の確認を行わなければならない．

【解　説】(1) について　ねじ節鉄筋継手は，ねじ節鉄筋を所要の長さだけカプラーに嵌合させた後，鉄筋とカプラーの隙間をトルク固定方式またはグラウト固定方式で固定することによって継手特性を発揮させるものである．品質管理担当者は，鉄筋および継手の組立作業の各段階で必要な施工管理を行い，記録，写真撮影を行うものとする．

(2) について　継手施工前に確認を行う事項を示した．継手部鉄筋の表面および端面の状態，カプラーおよびロックナットの清浄性，嵌合マーキング位置について，目視で全数確認を行い，記録，写真撮影を行うものとする．

(3) について　ねじ節鉄筋継手は，鉄筋が必要な長さだけカプラーに嵌合され，トルク固定またはグラウト固定を確実に行うことによって継手の特性を発揮させる．そのためには，鉄筋のカプラーへの嵌合長さが確実に確保されていることを全数確認した後，トルク固定方式の場合は規定トルク値でトルク固定が行われたこと，グラウト固定方式では確実にグラウト充填が行われたことを継手全数について確認するものとした．その確認結果は，記録，写真撮影を行うものとする．

(4) について　無機系グラウトのフローおよび圧縮強度は，練混ぜ水の量（水粉体比）に大きく影響され，継手の特性に影響を与えることからこれを確認しなければならない．継手メーカーでは，継手に使用するグラウト用材料と練混ぜ時の水量を指定し，練混ぜ後のフローおよび圧縮強度等の確認方法・頻度および判定基準を定めている．そのため，継手メーカーの規定をもとに施工要領に具体的な確認方法を定め試験を行うものとする．

有機系グラウトを用いる場合，その試験には一般に特殊な装置と熟練した測定技術を必要とするので，現場では簡単に試験できないことが多い．そのため，施工条件や工事規模，工事期間等を勘案して，有機系グラウト用材料は，現場入荷後の日数が短く，製造工場の発行したロットごとの試験表によって品質規格を満たすことを確認できる場合は試験を省略してよい．なお，責任技術者が特に必要と認めた場合，試験の項目および方法については責任技術者の指示にしたがうものとする．たとえば，施工の温度条件が標準と大きく異なる場合や，長期間貯蔵した有機系グラウト用材料の変質有無を確認する場合などが考えられる．

(5) について　継手を施工する前に，継手に使用する材料の品質，施工機器の性能，固定作業の適否，カプラー・ロックナットの耐力等を総合的に確認する目的で引張試験を行うものである．ねじ節鉄筋継手は，カプラーへの鉄筋嵌合長さが確保され，固定装置が正常に作動している場合には，固定された継手の特性がほぼ同一とみなせるので，モデル試験体の引張試験を行って，施工する継手の特性を確認するものである．

供試体は，鉄筋の種類，呼び名が異なるごとに 3 体製作して引張試験を行い，3 体とも継手単体の特性判定基準に定める引張強度を満たすことを確認する．引張試験は，JIS Z 2241（金属材料引張試験方法）に準じて行うものとする．

5.3.5 トルク固定方式の継手の施工のプロセスチェック

トルク固定方式の継手の施工のプロセスチェックは，**表 5.3.1** による．

表 5.3.1 トルク固定方式の継手の施工のプロセスチェック

検査項目	鉄筋，カプラー等の外観	嵌合マーキング位置	嵌合長さ	締付けの完了	導入トルク値
検査時期	施工前	施工前	施工後	施工後	施工後
品質管理基準	鉄筋，カプラー等が清浄で嵌合に支障がないこと	所定の位置にマーキングされていること *1	両側の嵌合マークが，カプラー端またはロックナット端の所定位置にあること *1	合マークがずれていること	規定トルク値が導入されていること *1

*1：認定を受けた継手工法毎に，それぞれ規定する数値

【解　説】　**表 5.3.1** に示す検査項目と品質管理基準について，以下の事項が確認できれば合格とする．

(i)　継手施工前に，鉄筋，カプラー，ロックナットに有害な物質が付着していないこと，鉄筋の端部がカプラー等への嵌合に支障のない形状となっていること．

(ii)　鉄筋表面の所定位置に嵌合マーキングが施されていること．

(iii)　継手施工後に，両側鉄筋の嵌合マーキングの中にカプラー端またはロックナット端がかかっていること．

(iv)　締付けを完了し，仮締め時につけた合マークがずれていること．

(v)　規定トルク値が導入されていること．

導入トルク値の確認方法は認定を受けた継手工法の規定によるが，規定トルク値の90%の値で再締付けを行い鉄筋またはロックナットが回転しないことを確認する方法，導入トルク値をダイヤル式トルクメーターにより直読する方法，油圧締付機では締付け作業時に記録した油圧記録値を確認する方法などがある．なお，再締付けによるトルク値の検査には相当な時間を要するとともに，鉄筋組立作業が進行すると検査機器の挿入スペースが無くなり，先に施工した継手のトルク検査が行えなくなる場合がある．そのため，構造部位の施工条件，継手施工個所数などを考慮し，プロセスチェックの実施時期をあらかじめ定めておくことが必要である．

5.3.6　グラウト固定方式の継手のプロセスチェック

グラウト固定方式の継手の施工のプロセスチェックは，**表 5.3.2** による.

表 5.3.2　グラウト固定方式の継手の施工のプロセスチェック

検査項目	鉄筋，カプラー等の外観	嵌合マーキング位置	グラウトフロー	嵌合長さ	グラウトの充填完了	充填後の養生	グラウト強度
検査時期	施工前	施工前	施工前	施工後	施工後	施工後	施工後
品質管理基準	鉄筋，カプラー等が清浄で嵌合に支障がないこと	所定の位置にマーキングされていること　*1	規格値を満足すること*1	両側の嵌合マークがカプラー端の所定位置にあること　*1	カプラーの両端からグラウトが溢れ出ていること	グラウト充填後，硬化に悪影響を及ぼさないように養生されていること	規格値を満足すること *1

*1：認定を受けた継手工法毎に，それぞれ規定する数値

【解　説】　**表 5.3.2** に示した検査項目と品質管理基準について，以下の事項が確認できれば合格とする.

(i)　継手施工前に，鉄筋およびカプラーに有害な物質が付着していないこと，鉄筋の端部がカプラーへの嵌合に支障のない形状となっていること.

(ii)　鉄筋表面の所定位置に嵌合マーキングが施されていること.

(iii)　グラウトのフローが規格値を満たすこと.

(iv)　継手施工後，両側鉄筋の嵌合マーキング幅の中にカプラー端（固定ナットを使用した場合は，固定ナットの両端）がかかっていること.

(v)　継手施工後に，カプラーの両端（固定ナットを使用した場合は固定ナットの両端）からグラウトが溢れ出ていること.

(vi)　グラウト充填後，グラウトの硬化途中で悪影響が及ばないように養生されたこと.

(vii)　無機系グラウトは品質が安定したプレミックス製品であり，施工時に使用する製造ロットが同一で，かつ，練混ぜ水量が同一であればフローおよび圧縮強度の変動が小さいことから，１施工ロット毎に１回の品質管理試験としてよい．なお，１施工ロットは，同一作業班が同一日に施工する継手個所とする.

有機系グラウトについては，5.3.4【解説】(４)に示すように，一般に，製造工場が発行したロット毎の検査証明書によって確認してよい．なお，責任技術者が特に必要と認めた場合，責任技術者の指示に従うものとする.

5.4　検　　査

5.4.1　一　　般

完成したねじ節鉄筋継手が所要の特性を有することを確認できるように，適切な検査計画を定め，必要

な検査を行わなければならない.

【解 説】 ねじ節鉄筋継手の検査は,基本的に施工前の材料の受入れ検査や施工完了後の目視検査がある.また，継手が所要の特性を有することを確認できる情報として，継手施工の各段階でのプロセスチェックの記録の確認も行う必要がある.

5.4.2 材料の受入れ検査

（1）カプラーおよびロックナットは，所定の品質を満足することを確認しなければならない.

（2）グラウト用の材料は，所定の品質を満足することを確認しなければならない.

【解 説】 （1）について カプラーおよびロックナットの材質，機械的性質等の品質の確認は，製造工場が発行する検査証明書によってもよい.

（2）について グラウト用の材料の品質の確認は，製造工場が発行する検査証明書によってもよい.

5.4.3 トルク固定方式の継手の検査

トルク固定方式継手の検査は**表 5.4.1** による．なお，検査者は，施工のプロセスチェック結果についても確認する必要がある.

表 5.4.1 トルク固定方式継手における検査項目，検査時期および合否判定基準

検査項目	嵌合長さ	締付けの完了	導入トルク値
検査時期	施工後	施工後	施工後
合否判定基準	両側の嵌合マークが，カプラー端またはロックナット端の所定位置にあること *1	合マークがずれていること	規定トルク値が導入されていること *1

*1：認定を受けた継手工法毎に，それぞれ規定する数値

【解 説】 **表 5.3** に示す検査項目と合否判定基準について，以下の事項が確認できれば合格とする.

(i) 継手施工後に，両側鉄筋の嵌合マーキングの中にカプラー端またはロックナット端がかかっていること．なお，嵌合マーキングの整備に不備やその恐れがある場合は，JIS Z 3064 による嵌合長さの超音波測定検査を行うことが望ましい.

(ii) 締付けを完了し，仮締め時につけた合マークがずれていること.

(iii) 規定トルク値が導入されていること．導入トルク値の確認方法は認定を受けた継手工法の規定によるが，規定トルク値の 90%の値で再締付けを行い鉄筋またはロックナットが回転しないことを確認する方法，導入トルク値をダイヤル式トルクメーターにより直読する方法，油圧締付機では締付け作業時に記録した油圧記録値を確認する方法などがある．なお，再締付けによるトルク値の検査に

は相当な時間を要するとともに，鉄筋組立作業が進行すると検査機器の挿入スペースが無くなり，先に施工した継手のトルク検査が行えなくなる場合がある．そのため，検査者は，構造部位の施工条件，継手施工個所数などを考慮し，検査時期をあらかじめ定めておくことが必要である．

(iv)　検査者は，施工のプロセスチェックが適切に行われているか，継手施工計画およびチェックシートを照合して確認する．

5.4.4　グラウト固定方式の継手の検査

グラウト固定方式継手の検査は，**表 5.4.2** による．なお，検査者は，施工のプロセスチェック結果についても確認する必要がある．

表 5.4.2　グラウト固定方式継手における検査項目，検査時期および合否判定基準

検査項目	嵌合長さ	グラウトの充填完了
検査時期	施工後	施工後
合否判定基準	両側の嵌合マークがカプラー端の所定位置にあること *1	カプラーの両端からグラウトが溢れ出ていること

*1：認定を受けた継手工法毎に，それぞれ規定する数値

【解　説】　**表 5.4.2** に示した検査項目と合否判定基準について，以下の事項が確認できれば合格とする．

(i)　継手施工後，両側鉄筋の嵌合マーキング幅の中にカプラー端（固定ナットを使用した場合は，固定ナットの両端）がかかっていること．なお，嵌合マーキングの整備に不備やその恐れがある場合は，JIS Z 3064 による嵌合長さの超音波測定検査を行うことが望ましい。

(ii)　継手施工後に，カプラーの両端（固定ナットを使用した場合は固定ナットの両端）からグラウトが溢れ出ていること．

(iii)　検査者は，施工のプロセスチェックが適切に行われているか，継手施工計画およびチェックシートを照合して確認する．

5.4.5　不合格の場合の処置

（1）継手の検査によって不合格となった継手は，やり直し等の処置を行わなければならない．

（2）やり直し等の処置を行った継手については，処置後の再検査を行わなければならない．

【解　説】　継手の検査によって，鉄筋嵌合長さ，導入トルク値，グラウト充填が不合格と判定された場合は，やり直し等の処置をとるものとする．

トルク固定方式の継手において，嵌合長さが確保されていない場合は嵌合のやり直し，導入トルク値が不足している場合は再締付けを行うなどの処置を行うものとする．

グラウト固定方式の継手において，嵌合長さが確保されていない場合やグラウト不良が判明した場合には，責任技術者および検査者と協議のうえ，適切な位置で鉄筋を切断し不合格継手を除去し再施工を行うものとする．

6章　モルタル充填継手

6.1　一　　般

（1）この章は，モルタル充填継手に求められる特性を実現するために，特に必要な事項についての標準を示す．

（2）この章で扱うモルタル充填継手とは，継手部に配置した継手用スリーブと鉄筋との隙間に高強度グラウトを充填し，スリーブの内側に形成された凹凸部と異形鉄筋のふしとが，注入後硬化したグラウトを介して力を伝達することにより，突き合せた異形鉄筋を接合するものをいう．

【解　説】　この継手方法は，内側に凹凸の溝を有するスリーブの中に異形鉄筋を突き合せて挿入し，スリーブと異形鉄筋との隙間に高強度グラウトを充填し，硬化した高強度グラウトを介して鉄筋を接合するものである．

グラウトの充填方法としては，一般的に，スリーブ内に被接合鉄筋を挿入した後から行うポストグラウト方法と，スリーブ内に被接合鉄筋を挿入する前に行うプレグラウト方法とがあるが，継手工法ごとに施工方法が定められていることから，使用にあたっては事前に施工法を確認する必要がある．

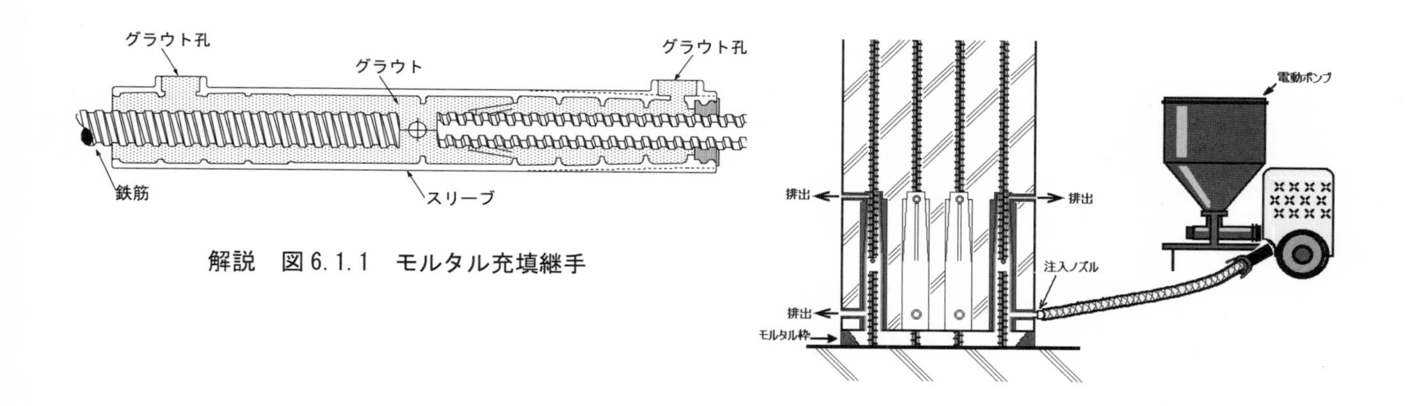

解説　図6.1.1　モルタル充填継手

解説　図6.1.2　施工例

6.2　材　　料

6.2.1　鉄　　筋

（1）モルタル充填継手に使用する鉄筋は，品質が確かめられたものでなければならない．

（2）JISや土木学会規準などの品質規格に適合している鉄筋は，規格値を材料の特性値としてよい．

（3）国土交通大臣による建築材料認定を受けた高強度鉄筋については，材料認定を受けた規格値を材料の特性値としてよい．

【解　説】　(1)，(2)，(3)について　鉄筋が所要の品質を有しているか否かは，適切な試験により確認するのがよい．しかしながら，JISなどの品質規格や国土交通大臣による建築材料認定を受けた際に定められた品質規格に適合している鉄筋は，その規格値を材料の特性値としてよいこととした．

JIS G 3112（鉄筋コンクリート用棒鋼）に規定するSD295A，SD295B，SD345，SD390，SD490に対応した継手が開発されており，継手メーカーごとに所定の特性を確保するための製造方法・施工方法・管理方法等を定めて継手の性能評定を取得している．また，建設省総合技術開発プロジェクト「鉄筋コンクリート造建築物の超軽量・超高層化技術の開発」を契機として，高強度異形鉄筋が開発されており，国土交通大臣による建築材料認定を取得した高強度鉄筋（USD685・USD590）を用いた継手性能評定を取得しているものもある．

6.2.2　スリーブ

モルタル充填継手に使用するスリーブは，品質が確かめられたものでなければならない．

【解　説】　モルタル充填継手に使用するスリーブは，接合する鉄筋の種類および径に対して，その材質，形状・寸法が適切なものであることを確認する．一般に，スリーブは**解説 表6.2.1**に示す鋼材を使用し製作されることが多い．

また，モルタル充填継手の特性は，用いるスリーブの断面積や継手長さによって左右される．したがって，接合する鉄筋の規格上の区分，継手に作用する応力の状態，継手部の重要度などに応じて，所定の継手単体の特性を満足することを確認しなければならない．一般に，継手強度を確保するためには，鉄筋が破断するまでスリーブが破壊しないことが前提となる．したがって，継手特性に応じて，適切なスリーブを選択する必要がある．

所定の継手特性を確保するために，スリーブ長さは，一般に実験的に定まる鉄筋の挿入長さの確保，鉄筋の切断および組立などにおける施工誤差に対する余裕を考慮して設定されている．

解説 表6.2.1　スリーブの材質事例

JIS G 3445	機械構造用炭素鋼鋼管（STKM）
JIS G 4051	機械構造用炭素鋼鋼材（SC）
JIS G 5502	球状黒鉛鋳鉄品（FCD）
JIS G 5503	オーステンパ球状黒鉛鋳鉄品（FCAD）

6.2.3　グラウト

モルタル充填継手に充填するグラウトは，品質が確かめられたものでなければならない．

【解　説】　グラウトは，小さな間隙へ充填することから，充填するのに充分なコンシステンシーが必要であると同時に，継手が所定の特性を発揮するための硬化物性が要求される．したがって，未硬化時の物性および硬化物性を定め，それを満足するものを使用しなければならない．一般には，**解説 表 6.2.2** の品質項目の具体的な数値を定めておく必要がある．グラウトの仕様は，実験的に定まる強度の確保，製造・施工・試験等のバラツキを考慮して決定するものとし，通常，継手工法ごとに定めた品質が安定したプレミックス製品を用いる．

解説 表 6.2.2　グラウトの品質項目

組成，混合比	組成，水粉体比
未硬化時の物性	フロー値，可使時間
硬化後の物性	圧縮強度

6.3　施　　工

6.3.1　一　　般

モルタル充填継手は，所要の特性を発揮するように施工しなければならない．

【解　説】　モルタル充填継手の施工では，両側の鉄筋が確実に連続(強度・変形性能の観点から)するように工法の手順を実施しなければならない．施工に当たっては，あらかじめ施工要領書を作成し，施工現場の責任技術者の承認を得なければならない．

確実に継手の施工を行うには，当該現場の環境，構造物の条件，作業時の天候など，作業条件を踏まえた施工計画書を作成し，計画通りの施工となるように施工管理を行わなければならない．

また，モルタル充填継手の施工に従事する継手作業者は，4.2 に定めた者とする．

6.3.2　使用機器

（1）モルタル充填継手に充填するグラウトの練混ぜには，所定の性能を有する電動ミキサーを用いなければならない．

（2）モルタル充填継手の施工をポストグラウト方法で行う場合，所定の性能を有するポンプを用いなければならない．

【解　説】　工事開始前に，継手施工機器が所定の性能を有していることを確認しなければならない．また，工事が長期にわたる場合は，定期的に点検・整備を行い，施工機器の性能を適宜確認しなければならない．

（1）について　モルタル充填継手に充填するグラウトの練混ぜを電動ミキサーに限定したのは，グラウトの均一性ならびに作業性の確保を重視したためである．電動ミキサーは，継手工法ごとに推奨される機器が定められている．また，推奨される機器とは異なる電動ミキサーを適用する場合には，練混ぜ水量とコンシステンシーの関係，グラウトの単位容積質量，圧縮強度等によってその特性を判断しなければならない．

（2）について　ポストグラウト方法において，グラウトの充填機器をポンプに限定したのは，この工法が鉄筋のふしとスリーブのふしとの隙間にグラウトを充填固化することによって継手特性を発揮させるものであるので，グラウトの圧送過程において空気を巻き込むことがなく，圧送後のグラウトの均一性が保持できることが必要であり，ポンプがこれを満足できることによる．ポンプは，継手工法ごとに推奨される機器が定められている．また，推奨される機器とは異なるポンプを適用する場合には，ホース先端のノズルから吐出するグラウトに空気が巻き込まれていないことや，グラウトの単位容積質量や圧縮強度等が圧送前と差異のないことを確かめ，ポンプの性能を確認しなければならない．

6.3.3　鉄筋の加工，組立および継手の固定

（1）鉄筋の端部は，スリーブへの挿入が可能な形状を有していなければならない．また，継手部の鉄筋の表面やスリーブに継手特性に有害な物質が付着している場合には，これを除去しなければならない．

（2）継手部の鉄筋には，あらかじめスリーブへの挿入長さ位置にマーキングを行い，鉄筋およびスリーブが所定の位置に配置できるようにしなければならない．

（3）モルタル充填継手へのグラウト充填は，あらかじめ定めた施工要領に従い，所定の施工機器を用いて確実に行わなければならない．

【解　説】　（1）について　継手工法実施のため，継手端部の鉄筋を切断する場合は，スリーブに鉄筋の挿入が可能なように，かつ継手特性に悪影響を及ぼさないように注意しなければならない．モルタル充填継手は，鉄筋をせん断切断しても継手特性に影響はないが，鉄筋表面にモルタル等が付着していると継手特性に影響する恐れがあるため，ワイヤーブラシ等で除去を行う．

（2）について　所定の挿入長さを確保するため，鉄筋にはマーキングを行う．施工誤差などによって鉄筋の突合せ面が必ずしも接触しない場合があるので，継手特性を十分に発揮しうる挿入長さが確保されていることを確認できるようなマーキングを施す必要がある．なお，プレキャストコンクリート部材にモルタル充填継手を用いる場合においては，部材からの突出鉄筋長さや，継手端部から挿入鉄筋までの深さを計測することにより確認できる．

（3）について　モルタル充填継手を用いる場合，使用する鉄筋の規格・鉄筋径に応じて，継手工法ごとにそれぞれ固有の鉄筋挿入長さやグラウト管理値（圧縮強度やフロー値等）が定められている．施工開始前に，グラウト充填作業に関する施工要領を定め，施工にあたってはこれに従って確実に行うものとする．また，施工要領を定める際には，施工部位固有の条件を考慮し，鉄筋が密に配置されている個所や継手が集中している個所でも確実にグラウト充填ができるように，施工順序などを検討しておく必要がある．

モルタル充填継手を用いる場合，次の事項に十分な注意を行う必要がある．

(i)　練混ぜ水の計量は容積または重量計量により正確に行い，練混ぜは十分に行わなければならない．

(ii)　充填作業は，所定のポンプを用い，注入ノズルをスリーブの注入孔に挿入し，グラウトが排出孔から出てくることを確認できるまで継続しなければならない．雨天時に充填作業を行う場合，グラウ

トに雨水が混入しないように注意する必要がある．スリーブから溢れ出たグラウトに水が混入している場合は，正常なグラウトがスリーブから流出するまで充填を行わなければならない．

(iii) 充填完了は，スリーブのグラウト排出孔からグラウトが出てくることを確認できた時点で判断する．スリーブの注入孔から注入されたグラウトは，縦継ぎ，横継ぎを問わず，鉄筋とスリーブの隙間の空気を押出しながらスリーブ排出孔から溢出する．したがって，スリーブ排出孔からグラウトが出てくることを確認することによって，スリーブ内の充填完了を確認することができる．

(iv) 充填後は，原則としてグラウトが所定の強度に達するまで有害な振動や衝撃等を加えないようにしなければならない．有害な振動とは，グラウト硬化途上において，継手に入力される軸方向変位の一部が残留し，継手の剛性やすべり量に悪影響を及ぼす場合をいう．鉄道や自動車等による振動は一般に振幅が非常に微細であることから有害とはならない．継手に振動（バイブレータによる）を与えたり，踏み荒しによる試験等を実施し，軸方向の変位が少ない場合には継手特性に問題がないことを確認している継手もある．しかしながら，継手メーカーによりグラウトの諸物性も異なることから，先組鉄筋籠の接合等にモルタル充填継手を用いる場合の養生について，事前に検討しておくことが重要である．

6.3.4　施工管理（プロセスチェック）

（1）モルタル充填継手が所要の特性を発揮するために，品質管理担当者は継手施工の各段階で必要な管理（プロセスチェック）を行わなければならない．

（2）継手施工前に，継手部鉄筋について必要挿入長さを確保するためのマーキング位置，表面および端面の状態，スリーブの清浄性について，目視等によって全数確認を行わなければならない．

（3）継手施工時に，継手全数について鉄筋挿入長さが確保され，グラウトが確実に充填されたことを目視等により確認しなければならない．

（4）充填するグラウトは，施工要領に定めた方法・頻度によりグラウト管理試験（コンシステンシー試験や圧縮強度試験等）を行い，規格に合致していることを確認しなければならない．

（5）継手を施工する前に，同一の条件で検査用のモデル供試体を製作し，これを用いて継手の引張強度を確認しなければならない．

【解　説】　<u>（1）について</u>　モルタル充填継手は，強固なスリーブによって拘束された中で，鉄筋とグラウトの付着強度によって継手特性を発揮する機構であることから，挿入鉄筋の長さとグラウトの硬化物性により特性が決定される．したがって，モルタル充填継手の特性は，①鉄筋挿入長さの全数管理，②作業報告書による全数注入管理，③充填材の圧縮強度試験（水量を規定して，フロー試験により管理する方法もある．）を確実に行うことにより保証することができる．継手作業責任者は，施工の各段階でこれらを管理し，記録・報告する必要がある．

<u>（2）について</u>　継手施工前に，スリーブ内に挿入する鉄筋のマーキング位置を確認することにより，必要挿入長さが確保され得ることを継手全数につき確認する．さらに鉄筋の表面および端面の状態，スリーブの清浄性について目視等によって全数確認を行い，これらの確認結果を記録する．

（3）について　モルタル充填継手は，鉄筋が必要長さ挿入され，グラウトが確実に充填されたことにより継手特性を確保することが可能である．したがって，継手部に配置されたスリーブの両端にマーキングがかかっていることを確認するとともに，プレグラウト方法においては，突き棒によって突き固めながらスリーブ上端までグラウトが満たされたこと，また，ポストグラウト方法においては，空気排出孔からグラウトが流出するまで充填され，かつ充填グラウトの落下流出がないことを目視等により全数確認を行い，これらの確認結果を記録する．

（4）について　グラウトのコンシステンシーならびに圧縮強度は，単位水量により大きく左右され，継手特性に影響を与えることから，規格に合致していることを確認しなければならない．

正常に施工されたモルタル充填継手の特性は，充填したグラウト強度の増進にしたがって向上し，メーカーの定めたグラウト管理強度に達することにより所定の継手特性を発揮することが確認されている．なお，一般的にモルタル充填継手の充填材料は品質の安定したプレミックス製品であることから，練混ぜ機器・練混ぜ方法・練混ぜ水量等を限定したうえで，コンシステンシー試験（フロー試験等）だけでグラウト管理を行うことも可能である．

（5）について　継手に用いる材料の品質，施工器具の性能，作業の適否，スリーブの耐力等を総合的に確認する目的で，現場の継手作業前にJIS Z 2241（金属材料引張試験方法）に準じた継手の強度試験を行う．

モルタル充填継手は，鉄筋の挿入長さが同一であれば，充填するグラウト，施工器具，充填方法，養生等の条件が同じ場合，継手特性がほぼ同一とみなせることから，鉄筋の挿入長さを最小値にしてモデル供試体を製作し，その強度試験を行って継手特性を安全側で確認することとした．

継手供試体は接合する鉄筋の種類，呼び名が変わるごとに3体作製することを原則とする．試験に供する継手の材齢は28日を標準とし，試験結果は3体とも継手単体の特性規準に定める引張強度を満足しなければならない．

6.3.5　施工のプロセスチェック

モルタル充填継手の施工のプロセスチェックは，**表 6.3.1** による．

表 6.3.1　モルタル充填継手の施工のプロセスチェック

検査項目	外観	マーキング位置	コンシステンシー	挿入長さ	充填	グラウト強度	養生
検査時期	施工前	施工前	施工前	施工後	施工後	施工後	施工後
品質管理基準	鉄筋，スリーブ等が清浄で，接合に支障がないこと	所定の位置にマーキングされていること*1	所定の数値範囲にあること*1	継手両端にマーキングがかかっていること	排出孔より排出していること	所定の数値以上あること*1	所定の方法で，所定の強度に達するまで養生されていること*1

*1：認定を取得した継手工法ごとに，それぞれ定められた数値

【解　説】　**表 6.3.1** に示した検査項目と品質管理基準について，以下の事項が確認できれば合格とする．

(i)　継手施工前に，鉄筋表面やスリーブ内にモルタル等が付着していないこと，鉄筋端部がスリーブへの挿入に支障がないこと．

(ii)　継手施工前に，マーキング位置が鉄筋継手工法ごとに定められている範囲にあること．

(iii)　継手施工前に，グラウトのコンシステンシー試験を行い，規格に合致していること．なお，品質が安定したプレミックス製品で，施工時に使用するグラウト製造ロットや練混ぜ水量が同一であれば，1施工ロット毎に1回の検査を全数検査としてよい．

(iv)　継手施工後に，継手部に配置されたスリーブの両端にマーキングがかかっていること．

(v)　継手施工後に，スリーブ排出孔よりグラウトが確実に排出されていること．

(vi)　スリーブに充填したグラウトの圧縮強度が，継手工法ごとに定められている値以上あること．なお，品質が安定したプレミックス製品で，施工時に使用するグラウト製造ロットや練混ぜ水量が同一であれば，1施工ロット毎に1回の検査を全数検査としてよい．また，品質が安定したプレミックス製品であれば，練混ぜ機器・練混ぜ方法・練混ぜ水量等を限定したうえで，コンシステンシー試験（フロー試験等）により，グラウト強度を類推することも可能であるが，グラウト圧縮強度試験をコンシステンシー試験により省略することは責任技術者の指示による．

(vii)　グラウト充填後，継手が初期凍害や6.3.3【解説】(iv)に示す有害な振動等による影響を受けない強度に達するまで確実に養生されること．1970年代に開発された継手メーカーの資料等によれば，継手が初期凍害を受けないグラウト強度は5N/mm^{2}程度であり，有害な振動に影響されないグラウト強度（継手が鉄筋の規格降伏応力程度を発揮するグラウト強度）とは30N/mm^{2}程度をいうが，認定を取得した継手メーカーの規定を満足しなければならない．

6.4　検　　査

6.4.1　一　　般

完成したモルタル充填継手が所要の特性を有することを確認できるように，検査計画を定め，必要な検査を行わなければならない．

【解　説】　材料の受入れ，施工記録，充填したグラウト強度等について適切な検査を行い，モルタル充填継手が所要の特性を有することを確認するための情報を取得しておかなければならない．また，継手が所要の特性を有することを確認できる情報として，継手施工の各段階でのプロセスチェックの記録の確認も行う必要がある．

6.4.2　材料の受入れ検査

スリーブおよびグラウト用の材料は，所定の品質を満足することを確認しなければならない．

【解　説】　スリーブの機械的性質やグラウトのコンシステンシー・圧縮強度等の品質の確認は，製造工場が発行する検査証明書によってもよい．

6.4.3 継手の検査

モルタル充填継手の検査は，**表 6.4.1**による．なお，検査者は，施工のプロセスチェック結果についても確認する必要がある．

表 6.4.1 モルタル充填継手の検査項目，検査時期および合否判定基準

検査項目	挿入長さ	充填	グラウト強度	養生
検査時期	施工後	施工後	施工後	施工後
合否判定基準	継手両端にマーキングがかかっていること	排出孔より排出していること	所定の数値以上あること*1	所定の方法で，所定の強度に達するまで養生されていること*1

*1：認定を取得した継手工法ごとに，それぞれ定められた数値

【解　説】 **表 6.4.1**に示した検査項目と合否判定基準について，以下の事項が確認できれば合格とする．

(i) 継手施工後に，継手部に配置されたスリーブの両端にマーキングがかかっていること．なお，マーキングの不備やその恐れがある場合は，JIS Z 3064による挿入長さの超音波測定検査を行うことが望ましい．

(ii) 継手施工後に，スリーブ排出孔よりグラウトが確実に排出されていること．

(iii) スリーブに充填したグラウトの圧縮強度が，継手工法ごとに定められている値以上あること．なお，品質が安定したプレミックス製品で，施工時に使用するグラウト製造ロットや練混ぜ水量が同一であれば，1 施工ロット毎に 1 回の検査を全数検査としてよい．また，品質が安定したプレミックス製品であれば，練混ぜ機器・練混ぜ方法・練混ぜ水量等を限定したうえで，コンシステンシー試験（フロー試験等）により，グラウト強度を類推することも可能であるが，グラウト圧縮強度試験をコンシステンシー試験により省略することは責任技術者の指示による．

(iv) グラウト充填後，継手が初期凍害や 6.3.3**【解説】**(iv) に示す有害な振動等による影響を受けない強度に達するまで確実に養生されること．1970 年代に開発された継手メーカーの資料等によれば，継手が初期凍害を受けないグラウト強度は $5N/mm^2$ 程度であり，有害な振動に影響されないグラウト強度（継手が鉄筋の規格降伏応力程度を発揮するグラウト強度）とは $30N/mm^2$ 程度をいうが，認定を取得した継手メーカーの規定がある場合にはそれに従うものとする．

6.4.4 不合格の場合の処置

（1）継手の検査によって不合格となった継手は，やり直し等の処置を行わなければならない．

（2）やり直し等の処置を行った継手については，処置後の再検査を行わなければならない．

【解　説】　継手の検査によって不合格が出た場合は第Ⅰ編4章に従うものとし，やり直しやその他の適切な措置をとるものとする．グラウト硬化後に不合格が判明した場合は，適切な位置で鉄筋を切断して不合格継手を除去して再施工を行うものとする．

7章　摩擦圧接ねじ継手（端部ねじ加工継手）

7.1　一　　般

（1）この章は，摩擦圧接ねじ継手に求められる特性を実現するために，特に必要な事項についての標準を示す．

（2）この章で扱う摩擦圧接ねじ継手は，摩擦圧接工法により端部にねじを圧接した一対の鉄筋をカプラーによって接合する継手（以下，標準タイプ），及び鉄筋端部に圧接したねじを鉄筋端部に圧接したカプラーにねじ込むことによって接合する継手（以下，打継ナットレスタイプ）工法を言う．摩擦圧接ねじ継手は，継手の必要特性を確保するため，各々の工法所定のトルクを導入して緊結するものとする．

【解　説】　摩擦圧接ねじ継手の標準タイプは，**解説 図** 7.1.1(a)に示すように，鉄筋の応力がその端部に摩擦圧接されたねじを介してカプラーへ，そして相手側鉄筋端部に摩擦圧接されたねじを介して相手側鉄筋に伝達される構造であり，打継ナットレスタイプは，**解説 図** 7.1.1(b)に示すように，鉄筋の応力がその端部に摩擦圧接されたねじまたは袋カプラーを介して相手側鉄筋端部に摩擦圧接された袋カプラーまたはねじを介して相手側鉄筋に伝達される構造である．

なお，摩擦圧接ねじ継手工法では，ねじとカプラー（または袋カプラー）とのねじ接合部分のガタが構造性能に及ぼす影響を除去するため，所定のトルクの導入によりねじとカプラーを緊結させている．

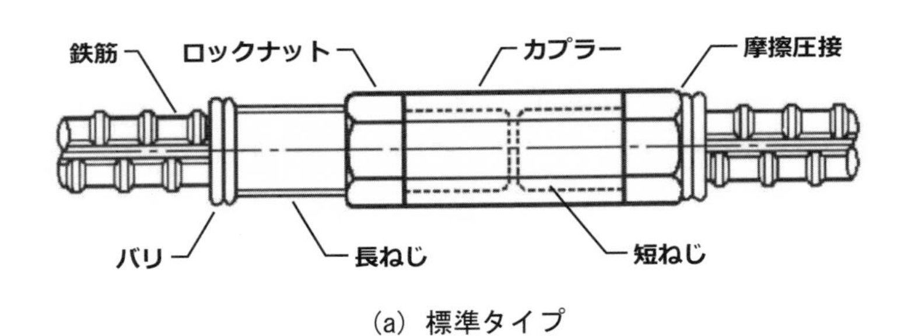

(a) 標準タイプ

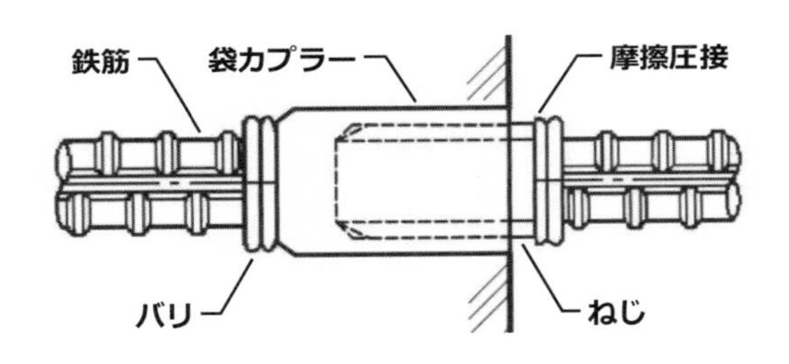

(b) 打継ナットレスタイプ

解説 図 7.1.1 摩擦圧接ねじ継手

7.2 材 料

7.2.1 鉄 筋

（1）摩擦圧接ねじ継手に使用する鉄筋は，品質が確かめられたものでなければならない．
（2）JIS や土木学会規準などの品質規格に適合している鉄筋については，規準の規格値を材料の特性値としてよい．
（3）国土交通大臣による建築材料認定を受けた高強度鉄筋については，材料認定を受けた規格値を材料の特性値としてよい．

【解 説】 （1）について 摩擦圧接ねじ継手に用いる鉄筋に対しては，適切な試験等によって所要の特性を有していることが確認されるものとした．

（2），（3）について JIS などの品質規格に適合する鉄筋及び国土交通大臣による建築材料認定に規定された品質規格に適合する鉄筋は，規格値以上の品質が保証されている．したがって，その規格値を材料の特性値としてよいこととした．

また，摩擦圧接ねじ継手工法には，各々の工法に適用できる鉄筋の鋼種とサイズ，異鋼種間及び異径間に接合可能な組合せが定められている．したがって，摩擦圧接ねじ継手工法の選定においては，これらの事項に十分留意する必要がある．

なお，塑性域に用いる機械式継手に対し，鉄筋母材破断を必要とする場合が予想される．機械式継手工法においては，鉄筋母材破断を保証するために，鉄筋の上限強度を規定している工法があるので，選定に際しては鉄筋の上限強度の有無にも留意する必要がある．

7.2.2 摩擦圧接ねじ継手の構成部品

摩擦圧接ねじ継手に用いる継手の構成部品（ねじ，カプラー，袋カプラーおよびロックナット）は，各々の工法が規定するこれらの部品の品質規格に適合するものでなければならない．

【解 説】 摩擦圧接ねじ継手に用いる継手の構成部品（ねじ，カプラー，袋カプラーおよびロックナット）は，継手部に要求される強度及び剛性等を確保するために，各々の摩擦圧接ねじ継手工法ごとに適した材質が規定されている．したがって，適用する継手工法ごとに定める材質によるものとした．

摩擦圧接ねじ継手の標準タイプに用いるねじ，カプラー及びロックナットの材料には，JIS G 4051 に規定される S45C，または非調質鋼（例えば GHN）などを用い，摩擦圧接ねじ継手の打継タイプに用いるねじ及び袋カプラーには，JIS G 4051 に規定される S45C を用いることが多い．

一般に，摩擦圧接ねじ継手は，鉄筋母材破断を最終破壊形式として設計されている．すなわち，ねじ，カプラー及び袋カプラーの下限引張耐力が鉄筋の上限引張耐力を上回るとともに，ねじとカプラー及び袋カプラーとの下限せん断耐力が鉄筋の上限引張耐力を上回るように，継手の必要嵌合長さが決められている．

なお，摩擦圧接ねじ継手標準タイプのカプラーの長さには，鉄筋工事の施工誤差の吸収を目的として，調整代を設けている.

7.3　施　　工

7.3.1　一　　般

摩擦圧接ねじ継手は，所要の特性を発揮するように施工しなければならない.

【解　説】　摩擦圧接ねじ継手の施工では，両側の鉄筋が確実に結合するように工法の手順を厳守し，所定のトルク導入装置（トルクレンチまたは専用締付機）を用いて，規定された値のトルクを導入しなければならない.

施工にあたっては，あらかじめ施工要領書を作成し，責任技術者の承認を得なければならない．確実に継手の施工を行うため，当該現場の作業条件を踏まえた施工計画を作成し，計画通りの施工となるように施工管理を行わなければならない.

また，摩擦圧接ねじ継手の施工に従事する継手作業者は，4.2に定めた者とする.

7.3.2　使用機器

（1）鉄筋端部にねじを摩擦圧接する場合には，所要の性能を有する機器を使用しなければならない.

（2）摩擦圧接ねじ継手におけるトルクの導入には，所要の性能を有するトルク導入装置を使用しなければならない.

【解　説】　（1）について　摩擦圧接装置はその性能を確保するために適切な保全を行う．また，摩擦圧接装置の性能確認は，継手のモデル試験体を用いて確認するものとする.

（2）について　摩擦圧接ねじ継手のトルク導入には，性能が確認されたトルク導入装置を用いることとし，工事開始前に所定の性能を有していることを確認しなければならない．また，工事が長期にわたる場合は，定期的に点検・整備を行い，装置の性能を適宜確認しなければならない.

7.3.3　鉄筋の加工，組立および継手の固定

（1）鉄筋端部に摩擦圧接されたねじに損傷がないことを確認しなければならない.

（2）継手におけるねじ部に対し，カプラー，袋カプラー及びロックナットが所定の位置に嵌合されていることを確認しなければならない.

（3）継手の固定は，あらかじめ定めた施工要領に従い，各々の工法に規定されたトルク導入装置を用いて確実に行わなければならない.

【解　説】　(1) について　工場出荷時にはねじ同士が接触しないように結束して出荷されるが，ねじ部に損傷がないことを確認しなければならない．

(2)，(3) について　摩擦圧接ねじ継手標準タイプの一般的な作業は次の手順で行われる．

① 接合する2本の鉄筋の芯を合わせ，鉄筋の間隔を施工計画上の所定の寸法に合わせる．

② ロックナット，カプラーを施工要領に従って所定の位置に移動する．

③ ナットを手締め後，必要嵌合長さが確保できていることを嵌合検査ゲージで確認し，両端のロックナットとカプラーに合マークを記入する．

④ 設定トルク値にセットされたトルク導入装置を用いて両端のロックナットを締め付け，合マークのずれたことを確認する．

摩擦圧接ねじ継手打継ナットレスタイプの一般的な作業は次の手順で行われる．

① 先行鉄筋の配筋に際し，袋カプラーは，そのねじ部へのセメントペースト等異物の浸入を防止するため，ビニールキャップ等で養生し，コンクリート端面に埋め込む．

② 後付け鉄筋の配筋に際し，袋カプラーのねじ底にセメントペースト等異物が付着していないことを確認後，ねじの先端がカプラーのねじ底にあたるまで確実にねじ込む．

③ 手締めの後，バリの中心から袋カプラー端面までの距離が所定の距離より短いことを嵌合検査ゲージ等で確認し，袋カプラーの端面とねじ部に合マークを記入する．

④ 設定トルク値にセットしたトルク導入装置を用いて本締めを行い，合マークのずれたことを確認する．なお，本締めはコンクリート標準仕方書に規定される「型枠および支保工の取外し」期間が過ぎてから行う．

7.3.4　施工管理（プロセスチェック）

(1) 摩擦圧接ねじ継手が所要の特性を発揮するために，品質管理担当者は継手施工の各段階で必要な管理（プロセスチェック）を行わなければならない．

(2) 継手の施工前に，ねじ部に損傷のないことを目視によって全数確認しなければならない．また，打継ナットレスタイプの先行鉄筋の施工においては，袋カプラーがビニールキャップ等で養生されていることを確認し，後付け鉄筋施工においては，袋カプラーのねじ底に異物が付着していないことを確認しなければならない．

(3) 継手の施工時に，継手のねじ部に対し，カプラー，袋カプラー及びロックナットが所定の位置に嵌合されていることを全数確認しなければならない．また，打継ナットレスタイプの後付け鉄筋施工においては，ねじが所定の位置までねじ込まれていることを全数確認しなければならない．

(4) 継手全数について，継手に所定のトルク値が導入されていることを確認しなければならない．

(5) 継手の施工前に，同一の条件でモデル供試体を製作し，これを用いて継手の引張強度の確認を行わなければならない．

【解　説】　(1) について　摩擦圧接ねじ継手標準タイプは，摩擦圧接工法により端部にねじを圧接した2本の鉄筋をカプラーによって結合した後，カプラー両側のロックナットを所定トルク値で締め付け，2本の鉄筋を一体化するもので，打継ナットレスタイプは，先行鉄筋側コンクリートに埋め込まれている袋カプラーに後付け鉄筋をねじ込み，後付け鉄筋を所定のトルク値で締め付け，先行鉄筋と後付け鉄筋を一体化するものである．品質管理担当者は，鉄筋及び継手の組立作業の各段階で必要な管理を行い，記録，写真撮影を行うものとする．

（2）について　鉄筋端部に摩擦圧接したねじに損傷がないこと，打継ナットレスタイプ袋カプラーがビニールキャップ等で養生されていること，袋カプラーの中に異物が付着していないことを確認しなければならない．

（3）について　必要嵌合長さが確保されていることを，嵌合検査ゲージまたはスケールにより継手の全数について確認しなければならない．

（4）について　所定のトルクが確実に導入されていることを確保するため，継手の全数について，合マークのずれを目視で確認しなければならない．合マークのずれが無いものはまだ締め付けられていないものとして，改めて締付けを行うものとする．

（5）について　継手を施工する前に，継手に使用する材料の品質，施工機器の性能，固定作業の適否，ねじ・カプラー・袋カプラー・ロックナット・摩擦圧接部の耐力等を総合的に確認するため引張試験を行うこととした．摩擦圧接ねじ継手の施工が正常に行われれば，施工された継手の特性はほぼ同一と見なせることから，モデル供試体による引張試験によって施工する継手の特性を確認してもよいこととした．

供試体は，鉄筋の種類，呼び名が異なるごとに3体製作して引張試験を行い，3体とも継手単体の特性判定基準に定める引張強度を満たすことを確認する．引張試験は，JIS Z 2241（金属材料引張試験方法）に準じて行うものとする．

7.3.5　施工のプロセスチェック

摩擦圧接ねじ継手の施工のプロセスチェックは，**表7.3.1**による．

表7.3.1　摩擦圧接ねじ継手の施工のプロセスチェック

検査項目	外観	嵌合長さ	締付けの完了	導入トルク値
検査時期	施工前	施工後	施工後	施工後
品質管理基準	摩擦圧接されたねじに損傷がないこと．	必要勘合長さが確保されていること．*1	合マークがずれていること．	所定トルク値が導入されていること．*1

*1：認定を受けた工法毎に，それぞれ規定する数値

【解　説】　**表7.3.1**に示す検査項目と品質管理基準について，以下の事項を確認できれば合格とする．

(i)　継手施工前に，鉄筋端部に摩擦圧接されたねじ部に損傷がないこと．また，打継ナットレスタイプの先行鉄筋の施工においては，袋カプラーがビニールキャップ等で養生されていること，後付け鉄筋の施工においては，袋カプラーのねじ底に異物が付着していないことを確認する．

(ii)　継手施工後に，嵌合長さ確認部位を嵌合検査ゲージまたはスケールにより計測し，認定を取得した工法ごとに定められた規定の長さが確保されていることを確認する．不合格の場合は施工のやり直しをしなければならない．

(iii) 締付け完了の判断は，仮締め後に付けた合マークがずれていること．合マークのずれが無いものはまだ締め付けられていないものとして改めて締付けを行うものとする．

(iv) 導入トルク値の検査では，再度，カプラーとロックナットまたは袋カプラーとねじ部に合マークを付け，認定を取得した工法ごとに定められた設定トルク値の90%で再締付けを行い，合マークがずれないことを確認する．なお，トルク値の検査には相当な時間を要するとともに，鉄筋組立作業が進行すると先に施工した継手のトルク検査が行えなくなる場合があるため，品質管理担当者は，構造部位の施工条件，継手施工個所数などを考慮し，検査時期をあらかじめ定めておくことが必要である．

7.4　検　　査

7.4.1　一　　般

完成した摩擦圧接ねじ継手が所要の特性を有することが確認できるように，適切な検査計画を定め，必要な検査を行わなければならない．

【解　説】　摩擦圧接ねじ継手の検査は，基本的に施工前の材料の受入れ検査や施工完了後の目視検査がある．また，継手が所要の特性を有することを確認できる情報として，継手施工の各段階でのプロセスチェックの記録の確認も行う必要がある．

7.4.2　材料の受入れ検査

摩擦圧接ねじ継手の構成部品（ねじ，カプラー，袋カプラーおよびロックナット）は，所定の品質規格を満足することを確認しなければならない．

【解　説】　鉄筋に摩擦圧接されたねじ，カプラー，袋カプラーおよびロックナットの材質，機械的性質等の品質の確認は，製造工場が発行するこれらに関する検査証明書によってもよい．

7.4.3 継手の検査

摩擦圧接ねじ継手の検査は**表 7.4.1**による．なお，検査者は，施工のプロセスチェック結果についても確認する必要がある．

表 7.4.1 摩擦圧接ねじ継手における検査項目，検査時期及び合否判定基準

検査項目	嵌合長さ	締付けの完了	導入トルク値
検査時期	施工後	施工後	施工後
合否判定基準	必要勘合長さが確保されていること．*1	合マークがずれていること．	所定トルク値が導入されていること．*1

*1：認定を受けた工法毎に，それぞれ規定する数値

【解　説】 **表 7.4.1**に示した検査項目と合否判定基準について，以下の事項を確認できれば合格とする．

(i) 継手施工後に，嵌合長さ確認部位を嵌合検査ゲージまたはスケールにより計測し，認定を取得した工法ごとに定められた規定の長さが確保されていることを確認する．

(ii) 締付け完了の判断は，仮締め後に付けた合マークがずれていること．合マークのずれが無いものはまだ締め付けられていないものとして改めて締付けを行うものとする．

(iii) 導入トルク値の検査では，再度，カプラーとロックナットまたは袋カプラーとねじ部に合マークを付け，認定を取得した工法ごとに定められた設定トルク値の90%で再締付けを行い，合マークがずれないことを確認する．なお，トルク値の検査には相当な時間を要するとともに，鉄筋組立作業が進行すると先に施工した継手のトルク検査が行えなくなる場合があるため，責任技術者は，構造部位の施工条件，継手施工個所数などを考慮し，検査時期をあらかじめ定めておくことが必要である．

7.4.4 不合格の場合の処置

（1）継手の検査によって不合格となった継手は，やり直し等の処置を行わなければならない．
（2）やり直し等の処置を行った継手については，処置後の再検査を行わなければならない．

【解　説】 摩擦圧接ねじ継手の不合格の場合として，必要嵌合長さが確保されていない場合や所定の締付けが行われていない場合等が考えられる．これらの場合，再締付け，または継手のやり直し等の処置を講じなければならない．また，原因を究明して再発防止に努めることも重要である．

8章　スリーブ圧着ねじ継手（端部ねじ加工継手）

8.1　一　　般

（1）この章は，スリーブ圧着ねじ継手に求められる特性を実現するために，特に必要な事項についての標準を示す.

（2）この章で扱うスリーブ圧着ねじ継手とは，雌ねじ加工を施したスリーブを異形鉄筋端部に圧着し，この圧着されたスリーブ同士を専用のボルトを用いて嵌合し，規定のトルク値で締め付け固定するものをいう.

【解　説】　（1），（2）について　この継手方法は，雌ねじ加工を施したスリーブの中に異形鉄筋を挿入し，スリーブを冷間で圧着加工して塑性変形させ，異形鉄筋のふし間に食い込ませることにより異形鉄筋とスリーブを接合する．その後，圧着したスリーブ同士を専用のボルトを用いて嵌合し，規定値のトルクを導入することで固定されるものである.

圧着の方法としては，油圧を用いてスリーブの軸と平行に力を加えスリーブを絞り加工する「絞り圧着加工」と，スリーブの軸と直角な方向に力を加えてスリーブを締め付ける「締付け圧着加工」とがある．ここで対象とするスリーブ圧着ねじ継手は，このいずれかの方法によるものであるが，圧着の手順や操作に関してはそれぞれに特徴があり，適用できる鉄筋の種類，呼び名も工法によって異なる．しかしながら，スリーブ圧着ねじ工法としての応力伝達機構や設計・施工の際の基本事項は類似しているため，ここでは，この継手工法の設計・施工に関して必要と思われる一般的な事項について規定を行うこととした.

鉄筋の拘束条件によって，以下の3タイプが用意され，いずれもトルク導入によって鉄筋を接合する.

なお，継手工法により各タイプ別の表現は異なる.

(i)　タイプA：接合する鉄筋の一方が回転可能で，軸方向にも移動できる場合は，**解説 図8.1.1**のように全ねじの接続ボルトを使用して接合する.

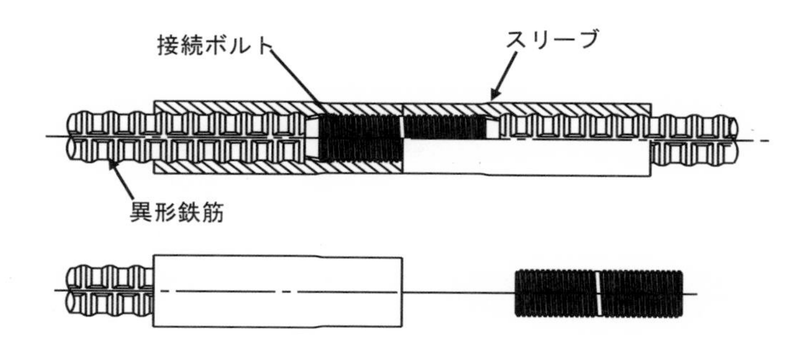

解説 図8.1.1　タイプA

(ii)　タイプB：接合する鉄筋の回転が困難であるが，軸方向の移動ができる場合は，**解説 図8.1.2**のように，左右逆ねじの接続ボルト（ナット付き）を使用して接合する．

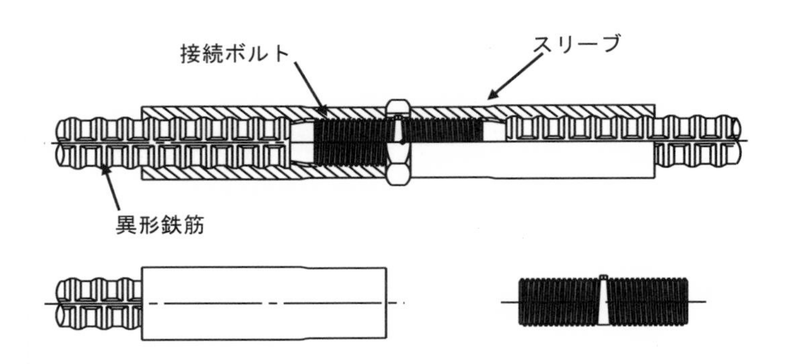

解説 図8.1.2　タイプB

(iii)　タイプC：接続する鉄筋が，両方とも回転および移動が困難である場合は，**解説 図8.1.3**のように，雌ねじ部が長いスリーブに，一旦全ねじの接続ボルトをおさめ，対向するスリーブへ全ねじの接続ボルトを送り出すことにより接合する．

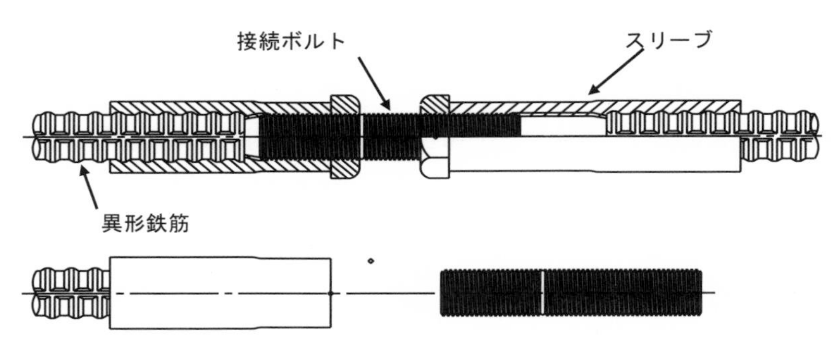

解説 図8.1.3　タイプC

8.2　材　　料

8.2.1　鉄　　筋

（1）スリーブ圧着ねじ継手に使用する鉄筋は，品質が確かめられたものでなければならない．
（2）JISや土木学会規準などの品質規格に適合している鉄筋については，規格値を材料の特性値としてよい．

【解　説】　鉄筋が所要の品質を有しているか否かは，適切な試験により確認するのがよい．しかしながら，JISなどの品質規格に適合している鉄筋は，その規格値を材料の特性値としてよい．

一般に，スリーブ圧着ねじ継手に使用する鉄筋は，JIS G 3112（鉄筋コンクリート用棒鋼）に規定する

SD295A，SD295B，SD345，SD390，SD490 の 5 種類である．

なお，使用できる鉄筋の種類，呼び名，異鋼種間，異径間等で適用できる組合せが継手工法ごとに定められているので，使用にあたっては事前に確認する必要がある．

8.2.2　スリーブおよび接続ボルト

スリーブ圧着ねじ継手に用いるスリーブおよび接続ボルトは，品質が確かめられたものでなければならない．

【解　説】　スリーブ圧着ねじ継手に使用するスリーブおよび接続ボルトは，継手に要求される強度および剛性などを有することが確かめられたものを用いる．そのために，それぞれの継手メーカーごとに適した材質を選定し製作しているので，適用する継手工法ごとに定める材質によるものとする．

スリーブは，圧着加工により，塑性変形させ異形鉄筋のふし間に食い込ませるため，材質としては適度な加工性と強度が要求される．一般に，JIS G 3445（機械構造用炭素鋼鋼管）に規定する STKM13A が用いられている．なお，鋼種 SD490 を圧着するスリーブはより強度の高いスリーブを圧着する必要があり，継手メーカーごとに品質規定を設けている．

接続ボルトは，鉄筋およびスリーブの強度より強い材料を選定している．一般に，JIS G 4053（機械構造用合金鋼鋼材）に規定する SCM435，JIS G 4051（機械構造用炭素鋼鋼材）に規定する S45C 等が用いられている．

また，鉄筋継手の特性は，用いるスリーブの長さおよび断面積の大小によって左右される．継手が所定の特性を発揮するために必要となるスリーブの寸法は，鉄筋の種類，ふし形状，および圧着工法の種類などによって幾分異なる．したがって，スリーブは，用いる鉄筋ならびに圧着工法に応じて，所定の継手特性を満足することが確かめられた寸法のものを用いなければならない．

接続ボルトの寸法は，使用する鉄筋の種類に対応できる径，長さとする．なお，継手メーカーでは一般に，スリーブおよび鉄筋よりも接続ボルトの強度を高く設計している．

8.3　施　　工

8.3.1　一　　般

スリーブ圧着ねじ継手は，所要の特性を発揮するように施工しなければならない．

【解　説】　スリーブ圧着ねじ継手の施工では，両側の鉄筋が確実に連続するように工法の手順通り実施しなければならない．施工にあたっては，あらかじめ施工要領書を作成し，責任技術者の承認を得なければならない．確実に継手の施工を行うため，当該現場の環境，構造物の条件，作業時の天候など，作業条件を踏まえた施工計画を作成し，計画通りの施工となるように施工管理を行わなければならない．

また，スリーブ圧着ねじ継手の施工に従事する継手作業者は，4.2 に定めた者とする．

8.3.2　使用機器

（1）鉄筋の端部にスリーブを圧着する装置は，所要の性能を有することを確認したものを用いなければならない．
（2）スリーブ圧着ねじ継手の接合に用いるトルク導入装置は，所要の性能を有することを確認したものを用いなければならない．

【解　説】　（1）について　施工現場においてスリーブを鉄筋に圧着する場合，圧着装置は継手特性を発揮させるためのものであるから，異形鉄筋のふしにスリーブを食い込ませるために十分な性能を有し，かつ，安定した継手特性の得られることが確認されたものを使用しなければならない．

（2）について　継手の接合に用いるトルク導入装置は，鉄筋径ごとに所要のトルクを導入する必要があり，継手工法ごとに定められたトルク導入装置を使用し，確実に規定トルク値が導入できるものを用いなければならない．

圧着装置ならびにトルク導入装置は，工事開始前に，所要の性能を有していることを確認しなければならない．また，工事が長期にわたる場合は，定期的に点検・整備を行い，施工機器の性能を適宜確認しなければならない．

8.3.3　鉄筋の加工，組立および継手の固定

（1）鉄筋端部の所定の位置に圧着されたスリーブの雌ねじ，および接続ボルトには損傷や有害な付着物があってはならない．
（2）接続ボルトは，所定の長さが嵌合されなければならない．
（3）継手の固定は，あらかじめ定めた施工要領に従い，工法ごとに規定されたトルク値を，トルク導入装置を用いて導入しなければならない．

【解　説】　（1）について　スリーブの雌ねじおよび接続ボルトの雄ねじには損傷や有害な付着物があってはならない．

（2），（3）について　スリーブ圧着ねじ継手の一般的な作業は次の手順で行う．

(i)　接続する 2 本の鉄筋の軸芯を合わせる．（鉄筋の拘束条件によって 3 タイプがあり，それぞれの接続方法は，継手メーカーの施工仕様書による．）

(ii)　鉄筋端部のスリーブ同士を接続ボルト，ナットで接続した後，スリーブ同士またはスリーブとナットに合マークを付ける．合マークは検査時に目視確認できるよう油性マーカー等で明瞭に行う必要がある．

(iii)　工法ごとに規定されたトルク値にセットしたトルク導入装置を用いて，スリーブまたはナットを締め付け，合マークがずれていることを確認する．

施工要領を定める際には，施工部位固有の条件を考慮し，鉄筋が密に配置されている個所や継手が集中している個所でも，トルク導入作業が行えるように施工順序などを事前に検討しておく必要がある．

8.3.4　施工管理（プロセスチェック）

（1）スリーブ圧着ねじ継手が所要の特性を発揮するために，品質管理担当者は継手施工の各段階で必要な管理（プロセスチェック）を行わなければならない．

（2）継手施工前に，スリーブの雌ねじ，および接続ボルトに損傷や有害な付着物がないことを確認しなければならない．鉄筋端部へのスリーブの圧着状態を確認する場合には目視によって全数を確認しなければならない．

（3）継手施工時に，継手全数について，接続ボルトが所定の長さだけ嵌合されていることを確認しなければならない．

（4）継手全数について，継手が規定のトルク値で締め付けられていることを確認しなければならない．

（5）継手を施工する前に，同一の条件でモデル供試体を製作し，これを用いて継手の引張強度の確認を行わなければならない．

【解　説】　（1）について　スリーブ圧着ねじ継手は，スリーブの雌ねじに接続ボルトを嵌合させた後，鉄筋を圧着したスリーブにトルクを与えて締め付け，継手に軸力を導入することによって継手特性を発揮させるものである．品質管理担当者は，施工の各段階でこれらを管理し，必要に応じて記録，写真撮影を行うものとする．

（2）について　継手施工前に，鉄筋および継手部の状態，スリーブの雌ねじおよび接続ボルトの雄ねじの損傷や有害な付着物がないことを確認し，必要に応じて記録，写真撮影を行うものとする．

（3），（4）について　接続ボルトがスリーブの雌ネジに所定の長さだけ嵌合されていること，継手にトルク導入が行われたこと（継手接合部のスリーブ同士またはスリーブとナットにつけた合マークがずれていることを確認する）を全数について確認するものとする．その確認結果は，必要に応じて記録，写真撮影を行うものとする．

（5）について　継手を施工する前に，継手に使用する材料の品質，スリーブ圧着，接続ボルト等を総合的に確認する目的で引張試験を行うものである．スリーブ圧着ねじ継手は，接続ボルトがスリーブの中に所定の長さだけ嵌合され，適正にスリーブと鉄筋が圧着されている場合は，継手の特性がほぼ同一とみなされるので，モデル試験体の引張試験を行って，施工する継手の特性を確認するものである．

供試体は，鉄筋の種類，呼び名が異なるごとに3体製作して引張試験を行い，3体とも継手単体の特性判定基準に定める引張強度を満たすことを確認する．引張試験は，JIS Z 2241（金属材料引張試験方法）に準じて行うものとする．

8.3.5　施工のプロセスチェック

スリーブ圧着ねじ継手の施工のプロセスチェックは，**表 8.3.1** による．

表 8.3.1　スリーブ圧着ねじ継手の施工のプロセスチェック

検査項目	外　観	嵌合長さ	締付けの完了	導入トルク値
検査時期	施工前	施工後	施工後	施工後
品質管理基準	スリーブの雌ねじおよび接続ボルトに損傷や有害な付着物がないこと．	スリーブ同士またはスリーブとナットの端面同士が密着していること．	スリーブ同士またはスリーブとナットにつけた合マークがずれていること．	規定トルク値が導入されていること．*1

*1：認定を受けた工法毎に，それぞれ規定する数値

【解　説】　**表 8.3.1** に示した検査項目と品質管理基準について，以下の事項が確認できれば合格とする．

(i)　鉄筋およびスリーブ等に有害な物質が付着していないこと，かつ，スリーブの雌ねじおよび接続ボルトに損傷や有害な付着物がないこと．

(ii)　スリーブ圧着ねじ継手は，接続する鉄筋の拘束条件により 3 タイプがあるが，スリーブと接続ボルトの嵌合検査では，次の事項を確認する．

①　タイプ A（接続する鉄筋の一方が回転容易で，かつ，軸方向に移動できる場合）は，スリーブの端面同士が密着していること．

②　タイプ B（接続する鉄筋の回転が困難であるが，軸方向の移動ができる場合）は，ナットと両側のスリーブ端面が密着していること．

③　タイプ C（接続する鉄筋が，両方とも回転と軸方向の移動が困難である場合）は，それぞれのナットとスリーブ端面が密着していること，また，所定のナット間距離であること（スケールまたはゲージによる測定）．

(iii)　締め付け完了の判断は，締付け前にスリーブおよびナットに付けた合マークがずれていること確認する．合マークのずれが無いものは締め付けられていないものとして改めて締付けを行う．

(iv)　導入トルク値の確認方法は工法ごとに定められているが，再度，合マークを付け，規定トルク値の 90%で再度締付けを行い，合マークがずれないことを確認する．なお，再締付けによるトルク値の検査には相当な時間を要するとともに，鉄筋組立作業が進行すると先に施工した継手のトルク検査が行えなくなる場合があるため，検査者は，構造部位の施工条件，継手施工個所数などを考慮し，検査時期をあらかじめ定めておくことが必要である．

トルク締付けを確認する合マークのずれを**解説 図 8.3.1** に示す．

① タイプA：接続する鉄筋の一方が回転容易で，軸方向にも移動ができる場合

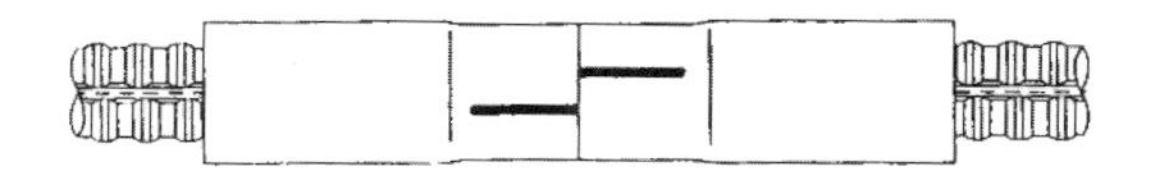

② タイプB：接続する鉄筋の回転が困難であるが，軸方向の移動ができる場合

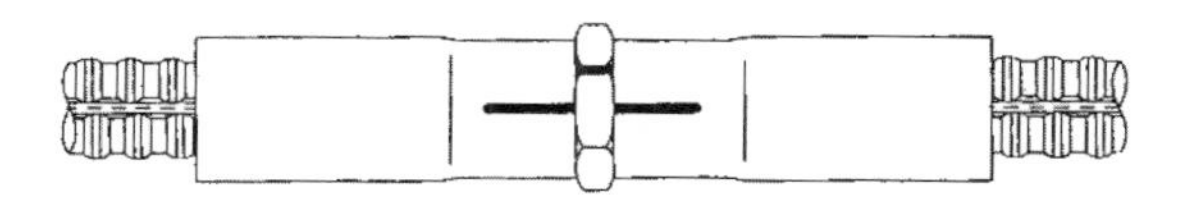

③ タイプC：接続する鉄筋が，両方とも回転および移動が困難である場合（所定のナット間距離であることをスケールまたはゲージにより測定する）

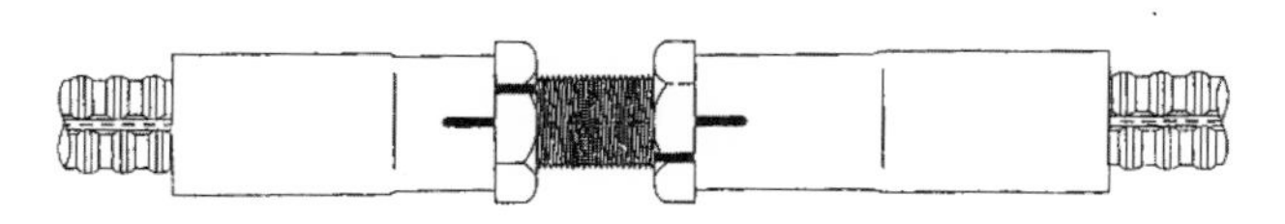

解説 図8.3.1　トルク締付けの確認方法

8.4　検　　査

8.4.1　一　　般

完成したスリーブ圧着ねじ継手が所要の特性を有することが確認できるように，適切な検査計画を定め，必要な検査を行わなければならない．

【解　説】　スリーブ圧着ねじ継手の検査においては，施工後に継手が所要の特性を有することを確認できる情報を取得しなければならない．また，継手が所要の特性を有することを確認できる情報として，継手施工の各段階でのプロセスチェックの記録の確認も行う必要がある．

8.4.2　材料の受入れ検査

スリーブおよび接続ボルトは，所定の品質を満足することを確認しなければならない．

【解　説】　スリーブおよび接続ボルトの材質，機械的性質等の品質の確認は，製造工場が発行する検査証明書によってもよい．

8.4.3　継手の検査

スリーブ圧着ねじ継手の検査は**表 8.4.1**による．なお，検査者は，施工のプロセスチェック結果についても確認する必要がある．

表 8.4.1　スリーブ圧着ねじ継手における検査項目，検査時期および合否判定基準

検査項目	嵌合長さ	締付けの完了	導入トルク値
検査時期	施工後	施工後	施工後
合否判定基準	スリーブ同士またはスリーブとナットの端面同士が密着していること．	スリーブ同士またはスリーブとナットにつけた合マークがずれていること．	規定トルク値が導入されていること．*1

*1：認定を受けた工法毎に，それぞれ規定する数値

【解　説】　**表 8.4.1** に示した検査項目と合否判定基準について，以下の事項が確認できれば合格とする．

(i)　スリーブ圧着ねじ継手は，接続する鉄筋の拘束条件により 3 タイプがあるが，スリーブと接続ボルトの嵌合検査では，次の事項を確認する．

① タイプ A（接続する鉄筋の一方が回転容易で，かつ，軸方向に移動できる場合）は，スリーブの端面同士が密着していること．

② タイプ B（接続する鉄筋の回転が困難であるが，軸方向の移動ができる場合）は，ナットと両側のスリーブ端面が密着していること．

③ タイプ C（接続する鉄筋が，両方とも回転と軸方向の移動が困難である場合）は，それぞれのナットとスリーブ端面が密着していること，また，所定のナット間距離であること（スケールまたはゲージによる測定）．

(ii)　締め付け完了の判断は，締付け前にスリーブおよびナットに付けた合マークがずれていることを確認する．

(iii)　導入トルク値の確認方法は工法ごとに定められているが，再度，合マークを付け，規定トルク値の90%で再度締付けを行い，合マークがずれないことを確認する．なお，再締付けによるトルク値の検査には相当な時間を要するとともに，鉄筋組立作業が進行すると先に施工した継手のトルク検査が行えなくなる場合があるため，検査者は，構造部位の施工条件，継手施工個所数などを考慮し，検査時期をあらかじめ定めておくことが必要である．

トルク締付けを確認する合マークのずれの状態は **解説 図 8.3.1** に示すとおりである．

8.4.4　不合格の場合の処置

（1）継手の検査によって不合格となった継手は，やり直し等の処置を行わなければならない．

（2）やり直し等の処置を行った継手については，処置後の再検査を行わなければならない．

【解　説】　嵌合検査においては，タイプＡはスリーブの端面同士が密着，タイプＢはナットと両側のスリーブ端面が密着，タイプＣはそれぞれのナットとスリーブの端面が密着するようにやり直す．
導入トルクの確認においては，スリーブおよびナットに付けた合マークのずれが無いもの，または合マークが不明瞭で確認できないものは改めてトルク導入を行うものとする．

9章　スリーブ圧着継手

9.1　一　　般

（1）この章は，スリーブ圧着継手に求められる特性を実現するために，特に必要な事項についての標準を示す．

（2）この章で扱うスリーブ圧着継手とは，継手部に配置した継手用スリーブ（以下，スリーブという）を冷間で鉄筋に圧着し，突き合せた異形鉄筋を接合するものをいう．

【解　説】　この継手方法は，**解説 図**9.1.1に示すように，スリーブの中に異形鉄筋を突き合せて挿入し，スリーブを冷間で圧着加工して塑性変形させ，異形鉄筋のふし間に食い込ませることにより，スリーブを介して鉄筋を接合させるものである．この他に，スリーブを熱間で圧着する，鉄筋を重ね合わせた状態で圧着するなどの方法も考えられるが，ここでは，実績のある冷間での圧着による突合せ継手のみを対象とした．

圧着の方法としては，油圧を用いてスリーブの軸と平行に力を加えスリーブを絞り加工する連続圧着加工（絞り圧着加工）と，スリーブの軸と直角な方向に力を加えてスリーブを締め付ける断続圧着加工（締付け圧着加工）とがある．ここで対象とするスリーブ圧着継手は，断続圧着加工の方法によるものであるが，圧着の手順や操作に関してはそれぞれに特徴があり，適用できる鉄筋の種類，径も工法によって異なる．しかしながら，スリーブ圧着継手工法としての応力伝達機構や設計・施工の際の基本事項は類似しているため，ここでは，この継手工法の設計・施工に関して必要と思われる一般的な事項について規定を行うこととした．

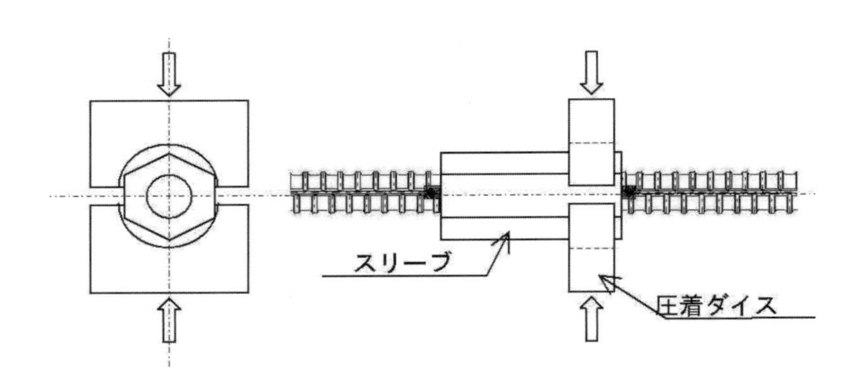

解説 図9.1.1　スリーブ圧着継手　（断続圧着方式）

9.2　材　　料

9.2.1　鉄　　筋

（1）スリーブ圧着継手に使用する鉄筋は，品質が確かめられたものでなければならない．
（2）JIS や土木学会規準などの品質規格に適合している鉄筋については，規格値を材料の特性値としてよい．

【解　説】　（1），（2）について　スリーブ圧着継手に用いる鉄筋が所要の特性を有しているか否かは，適切な試験により確認するのがよい．しかしながら，JIS などの品質規格に適合する鉄筋は，その規格値を材料の特性値としてよいこととした．

一般に，スリーブ圧着継手に用いられる鉄筋は，JIS G 3112（鉄筋コンクリート用棒鋼）に規定する異形鉄筋のうち，SD295A，SD295B，SD345，SD390，SD490 の 5 種類である．ただし，使用できる異形鉄筋の種類，ふし形状，材質の異なる鉄筋間，径の異なる鉄筋間で適用できる組合せを継手メーカーごとに定めているので，それに従うものとする．また，使用できる鉄筋の引張強さに上限値を設けていることがあるので注意しなければならない．

9.2.2　スリーブ

スリーブ圧着継手に用いるスリーブは，品質が確かめられたものでなければならない．

【解　説】　スリーブ圧着継手に用いるスリーブは，圧着加工性の確かめられたもので継手に要求される強度および剛性などを有することが確かめられたものを用いる．そのために，それぞれの継手メーカーごとに適した材質を選定し製作しているので，適用する継手工法ごとに定める材質によるものとする．

スリーブは，冷間の圧着加工によって塑性変形させ，異形鉄筋のふし間に食い込ませるため，材質としては適度な圧着加工性と強度が要求される．一般に JIS G 3445（機械構造用炭素鋼鋼管）に規定する STKM12A，STKM13A などが用いられている．

スリーブ圧着継手の特性は，用いるスリーブの長さおよび断面積によって左右される．継手が所定の特性を発揮するために必要となるスリーブの形状・寸法は，それぞれの継手メーカーごとに定められている．

9.3　施　　工

9.3.1　一　　般

スリーブ圧着継手は，所要の特性を発揮するように施工しなければならない．

【解　説】　スリーブ圧着継手の施工では，両側の鉄筋が確実に連続するように工法の手順を実施し，圧着装置を操作しなければならない．圧着装置の操作方法は工法毎に異なるため，施工にあたっては，あらかじめ施工要領書を作成し，責任技術者の承認を得なければならない．

確実に継手の施工を行うには，当該現場の作業条件を踏まえた施工計画書を作成し，計画通りの施工となるように施工管理を行わなければならない．

また，スリーブ圧着継手の施工に従事する継手作業者は，4.2 に定めた者とする．

9.3.2　圧着装置

圧着装置は，所要の性能を有することが確認されたものを用いなければならない．

【解　説】　この継手は，スリーブを異形鉄筋のふし間に食い込ませることによって継手特性を発揮するものであるから，圧着装置はスリーブを異形鉄筋のふしに食い込ませるために十分な性能を有し，かつ，安定した継手特性の得られることが確認されたものを選定する必要がある．圧着ダイスは磨耗しているもの，変状の認められるものを使用してはならない．なお摩耗の限度は製品外形より判断することができる．

圧着装置は，工事開始前に所定の性能を有していることを確認しなければならない．また，工事が長期にわたる場合は，定期的に点検・整備を行い，装置の性能を適宜確認しなければならない．

9.3.3　鉄筋の加工，組立および継手の固定

（1）鉄筋の端部は，スリーブへの挿入が可能で，かつ，端面が軸心とおおよそ直角な面を有していなければならない．また，継手部の鉄筋の表面やスリーブに，継手の特性を害する物質が付着している場合には，これを除去しなければならない．

（2）継手部の鉄筋は，原則として突合せ面が接触に近い状態でスリーブ内に配置するものとする．継手部の鉄筋には，あらかじめ端面からスリーブへの挿入長さの位置にマーキングを施し，スリーブが所定の位置に配置できるようにしなければならない．

（3）圧着作業は，あらかじめ定めた施工要領に従い，所定の装置を用いて確実に行わなければならない．

【解　説】　（1）について　スリーブに挿入される部分の鉄筋を切断する場合には，スリーブの中に鉄筋の挿入が可能なように，かつ継手特性に悪影響を与えないように注意しなければならない．鉄筋切断を通常のせん断切りで行うと，端部に曲がり，切断バリができ，そのままではスリーブへの挿入が出来なくなることがある．その場合にはグラインダー等により端面の処理を行う．また，切断面が斜めであると，その部分では圧着効果が期待できなくなることもあるので，端面は軸心とおおよそ直角であることが必要である．スリーブ圧着継手は異形鉄筋のふしの間にスリーブを食い込ませることによって継手特性を発揮させるため，鉄筋表面に圧着効果を妨げるようなモルタル等が付着している場合は，ワイヤーブラシ等で除去を行う．通常のさび程度であれば継手特性への影響はないが，継手部の鉄筋およびスリーブの表面は一般の鉄筋に要求される程度の清浄さを保つ必要がある．

（2）について　必要な圧着長さが確実に得られるように，接合する鉄筋は，突合せ面を接触に近い状態で配置し，継手施工を行うことを原則とした．ただし，施工誤差などによって突合せ面の接触に近い状態が不可能な場合でも，継手特性を十分に発揮できる挿入長さが確保されている場合にはこの限りではない．所定の挿入長さを確保するため，鉄筋にはマーキングを行う．なお，圧着によってスリーブ長さが変化するので，マーキングにあたってこの点を考慮する必要がある．

（3）について　工事開始前に圧着作業に関する施工要領を定め，施工にあたってはこれに従って確実な圧着作業を行うものとする．施工要領を定める際には，各工法別の仕様書等を参考とし，工事に固有の条件を考慮する．特に，圧着の順序は施工された継手の特性に影響を与えることもあるので，スリーブに対して最初に圧着を行う位置や圧着装置の移動方向などをあらかじめ定めておくものとする．また，鉄筋を組み立てた後に圧着作業を行う場合には，圧着装置の大きさを考えて施工順序を検討しておく必要がある．

9.3.4　施工管理（プロセスチェック）

（1）スリーブ圧着継手が所要の特性を発揮するため，品質管理担当者は継手施工の各段階で必要な管理（プロセスチェック）を行わなければならない．

（2）継手施工前に，継手部鉄筋について挿入長さを確認するためのマーキング位置，表面および端面の状態，スリーブの清浄性について，目視等によって全数確認を行わなければならない．

（3）継手施工時に，継手全数について鉄筋挿入長さが確保され，確実に圧着作業が行われたことを目視等により確認しなければならない．圧着完了後，継手全数についてスリーブ表面に圧着による割れ，有害な傷がないことを目視等で確認しなければならない．

（4）継手を施工する前に，同一の条件でモデル供試体を作製し，これを用いて継手の引張強度の確認を行わなければならない．

【解　説】　（1）について　この継手は，スリーブを異径鉄筋のふしに食い込ませることによって継手特性を発揮させるものである．品質管理担当者は，鉄筋および継手の組立・圧着作業の各段階で必要な管理を行い，記録，写真撮影を行うものとする．

（2），（3）について　所定の鉄筋挿入長さが確保されていること，スリーブが正しく圧着されていること，圧着後のスリーブに損傷がないことを確認しなければならない．

（4）について　継手工事の開始前に，使用する材料の品質，圧着装置の能力，圧着作業の適否，スリーブの耐力等を総合的に確認する目的で引張試験を行う．スリーブ圧着継手は圧着装置が正常に作動している場合は，圧着された継手の特性がほぼ同一とみなせるので，モデル供試体の引張試験を行って，施工する継手の特性を確認するものである．

供試体は，鉄筋の種類，呼び名が異なるごとに 3 体作製して，引張試験を行い，3 体とも継手単体の特性判定基準に定める引張強度を満たすことを確認する．引張試験は，JIS Z 2241（金属材料引張試験方法）に準じて行う．

9.3.5　施工のプロセスチェック

スリーブ圧着継手の施工のプロセスチェックは**表 9.3.1** による．

表 9.3.1 スリーブ圧着継手の施工のプロセスチェック

検査項目	鉄筋の挿入長さ	スリーブの圧着長さ，圧着後外径	圧着後のスリーブ外観
検査時期	施工後	施工後	施工後
品質管理基準	スリーブ両端と挿入マークが所定の位置にあること *1	スリーブが適正に圧着され，スリーブの圧着後外径が規定の範囲内であること *1	圧着による割れや有害な傷がないこと

*1：認定を受けた継手工法毎に，それぞれ規定する数値

【解　説】　**表 9.3.1** に示した検査項目と品質管理基準について，以下の事項を確認できれば合格とする．

(i)　圧着後に，スリーブの両端と挿入マーキングの位置が工法毎に定めた位置にあり，必要挿入長さが確保されていること．

(ii)　圧着後に，スリーブの圧着痕を確認し，圧着長さが適正であること，外径ゲージ等による確認により圧着後のスリーブ外径が規定値以下であること．

(iii)　圧着後の目視確認により，スリーブに圧着による割れや有害な傷がないこと．

9.4　検　　査

9.4.1　一　　般

完成したスリーブ圧着継手が所要の特性を有することが確認できるように，適切な検査計画を定め，必要な検査を行わなければならない．

【解　説】　スリーブ圧着継手の検査は，施工後に継手が所要の特性を有することを確認できる情報を取得しておかなければならない．また，継手が所要の特性を有することを確認できる情報として，継手施工の各段階でのプロセスチェックの記録の確認も行う必要がある．

9.4.2　材料の受入れ検査

スリーブは，所定の品質を満足することを確認しなければならない．

【解　説】　スリーブの材質，機械的性質等の品質の確認は，製造工場が発行する検査証明書によってもよい．

9.4.3　継手の検査

スリーブ圧着継手の検査は**表 9.4.1** による．なお，検査者は，施工のプロセスチェック結果についても確認する必要がある．

表 9.4.1 スリーブ圧着継手の検査項目，検査時期および合否判定基準

検査項目	鉄筋の挿入長さ	スリーブの圧着長さ，圧着後外径	圧着後のスリーブ外観
検査時期	施工後	施工後	施工後
合否判定基準	スリーブ両端と挿入マークが所定の位置にあること *1	スリーブが適正に圧着され，スリーブの圧着後外径が規定の範囲内であること *1	圧着による割れや有害な傷がないこと

*1：認定を受けた継手工法毎に，それぞれ規定する数値

【解　説】　**表 9.4.1** に示した検査項目と合否判定基準について，以下の事項を確認できれば合格とする．

(i)　圧着後に，スリーブの両端と挿入マーキングの位置が工法毎に定めた位置にあり，必要挿入長さが確保されていること．

(ii)　圧着後に，スリーブの圧着痕を確認し，圧着長さが適正であること，外径ゲージ等による確認により圧着後のスリーブ外径が規定値以下であること．

(iii)　圧着後の目視確認により，スリーブに圧着による割れや有害な傷がないこと．

9.4.4　不合格の場合の処置

（1）継手の検査によって不合格となった継手は，やり直し等の処置を行わなければならない．

（2）やり直し等の処置を行った継手については，処置後の再検査を行わなければならない．

【解　説】　検査によってスリーブの圧着長さ，圧着回数が規定値以下で不合格の場合，または圧着後のスリーブ外径が規定値以上で不合格の場合は，原因を究明してその対策をして再圧着または継手のやり直し等の処置を行うものとする．鉄筋の挿入長さが規定値以下となり不合格の場合，適切な位置で鉄筋を切断して不合格継手を除去し再施工を行うものとする．

10章　くさび固定継手

10.1　一　　般

（1）この章は，くさび固定継手に求められる特性を実現するために，特に必要な事項についての標準を示す．

（2）この章で扱うくさび固定継手とは，継手部にくさび（以下，ウェッジという）挿入孔を有する長円形状の継手用鋼管（以下，スリーブという）をセットし，くさび固定装置によりウェッジを圧入することによって異形鉄筋の接合を行うものをいう．

（3）この継手は，鉄筋の軸心がずれているため，適用する部位に応じた部材実験により継手特性を確認するものとする．

【解　説】　（1），（2）について　この継手方法は，**解説 図10.1.1**に示すように，鉄筋の重ね部に長円形の鋼管中央に貫通孔を設けたスリーブを配置し，その中央部にくさび形状のウェッジを油圧式圧入機などにより圧入固定する継手方法である．

（3）について　この継手は，接合する鉄筋の軸心がずれているため，第Ⅰ編3.6.2の継手単体の特性判定基準では適切な特性評価が行えない．そこで，適用する部位に応じた部材実験により継手特性を確認するものとした．公的認定機関の認定を受けたくさび固定継手では，柱やはりのせん断補強鉄筋や，壁や床版の中の鉄筋継手として用いる場合を想定した部材試験を行い，その継手特性を確認しているものがある[10.1)]．

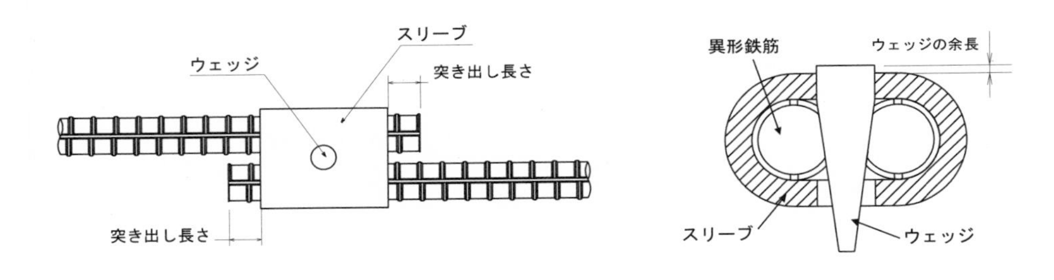

解説 図10.1.1　くさび固定継手

10.2　材　　料

10.2.1　鉄　　筋

（1）くさび固定継手に使用する鉄筋は，品質が確かめられたものでなければならない．

（2）JISや土木学会規準などの品質規格に適合している鉄筋については，規準の規格値を材料の特性値としてよい．

【解　説】 (1)，(2)について　鉄筋が所要の特性を有しているか否かは，適切な試験により確認するのがよい．しかしながら，JIS などの品質規格に適合している鉄筋は，その規格値を材料の特性値としてよい．

一般にくさび固定継手に用いられる鉄筋は，JIS G 3112（鉄筋コンクリート用棒鋼）に規定する SD295A，SD295B，SD345 に適合したもの，および試験等によりくさび固定継手としての特性が確認された呼び名のものである．これらは，継手メーカー毎に定めているので，使用にあたっては事前に確認する必要がある．

10.2.2　スリーブ

くさび固定継手に用いるスリーブは，品質が確かめられたものでなければならない．

【解　説】 くさび固定継手に使用するスリーブは，鉄筋重ね部を覆う長円形の鋼管で，平行面にウェッジ挿入孔を有する．スリーブの材質，寸法は，接続する鉄筋に対応した品質を有していなければならない．一般に，スリーブには，JIS G 3445（機械構造用炭素鋼鋼管）に規定される STKM13A，STKM13B，STKM14A などが使用されている．

10.2.3　ウェッジ

くさび固定継手に用いるウェッジは，品質が確かめられたものでなければならない．

【解　説】 くさび固定継手に使用するウェッジは，スリーブのくさび挿入孔に圧入して鉄筋を固定するため，材質，寸法．機械的性質が確認されたものを使用しなければならない．一般に，ウェッジは，JIS G 4051（機械構造用炭素鋼鋼材）に規定される S45C 相当品を材料とし，焼き入れ，焼き戻しの熱処理を行ったものが使用される．

10.3　施　　工

10.3.1　一　　般

くさび固定継手は，所要の特性を発揮するように施工しなければならない．

【解　説】 くさび固定継手の施工では，両側の鉄筋が確実に接続されるように施工の手順を実施し，くさび圧入機を操作しなければならない．施工にあたっては，あらかじめ施工要領書を作成し，施工現場の責任技術者の承認を得なければならない．

くさび固定継手の施工に従事する品質管理担当者および継手作業者は，4.2 に定めた者とする．

10. 3. 2　くさび固定装置

くさび固定装置は，所要の性能を有することを確認したものを用いなければならない．

【解　説】　くさび固定継手の施工には，油圧ポンプおよびウェッジ圧入機によってウェッジを加圧し，スリーブ内の鉄筋重ね部の隙間にウェッジを圧入する装置を用いる（**解説 図 10. 3. 1** 参照）．工事開始前に，固定装置が所定の性能を有していることを確認しなければならない．また，工事が長期にわたる場合は，定期的に点検・整備を行い，施工機器の性能を適宜確認しなければならない．

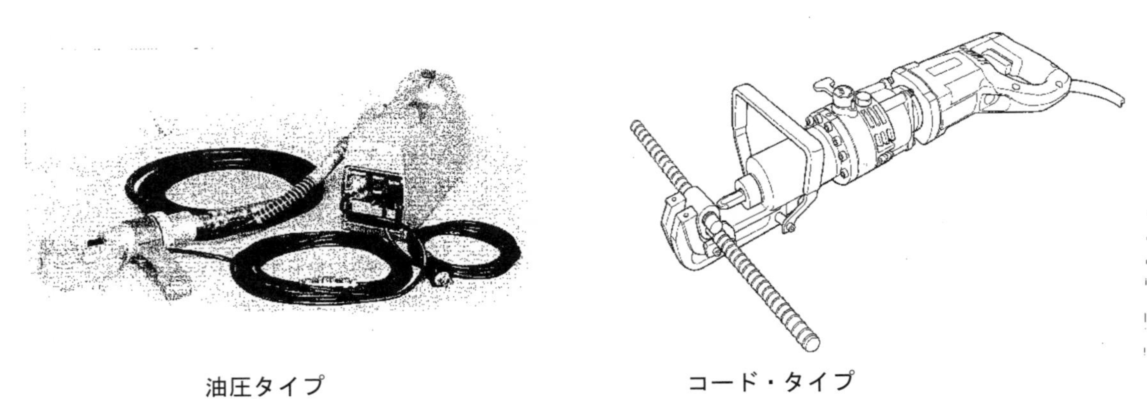

油圧タイプ　　　　コード・タイプ

解説 図 10. 3. 1　くさび固定装置の例

10. 3. 3　鉄筋の加工，組立および継手の固定

（１）鉄筋の端部は，スリーブへの挿入が可能な形状を有していなければならない．また，継手部の鉄筋の表面，スリーブに継手特性に有害な物質が付着している場合には，これを除去しなければならない．

（２）継手部鉄筋は，所定の重ね長さを確保した状態でスリーブ内に配置しなければならない．

（３）ウェッジ圧入操作はあらかじめ定められた施工要領に従い，所定の装置を用いて確実に行われなければならない．

【解　説】　<u>（１）について</u>　継手部の鉄筋の切断に際しては，スリーブの中に鉄筋が挿入可能で，かつ，継手特性に悪影響を与えないように曲り，つぶれが無いことを確認しなければならない．また，継手部の鉄筋の表面およびスリーブにモルタル等が付着している場合は，ワイヤーブラシ等で除去を行うものとする．

<u>（２）について</u>　継手部鉄筋は，原則として重ねられた状態でスリーブ内に配置するものとし，継手部鉄筋は，所定の重ね長さが確保されていなければならない．

<u>（３）について</u>　工事開始前にウェッジ圧入操作に関する施工要領を定め，施工にあたっては，これに従って確実なウェッジ圧入操作を行うものとする．

10.3.4 施工管理（プロセスチェック）

（1）くさび固定継手が所要の特性を発揮するため，品質管理担当者は継手施工の各段階で必要な管理（プロセスチェック）を行わなければならない．

（2）継手施工前に，継手全数について，継手部鉄筋の表面および端面の状態，スリーブの清浄性について，目視等により確認しなければならない．

（3）継手施工時に，継手全数について，鉄筋挿入長さが確保され，確実にウェッジが圧入されていることを，目視等により確認しなければならない．

（4）継手を施工する前に同一の条件で検査用のモデル供試体を作製し，これを用いて継手の引張強度を確認しなければならない．

【解　説】 （1）について　品質管理担当者は，鉄筋および継手の組立・固定作業の各段階で必要な管理を行い，必要に応じて記録，写真撮影等を行うものとする．

（2），（3）について　10.3.3に定めた継手の施工手順通りに施工されていることを確認しなければならない．なお，くさび固定継手は，施工後においても鉄筋挿入長さなどを目視で確認ができる．

（4）について　継手工事の開始前に，使用する材料の品質，圧入装置の能力，圧入作業の適否等を総合的に確認する目的で引張試験を行う．くさび固定継手は，圧入装置が正常に作動している場合は，圧入された継手の特性がほぼ同一とみなせるので，モデル供試体の引張試験を行って，施工する継手の特性を確認するものである．

供試体は，鉄筋の鋼種，呼び名が異なる毎に3体作製して，引張試験を行い，所定の強度が確保されていることを確認する．引張試験は，JIS Z 2241（金属材料引張試験方法）に準じて行う．

10.3.5 施工のプロセスチェック

くさび固定継手の施工のプロセスチェックは，**表10.3.1**による．

表10.3.1 くさび固定継手の施工のプロセスチェック

検査項目	鉄筋の突き出し長さ	ウェッジの余長
検査時期	施工後	施工後
品質管理基準	スリーブ端からの鉄筋の突き出し長さが規定値以上であること *1	圧入後のウェッジの余長が規定値以下であること *1

*1：認定を受けた継手工法ごとに，それぞれ規定する数値

【解　説】 **表10.3.1**に示した検査項目と品質管理基準について，以下の事項が確認できれば合格とする．

(i)　鉄筋同士が平行に重ね合わされてスリーブ内に挿入され，鉄筋端部がスリーブ端から規定の長さ以上突き出していること．

(ii)　圧入後のウェッジの余長（**解説 図10.1.1**参照）が規定値以下であること．

10.4　検　　査

10.4.1　一　　般

完成したくさび固定継手が所要の特性を有することが確認できるように，適切な検査計画を定め，継手施工の各段階で必要な検査および記録を行わなければならない．

【解　説】　継手施工の各段階で適切な検査を行い，施工後に継手が所要の特性を有することを確認できる記録（検査結果）を取得しておかなければならない．また，継手が所要の特性を有することを確認できる情報として，継手施工の各段階でのプロセスチェックの記録の確認も行う必要がある．

10.4.2　材料の受入れ検査

スリーブおよびウェッジは，所定の品質規格を満足していることを確認しなければならない．

【解　説】　スリーブ，ウェッジの材質，寸法，機械的性質は，製造工場が発行する検査証明書によって所定の規格を満たすことを確認すればよい．

10.4.3　継手の検査

くさび固定継手の検査は**表 10.4.1** による．なお，検査者は，施工のプロセスチェック結果についても確認する必要がある．

表 10.4.1　くさび固定継手の検査項目，検査時期および合否判定基準

検査項目	鉄筋の突き出し長さ	ウェッジの余長
検査時期	施工後	施工後
合否判定基準	スリーブ端からの鉄筋の突き出し長さが規定値以上であること　*1	圧入後のウェッジの余長が規定値以下であること　*1

*1：認定を受けた継手工法ごとに，それぞれ規定する数値

【解　説】　**表 10.4.1** に示した検査項目と合否判定基準について，以下の事項が確認できれば合格とする．

(i)　鉄筋同士が平行に重ね合わされてスリーブ内に挿入され，鉄筋端部がスリーブ端から規定の長さ以上突き出していること．

(ii)　圧入後のウェッジの余長（**解説 図 10.1.1** 参照）が規定値以下であること．

10.4.4　不合格の場合の処置

（1）継手の検査によって不合格となった継手は，やり直し等の処置を行わなければならない．
（2）やり直し等の処置を行った継手については，処置後の再検査を行わなければならない．

【解　説】　検査によって圧入後のウェッジの余長が規定値以上となり不合格の場合は，再度ウェッジの圧入を行い圧入後のウェッジの余長を規定値以下にするものとする．また，鉄筋重ね部分のスリーブ端部からの突き出し長さが規定値以下となり不合格の場合は，継手を除去し再施工を行うものとする．

【参考文献】

10.1)　建設技術審査証明書（土木系材料・製品・技術，道路保全技術）建技審証第 0436 号，機械式鉄筋継手「OS フープクリップ」，土木研究センター，2015.3

付録Ｖ－１　機械式鉄筋継手工法一覧

注　記

1. この工法一覧は，本指針の研究委託を行った会社が自社の技術内容を申告したものである．
2. 凡例

　○：適用可能

　△：適用にあたっては検討を要する

　×：適用不可

1. ねじ節鉄筋継手（その1）

継手方式分類		ねじふし鉄筋グラウト固定式		
工法名称		ネジエーコン ホワイトジョイント	ネジエーコン ブルージョイント	ネジエーコン・ブルージョイント 土木向け SA級継手「SA級専用カプラー」
協会／企業		朝日工業株式会社		
工法説明のURL		http://www.asahi-kg.co.jp		
継手性能	強度，剛性，じん性，すべり量	A級	A級	SA級
	疲労性能	—	有り	—
	その他	—	—	—
公的機関による評定番号あるいは証明番号		BCJ評定-RC0010-10	BCJ評定-RC0044-09	土研セ企性第1301号 ((一財)土木研究センター)
鉄筋材料指定の有無		ネジエーコン	ネジエーコン	ネジエーコン
鉄筋種類		SD295A～USD590	SD295A～USD590	SD295A～SD490
鉄筋呼び名		D13～D51	D13～D51	D19～D51
異径間継手の可否		2径差まで可	2径差まで可	不可
現場先組鉄筋工法の可否		○	○	○
プレキャスト部材間接合の可否		部材確認試験が必要	部材確認試験が必要	部材確認試験が必要
主軸鉄筋の適否	鉛直鉄筋	○	○	○
	水平鉄筋	○	○	○
せん断補強筋の適否		○	○	○
作業空間の制約	継手の最小あき間隔(mm)	20mm	20mm	20mm
	継手完了時の継手径(db)	1.54～1.96	1.54～1.96	1.54～1.77
	接続時最小鉄筋突出長(mm)	38.5～115	39～115	80～215
天候	雨天施工時の条件	注入するモルタルに雨水が混入しないこと	制約なし	制約なし
	湿度	制約なし	制約なし	制約なし
	風	制約なし	制約なし	制約なし
	継手温度(℃)	0～40	5～40	5～40
養生	養生の要否	不要（ナットで仮締め）	要	要
	（養生期間）	—	1Hr(40℃)～24Hr(5℃)	1Hr(40℃)～24Hr(5℃)
施工条件に関する特記事項		凍害を防止すること	特に無し	特に無し
品質管理方法	項目1	鉄筋嵌合長さ	鉄筋嵌合長さ	鉄筋嵌合長さ
	項目2	グラウト充填	グラウト充填	グラウト充填
	項目3	フロー値	耐火かぶり厚さ	耐火かぶり厚さ
	項目4	—	—	—
	項目5	—	—	—
技術資料，施工マニュアルの有無		有り	有り	有り
動力源		AC100V	—	—
鉄筋，スリーブ（カプラー）以外の使用材料		ネジエーグラウトⅡ、ロックナット	ネジエーエポグラウト（樹脂）	ネジエーエポグラウト（樹脂）

1. ねじ節鉄筋継手（その2）

継手方式分類		ねじふし鉄筋グラウト固定式		
工法名称		ネジエーコン・ブルージョイント 土木向け SA級継手「ロックナット使用」	ネジエーコングラウト継手 （USD685）	ネジエーコン AJジョイント
協会／企業		朝日工業株式会社		
工法説明のURL		http://www.asahi-kg.co.jp		
継手性能	強度，剛性，じん性，すべり量	SA級	A級	A級
	疲労性能	—	—	—
	その他	—	—	—
公的機関による評定番号あるいは証明番号		土研セ企性第1201,1405,1504号 （(一財)土木研究センター）	BCJ評定-RC0332-04	BCJ評定-RC0248-05
鉄筋材料指定の有無		ネジエーコン	ネジエーコン	ネジエーコン
鉄筋種類		SD295A～SD490	SD490～USD685	SD295A～SD490
鉄筋呼び名		D13～D51	D19～D51	D19～D41
異径間継手の可否		不可	2径差まで可	不可
現場先組鉄筋工法の可否		○	○	○
プレキャスト部材間接合の可否		部材確認試験が必要	部材確認試験が必要	部材確認試験が必要
主軸鉄筋の適否	鉛直鉄筋	○	○	○
	水平鉄筋	○	○	○
せん断補強筋の適否		○	○	○
作業空間の制約	継手の最小あき間隔(mm)	20mm	20mm	20mm
	継手完了時の継手径（db）	1.54～1.96	1.59～1.85	1.57～1.77
	接続時最小鉄筋突出長(mm)	39～115	45～130	80～180.2
天候	雨天施工時の条件	制約なし	注入するモルタルに雨水が混入しないこと（無機の場合）	注入するモルタルに雨水が混入しないこと（無機の場合）
	湿度	制約なし	制約なし	制約なし
	風	制約なし	制約なし	制約なし
	継手温度（℃）	5～40	0～40（無機）、5～40（樹脂）	0～40（無機）、5～40（樹脂）
養生	養生の要否	要	不要（無機）、要（樹脂）	要
	（養生期間）	1Hr(40℃)～24Hr(5℃)	10Min～140Min（樹脂）	2Hr～24Hr（無機） 1Hr～24Hr（樹脂）
施工条件に関する特記事項		特に無し	凍害を防止すること（無機のみ）	凍害を防止すること（無機のみ）
品質管理方法	項目1	鉄筋嵌合長さ	鉄筋嵌合長さ	鉄筋嵌合長さ
	項目2	グラウト充填	グラウト充填	グラウト充填
	項目3	耐火かぶり厚さ	フロー値（無機のみ）	フロー値（無機のみ）
	項目4	—	耐火かぶり厚さ（樹脂のみ）	耐火かぶり厚さ（樹脂のみ）
	項目5	—	—	—
技術資料，施工マニュアルの有無		有り	有り	有り
動力源		—	AC100V(無機のみ)	AC100V(無機のみ)
鉄筋，スリーブ（カプラー）以外の使用材料		ネジエーエポグラウト（樹脂）、ロックナット	ネジエーグラウトS,ネジエーエポグラウト、ロックナット	ネジエーグラウトS,ネジエーエポグラウト

1．ねじ節鉄筋継手（その3）

継手方式分類		ねじふし鉄筋グラウト固定式	ねじふし鉄筋トルク固定式
工法名称		ネジエーコン リンクジョイント	ネジエーコン リンクジョイント（トルクタイプ）
協会／企業		朝日工業株式会社	
工法説明のURL		http://www.asahi-kg.co.jp	
継手性能	強度，剛性，じん性，すべり量	A級	A級
	疲労性能	—	—
	その他	—	—
公的機関による評定番号あるいは証明番号		BCJ評定-RC0183-07	BCJ評定-RC0268-05
鉄筋材料指定の有無		ネジエーコン	ネジエーコン
鉄筋種類		SD295A～SD490	SD295A～SD390
鉄筋呼び名		D19～D51	D13～D29（D22～D29は先行側のみ無機グラウト使用）
異径間継手の可否		不可	不可
現場先組鉄筋工法の可否		○	○
プレキャスト部材間接合の可否		部材確認試験が必要	部材確認試験が必要
主軸鉄筋の適否	鉛直鉄筋	○	○
	水平鉄筋	○	○
せん断補強筋の適否		○	○
作業空間の制約	継手の最小あき間隔（mm）	20mm	20mm
	継手完了時の継手径（db）	1.54～1.95	1.56～1.96
	接続時最小鉄筋突出長（mm）	34～109	38～80
天候	雨天施工時の条件	注入するモルタルに雨水が混入しないこと（無機の場合）	注入するモルタルに雨水が混入しないこと（無機側のみ）
	湿度	制約なし	制約なし
	風	制約なし	制約なし
	継手温度（℃）	0～40（無機）、5～40（樹脂）	制約なし（無機側のみ 0～40）
養生	養生の要否	要	不要（無機側のみ要）
	（養生期間）	2Hr～24Hr（無機） 1Hr～24Hr（樹脂）	2Hr～24Hr（無機）
施工条件に関する特記事項		凍害を防止すること（無機のみ）	無し（無機側のみ凍害を防止すること）
品質管理方法	項目1	鉄筋嵌合長さ	鉄筋嵌合長さ
	項目2	グラウト充填	グラウト充填（無機側のみ）
	項目3	フロー値（無機のみ）	フロー値（無機側のみ）
	項目4	耐火かぶり厚さ（樹脂のみ）	—
	項目5	—	—
技術資料，施工マニュアルの有無		有り	有り
動力源		AC100V（無機のみ）	AC100V（無機のみ）
鉄筋，スリーブ（カプラー）以外の使用材料		ネジエーグラウトⅡ，ネジエーエポグラウト	ネジエーグラウトⅡ（無機側のみ）

1. ねじ節鉄筋継手（その4）

継手方式分類		ねじふし鉄筋継手グラウト固定式		
工法名称		ナットレス・ジョイント 無機グラウト継手	EPジョイント 有機グラウト継手	EPジョイントーSA 有機グラウト継手
協会／企業		株式会社伊藤製鐵所		
工法説明のURL		http://www.onicon.co.jp/		
継手性能	強度，剛性，じん性，すべり量	A級	A級	SA級
	疲労性能	無し	無し	無し
	その他	—	—	—
公的機関による評定番号あるいは証明番号		BCJ評定-RC0257-04	BCJ評定-RC0257-04	土研セ企性　第1302号 ((一財)土木研究センター)
鉄筋材料指定の有無		ネジonicon	ネジonicon	ネジonicon
鉄筋種類		SD295A～SD490，OSD590，SD685	SD295A～SD490、OSD590、OSD685	SD345～SD490
鉄筋呼び名		SD295A：D13,D16 SD345・SD390：D13～D51 SD490：D19～D51 OSD590：D35～D41 OSD685：D35～D51	SD295A：D13,D16 SD345・SD390：D13～D51 SD490：D19～D51 OSD590：D35～D41 OSD685：D35～D51	SD345・SD390：D13～D51 SD490：D29～D51
異径間継手の可否		同径（D13～D51） 1径差（D22/19～D51/41） 2径差（D25/19～D51/38，OSD590・OSD685を除く）	同径（D13～D51） 1径差（D22/19～D51/41） 2径差（D25/19～D51/38，OSD590・OSD685を除く）	同径
現場先組鉄筋工法の可否		○	○	○
プレキャスト部材間接合の可否		△	△	△
主軸鉄筋の適否	鉛直鉄筋	○	○	○
	水平鉄筋	○	○	○
せん断補強筋の適否		○	○	○
作業空間の制約	継手の最小あき間隔(mm)	粗骨材最大寸法以上	粗骨材最大寸法以上	粗骨材最大寸法以上
	継手完了時の継手径（db）	1.86,1.95（D13,D16） 1.50～1.68（D19～D51）	1.85,1.95（D13,D16） 1.50～1.68（D19～D51）	1.85,1.95（D13,D16） 1.50～1.68（D19～D51）
	接続時最小鉄筋突出長(mm)	45～120mm	45～120mm	45～120mm
天候	雨天施工時の条件	無機グラウトに雨水が混入しないこと	制約なし	制約なし
	湿度	制約なし	制約なし	制約なし
	風	制約なし	制約なし	制約なし
	継手温度(℃)	0～60	0～60	0～60
養生	養生の要否	要 （ロックナット締めで不要）	要 （ロックナット締めで不要）	要 （ロックナット締めで不要）
	（養生期間）	7H（40℃）～34H（0℃）	1.5H（40℃）～31.6H（0℃）	1.5H（40℃）～31.6H（0℃）
施工条件に関する特記事項		初期凍害を防止する	特に無し	特に無し
品質管理方法	項目1	鉄筋嵌合長さ	鉄筋嵌合長さ	鉄筋嵌合長さ
	項目2	グラウト充填	グラウト充填	グラウト充填
	項目3	簡易フロー値	—	—
	項目4	—	—	—
	項目5	—	—	—
技術資料，施工マニュアルの有無		有り	有り	有り
動力源		AC100V	—	—
鉄筋，スリーブ（カプラー）以外の使用材料		ONIグラウトS	ONIボンド	ONIボンド

1．ねじ節鉄筋継手（その5）

継手方式分類		ねじふし鉄筋継手グラウト固定式		
工法名称		Lジョイント 無機グラウト継手	Lジョイント 有機グラウト継手	Eジョイント 有機グラウト継手
協会／企業		株式会社伊藤製鐵所		
工法説明のURL		http://www.onicon.co.jp/		
継手性能	強度，剛性，じん性，すべり量	A級	A級	A級～SA級
	疲労性能	無し	無し	無し
	その他	—	—	—
公的機関による評定番号あるいは証明番号		BCJ評定-RC0461-01	BCJ評定-RC0461-01	BCJ評定-RC0469-01， 土研セ企性 第1605号 （(一財)土木研究センター）
鉄筋材料指定の有無		ネジonicon	ネジonicon	ネジonicon
鉄筋種類		SD345～SD490，OSD590	SD345～SD490，OSD590	SD345～SD490
鉄筋呼び名		SD345～SD490：D19～D41 OSD590：D35～D41	SD345～SD490：D19～D41 OSD590：D35～D41	D29～D51
異径間継手の可否		同径	同径	同径
現場先組鉄筋工法の可否		○	○	○
プレキャスト部材間接合の可否		○	○	○
主軸鉄筋の適否	鉛直鉄筋	○	○	○
	水平鉄筋	○	○	○
せん断補強筋の適否		○	○	○
作業空間の制約	継手の最小あき間隔(mm)	粗骨材最大寸法以上	粗骨材最大寸法以上	粗骨材最大寸法以上
	継手完了時の継手径(db)	1.62～1.68（D19～D41）	1.62～1.68（D19～D41）	1.62～1.64（D29～D51）
	接続時最小鉄筋突出長(mm)	75～175mm	75～175mm	87.5～147.5mm
天候	雨天施工時の条件	無機グラウトに雨水が混入しないこと	制約なし	制約なし
	湿度	制約なし	制約なし	制約なし
	風	制約なし	制約なし	制約なし
	継手温度(℃)	0～60	0～60	0～60
養生	養生の要否	要 （ロックナット締めで不要）	要 （ロックナット締めで不要）	要 （ロックナット締めで不要）
	（養生期間）	7H（40℃）～34H（0℃）	1.5H（40℃）～31.6H（0℃）	1.5H（40℃）～31.6H（0℃）
施工条件に関する特記事項		初期凍害を防止する	特に無し	特に無し
品質管理方法	項目1	鉄筋嵌合長さ	鉄筋嵌合長さ	鉄筋嵌合長さ
	項目2	グラウト充填	グラウト充填	グラウト充填
	項目3	簡易フロー値	—	—
	項目4	—	—	—
	項目5	—	—	—
技術資料，施工マニュアルの有無		有り	有り	有り
動力源		AC100V	—	—
鉄筋，スリーブ（カプラー）以外の使用材料		ONIグラウトS	ONIボンド	ONIボンド

1. ねじ節鉄筋継手(その6)

継手方式分類		ねじふし鉄筋継手グラウト固定式		ねじふし鉄筋継手トルク固定式
工法名称		ロックジョイント 無機グラウト継手	ロックジョイント 有機グラウト継手	ロックジョイント トルク継手
協会／企業		株式会社伊藤製鐵所		
工法説明のURL		http://www.onicon.co.jp/		
継手性能	強度, 剛性, じん性, すべり量	A級	A級	A級
	疲労性能	無し	無し	無し
	その他	—	—	—
公的機関による評定番号あるいは証明番号		BCJ評定-RC0469-02	BCJ評定-RC0469-02	BCJ評定-RC0469-02
鉄筋材料指定の有無		ネジonicon	ネジonicon	ネジonicon
鉄筋種類		SD295A～SD390	SD295A～SD390	SD295A～SD390
鉄筋呼び名		SD295A:D13,D16 SD345･SD390:D13～D41	SD295A:D13,D16 SD345･SD390:D13～D41	SD295A:D13,D16 SD345･SD390:D13～D41
異径間継手の可否		同径	同径	同径
現場先組鉄筋工法の可否		○	○	○
プレキャスト部材間接合の可否		△	△	△
主軸鉄筋の適否	鉛直鉄筋	○	○	○
	水平鉄筋	○	○	○
せん断補強筋の適否		○	○	○
作業空間の制約	継手の最小あき間隔(mm)	粗骨材最大寸法以上	粗骨材最大寸法以上	粗骨材最大寸法以上
	継手完了時の継手径(db)	1.76～1.95(D19～D41)	1.76～1.95(D19～D41)	1.83～1.95(D19～D29)
	接続時最小鉄筋突出長(mm)	—	—	—
天候	雨天施工時の条件	無機グラウトに雨水が混入しないこと	制約なし	制約なし
	湿度	制約なし	制約なし	制約なし
	風	制約なし	制約なし	制約なし
	継手温度(℃)	0～60	0～60	制約なし
養生	養生の要否	要 (ロックナット締めで不要)	要 (ロックナット締めで不要)	不要
	(養生期間)	7H(40℃)～34H(0℃)	1.5H(40℃)～31.6H(0℃)	—
施工条件に関する特記事項		初期凍害を防止する	特に無し	特に無し
品質管理方法	項目1	鉄筋嵌合長さ	鉄筋嵌合長さ	鉄筋嵌合長さ
	項目2	グラウト充填	グラウト充填	トルク値
	項目3	簡易フロー値	—	—
	項目4	—	—	—
	項目5	—	—	—
技術資料, 施工マニュアルの有無		有り	有り	有り
動力源		AC100V	—	—
鉄筋, スリーブ(カプラー)以外の使用材料		ONIグラウトS	ONIボンド	無し

1. ねじ節鉄筋継手（その7）

継手方式分類		ねじふし鉄筋継手		
工法名称		タフネジバー 無機グラウト継手	タフネジバー エポキシグラウト継手	タフネジバー 打継ぎ継手
協会／企業		共英製鋼株式会社		
工法説明のURL		http://www.kyoeisteel.co.jp		
継手性能	強度，剛性，じん性，すべり量	A級	A級	A級
	疲労性能	無し	無し	無し
	その他	—	—	—
公的機関による評定番号あるいは証明番号		BCJ評定-RC0018-07 BCJ評定-RC0514-01	BCJ評定-RC0019-09， 土研セ企性 第1502号 （(一財)土木研究センター）	BCJ評定- RC0020-08
鉄筋材料指定の有無		タフネジバー	タフネジバー	タフネジバー
鉄筋種類		SD295A～USD685	SD295A～SD490、USD685	SD295A～SD490
鉄筋呼び名		D13～D41	D13～D51	D13～D41
異径間継手の可否		2径差まで可	2径差まで可	適用不可
現場先組鉄筋工法の可否		○	○	○
プレキャスト部材間接合の可否		△	△	△
主軸鉄筋の適否	鉛直鉄筋	○	○	○
	水平鉄筋	○	○	○
せん断補強筋の適否		△	△	△
作業空間の制約	継手の最小あき間隔(mm)	25	25	25
	継手完了時の継手径（db）	1.6～1.8	1.6～1.8	1.7～1.8
	接続時最小鉄筋突出長(mm)	49～129	35～99	—
天候	雨天施工時の条件	グラウト材に雨水が 混入しないこと	制約なし	無機グラウト併用時： グラウト材に雨水が混入しないこと
	湿度	制約なし	制約なし	制約なし
	風	制約なし	制約なし	制約なし
	継手温度（℃）	0～50℃	5～40℃	無機グラウト併用時： 0～50℃
養生	養生の要否	不要	要	不要
	（養生期間）	—	1H～24H	—
施工条件に関する特記事項		凍害を防止すること	特になし	無機グラウト併用時： 凍害を防止すること
品質管理方法	項目1	鉄筋嵌合長さ	鉄筋嵌合長さ	鉄筋嵌合長さ
	項目2	グラウト充填	グラウト充填	締め付けトルク
	項目3	無機グラウト検査 （フロー値）	—	無機グラウト検査 （フロー値）
	項目4	—	—	—
	項目5	—	—	—
技術資料，施工マニュアルの有無		有り	有り	有り
動力源		AC100V	—	AC100V
鉄筋，スリーブ（カプラー）以外の使用材料		無機グラウト	エポキシグラウト	無機グラウト

1. ねじ節鉄筋継手（その8）

継手方式分類		ねじふし鉄筋継手		
工法名称		タフネジバー タフロックジョイント	タフネジバー Wネジ継手	タフネジバー土木向けSA級 エポキシグラウト継手
協会／企業		共英製鋼株式会社		
工法説明のURL		http://www.kyoeisteel.co.jp		
継手性能	強度，剛性，じん性，すべり量	A級	A級	SA級
	疲労性能	無し	無し	無し
	その他	—	—	—
公的機関による評定番号あるいは証明番号		BCJ評定-RC0236-03	BCJ評定- RC0198-05	土研セ構性　第1710号 土研セ企性　第1711号 土研セ企性　第1712号 ((一財)土木研究センター)
鉄筋材料指定の有無		タフネジバー	タフネジバー	タフネジバー
鉄筋種類		SD295A～SD390	SD345～SD490	SD345～SD490
鉄筋呼び名		D13～D19	D19～D41	D19～D51
異径間継手の可否		適用不可	適用不可	適用不可
現場先組鉄筋工法の可否		○	○	○
プレキャスト部材間接合の可否		△	△	△
主軸鉄筋の適否	鉛直鉄筋	○	○	○
	水平鉄筋	○	○	○
せん断補強筋の適否		△	△	△
作業空間の制約	継手の最小あき間隔(mm)	25	25	25
	継手完了時の継手径(db)	1.6～1.7	1.8～2.1	1.6～1.8
	接続時最小鉄筋突出長(mm)	—	45～102	61～161
天候	雨天施工時の条件	制約なし	無機グラウト使用時： グラウト材に雨水が混入しないこと	制約なし
	湿度	制約なし	制約なし	制約なし
	風	制約なし	制約なし	制約なし
	継手温度(℃)	制約なし	無機グラウト：0～50℃ エポキシグラウト：5～40℃	5～40℃
養生	養生の要否	不要	要	要
	（養生期間）	—	無機グラウト：24H エポキシ：1H～24H	1H～24H
施工条件に関する特記事項		特になし	無機グラウト使用時： 凍害を防止すること	特になし
品質管理方法	項目1	鉄筋嵌合長さ	鉄筋嵌合長さ	鉄筋嵌合長さ
	項目2	締め付けトルク	グラウト充填	グラウト充填
	項目3	—	無機グラウト検査 （フロー値）	—
	項目4	—	—	—
	項目5	—	—	—
技術資料，施工マニュアルの有無		有り	有り	有り
動力源		—	AC100V	—
鉄筋，スリーブ（カプラー）以外の使用材料		無し	無機グラウト エポキシグラウト	エポキシグラウト

1. ねじ節鉄筋継手（その9）

継手方式分類		ねじふし鉄筋継手
工法名称		タフネジバー LS継手
協会／企業		共英製鋼株式会社
工法説明のURL		http://www.kyoeisteel.co.jp
継手性能	強度，剛性，じん性，すべり量	SA級
	疲労性能	無し
	その他	—
公的機関による評定番号あるいは証明番号		土研セ構継　第1809号 （(一財)土木研究センター）
鉄筋材料指定の有無		タフネジバー
鉄筋種類		SD345～SD490
鉄筋呼び名		D19～D51
異径間継手の可否		適用不可
現場先組鉄筋工法の可否		○
プレキャスト部材間接合の可否		△
主軸鉄筋の適否	鉛直鉄筋	○
	水平鉄筋	○
せん断補強筋の適否		△
作業空間の制約	継手の最小あき間隔(mm)	25
	継手完了時の継手径（db）	1.6～1.8
	接続時最小鉄筋突出長(mm)	78～194
天候	雨天施工時の条件	制約なし
	湿度	制約なし
	風	制約なし
	継手温度（℃）	5～40℃
養生	養生の要否	要
	（養生期間）	1H～24H
施工条件に関する特記事項		特になし
品質管理方法	項目1	鉄筋嵌合長さ
	項目2	グラウト充填
	項目3	—
	項目4	—
	項目5	—
技術資料，施工マニュアルの有無		有り
動力源		—
鉄筋，スリーブ（カプラー）以外の使用材料		エポキシグラウト

1. ねじ節鉄筋継手(その10)

継手方式分類		ねじふし鉄筋継手グラウト固定式		
工法名称		ネジバーの機械式継手 (有機グラウト固定式、ネジカプラー)	ネジバーの機械式継手 (無機グラウト固定式、ネジカプラー)	ネジバーの機械式継手 (有機グラウト固定式)SA級継手
協会／企業		JFE条鋼株式会社		
工法説明のURL		http://www.jfe-bs.co.jp/ds/index.shtml		
継手性能	強度, 剛性, じん性, すべり量	A級	A級	SA級
	疲労性能	有り(SD345)	無し	有り(SD345)
	その他	—	養生ナットによるトルク導入が必要	SD390、SD490はトルク導入が必要
公的機関による評定番号あるいは証明番号		BCJ評定-RC0277-06	BCJ評定-RC0276-05	①土研セ構性 第1702号 ((一財)土木研究センター) (SD345:D51, SD490:D51) ②第三者試験機関:コベルコ科研 (JAK1251420、JAK1480220他)
鉄筋材料指定の有無		ネジバー	ネジバー	ネジバー
鉄筋種類		SD295A〜SD490	SD295A〜SD490	SD295A〜SD490
鉄筋呼び名		D13〜D51	D13〜D51	D13〜D51
異径間継手の可否		2径差、1鋼種差まで可 (D19〜D51)	2径差、1鋼種差まで可 (D19〜D51)	2径差、1鋼種差まで可 (D19〜D51、SD295A・SD345のみ)
現場先組鉄筋工法の可否		○	○	○
プレキャスト部材間接合の可否		部材確認試験が必要	部材確認試験が必要	部材確認試験が必要
主軸鉄筋の適否	鉛直鉄筋	○	○	○
	水平鉄筋	○	○	○
せん断補強筋の適否		△	△	△
作業空間の制約	継手の最小あき間隔(mm)	20mm	20mm	20mm
	継手完了時の継手径(db)	1.71〜1.84	1.71〜1.84	1.71〜1.84
	接続時最小鉄筋突出長(mm)	45.0〜108.0	45.0〜108.0	45.0〜108.0
天候	雨天施工時の条件	制約なし	グラウト材の調合、注入時に雨水が混入しないこと	制約なし
	湿度	制約なし	制約なし	制約なし
	風	制約なし	制約なし	制約なし
	継手温度(℃)	5〜40	0〜40	5〜40
養生	養生の要否	要	要	要
	(養生期間)	初期:1.4〜24時間 設計強度:7日以上	初期:1.4〜24時間 設計強度:7日以上	初期:1.4〜24時間 設計強度:7日以上
施工条件に関する特記事項		・グラウト保管時の温度管理 ・低・高温時のグラウト温度管理 (施工時、養生時)	・グラウト保管時の温度管理 ・低・高温時のグラウト温度管理 (施工時、養生時)	・グラウト保管時の温度管理 ・低・高温時のグラウト温度管理 (施工時、養生時) ・グラウト材は、有機のみ
品質管理方法	項目1	鉄筋嵌合長さ	鉄筋嵌合長さ	鉄筋嵌合長さ
	項目2	グラウト注入時の溢れ	グラウト注入時の溢れ	グラウト注入時の溢れ
	項目3	耐火かぶり厚さ	フロー値(無機グラウト材)	耐火かぶり厚さ
	項目4	—	トルク導入確認用マーキングのずれ	トルク導入確認用マーキングのずれ (SD390、SD490)
	項目5	—	—	—
技術資料, 施工マニュアルの有無		有り	有り	有り
動力源		AC100V(電動注入時)	AC100V(調合／電動注入時)	AC100V(電動注入時)
鉄筋, スリーブ(カプラー)以外の使用材料		・有機グラウト(エポキシ樹脂系)	・無機グラウト、養生ナット	・有機グラウト(エポキシ樹脂系)

1. ねじ節鉄筋継手（その11）

継手方式分類		ねじふし鉄筋継手グラウト固定式		
工法名称		ネジバーの機械式継手 （有機グラウト固定式）打継ぎ用継手	ネジバーの機械式継手 （無機グラウト固定式）打継ぎ用継手	ネジバーの機械式継手（有機） 打継ぎ用継手　SA級継手
協会／企業		JFE条鋼株式会社		
工法説明のURL		http://www.jfe-bs.co.jp/ds/index.shtml		
継手性能	強度，剛性，じん性，すべり量	A級	A級	SA級
	疲労性能	無し	無し	無し
	その他	—	鉄筋へのトルク導入が必要	—
公的機関による評定番号あるいは証明番号		BCJ評定-RC0367-05	BCJ評定-RC0399-04	第三者試験機関：コベルコ科研 （JAK1671780）
鉄筋材料指定の有無		ネジバー	ネジバー	ネジバー
鉄筋種類		SD295A～SD490	SD295A～SD490	SD295A、SD345
鉄筋呼び名		D19～D51	D19～D51	D19～D51
異径間継手の可否		不可	不可	不可
現場先組鉄筋工法の可否		○	○	○
プレキャスト部材間接合の可否		部材確認試験が必要	部材確認試験が必要	部材確認試験が必要
主軸鉄筋の適否	鉛直鉄筋	○	○	○
	水平鉄筋	○	○	○
せん断補強筋の適否		△	△	△
作業空間の制約	継手の最小あき間隔(mm)	20mm	20mm	20mm
	継手完了時の継手径(db)	1.80～1.93	1.80～1.93	1.80～1.93
	接続時最小鉄筋突出長(mm)	56.0～130.0	56.0～130.0	56.0～130.0
天候	雨天施工時の条件	制約なし	グラウト材の調合、注入時に雨水が混入しないこと	制約なし
	湿度	制約なし	制約なし	制約なし
	風	制約なし	制約なし	制約なし
	継手温度(℃)	5～40	0～40	5～40
養生	養生の要否	要	要	要
	(養生期間)	初期：1.4～24時間 設計強度：7日以上	初期：1.4～24時間 設計強度：7日以上	初期：1.4～24時間 設計強度：7日以上
施工条件に関する特記事項		・グラウト保管時の温度管理 ・低・高温時のグラウト温度管理 （施工時、養生時）	・グラウト保管時の温度管理 ・低・高温時のグラウト温度管理 （施工時、養生時）	・グラウト保管時の温度管理 ・低・高温時のグラウト温度管理 （施工時、養生時） ・グラウト材は、有機のみ
品質管理方法	項目1	鉄筋嵌合長さ	鉄筋嵌合長さ	鉄筋嵌合長さ
	項目2	グラウト注入時の溢れ	グラウト注入時の溢れ	グラウト注入時の溢れ
	項目3	耐火かぶり厚さ	フロー値（無機グラウト材）	耐火かぶり厚さ
	項目4	—	トルク導入確認用マーキングのずれ	—
	項目5	—	—	—
技術資料，施工マニュアルの有無		有り	有り	有り
動力源		AC100V（電動注入時）	AC100V（調合／電動注入時）	AC100V（電動注入時）
鉄筋，スリーブ（カプラー）以外の使用材料		・有機グラウト（エポキシ樹脂系）	・無機グラウト　※養生ナットは不要	・有機グラウト（エポキシ樹脂系）

1. ねじ節鉄筋継手(その12)

継手方式分類		ねじふし鉄筋継手グラウト固定式
工法名称		ネジバーの位相差吸収型 機械式継手　J Fit Joint
協会／企業		JFE条鋼株式会社
工法説明のURL		http://www.jfe-bs.co.jp/ds/index.shtml
継手性能	強度, 剛性, じん性, すべり量	A級
	疲労性能	無し
	その他	—
公的機関による評定番号あるいは証明番号		BCJ評定-RC0511-01
鉄筋材料指定の有無		ネジバー
鉄筋種類		SD295A～SD490
鉄筋呼び名		D19～D41
異径間継手の可否		不可
現場先組鉄筋工法の可否		△
プレキャスト部材間接合の可否		部材確認試験が必要
主軸鉄筋の適否	鉛直鉄筋	○
	水平鉄筋	○
せん断補強筋の適否		×
作業空間の制約	継手の最小あき間隔(mm)	20mm
	継手完了時の継手径(db)	1.65～1.67
	接続時最小鉄筋突出長(mm)	95.0～155.0
天候	雨天施工時の条件	グラウト材の調合、注入時に雨水が混入しないこと
	湿度	制約なし
	風	制約なし
	継手温度(℃)	0～40
養生	養生の要否	要
	(養生期間)	初期：1.4～24時間 設計強度：7日以上
施工条件に関する特記事項		・グラウト保管時の温度管理 ・低・高温時のグラウト温度管理 （施工時、養生時） ・グラウト材は、無機のみ
品質管理方法	項目1	鉄筋嵌合長さ
	項目2	グラウト注入時の溢れ
	項目3	フロー値(無機グラウト材)
	項目4	—
	項目5	—
技術資料, 施工マニュアルの有無		有り
動力源		AC100V(調合／電動注入時)
鉄筋, スリーブ(カプラー)以外の使用材料		・無機グラウト　※養生ナットは不要

1. ねじ節鉄筋継手（その13）

継手方式分類		ねじふし鉄筋グラウト固定式		
工法名称		エースジョイント	エポックジョイント	エポックジョイント
協会／企業		東京鉄鋼株式会社		
工法説明のURL		http://www.tokyotekko.co.jp		
継手性能	強度，剛性，じん性，すべり量	A級	A級	SA級
	疲労性能	有り		有り
	その他	—	—	SA級は仕様に別途条件有
公的機関による評定番号あるいは証明番号		BCJ評定-RC0021-08 BCJ評定-RC0174-06（590/685） BCJ評定-RC0256-04(NDB685) BCJ評定-RC0303-05(USD980)		土研セ試験報告書　第2315号 土研セ企性　第1401号 土研セ企性　第1503号 土研セ企性　第1601号 ((一財)土木研究センター)
鉄筋材料指定の有無		ネジテツコン、ネジデーバー(NDB685)		ネジテツコン
鉄筋種類		SD295A･B～USD685A･B，USD980		SD345～SD490
鉄筋呼び名		D13～D51（USD980はD32～D41）		D16～D51
異径間継手の可否		2径差まで可（USD980は同径のみ）		適用不可
現場先組鉄筋工法の可否		○		○
プレキャスト部材間接合の可否		△		△
主軸鉄筋の適否	鉛直鉄筋	○		○
	水平鉄筋	○		○
せん断補強筋の適否		△		△
作業空間の制約	継手の最小あき間隔(mm)	粗骨材の最大寸法以上		粗骨材の最大寸法以上
	継手完了時の継手径（db）	1.6～1.9	1.6～1.9	1.6～1.9
	接続時最小鉄筋突出長(mm)	60～175	45～135	45～135
天候	雨天施工時の条件	グラウト材に雨水が混入しないこと	制約なし	制約なし
	湿度	制約なし		制約なし
	風	制約なし		制約なし
	継手温度（℃）	0～60℃	-10～60℃	-10～60℃
養生	養生の要否	不要	要	要
	（養生期間）	不要	30分～約1日	30分～約1日
施工条件に関する特記事項		凍害を防止すること	特になし	特になし
品質管理方法	項目1	鉄筋嵌合長さ	鉄筋嵌合長さ	鉄筋嵌合長さ
	項目2	グラウト充填	グラウト充填	グラウト充填
	項目3	グラウト検査 （フロー値、圧縮強度試験）	—	ナット使用時：トルク導入
	項目4	トルク導入	—	—
	項目5	—	—	—
技術資料，施工マニュアルの有無		有り		有り
動力源		無機グラウト：AC100V	—	—
鉄筋，スリーブ（カプラー）以外の使用材料		トーテツグラウト	トーテツエポキシ	トーテツエポキシ

1. ねじ節鉄筋継手（その14）

<table>
<tr><td colspan="2">継手方式分類</td><td colspan="3">ねじふし鉄筋グラウト固定式</td></tr>
<tr><td colspan="2">工法名称</td><td colspan="2">フリージョイント Fタイプ</td><td>フリージョイント FSタイプ</td></tr>
<tr><td colspan="2">協会／企業</td><td colspan="3">東京鉄鋼株式会社</td></tr>
<tr><td colspan="2">工法説明のURL</td><td colspan="3">http://www.tokyotekko.co.jp</td></tr>
<tr><td rowspan="3">継手性能</td><td>強度，剛性，じん性，すべり量</td><td>A級</td><td>SA級</td><td>A級</td></tr>
<tr><td>疲労性能</td><td colspan="2">有り</td><td>有り</td></tr>
<tr><td>その他</td><td>—</td><td>SA級は仕様に別途条件有</td><td>—</td></tr>
<tr><td colspan="2">公的機関による評定番号あるいは証明番号</td><td>BCJ評定-RC0112-06,
BCJ評定-RC0209-03（590）</td><td>土研セ企性　第1604号
（(一財)土木研究センター）</td><td>BCJ評定-RC0112-06</td></tr>
<tr><td colspan="2">鉄筋材料指定の有無</td><td colspan="3">ネジテツコン</td></tr>
<tr><td colspan="2">鉄筋種類</td><td>SD295A･B～USD590A･B</td><td>SD345～SD390</td><td>SD295A･B～SD490</td></tr>
<tr><td colspan="2">鉄筋呼び名</td><td colspan="3">D19～D51</td></tr>
<tr><td colspan="2">異径間継手の可否</td><td colspan="3">適用不可</td></tr>
<tr><td colspan="2">現場先組鉄筋工法の可否</td><td colspan="3">○</td></tr>
<tr><td colspan="2">プレキャスト部材間接合の可否</td><td colspan="3">○</td></tr>
<tr><td rowspan="2">主軸鉄筋の適否</td><td>鉛直鉄筋</td><td colspan="3">○</td></tr>
<tr><td>水平鉄筋</td><td colspan="3">○</td></tr>
<tr><td colspan="2">せん断補強筋の適否</td><td colspan="3">△</td></tr>
<tr><td rowspan="3">作業空間の制約</td><td>継手の最小あき間隔(mm)</td><td colspan="3">粗骨材の最大寸法以上</td></tr>
<tr><td>継手完了時の継手径（db）</td><td colspan="2">1.6～1.7</td><td>1.6～1.7</td></tr>
<tr><td>接続時最小鉄筋突出長(mm)</td><td colspan="2">100～275</td><td>95～240</td></tr>
<tr><td rowspan="4">天候</td><td>雨天施工時の条件</td><td colspan="3">無機グラウト:雨水の混入がしないこと／有機グラウト:制約なし</td></tr>
<tr><td>湿度</td><td colspan="3">制約なし</td></tr>
<tr><td>風</td><td colspan="3">制約なし</td></tr>
<tr><td>継手温度（℃）</td><td colspan="3">無機グラウト:0～60℃／有機グラウト:-10～60℃</td></tr>
<tr><td rowspan="2">養生</td><td>養生の要否</td><td colspan="3">要</td></tr>
<tr><td>（養生期間）</td><td colspan="3">無機グラウト:約1日／有機グラウト:30分～約1日</td></tr>
<tr><td colspan="2">施工条件に関する特記事項</td><td colspan="3">無機グラウト:凍害を防止すること／有機グラウト:特になし</td></tr>
<tr><td rowspan="5">品質管理方法</td><td>項目1</td><td colspan="3">鉄筋嵌合長さ</td></tr>
<tr><td>項目2</td><td colspan="3">グラウト充填</td></tr>
<tr><td>項目3</td><td colspan="3">グラウト検査
（フロー値、圧縮強度試験）</td></tr>
<tr><td>項目4</td><td colspan="3">—</td></tr>
<tr><td>項目5</td><td colspan="3">—</td></tr>
<tr><td colspan="2">技術資料，施工マニュアルの有無</td><td colspan="3">有り</td></tr>
<tr><td colspan="2">動力源</td><td colspan="3">無機グラウト：AC100V</td></tr>
<tr><td colspan="2">鉄筋，スリーブ（カプラー）以外の使用材料</td><td>トーテツグラウトF，トーテツグラウトFS,
トーテツエポキシ</td><td>トーテツグラウトF
トーテツグラウトFS</td><td>トーテツグラウトFS
トーテツエポキシ</td></tr>
</table>

1．ねじ節鉄筋継手（その15）

継手方式分類		ねじふし鉄筋グラウト固定式		
工法名称		リレージョイント		エポックジョイントEP
協会／企業		東京鉄鋼株式会社		
工法説明のURL		http://www.tokyotekko.co.jp		
継手性能	強度，剛性，じん性，すべり量	A級	SA級	A級
	疲労性能	有り		有り
	その他	—	SA級は仕様に別途条件有	
公的機関による評定番号あるいは証明番号		BCJ評定-RC0282-06	土研セ企性　第1607号 土研セ構継　第1903号 試験成績書第16-0230号 ((一財)土木研究センター)	評定 CBL RC007-14号
鉄筋材料指定の有無		ネジテツコン		エポキシネジテツコン
鉄筋種類		SD295A·B～SD490	SD345～SD490	SD295A·B～SD390
鉄筋呼び名		D13～D51	D13～D51	D19～D51
異径間継手の可否		適用不可		2径差まで可
現場先組鉄筋工法の可否		△		○
プレキャスト部材間接合の可否		△		△
主軸鉄筋の適否	鉛直鉄筋	○		○
	水平鉄筋	○		○
せん断補強筋の適否		△		△
作業空間の制約	継手の最小あき間隔(mm)	粗骨材の最大寸法以上		粗骨材の最大寸法以上
	継手完了時の継手径(db)	1.8～1.9		1.6～1.7
	接続時最小鉄筋突出長(mm)	—		73～175
天候	雨天施工時の条件	グラウト材に雨水が混入しないこと		制約なし
	湿度	制約なし		制約なし
	風	制約なし		制約なし
	継手温度(℃)	無機グラウト:0～60℃／有機グラウト:-10～60℃		-10～60℃
養生	養生の要否	要		要
	(養生期間)	無機グラウト:約1日／有機グラウト:30分～約1日		30分～約1日
施工条件に関する特記事項		継手内への部材コンクリートの流入に注意する		特になし
品質管理方法	項目1	鉄筋嵌合長さ		鉄筋嵌合長さ
	項目2	グラウト充填		グラウト充填
	項目3	無機グラウト:グラウト検査 (フロー値、圧縮強度試験)		—
	項目4	無機グラウト:トルク導入		—
	項目5	—		—
技術資料，施工マニュアルの有無		有り		有り
動力源		無機グラウト:AC100V		—
鉄筋，スリーブ(カプラー)以外の使用材料		トーテツグラウト トーテツエポキシ		トーテツエポキシ

1. ねじ節鉄筋継手（その16）

継手方式分類		ねじふし鉄筋 グラウト固定式
工法名称		ネジデーバー継手 （グラウト式）
協会／企業		日本製鉄(株)
工法説明のURL		http://www.nipponsteel.com/
継手性能	強度，剛性，じん性，すべり量	A級～SA級
	疲労性能	（試験結果無し）
	その他	
公的機関による評定番号あるいは証明番号		BCJ評定-RC0285-04
鉄筋材料指定の有無		ねじふし鉄筋
鉄筋種類		SD345～SD390
鉄筋呼び名		D22～D51
異径間継手の可否		2径差まで可
現場先組鉄筋工法の可否		△
プレキャスト部材間接合の可否		×
主軸鉄筋の適否	鉛直鉄筋	○
	水平鉄筋	○
せん断補強筋の適否		△
作業空間の制約	継手の最小あき間隔(mm)	30
	継手完了時の継手径（db）	1.8～2.0
	接続時最小鉄筋突出長(mm)	80～140
天候	雨天施工時の条件	グラウト材混合時に 雨水が混入しないこと
	湿度	制約なし
	風	制約無し
	継手温度（℃）	5～35
養生	養生の要否	要
	（養生期間）	2.5～1.0日
施工条件に関する特記事項		グラウト材表面が鉛筆硬度HB以上になる まで養生
品質管理方法	項目1	鉄筋のカプラー嵌合長さ
	項目2	グラウト充填
	項目3	主剤と硬化剤の混合比
	項目4	—
	項目5	—
技術資料，施工マニュアルの有無		有り
動力源		AC100V
鉄筋，スリーブ（カプラー）以外の使用材料		有機系グラウト材

2. モルタル充填継手(その1)

継手方式分類		モルタル充填継手		
工法名称		トップスジョイント	NEWボルトップス	
協会／企業		東京鉄鋼株式会社		
工法説明のURL		http://www.tokyotekko.co.jp		
継手性能	強度，剛性，じん性，すべり量	A級～SA級	A級	SA級
	疲労性能	有り	有り	有り
	その他	SA級は仕様に別途条件有	―	SA級は仕様に別途条件有
公的機関による評定番号あるいは証明番号		BCJ評定-RC0222-05 BCJ評定-RC0246-03(ライト・H120) BCJ評定-RC0334-02(ライト・M)	BCJ評定-RC0420-03	土研セ企性　第1610号 土研セ企性　第1621号 土研セ企性　第1633号 土研セ構継　第1810号 ((一財)土木研究センター)
鉄筋材料指定の有無		無し	無し	有り
鉄筋種類		SD295A・B～SD490 (USD590，685も対応可)	SD295A・B～SD490 (USD590も対応可)	SD345～SD490
鉄筋呼び名		D13～D51 (D13、D16はSD390以下のみ)	D13～D51	D19～D51
異径間継手の可否		2径差まで可	2径差まで可	不可
現場先組鉄筋工法の可否		△	○	
プレキャスト部材間接合の可否		○	△	
主軸鉄筋の適否	鉛直鉄筋	○	○	
	水平鉄筋	○	○	
せん断補強筋の適否		△	△	
作業空間の制約	継手の最小あき間隔(mm)	粗骨材の最大寸法以上		
	継手完了時の継手径(db)	1.9～3.4	1.7～2.4	
	接続時最小鉄筋突出長(mm)	60～280	70～300	
天候	雨天施工時の条件	注入するモルタルに雨水が混入しないこと		
	湿度	制約なし		
	風	制約なし		
	継手温度(℃)	0℃以上		
養生	養生の要否	要		
	(養生期間)	約1日		
施工条件に関する特記事項		①約1日，継手部分に有害な振動，衝撃を与えない． ②初期凍害の生じないよう養生を行う．		
品質管理方法	項目1	鉄筋埋込長さ		
	項目2	モルタル充填		
	項目3	モルタル検査(フロー値、圧縮強度試験)		
	項目4	―		
	項目5	―		
技術資料，施工マニュアルの有無		有り		
動力源		AC100V		
鉄筋，スリーブ(カプラー)以外の使用材料		トーテツモルタル，トーテツライト・H120， トーテツライト・M	トーテツモルタル	

2. モルタル充填継手(その2)

継手方式分類		モルタル充填継手		
工法名称		NMBスプライススリーブ(UX)	NMBスプライススリーブ(NXⅡ)	スリムスリーブX Type
協会／企業		日本スプライススリーブ株式会社		
工法説明のURL		http://www.splice.co.jp		
継手性能	強度，剛性，じん性，すべり量	A級～SA級	A級～SA級	A級
	疲労性能	有り	有り	有り
	その他	SA級は仕様に別途条件有	—	—
公的機関による評定番号あるいは証明番号		BCJ評定-RC0192-04 BCJ評定-RC00216-06	BCJ評定-RC0274-04	BCJ評定　RC-471-01
鉄筋材料指定の有無		無し	無し	無し
鉄筋種類		SD295A・B～SD685	SD295A・B～SD490	SD295A・B～SD490
鉄筋呼び名		D16～D41	D10～D51	D29～D51
異径間継手の可否		2径差まで可	2径差まで可	2径差まで可
現場先組鉄筋工法の可否		△	△	○
プレキャスト部材間接合の可否		○	○	△
主軸鉄筋の適否	鉛直鉄筋	○	○	○
	水平鉄筋	○	○	○
せん断補強筋の適否		△	△	○
作業空間の制約	継手の最小あき間隔(mm)	25	25	25
	継手完了時の継手径(db)	2.0～2.9	1.9～2.8	1.6～1.7
	接続時最小鉄筋突出長(mm)	90～275	80～280	150～290
天候	雨天施工時の条件	注入するモルタルに雨水が混入しないこと	注入するモルタルに雨水が混入しないこと	注入するモルタルに雨水が混入しないこと
	湿度	制約なし	制約なし	制約なし
	風	制約なし	制約なし	制約なし
	継手温度(℃)	0～60	0～60	0～60
養生	養生の要否	要	要	要
	(養生期間)	1～3日	1～3日	1～3日
施工条件に関する特記事項		①グラウトの圧縮強度が29N/mm^{2}に達するまで継手部分に有害な振動、衝撃を与えない。 ②初期凍害の生じないよう養生を行う。	①グラウトの圧縮強度が29N/mm^{2}に達するまで継手部分に有害な振動、衝撃を与えない。 ②初期凍害の生じないよう養生を行う。	①グラウトの圧縮強度が29N/mm^{2}に達するまで継手部分に有害な振動、衝撃を与えない。 ②初期凍害の生じないよう養生を行う。
品質管理方法	項目1	鉄筋埋込長さ	鉄筋埋込長さ	鉄筋埋込長さ
	項目2	グラウト充填	グラウト充填	グラウト充填
	項目3	圧縮強度試験(フロー値)	圧縮強度試験(フロー値)	圧縮強度試験(フロー値)
	項目4	—	—	—
	項目5	—	—	—
技術資料，施工マニュアルの有無		有り	有り	有り
動力源		AC100V	AC100V	AC100V
鉄筋，スリーブ(カプラー)以外の使用材料		SSモルタル、SSモルタル120N、SSモルタル150N	SSモルタル、SSモルタル120N	SSモルタル120N、SSモルタル150N

2. モルタル充填継手(その3)

継手方式分類		モルタル充填継手	
工法名称		スリムスリーブ	
協会／企業		日本スプライススリーブ株式会社	
工法説明のURL		http://www.splice.co.jp	
継手性能	強度，剛性，じん性，すべり量	A級	SA級
	疲労性能	有り	有り
	その他	―	SA級は仕様に別途条件有
公的機関による評定番号あるいは証明番号		BCJ評定 RC-393-03 BCJ評定-RC0460-01	土研セ企性 第1403号 土研セ企性 第1710号 土研セ構継 第1807号 ((一財)土木研究センター)
鉄筋材料指定の有無		無し	有り
鉄筋種類		SD295A･B～SD685	SD345～SD490
鉄筋呼び名		D10～D51	D16～D51
異径間継手の可否		2径差まで可	不可
現場先組鉄筋工法の可否		○	―
プレキャスト部材間接合の可否		△	―
主軸鉄筋の適否	鉛直鉄筋	○	―
	水平鉄筋	○	―
せん断補強筋の適否		○	―
作業空間の制約	継手の最小あき間隔(mm)	25	25
	継手完了時の継手径(db)	1.8～1.9	
	接続時最小鉄筋突出長(mm)	105～340	
天候	雨天施工時の条件	注入するモルタルに雨水が混入しないこと	注入するモルタルに雨水が混入しないこと
	湿度	制約なし	制約なし
	風	制約なし	制約なし
	継手温度(℃)	0～60	0～60
養生	養生の要否	要	要
	(養生期間)	1～3日	1～3日
施工条件に関する特記事項		①グラウトの圧縮強度が29N/mm^{2}に達するまで継手部分に有害な振動、衝撃を与えない。 ②初期凍害の生じないよう養生を行う。	①グラウトの圧縮強度が29N/mm^{2}に達するまで継手部分に有害な振動、衝撃を与えない。 ②初期凍害の生じないよう養生を行う。
品質管理方法	項目1	鉄筋埋込長さ	鉄筋埋込長さ
	項目2	グラウト充填	グラウト充填
	項目3	圧縮強度試験(フロー値)	圧縮強度試験(フロー値)
	項目4	―	―
	項目5	―	―
技術資料，施工マニュアルの有無		有り	有り
動力源		AC100V	AC100V
鉄筋，スリーブ(カプラー)以外の使用材料		SSモルタル、SSモルタル120N	―

2. モルタル充填継手(その4)

継手方式分類		モルタル充填継手
工法名称		FDグリップ　Mタイプ
協会／企業		株式会社 富士ボルト製作所
工法説明のURL		http://www.fujibolt.co.jp/
継手性能	強度，剛性，じん性，すべり量	A級
	疲労性能	有り
	その他	—
公的機関による評定番号あるいは証明番号		BCJ評定-RC0154-04
鉄筋材料指定の有無		無し
鉄筋種類		SD295A・B～SD490
鉄筋呼び名		D16～D51
異径間継手の可否		2径差まで可
現場先組鉄筋工法の可否		○
プレキャスト部材間接合の可否		×
主軸鉄筋の適否	鉛直鉄筋	○
	水平鉄筋	○
せん断補強筋の適否		△
作業空間の制約	継手の最小あき間隔(mm)	粗骨材×1.25＋スリーブ外径と鉄筋の呼び名×1.5の大きい方
	継手完了時の継手径(db)	1.7～1.8
	接続時最小鉄筋突出長(mm)	130～320
天候	雨天施工時の条件	注入するモルタルに雨水が混入しないこと
	湿度	制約なし
	風	制約なし
	継手温度(℃)	0～60
養生	養生の要否	要
	(養生期間)	3日
施工条件に関する特記事項		①3日まで継手部分に有害な振動、衝撃を与えない。 ②初期凍害の生じないよう養生を行う。
品質管理方法	項目1	鉄筋埋込長さ
	項目2	グラウト充填
	項目3	フロー値
	項目4	—
	項目5	—
技術資料，施工マニュアルの有無		有り
動力源		AC100V
鉄筋，スリーブ(カプラー)以外の使用材料		Mグラウト

3. 摩擦圧接ねじ継手

継手方式分類		摩擦圧接ねじ継手	
工法名称		EGジョイント	EG打継ジョイント(ナットレス)
協会／企業		合同製鐵株式会社	
工法説明のURL		http://www.godo-steel.co.jp	
継手性能	強度，剛性，じん性，すべり量	SA級 （同鋼種、同径）	
	疲労性能	有り（D29～D51）	—
	その他	—	—
公的機関による評定番号あるいは証明番号		BCJ評定-RC0001-03， 土研セ企性 第1602号 ((一財)土木研究センター) 等	BCJ評定-C2269， 土研セ企性 第1202号 ((一財)土木研究センター) 等
鉄筋材料指定の有無		無し	無し
鉄筋種類		SD295A～SD490	SD295A～SD390
鉄筋呼び名		D13～D51※1	D13～D32
異径間継手の可否		2径差まで可 （A級）	2径差まで可 （A級）
現場先組鉄筋工法の可否		○	△
プレキャスト部材間接合の可否		△	△
主軸鉄筋の適否	鉛直鉄筋	○	○
	水平鉄筋	○	○
せん断補強筋の適否		△	△
作業空間の制約	継手の最小あき間隔(mm)	粗骨材の最大寸法以上	粗骨材の最大寸法以上
	継手完了時の継手径(db)	16～18	16～17
	接続時最小鉄筋突出長(mm)	0	0
天候	雨天施工時の条件	制約無し	制約無し
	湿度	制約無し	制約無し
	風	制約無し	制約無し
	継手温度(℃)	制約無し	制約無し
養生	養生の要否	制約無し	制約無し
	（養生期間）	制約無し	制約無し
施工条件に関する特記事項		制約無し	制約無し
		特に無し	特に無し
品質管理方法	項目1	材料検査	材料検査
	項目2	ねじ勘合長さ	ねじ勘合長さ
	項目3	トルク値	トルク値
	項目4	—	—
	項目5	—	—
技術資料，施工マニュアルの有無		有り	有り
動力源		不要	不要
鉄筋，スリーブ(カプラー)以外の使用材料		ロックナット	無し

4. スリーブ圧着ねじ継手

継手方式分類		スリーブ圧着ねじ継手	スリーブ圧着ねじ継手
工法名称		CSジョイント工法	FDグリップA・B・Hタイプ
協会／企業		岡部株式会社	株式会社 富士ボルト製作所
工法説明のURL		http://www.okabe.co.jp	http://www.fujibolt.co.jp
継手性能	強度，剛性，じん性，すべり量	A級	A級～SA級
	疲労性能	△	有り
	その他	—	—
公的機関による評定番号あるいは証明番号		BCJ評定-RC0263-03	BCJ-C1906　BCJ-C1907(追1)， 土研セ企性　第1303号 土研セ企性　第1609号 土研セ企性　第1713号 ((一財)土木研究センター)
鉄筋材料指定の有無		無し	無し
鉄筋種類		SD295A・B～SD390	SD295A・B～SD490
鉄筋呼び名		D13～D51	D13～D51
異径間継手の可否		2径差まで可　　(D13～D41)	2径差まで可(2径差を超える場合相談)
現場先組鉄筋工法の可否		△	○
プレキャスト部材間接合の可否		×	×
主軸鉄筋の適否	鉛直鉄筋	○	○
	水平鉄筋	○	○
せん断補強筋の適否		△	○
作業空間の制約	継手の最小あき間隔(mm)	粗骨材の最大寸法以上かつ トルクレンチのヘッド外寸を考慮したあき間隔	粗骨材×1.25＋スリーブ外径と鉄筋の呼び名×1.5の大きい方
	継手完了時の継手径(db)	1.6～2.1	1.5～1.6
	接続時最小鉄筋突出長(mm)	0	0
天候	雨天施工時の条件	制約なし	制約なし
	湿度	制約なし	制約なし
	風	制約なし	制約なし
	継手温度(℃)	制約なし	制約なし
養生	養生の要否	不要	不要
	(養生期間)	無し	無し
施工条件に関する特記事項		—	トルクレンチを使用し、 所定のトルク値を導入する
品質管理方法	項目1	鉄筋挿入長さ(鉄筋嵌合長さ)	マーキングのずれ確認
	項目2	圧着後スリーブ外径	トルク確認検査
	項目3	トルク値	—
	項目4	マーキングずれ	—
	項目5	ナット間隔確認	—
技術資料，施工マニュアルの有無		有り	有り
動力源		圧着AC200V　手動トルクレンチ	—
鉄筋，スリーブ(カプラー)以外の使用材料		中継ボルト	接続ボルト

5. スリーブ圧着継手

6. くさび固定継手

継手方式分類		スリーブ圧着継手	くさび固定継手
工法名称		FDグリップRタイプ	OSフープクリップ工法
協会／企業		株式会社 富士ボルト製作所	岡部株式会社
工法説明のURL		http://www.fujibolt.co.jp	http://www.okabe.co.jp
継手性能	強度，剛性，じん性，すべり量	A級～SA級	―
	疲労性能	有り	―
	その他	―	部材試験により適用性能を確認済
公的機関による評定番号あるいは証明番号		BCJ-C2215	建設技術審査証明（土木系材料・製品・技術、道路保全技術）建技審証第0436号（一財）土木研究センター，BCJ評定-RC0077-04
鉄筋材料指定の有無		無し	無し
鉄筋種類		SD295A・B～SD490	SD295A・B～SD345
鉄筋呼び名		D10～D32	D13～D19
異径間継手の可否		1径差まで可	×
現場先組鉄筋工法の可否		○	×
プレキャスト部材間接合の可否		×	○
主軸鉄筋の適否	鉛直鉄筋	○	×
	水平鉄筋	○	×
せん断補強筋の適否		○	○
作業空間の制約	継手の最小あき間隔(mm)	粗骨材×1.25＋スリーブ外径と鉄筋の呼び名×1.5の大きい方	76 ～ 109
	継手完了時の継手径(db)	1.6～1.7	2.9～3.0
	接続時最小鉄筋突出長(mm)	100～200	56～400
天候	雨天施工時の条件	制約なし	制約なし
	湿度	制約なし	制約なし
	風	制約なし	制約なし
	継手温度(℃)	制約なし	制約なし
養生	養生の要否	不要	不要
	（養生期間）	無し	無し
施工条件に関する特記事項		圧着機が使用できることを確認する（配筋ピッチ80mm以上）	―
品質管理方法	項目1	鉄筋埋込長さ	圧入後のウェッジ余長
	項目2	圧着径寸法検査	スリーブ端部からの鉄筋の出寸法
	項目3	―	―
	項目4	―	―
	項目5	―	―
技術資料，施工マニュアルの有無		有り	有り
動力源		AC100V	AC100V
鉄筋，スリーブ（カプラー）以外の使用材料		無し	ウェッジ

付録Ｖ－２　機械式鉄筋継手工法資料

注　　記

この工法資料は，本指針の研究委託を行った会社が自社の技術内容を申告したものである．

<table>
<tr><th colspan="3">1 ねじ節鉄筋継手：朝日工業(株)</th></tr>
<tr><td colspan="2">工法名称</td><td>ネジエーコン・ホワイトジョイント／ネジエーコン・ブルージョイント</td></tr>
<tr><td colspan="2">継手概要</td><td>この継手は，ねじふし異形棒鋼（ネジエーコン）を，ネジエーコン・ホワイトジョイントの場合には，カプラーと２つのロックナット，ブルージョイントの場合には，カプラーにより機械的に接合し，空隙部にそれぞれ指定の無機グラウト材（ネジエーグラウトII），樹脂グラウト材（ネジエーエポグラウト）を充填固化させ，鉄筋を固定するものである．
天候に左右されないため，工期短縮につながり，簡単な技術指導を受ければ，大掛かりな施工具を使わず，誰にでも施工が可能である．</td></tr>
<tr><td colspan="2">評定番号あるいは証明番号</td><td>BCJ 評定-RC0010-10,　-RC0044-09</td></tr>
<tr><td colspan="2">継手性能</td><td>A 級</td></tr>
<tr><td rowspan="2">使用鉄筋</td><td>種類</td><td>SD295A～USD590</td></tr>
<tr><td>呼び名</td><td>ホワイトジョイント：D13～D41, D51(USD590 のみ)
ブルージョイント：D13～D51</td></tr>
<tr><td colspan="2">問合せ先</td><td>朝日工業(株) 鉄鋼建設資材本部　営業一部 ネジ鉄筋技術営業課
〒170-0013　東京都豊島区東池袋 3-23-5　Daiwa 東池袋ビル
TEL：(03) 3987-2438　　FAX：(03) 5396-7500
URL：https://www.asahi-kg.co.jp/</td></tr>
</table>

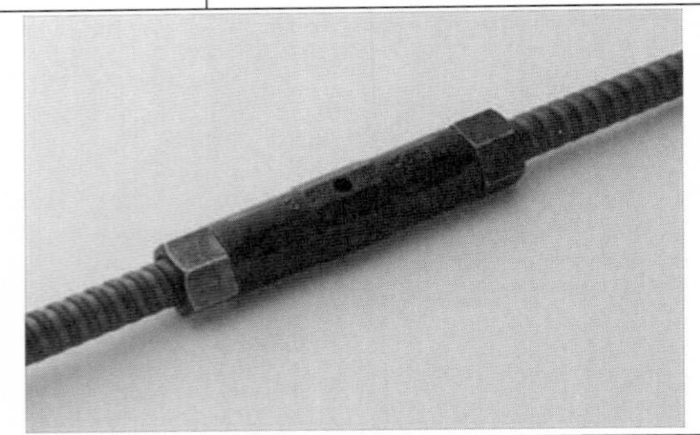

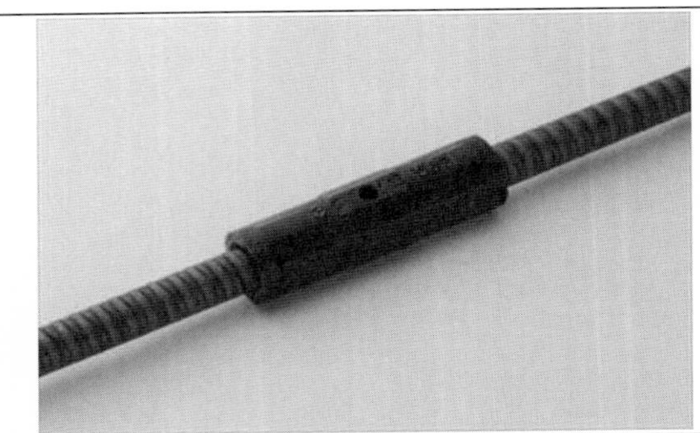

2. ねじ節鉄筋継手：朝日工業(株)		
工法名称		**ネジエーコン・ブルージョイント　土木向け SA 級継手 「SA 級専用カプラー」**
継手概要		この継手は，ねじふし異形棒鋼（ネジエーコン）を，SA 級専用カプラーにより機械的に接合し，空隙部に指定の樹脂グラウト材（ネジエーエポグラウト）を充填固化させ，鉄筋を固定するものである． ロックナット不要で締付工程がなく，簡単な簡単な技術指導を受ければ，誰にでも施工が可能である．
評定番号あるいは証明番号		土研セ企性第 1301 号：(一財)土木研究センター
継手性能		SA 級
使用鉄筋	種類	SD295A～SD490
	呼び名	D19～D51
問合せ先		朝日工業(株) 鉄鋼建設資材本部　営業一部 ネジ鉄筋技術営業課 〒170-0013　東京都豊島区東池袋 3-23-5　Daiwa 東池袋ビル TEL：(03) 3987-2438　　FAX：(03) 5396-7500 URL：https://www.asahi-kg.co.jp/

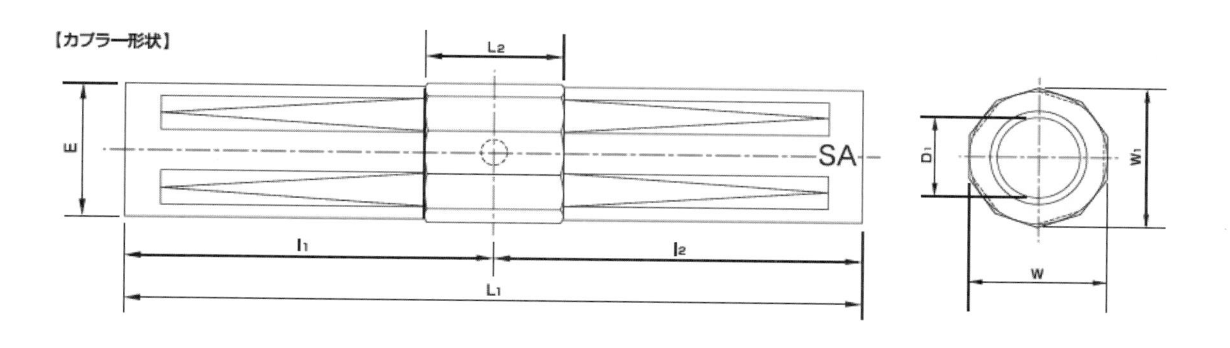

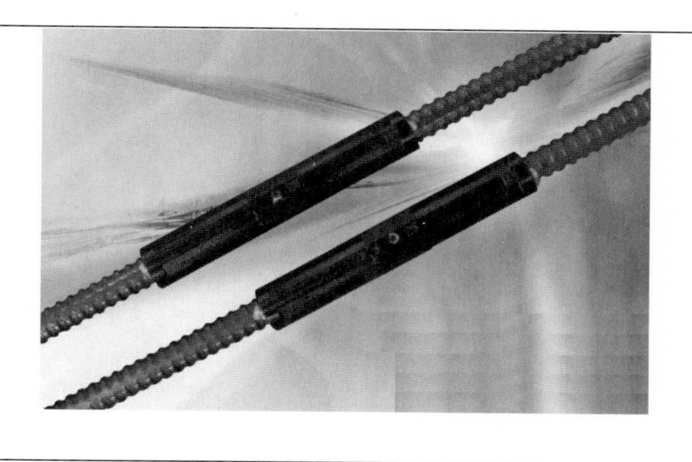

3. ねじ節鉄筋継手：朝日工業(株)		
工法名称		**ネジエーコン・ブルージョイント　土木向け SA 級継手 「ロックナット使用」**
継手概要		この継手は，ねじふし異形棒鋼（ネジエーコン）を，カプラーと 2 つのロックナットにより機械的に接合し，空隙部に指定の樹脂グラウト材（ネジエーエポグラウト）を充填固化させ，鉄筋を固定するものである． 天候に左右されないため，工期短縮につながり，簡単な技術指導を受ければ，大掛かりな施工具を使わず，誰にでも施工が可能である．
評定番号あるいは証明番号		土研セ企性第 1201 号，第 1405 号，第 1504 号：(一財) 土木研究センター， BCJ 評定-RC0044-08
継手性能		SA 級
使用鉄筋	種類	SD295A～SD490
	呼び名	D13～D51
問合せ先		朝日工業(株) 鉄鋼建設資材本部　営業一部 ネジ鉄筋技術営業課 〒170-0013　東京都豊島区東池袋 3-23-5　Daiwa 東池袋ビル TEL：(03) 3987-2438　　FAX：(03) 5396-7500 URL：https://www.asahi-kg.co.jp/

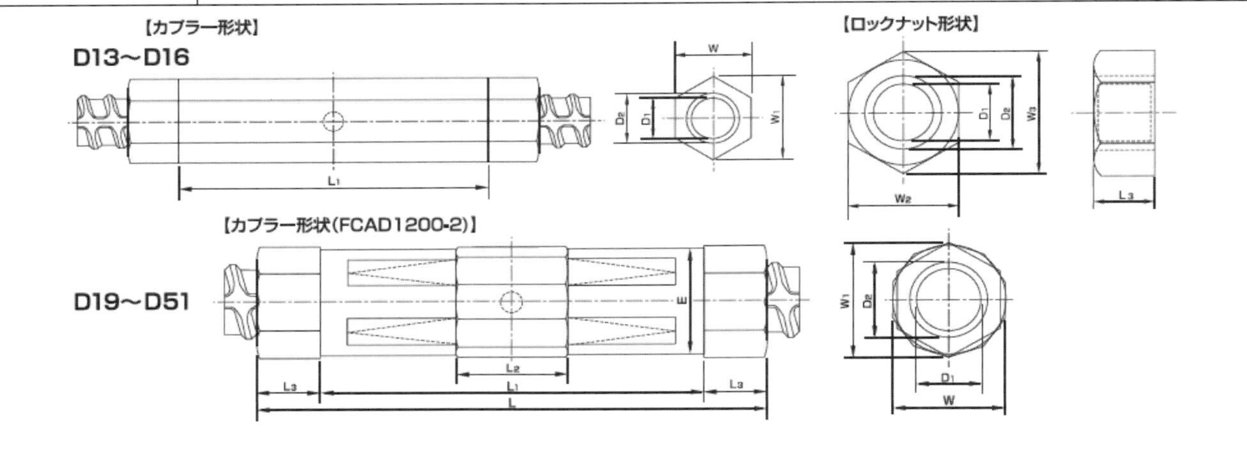

4 ねじ節鉄筋継手：朝日工業(株)		
工法名称		**ネジエーコン・グラウト継手（USD685）**
継手概要		この継手は，ねじふし異形棒鋼（ネジエーコン）を，カプラーと2つのロックナットにより機械的に接合し，空隙部に指定の無機グラウト材（ネジエーグラウトS）もしくは，樹脂グラウト材（ネジエーエポグラウト）を充填固化させ，鉄筋を固定するものである．高強度鉄筋USD685までの接合が可能． 天候に左右されないため，工期短縮につながり，簡単な技術指導を受ければ，大掛かりな施工具を使わず，誰にでも施工が可能である．
評定番号あるいは証明番号		BCJ評定-RC0332-04
継手性能		A級
使用鉄筋	種類	SD490, USD590A, USD590B, USD685A, USD685B
	呼び名	D19〜D51
問合せ先		朝日工業(株) 鉄鋼建設資材本部　営業一部 ネジ鉄筋技術営業課 〒170-0013　東京都豊島区東池袋3-23-5　Daiwa東池袋ビル TEL：(03) 3987-2438　　FAX：(03) 5396-7500 URL：https://www.asahi-kg.co.jp/

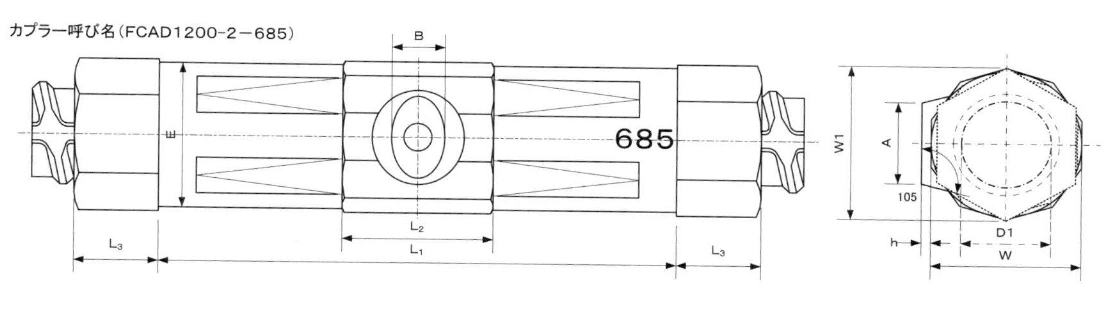

<table>
<tr><td colspan="3">5 ねじ節鉄筋継手：朝日工業(株)</td></tr>
<tr><td colspan="2">工法名称</td><td>ネジエーコン・AJ ジョイント</td></tr>
<tr><td colspan="2">継手概要</td><td>この継手は，ねじふし異形棒鋼（ネジエーコン）を，カプラーにより機械的に接合し，空隙部に指定の無機グラウト材（ネジエーグラウトS）もしくは，樹脂グラウト材（ネジエーエポグラウト）を充填固化させ，鉄筋を固定するものである．接合する鉄筋相互のねじピッチのずれを吸収できるため，両端が固定されたねじふし異形棒鋼の接合が可能．
ロックナット不要で締付工程がなく，簡単な簡単な技術指導を受ければ，誰にでも施工が可能である．</td></tr>
<tr><td colspan="2">評定番号
あるいは
証明番号</td><td>BCJ 評定-RC0248-05</td></tr>
<tr><td colspan="2">継手性能</td><td>A 級</td></tr>
<tr><td rowspan="2">使用
鉄筋</td><td>種類</td><td>SD295A～SD490</td></tr>
<tr><td>呼び名</td><td>D19～D41</td></tr>
<tr><td colspan="2">問合せ先</td><td>朝日工業(株) 鉄鋼建設資材本部　営業一部 ネジ鉄筋技術営業課
〒170-0013　東京都豊島区東池袋 3-23-5　Daiwa 東池袋ビル
TEL：(03) 3987-2438　　FAX：(03) 5396-7500
URL：https://www.asahi-kg.co.jp/</td></tr>
<tr><td colspan="3">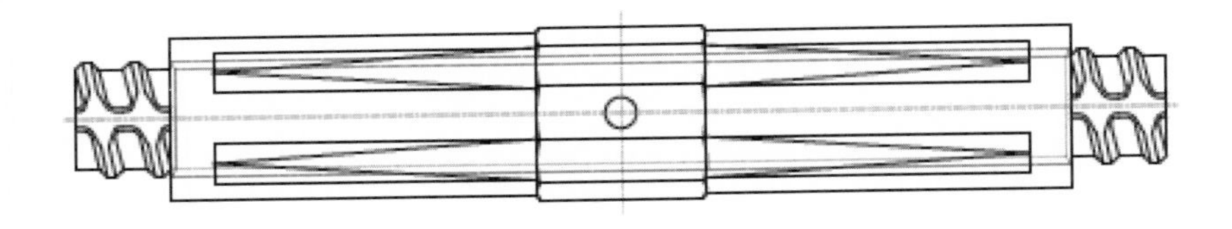</td></tr>
<tr><td colspan="3">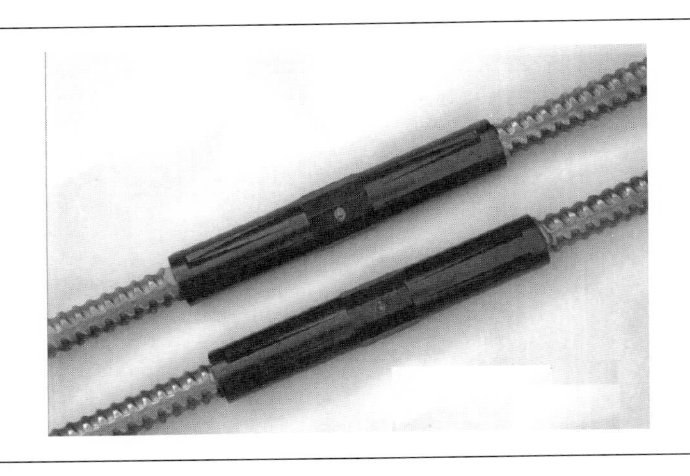</td></tr>
</table>

6. ねじ節鉄筋継手：朝日工業(株)		
工法名称		**ネジエーコン・リンクジョイント**
継手概要		この継手には, ① 先行側ねじふし鉄筋にカプラーを 180N･m のトルクで締め付け，ねじふし鉄筋とカプラー間に生じた空隙部に無機グラウト材を注入し固定した後，打継側カプラー内に無機グラウト材を注入し，鉄筋を 180N･m のトルクで締め付け固定する方式 ② または先行側ねじふし鉄筋にカプラーをねじ込み，ねじふし鉄筋とカプラー間に生じた空隙部に樹脂グラウト材を注入し固定した後，打継側カプラー内に樹脂グラウト材を注入し，鉄筋を取り付け固定する方式の２通りがある. グラウト材による固定で簡単に作業ができるため，現場での施工が可能であり，打継側の面に鉄筋が露出しないため，美観上，安全面への配慮ができる.
評定番号あるいは証明番号		BCJ 評定-RC0183-07
継手性能		A 級
使用鉄筋	種類	SD295A～SD490
	呼び名	D19～D51
問合せ先		朝日工業(株) 鉄鋼建設資材本部　営業一部　ネジ鉄筋技術営業課 〒170-0013　東京都豊島区東池袋 3-23-5　Daiwa 東池袋ビル TEL：(03) 3987-2438　　FAX：(03) 5396-7500 URL：https://www.asahi-kg.co.jp/

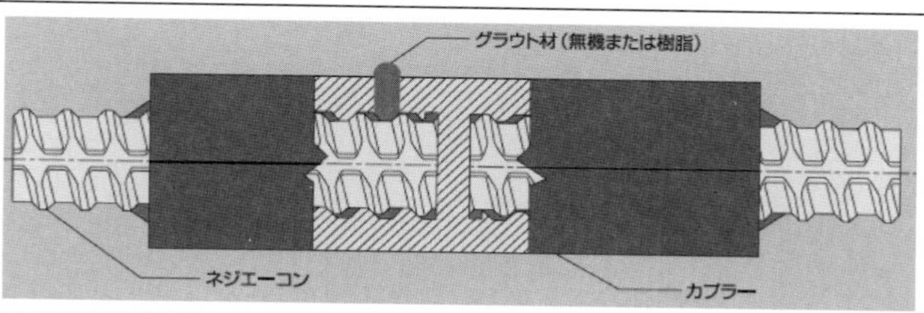

(先行側) 鉄筋にカプラーをねじ込んだ後，注入口よりグラウト材を充填する.

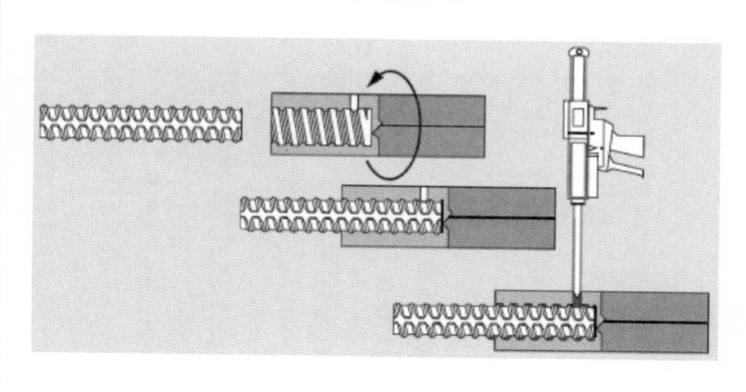

(打継側) あらかじめ，カプラー内に適量のグラウト材を塗布した後，鉄筋をねじ込む.

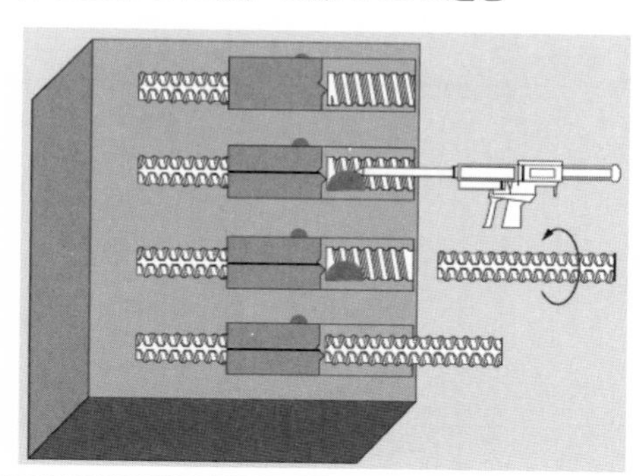

7. ねじ節鉄筋継手：朝日工業(株)		
工法名称		**ネジエーコン・リンクジョイント(トルクタイプ)**
継手概要		この継手には， ① D13～D19 先行側ねじふし鉄筋にカプラーを 100N･m～220N･m のトルクで締め付けて固定した後，打継側カプラーに鉄筋をねじ込み，80N･m～180N･m のトルクで締め付け固定する ② D22～D29 先行側ねじふし鉄筋にカプラーをねじ込み，ねじふし鉄筋とカプラー間に生じた空隙部に無機グラウト材を注入し固定した後，打継側カプラーに鉄筋をねじ込み，280N･m のトルクで締め付け固定する いずれも打継側のグラウト材充填が不要で工期短縮につながり，現場での施工が可能であり，打継側の面に鉄筋が露出しないため，美観上，安全面への配慮ができる．
評定番号あるいは証明番号		BCJ 評定-RC0268-05
継手性能		A 級
使用鉄筋	種類	SD295A～SD390
	呼び名	D13～D29
問合せ先		朝日工業(株) 鉄鋼建設資材本部 営業一部 ネジ鉄筋技術営業課 〒170-0013 東京都豊島区東池袋 3-23-5 Daiwa 東池袋ビル TEL：(03) 3987-2438 FAX：(03) 5396-7500 URL：https://www.asahi-kg.co.jp/

D13～D19 の場合 … 先行側，打継側ともにトルク締め

D22～D29 の場合 … 先行側グラウト充填固定，打継側はトルク締め

<table>
<tr><td colspan="4">8. ねじ節鉄筋継手：㈱伊藤製鐵所</td></tr>
<tr><td colspan="2">工法名称</td><td>ナットレスジョイント</td><td>EP ジョイント／EP ジョイント-SA</td></tr>
<tr><td colspan="2">継手概要</td><td colspan="2">ねじ節鉄筋（ネジ onicon）と雌ねじを有するカプラーを嵌合させ，グラウト材を充てん・硬化させて固定する機械式継手工法である．
ナットレスジョイントは無機系グラウトを充てんする機械式継手，EP ジョイントおよび EP ジョイント-SA は有機系グラウト（エポキシ樹脂）を充てんする機械式継手である．
本継手は，天候の影響を受けにくく，特殊な機器を用いないことから作業者の技量に左右されない．弊社が行う技術講習を受講し施工資格者証を取得すれば，容易に施工ができる．</td></tr>
<tr><td colspan="2">評定番号
あるいは
証明番号</td><td colspan="2">BCJ 評定-RC0257-04
土研セ企性　第 1302 号：(一財) 土木研究センター</td></tr>
<tr><td colspan="2">継手性能</td><td colspan="2">A 級～SA 級</td></tr>
<tr><td rowspan="3">使用
鉄筋</td><td>種類</td><td colspan="2">SD295A～SD490，OSD590，OSD685</td></tr>
<tr><td>呼び名</td><td colspan="2">D13～D51</td></tr>
<tr><td>形状</td><td colspan="2">JIS G 3112 に適合する異形棒鋼ネジ onicon
国土交通大臣認定高強度ネジ onicon</td></tr>
<tr><td colspan="2">問合せ先</td><td colspan="2">住所：〒101-0032 東京都千代田区岩本町三丁目 2 番 4 号
岩本町ビル 7 階
TEL：03-5829-4630　FAX：03-5829-4632</td></tr>
<tr><td colspan="4">

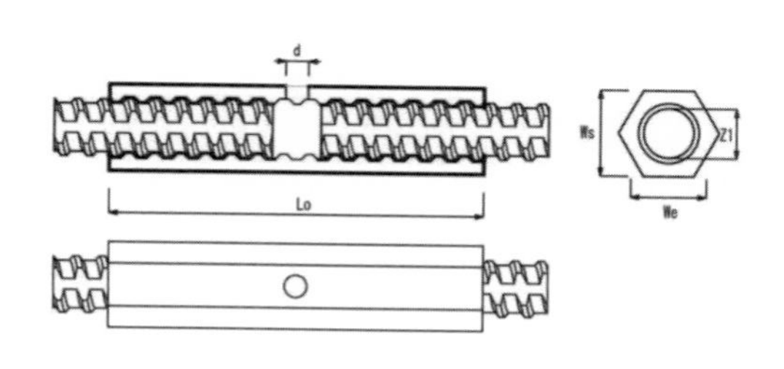

D13・D16 カプラーの形状

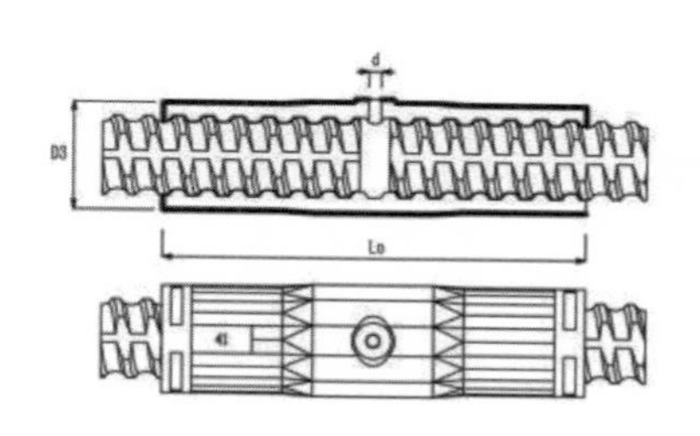

D19～D51 カプラーの形状

</td></tr>
<tr><td colspan="4">

</td></tr>
</table>

9. ねじ節鉄筋継手：㈱伊藤製鐵所		
工法名称		**L ジョイント**
継手概要		ねじ節鉄筋（ネジ onicon）と雌ねじを有するカプラーを嵌合させ，無機系グラウトあるいは有機系グラウト（エポキシ樹脂）を充てん・硬化させて固定する機械式継手工法である． 本継手は，端部が固定されたねじ節鉄筋（ネジ onicon）同士に生ずるねじピッチのずれを吸収できる機械式継手である． 天候の影響を受けにくく，特殊な機器を用いないことから作業者の技量に左右されない．弊社が行う技術講習を受講し施工資格者証を取得すれば，容易に施工ができる．
評定番号あるいは証明番号		BCJ 評定-RC0461-01
継手性能		A 級
使用鉄筋	種類	SD345～SD490，OSD590
	呼び名	D19～D41
	形状	JIS G 3112 に適合する異形棒鋼ネジ onicon 国土交通大臣認定高強度ネジ onicon
問合せ先		住所：〒101-0032 東京都千代田区岩本町三丁目 2 番 4 号 岩本町ビル 7 階 TEL：03-5829-4630　FAX：03-5829-4632

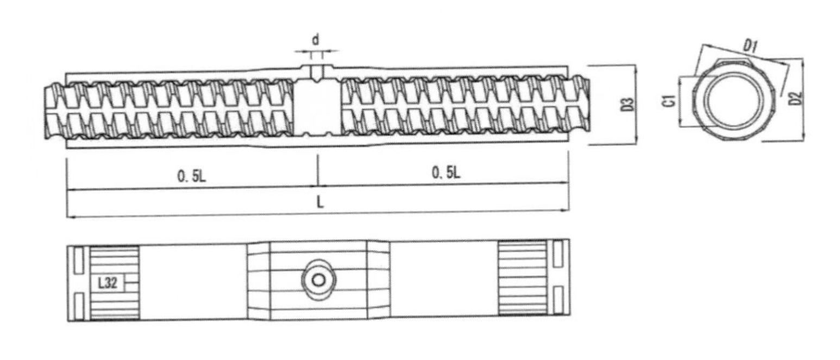

カプラーの形状

10. ねじ節鉄筋継手：㈱伊藤製鐵所		
工法名称		**E ジョイント**
継手概要		ねじ節鉄筋（ネジ onicon）と雌ねじを有するカプラーを嵌合させ，有機系グラウト（エポキシ樹脂）を充てん・硬化させて固定する機械式継手工法である． E ジョイントは，端部が固定されたねじ節鉄筋（ネジ onicon）同士に生ずるねじピッチのずれを吸収できる機械式継手である．また，エポキシ樹脂塗装を施したネジ onicon 同士の接合も容易となる機械式継手である． 天候の影響を受けにくく，特殊な機器を用いないことから作業者の技量に左右されない．弊社が行う技術講習を受講し施工資格者証を取得すれば，容易に施工ができる．
評定番号あるいは証明番号		BCJ 評定-RC0469-01 土研セ企性　第 1605 号：(一財) 土木研究センター
継手性能		A 級～SA 級
使用鉄筋	種類	SD345～SD490
	呼び名	D29～D51
	形状	JIS G 3112 に適合する異形棒鋼ネジ onicon
問合せ先		住所：〒101-0032 東京都千代田区岩本町三丁目 2 番 4 号 岩本町ビル 7 階 TEL：03-5829-4630　FAX：03-5829-4632

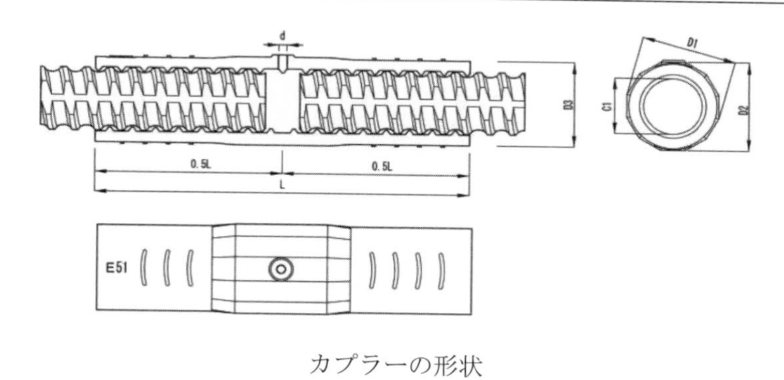

カプラーの形状

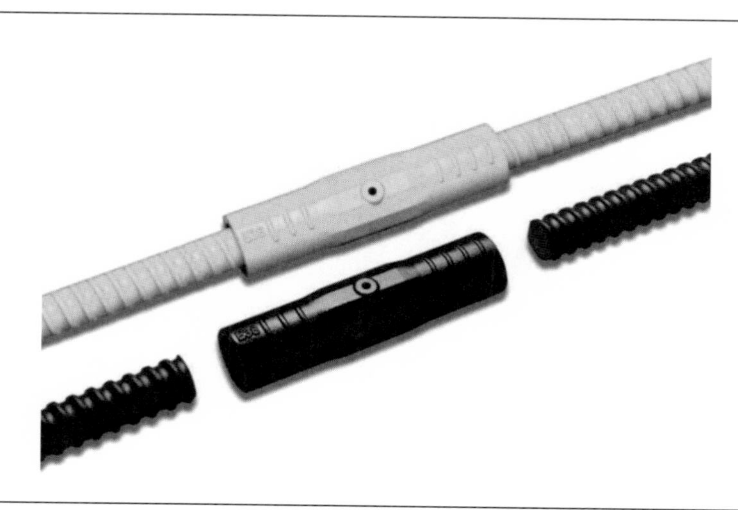

11. ねじ節鉄筋継手：㈱伊藤製鐵所		
工法名称		**ロックジョイント（トルク方式）**
継手概要		コンクリートの打継目の鉄筋の接合に適した機械式継手工法である．打継目の鉄筋の接合は，先行コンクリートの打継目に，ねじ節鉄筋（ネジonicon）端部にナットでトルク締付け固定したカプラーを設置し，型枠脱型後の打継面のカプラーに打継側鉄筋（ネジonicon）をねじ込みトルク締め付け固定することで行う． 天候の影響を受けにくく，特殊な機器を用いないことから作業者の技量に左右されない．弊社が行う技術講習を受講し施工資格者証を取得すれば，容易に施工ができる．
評定番号あるいは証明番号		BCJ評定-RC0436-02
継手性能		A級
使用鉄筋	種類	SD295A～SD390
	呼び名	D13～D29
	形状	JIS G 3112に適合する異形棒鋼ネジonicon
問合せ先		住所：〒101-0032 東京都千代田区岩本町三丁目2番4号 岩本町ビル7階 TEL：03-5829-4630　FAX：03-5829-4632

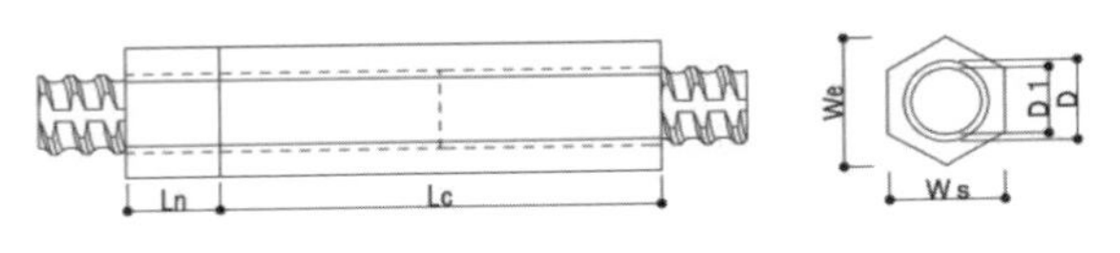

カプラー・ロックナットの形状

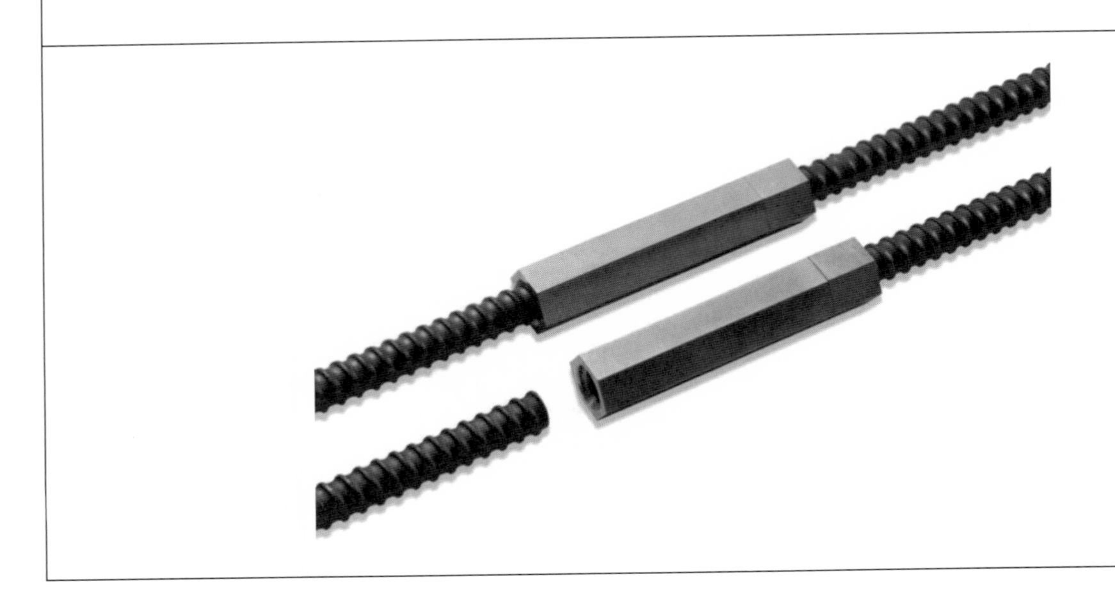

12. ねじ節鉄筋継手：㈱伊藤製鐵所		
工法名称		**ロックジョイント（グラウト方式）**
継手概要		コンクリートの打継目の鉄筋の接合に適した機械式継手工法である．打継目の鉄筋の接合は，先行コンクリートの打継目に，ねじ節鉄筋（ネジ onicon）端部にナットでトルク締付け固定したカプラーを設置し，型枠脱型後の打継面のカプラーに無機グラウトあるいは有機グラウト（エポキシ樹脂）を使用して打継側鉄筋（ネジ onicon）をねじ込み固定することで行う． 天候の影響を受けにくく，特殊な機器を用いないことから作業者の技量に左右されない．弊社が行う技術講習を受講し施工資格者証を取得すれば，容易に施工ができる．
評定番号あるいは証明番号		BCJ 評定-RC0436-02
継手性能		A 級
使用鉄筋	種類	SD295A～SD390
	呼び名	D13～D41
	形状	JIS G 3112 に適合する異形棒鋼ネジ onicon
問合せ先		住所：〒101-0032 東京都千代田区岩本町三丁目 2 番 4 号 岩本町ビル 7 階 TEL：03-5829-4630　FAX：03-5829-4632

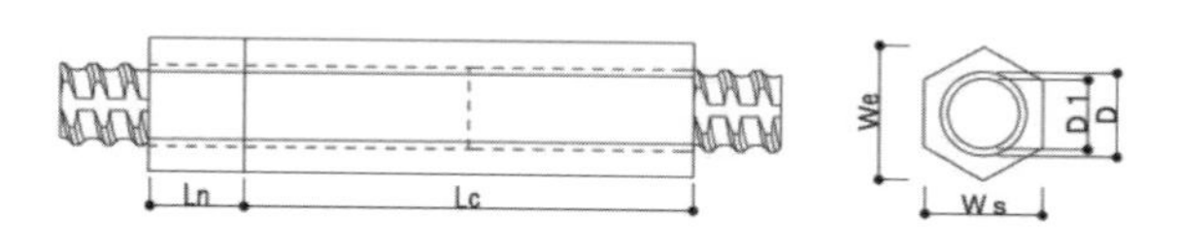

カプラー・ロックナットの形状

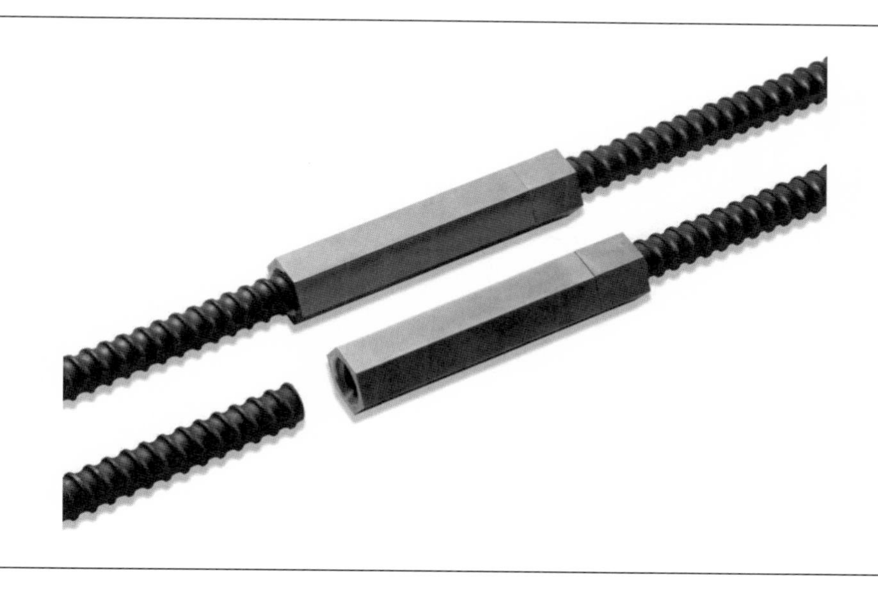

13 ねじ節鉄筋継手：共英製鋼㈱			
工法名称		**無機グラウト継手**	**エポキシグラウト継手**
継手概要		この継手は，ねじ節鉄筋（タフネジバー）を，雌ねじを有するカプラーに嵌合させ，鉄筋表面とカプラーの雌ねじの間隙に無機グラウトまたはエポキシグラウトを充填固化させ，鉄筋を固定するものである．技術講習を受け資格を得れば，作業者に特別な技量がなくても施工できる．また，火器を使用せずに施工が可能であるため，天候や風の影響を受けにくい．	
評定番号あるいは証明番号		BCJ評定-RC0018-07，　RC0019-09，　RC0514-01 土研セ企性　第1502号：(一財)土木研究センター	
継手性能		A級	
使用鉄筋	種類	SD295A～USD685	
	呼び名	D13～D51　(無機グラウト継手:D13～D41)	
	形状	JIS G3112(鉄筋コンクリート用棒鋼)に適合する熱間圧延異形棒鋼タフネジバーおよび大臣認定品	
問合せ先		共英製鋼(株) 名古屋事業所ネジ鉄筋部 〒490-1443　愛知県海部郡飛島村大字新政成字未之切809-1 TEL：0567-55-1087　　FAX：0567-55-1097 ホームページ：http://www.kyoeisteel.co.jp	

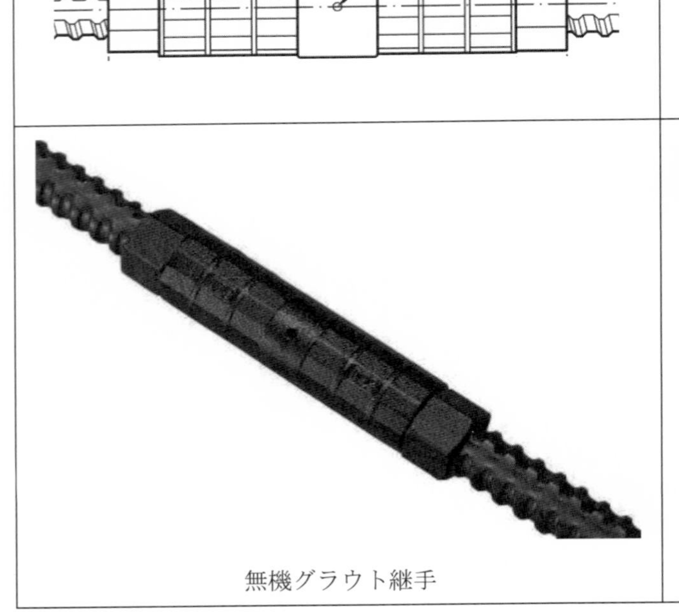

無機グラウト継手

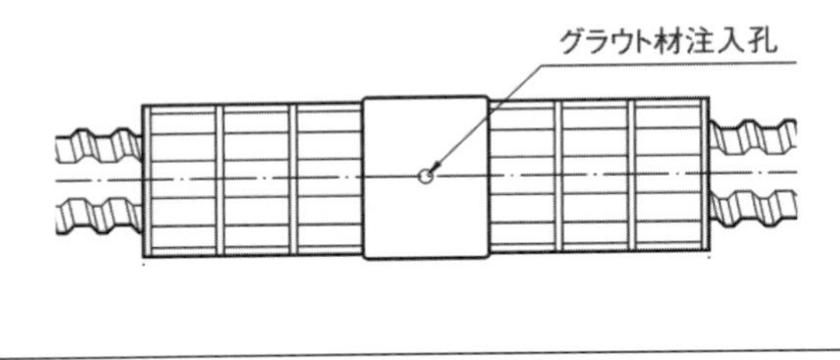

エポキシグラウト継手

<table>
<tr><th colspan="4">14 ねじ節鉄筋継手：共英製鋼㈱</th></tr>
<tr><td colspan="2">工法名称</td><td>打継ぎ継手</td><td>タフロックジョイント</td></tr>
<tr><td colspan="2">継手概要</td><td colspan="2">この継手は，コンクリート打継ぎ面の鉄筋接合に適したもので，ねじ節鉄筋（タフネジバー）を，雌ねじを有するカプラーに嵌合させ，先行側においてはトルク締め付け，後施工側においてはトルク締め付けまたは無機グラウトを充填固化させ，鉄筋を固定するものである．技術講習を受け資格を得れば，作業者に特別な技量がなくても施工できる．また，火器を使用せずに施工が可能であるため，天候や風の影響を受けにくい．</td></tr>
<tr><td colspan="2">評定番号
あるいは
証明番号</td><td colspan="2">BCJ 評定- RC0020-08,　RC0236-03</td></tr>
<tr><td colspan="2">継手性能</td><td colspan="2">A 級</td></tr>
<tr><td rowspan="3">使用鉄筋</td><td>種類</td><td colspan="2">SD295A～SD490　(タフロックジョイント:SD295A～SD390)</td></tr>
<tr><td>呼び名</td><td colspan="2">D13～D41　(タフロックジョイント:D13～D19)</td></tr>
<tr><td>形状</td><td colspan="2">JIS G3112(鉄筋コンクリート用棒鋼)に適合する熱間圧延異形棒鋼タフネジバー</td></tr>
<tr><td colspan="2">問合せ先</td><td colspan="2">共英製鋼(株) 名古屋事業所ネジ鉄筋部
〒490-1443　愛知県海部郡飛島村大字新政成字未之切 809-1
TEL：0567-55-1087　　FAX：0567-55-1097
ホームページ：http://www.kyoeisteel.co.jp</td></tr>
</table>

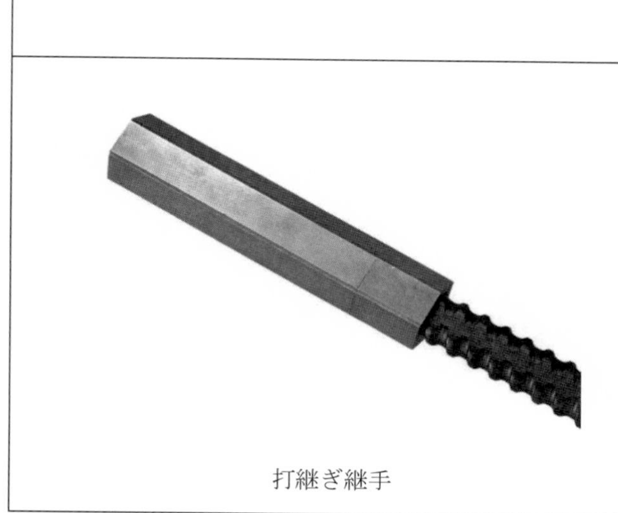

打継ぎ継手

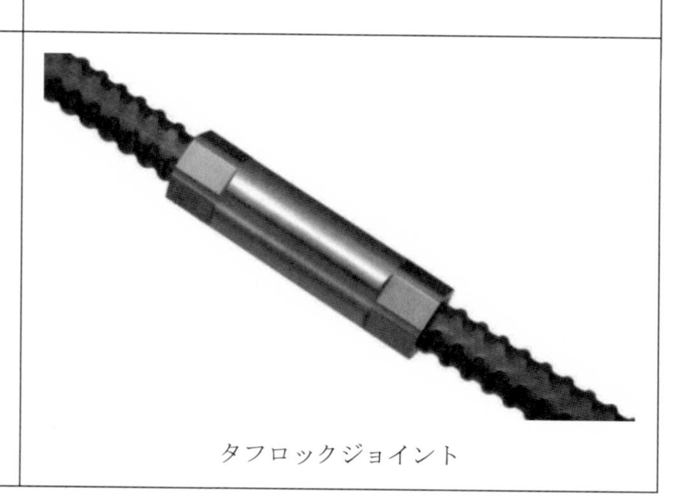

タフロックジョイント

<table>
<tr><td colspan="3">15 ねじ節鉄筋継手：共英製鋼㈱</td></tr>
<tr><td colspan="2">工法名称</td><td>W ネジ継手</td></tr>
<tr><td colspan="2">継手概要</td><td>この継手は，ねじ節鉄筋（タフネジバー）を，雌ねじを有するカプラーに嵌合させ，鉄筋表面とカプラーの雌ねじの間隙に無機グラウトまたはエポキシグラウトを充填固化させ，鉄筋を固定するものである．技術講習を受け資格を得れば，作業者に特別な技量がなくても施工できる．また，火器を使用せずに施工が可能であるため，天候や風の影響を受けにくい．</td></tr>
<tr><td colspan="2">評定番号
あるいは
証明番号</td><td>BCJ 評定- RC0198-05</td></tr>
<tr><td colspan="2">継手性能</td><td>A 級</td></tr>
<tr><td rowspan="3">使
用
鉄
筋</td><td>種類</td><td>SD345～SD490</td></tr>
<tr><td>呼び名</td><td>D19～D41</td></tr>
<tr><td>形状</td><td>JIS G3112(鉄筋コンクリート用棒鋼)に適合する熱間圧延異形棒鋼タフネジバー</td></tr>
<tr><td colspan="2">問合せ先</td><td>共英製鋼(株) 名古屋事業所ネジ鉄筋部
〒490-1443 愛知県海部郡飛島村大字新政成字未之切 809-1
TEL：0567-55-1087 FAX：0567-55-1097
ホームページ：http://www.kyoeisteel.co.jp</td></tr>
<tr><td colspan="3">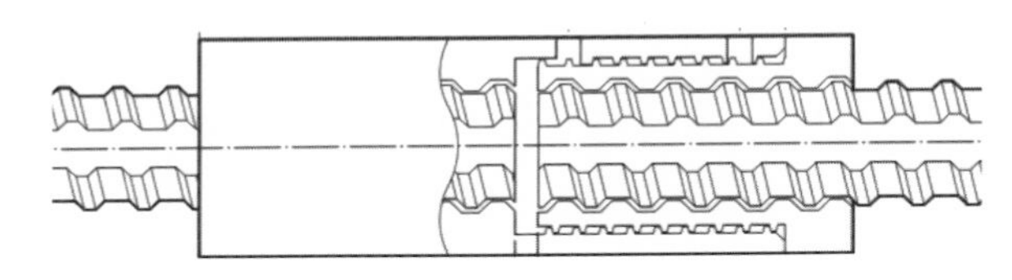</td></tr>
<tr><td colspan="3">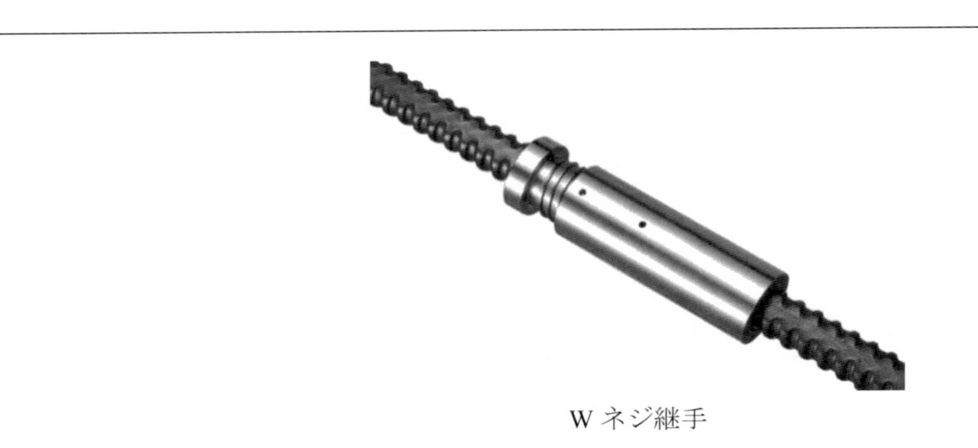
W ネジ継手</td></tr>
</table>

<table>
<tr><td colspan="4">16 ねじ節鉄筋継手：共英製鋼㈱</td></tr>
<tr><td colspan="2">工法名称</td><td>土木向け
SA級エポキシグラウト継手</td><td>LS継手</td></tr>
<tr><td colspan="2">継手概要</td><td colspan="2">この継手は，ねじ節鉄筋(タフネジバー)を，雌ねじを有するカプラーに嵌合させ，鉄筋表面とカプラーの雌ねじの間隙にエポキシグラウトを充填固化させ，鉄筋を固定するものである．技術講習を受け資格を得れば，作業者に特別な技量がなくても施工できる．また，火器を使用せずに施工が可能であるため，天候や風の影響を受けにくい．</td></tr>
<tr><td colspan="2">評定番号あるいは証明番号</td><td colspan="2">土研セ構性　第1710号，土研セ企性　第1711号，土研セ企性　第1712号
土研セ構継　第1809号：(一財)土木研究センター</td></tr>
<tr><td colspan="2">継手性能</td><td colspan="2">SA級</td></tr>
<tr><td rowspan="3">使用鉄筋</td><td>種類</td><td colspan="2">SD345～SD490</td></tr>
<tr><td>呼び名</td><td colspan="2">D19～D51</td></tr>
<tr><td>形状</td><td colspan="2">JIS G3112(鉄筋コンクリート用棒鋼)に適合する熱間圧延異形棒鋼タフネジバー</td></tr>
<tr><td colspan="2">問合せ先</td><td colspan="2">共英製鋼(株) 名古屋事業所ネジ鉄筋部
〒490-1443　愛知県海部郡飛島村大字新政成字未之切809-1
TEL：0567-55-1087　FAX：0567-55-1097
ホームページ：http://www.kyoeisteel.co.jp</td></tr>
<tr><td colspan="3"> 土木向けSA級エポキシグラウト継手</td><td> LS継手</td></tr>
</table>

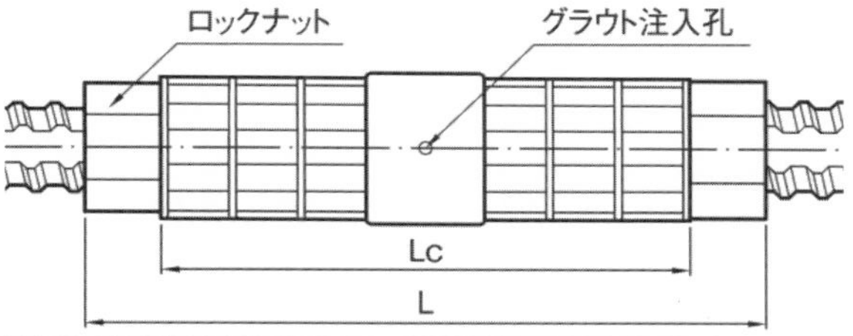

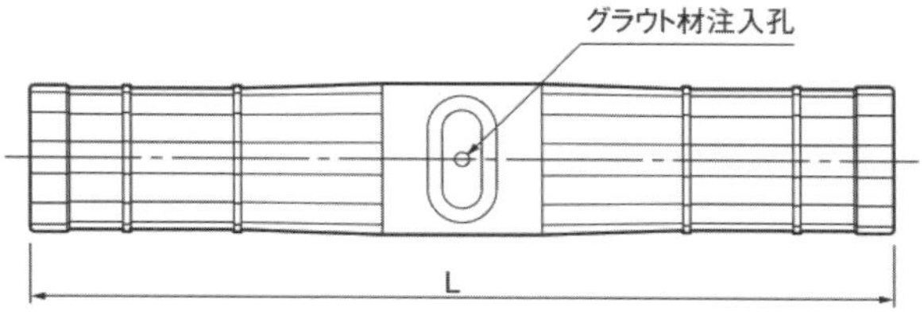

17. ねじ節鉄筋継手：JFE 条鋼(株)		
工法名称		**ネジバーの機械式継手（ネジカプラー）　A 級継手**
継手概要		・ネジバーのねじ状の節を生かした高性能な機械式継手（カプラー）である． ・ねじ締めの要領で鉄筋をつなぎ，グラウト材で固定する継手方式なので，引き抜きに強く，安定した継手性能を発揮できる． ・カプラーの材質は，JIS に準拠した高品質なオーステンパ鋳鉄製品のため，圧接・溶接継手に比べて高性能・高強度な継手性能が確保できる． ・グラウト材は，スピーディー施工用に有機グラウト固定式，耐火性能が必要な場合に無機グラウト固定式が利用可能である． ・カプラーは転がりにくくつかみやすい octagon（8 角形状）に加え，フープ結束線用の溝を設けており，円筒形状や溝のないタイプに比べ施工効率アップが期待できる．
評定番号あるいは証明番号		BCJ 評定-RC0277-06（有機），　BCJ 評定-RC0276-05（無機）
継手性能		A 級
使用鉄筋	種類	SD295A，SD345，SD390，SD490
	呼び名	(D13，D16)　D19，D22，D25，D29，D32，D35，D38，D41，D51 JIS G 3112（鉄筋コンクリート用棒鋼）に適合する熱間圧延異形棒鋼 ネジバー
問合せ先		JFE 条鋼(株)　鉄筋棒鋼営業部（技術サービス担当） 〒105-0004　東京都港区新橋五丁目 11 番 3 号　　TEL：03-5777-3820 URL：http://www.jfe-bs.co.jp/ お問合せフォーム：http://www.jfe-bs.co.jp/ds/support/inquiry.shtml

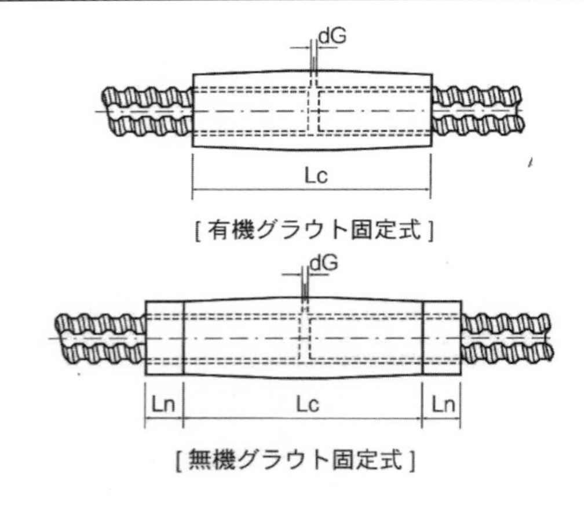

カプラー形状　※Lc は有機，無機とも同寸法

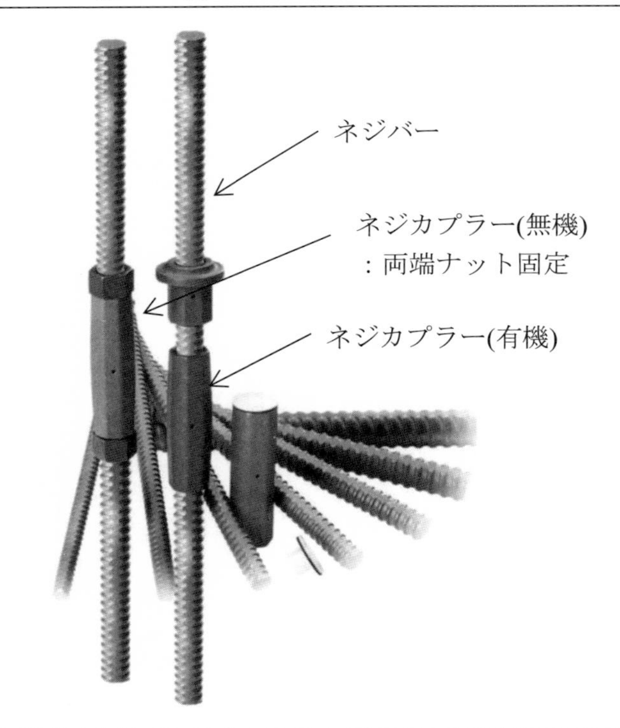

18. ねじ節鉄筋継手：JFE 条鋼(株)

工法名称		**ネジバーの機械式継手（ネジカプラー）　SA 級継手**
継手概要		・ネジバーのねじ状の節を生かした高性能な機械式継手（カプラー）である. ・ねじ締めの要領で鉄筋をつなぎ，有機グラウト材（エポキシ樹脂系）で固定する継手方式で，使用するカプラーは A 級と同じ寸法である. ・「鉄筋定着・継手指針」（(公社) 土木学会編）に準拠した継手性能試験を行い，継手単体の SA 級性能を SD345，SD490 で確認済みである. ※SD490 は D51 で確認 ・施工は，SD345 では A 級継手と同じ要領での性能発揮が可能で，SD490 ではナットトルクと鉄筋トルクとの併用により性能発揮が可能である.
評定番号あるいは証明番号		土研セ構性 第 1702 号（SD345-D51，SD490-D51）：(一財) 土木研究センター 第三者試験機関：コベルコ科研 JAK1251420、JAK1480220、JAK14Y0750 他 （SD345-D51，SD490-D51 以外）
継手性能		SA 級
使用鉄筋	種類	SD295A，SD345，SD390，SD490
	呼び名	(D13，D16)　D19，D22，D25，D29，D32，D35，D38，D41，D51 JIS G 3112（鉄筋コンクリート用棒鋼）に適合する熱間圧延異形棒鋼 ネジバー
問合せ先		JFE 条鋼(株)　鉄筋棒鋼営業部（技術サービス担当） 〒105-0004　東京都港区新橋五丁目 11 番 3 号 TEL：03-5777-3820 URL：http://www.jfe-bs.co.jp/ お問合せフォーム：http://www.jfe-bs.co.jp/ds/support/inquiry.shtml

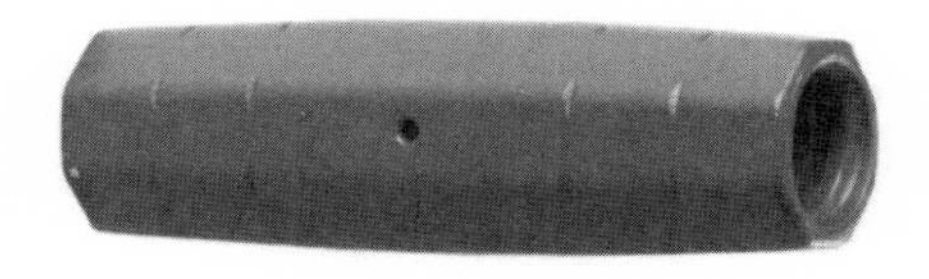

カプラー姿図

SD345（および SD295A）	SD490（および SD390）
ネジカプラー　グラウト材注入孔 カプラー形状	ナットトルク(180N・m)　鉄筋トルク(同左) カプラー形状
固定方式は，有機グラウト タイプ Y の注入による	固定方式は，有機グラウト タイプ Y の注入に加え，片側ナットトルク（180Nm）および 片側鉄筋トルク締め（180Nm）

<table>
<tr><td colspan="3">19. ねじ節鉄筋継手：JFE 条鋼(株)</td></tr>
<tr><td colspan="2">工法名称</td><td>ネジバーの機械式継手　打継ぎ用継手（ネジカプラー　タイプ J）</td></tr>
<tr><td colspan="2">継手概要</td><td>・ネジバーを使った基礎，地中梁，地中連続壁などの打継ぎ部に用いることができる，打継ぎ用の継手である．
・ナットが不要なため，施工効率の向上が見込める．
・打継ぎ部の鉄筋（差し筋）をコンクリートから突き出さなくてよいため，災害防止にも寄与する．
・接合方向は，従来の上向き，横向きに加え，逆打ちによる施工も可能となり，地下コンクリート構造物の「逆打ち工法」や耐震補強工事の鉄筋継手としても使用できる．
・グラウト材は，有機グラウト固定式，および無機グラウト固定式が利用できる．</td></tr>
<tr><td colspan="2">評定番号
あるいは
証明番号</td><td>A 級　：BCJ 評定-RC0367-05（有機），BCJ 評定-RC0399-04（無機）
SA 級　：第三者試験機関（コベルコ科研：JAK1671780）</td></tr>
<tr><td colspan="2">継手性能</td><td>A 級，SA 級</td></tr>
<tr><td rowspan="2">使用
鉄筋</td><td>種類</td><td>SD295A，SD345，SD390，SD490　（SA 級は SD295A，SD345）</td></tr>
<tr><td>呼び名</td><td>D19，D22，D25，D29，D32，D35，D38，D41，D51
JIS G 3112（鉄筋コンクリート用棒鋼）に適合する熱間圧延異形棒鋼 ネジバー</td></tr>
<tr><td colspan="2">問合せ先</td><td>JFE 条鋼(株)　鉄筋棒鋼営業部（技術サービス担当）
〒105-0004　東京都港区新橋五丁目 11 番 3 号　　TEL：03-5777-3820
URL：http://www.jfe-bs.co.jp/
お問合せフォーム：http://www.jfe-bs.co.jp/ds/support/inquiry.shtml</td></tr>
</table>

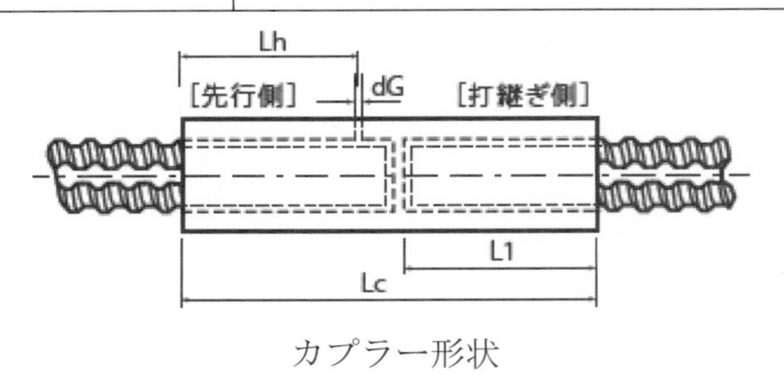

カプラー形状

養生用キャップ

逆打用グラウト容器

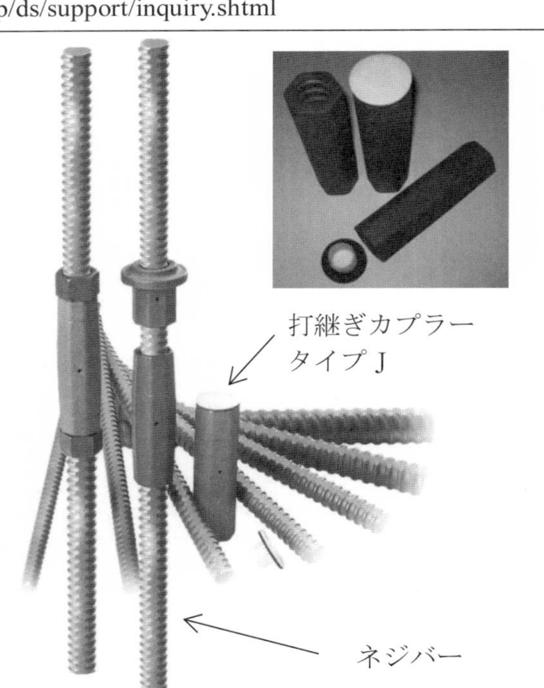

<table>
<tr><td colspan="3">20. ねじ節鉄筋継手：JFE 条鋼(株)</td></tr>
<tr><td colspan="2">工法名称</td><td>ネジバーの位相差吸収型機械式継手　J Fit Joint</td></tr>
<tr><td colspan="2">継手概要</td><td>・ネジバーの節ピッチのずれ（位相差）を吸収できる継手である.
・用途として，プレキャストコンクリート造の部材や，場所打ちコンクリート杭の先組み工法など，端部が固定されたネジバーの接合に適用できる.
※プレキャストコンクリート造の接合部に継手を設ける場合は，実際の接合条件を再現する部材の試験結果が必要である.
・ねじ締めの要領で鉄筋をつなぎ，無機グラウト材（モルタル系）で固定する継手方式で，使用するカプラーは専用品である.</td></tr>
<tr><td colspan="2">評定番号あるいは証明番号</td><td>BCJ 評定-RC0511-01</td></tr>
<tr><td colspan="2">継手性能</td><td>A 級</td></tr>
<tr><td rowspan="2">使用鉄筋</td><td>種類</td><td>SD295A，SD345，SD390，SD490</td></tr>
<tr><td>呼び名</td><td>D19，D22，D25，D29，D32，D35，D38，D41
JIS G 3112（鉄筋コンクリート用棒鋼）に適合する熱間圧延異形棒鋼 ネジバー</td></tr>
<tr><td colspan="2">問合せ先</td><td>JFE 条鋼(株)　鉄筋棒鋼営業部（技術サービス担当）
〒105-0004　東京都港区新橋五丁目 11 番 3 号
TEL：03-5777-3820
URL：http://www.jfe-bs.co.jp/
お問合せフォーム：http://www.jfe-bs.co.jp/ds/support/inquiry.shtml</td></tr>
</table>

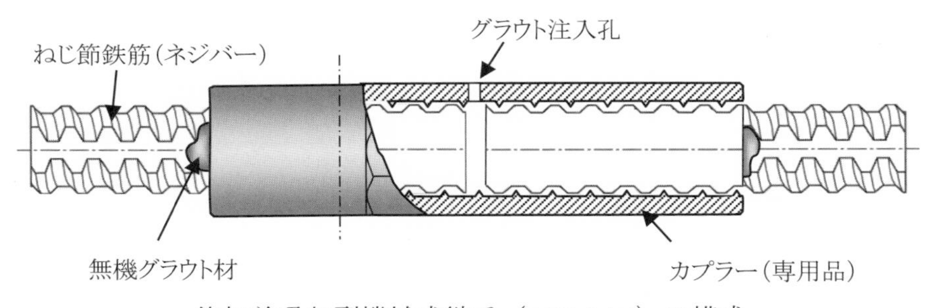

位相差吸収型機械式継手（J Fit Joint）の構成

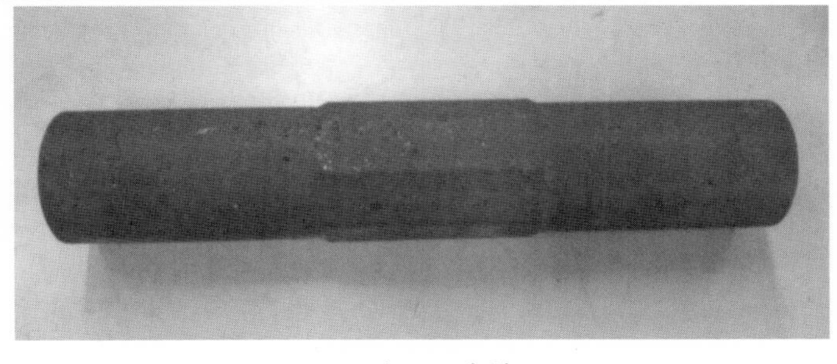

<カプラー全姿>

<table>
<tr><td colspan="4">21. ねじふし鉄筋継手：東京鉄鋼（株）</td></tr>
<tr><td colspan="2">工法名称</td><td>エースジョイント</td><td>エポックジョイント</td></tr>
<tr><td colspan="2">継手概要</td><td colspan="2">ねじふし形状の鉄筋（ネジテツコン）同士を専用カプラーで接合しグラウト材を充填・硬化させることにより応力伝達を行う継手.
大掛かりな施工器具を必要としないため施工が簡便で，作業員の施工技術レベルによらず均質な継手品質が得られる.
継手検査はグラウト充填確認，鉄筋嵌合長さ及びロックナット合せマークの確認で合理的に管理できる.</td></tr>
<tr><td colspan="2">評定番号あるいは証明番号</td><td colspan="2">BCJ 評定-RC0021-08，RC0174-06，RC0256-04，RC0303-05，
土研セ試験報告書　第 2315 号，土研セ企性　第 1401 号，第 1503 号，第 1601 号：（一財）土木研究センター</td></tr>
<tr><td colspan="2">継手性能</td><td>A 級</td><td>A～SA 級</td></tr>
<tr><td rowspan="3">使用鉄筋</td><td>種類</td><td colspan="2">SD295A・B～USD685A・B，USD980</td></tr>
<tr><td>呼び名</td><td colspan="2">D13～D51（USD980 は D32～D41）</td></tr>
<tr><td>形状</td><td colspan="2">ネジテツコン
JIS G 3112 に規定する異形棒鋼</td></tr>
<tr><td colspan="2">問合せ先</td><td colspan="2">住所：〒102-0071　東京都千代田区富士見 2-7-2
ステージビルディング 10 階・11 階・12 階
TEL：03-5276-9700　FAX：03-5276-9711
ホームページ：http://www.tokyotekko.co.jp</td></tr>
<tr><td colspan="3">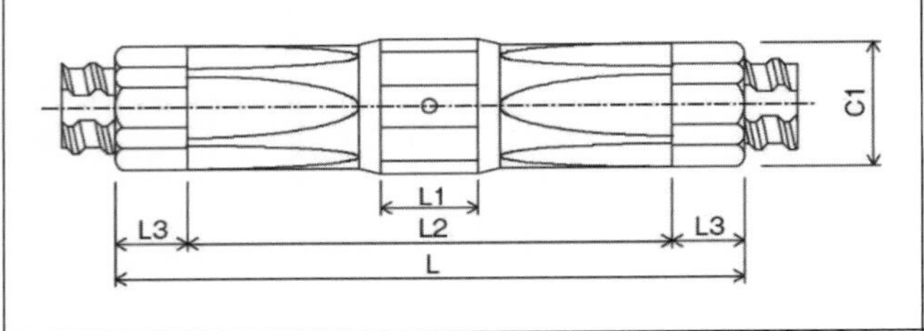
</td><td>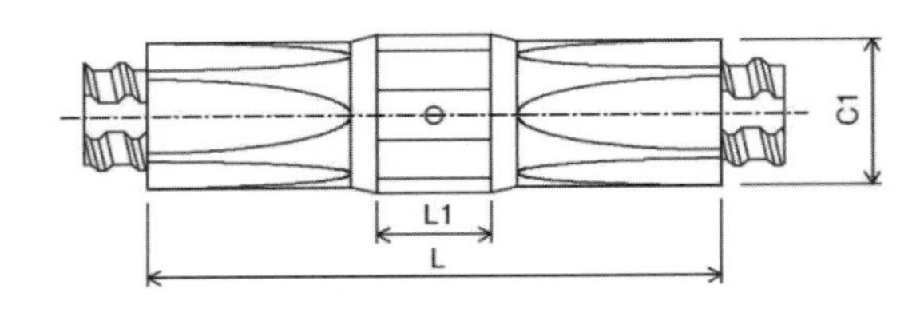
</td></tr>
<tr><td colspan="3">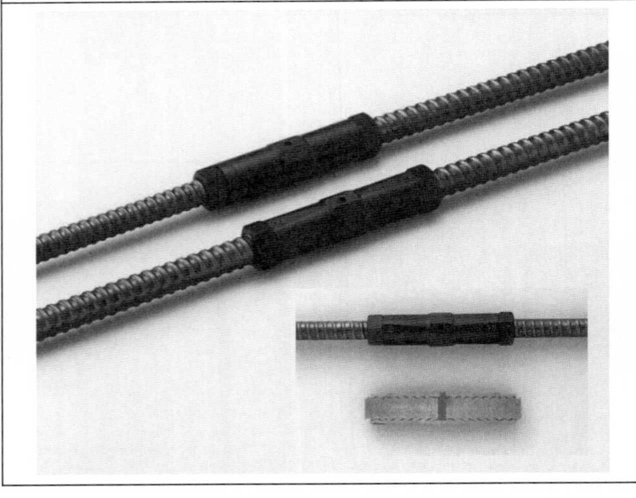</td><td>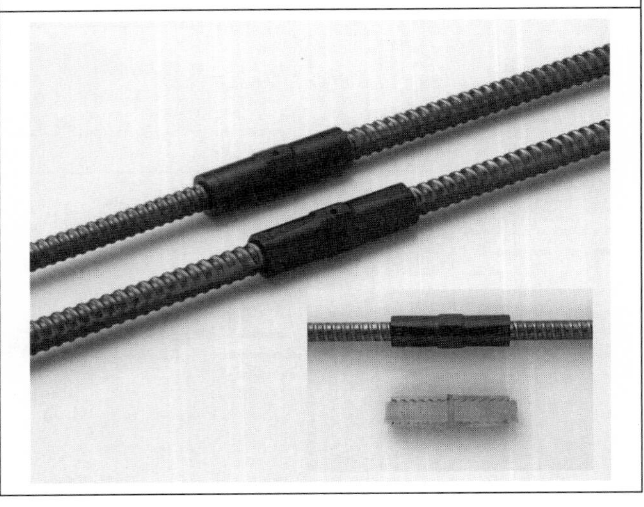</td></tr>
</table>

<table>
<tr><td colspan="4">22. ねじ節鉄筋継手：東京鉄鋼（株）</td></tr>
<tr><td colspan="2">工法名称</td><td>フリージョイント F タイプ</td><td>フリージョイント FS タイプ</td></tr>
<tr><td colspan="2">継手概要</td><td colspan="2">ネジテツコンのねじピッチのずれを吸収できる継手．軸方向に移動が不可能なプレキャスト部材の接合に適している．</td></tr>
<tr><td colspan="2">評定番号あるいは証明番号</td><td>BCJ 評定-RC0112-06，RC0209-03
土研セ企性　第 1604 号：（一財）土木研究センター</td><td>BCJ 評定-RC0112-06</td></tr>
<tr><td colspan="2">継手性能</td><td>A～SA 級</td><td>A 級</td></tr>
<tr><td rowspan="3">使用鉄筋</td><td>種類</td><td>SD295A・B～USD590A・B</td><td>SD295A・B～SD490</td></tr>
<tr><td>呼び名</td><td>D19～D51</td><td>D19～D51</td></tr>
<tr><td>形状</td><td>JIS G 3112 に適合する異形棒鋼ネジテツコン及び大臣認定品</td><td>JIS G 3112 に適合する異形棒鋼ネジテツコン</td></tr>
<tr><td colspan="2">問合せ先</td><td colspan="2">住所：〒102-0071　東京都千代田区富士見 2-7-2
ステージビルディング 10 階・11 階・12 階
TEL：03-5276-9700　FAX：03-5276-9711
ホームページ：http://www.tokyotekko.co.jp</td></tr>
<tr><td colspan="3">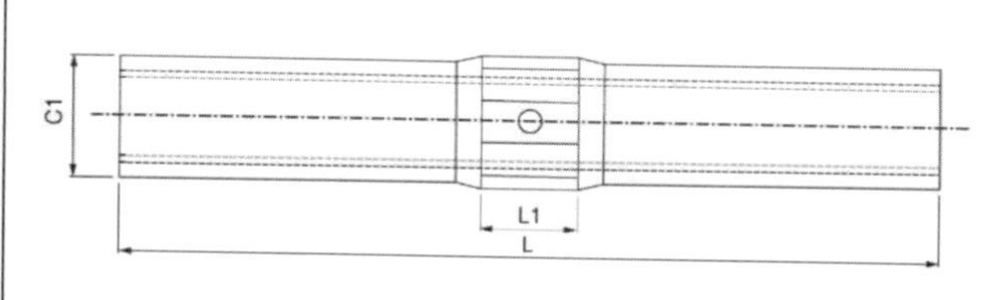
</td><td>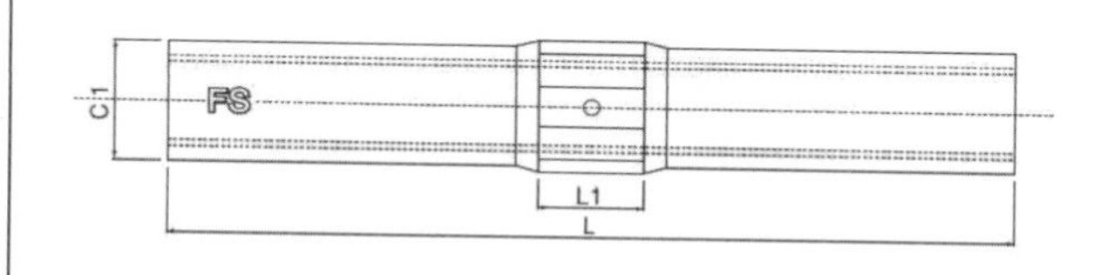
</td></tr>
<tr><td colspan="3">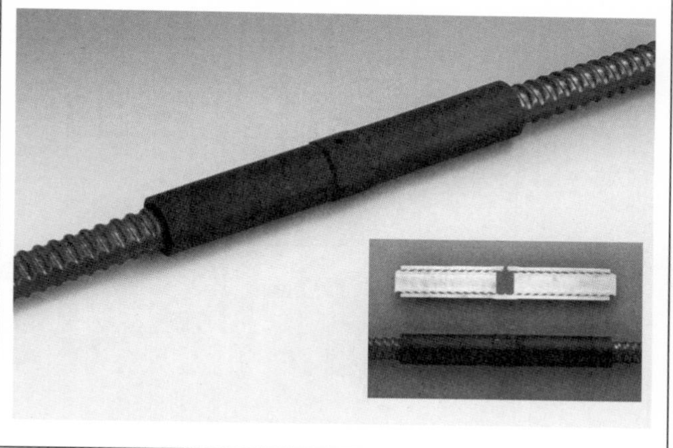</td><td>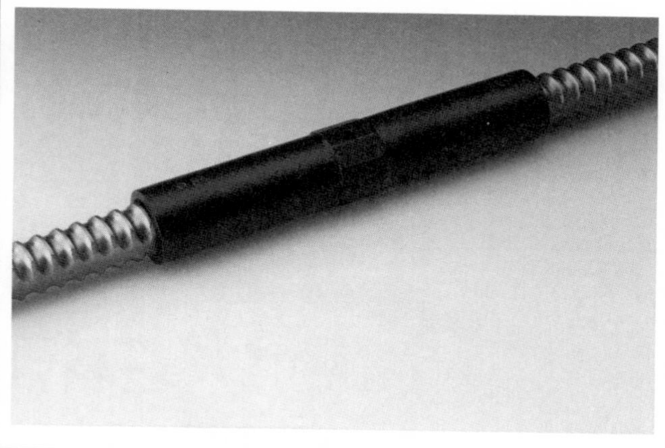</td></tr>
</table>

23. ねじ節鉄筋継手：東京鉄鋼（株）			
工法名称		**リレージョイント**	**エポックジョイント EP**
継手概要		ナット締付け接合による先行側鉄筋と，グラウト充填式による打継ぎ側鉄筋の接合方式のため，打継ぎ工法に適した継手.	エポキシ樹脂塗装されたねじふしの異形鉄筋（エポキシネジテツコン）同士を接合する継手. 塩害を受ける環境下での接合に適している.
評定番号あるいは証明番号		BCJ 評定-RC0282-06 土研セ企性　第 1607 号，第 1903 号：(一財）土木研究センター 試験成績書第 16-0230 号	評定 CBL RC007-14 号
継手性能		A～SA 級	A 級
使用鉄筋	種類	SD295A・B～SD490	SD295A・B～SD390
	呼び名	D13～D51	D19～D51
	形状	JIS G 3112 に適合する異形棒鋼ネジテツコン	JIS G 3112 に適合した熱間圧延異形棒鋼（ネジテツコン）にエポキシ樹脂塗装したエポキシネジテツコン
問合せ先		住所：〒102-0071　東京都千代田区富士見 2-7-2 ステージビルディング 10 階・11 階・12 階 TEL：03-5276-9700　FAX：03-5276-9711 ホームページ：http://www.tokyotekko.co.jp	
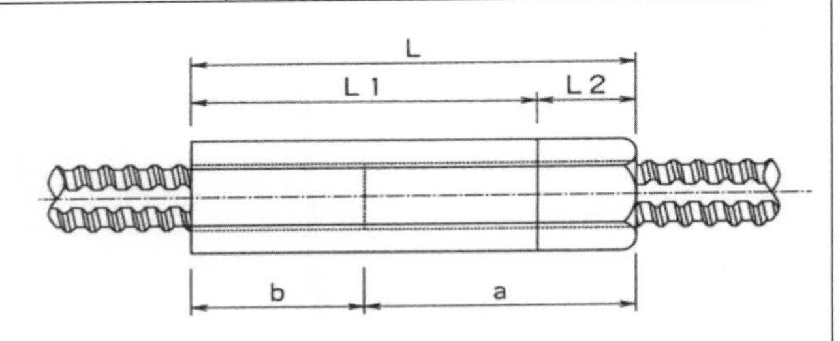		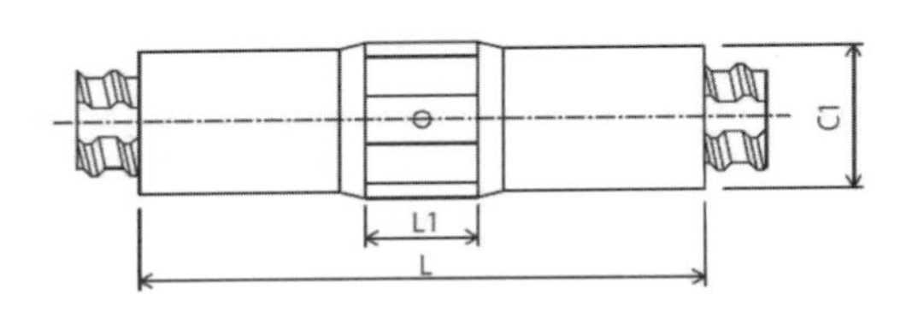	
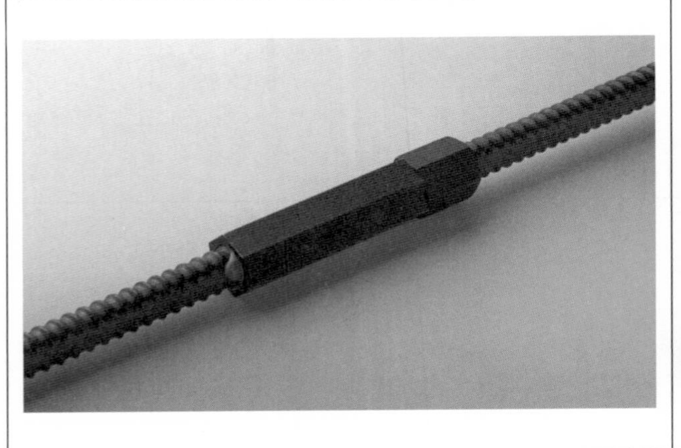		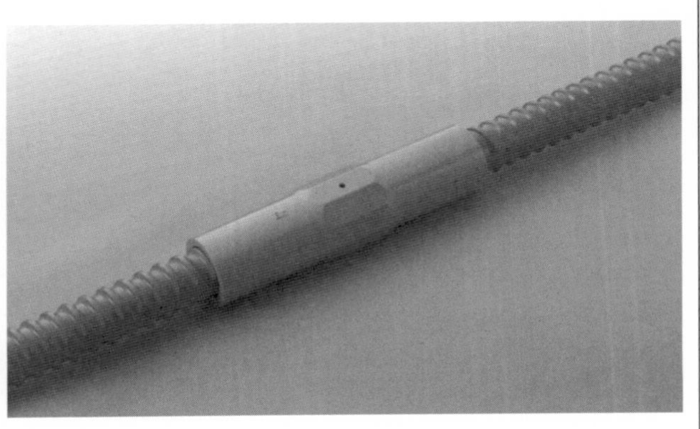	

<table>
<tr><td colspan="3">24. ねじ節鉄筋継手：日本製鉄（株）</td></tr>
<tr><td colspan="2">工法名称</td><td>ネジデーバー継手　グラウト式</td></tr>
<tr><td colspan="2">継手概要</td><td>ねじ節鉄筋（ネジデーバー）を雌ネジ加工したカプラーで継ぎ合わせ，グラウト固定方式により鉄筋の接合を行うもの.
天候の影響を受けにくく，技能講習を受けた作業員が標準仕様書に定める施工手順に従い施工し，所定の品質管理を行うことによって継手品質を確保できる.</td></tr>
<tr><td colspan="2">評定番号
あるいは
証明番号</td><td>BCJ 評定-RC0285-04</td></tr>
<tr><td colspan="2">継手性能</td><td>A～SA 級</td></tr>
<tr><td rowspan="3">使
用
鉄
筋</td><td>種類</td><td>SD345～SD390</td></tr>
<tr><td>呼び名</td><td>D22～D51</td></tr>
<tr><td>形状</td><td>ネジデーバー（ねじ節鉄筋）</td></tr>
<tr><td colspan="2">問合せ先</td><td>住所：〒100-8071　東京都千代田区丸の内 2-6-1
TEL：03-6867-6392　FAX：03-6867-4931
ホームページ：http://www.nipponsteel.com/</td></tr>
</table>

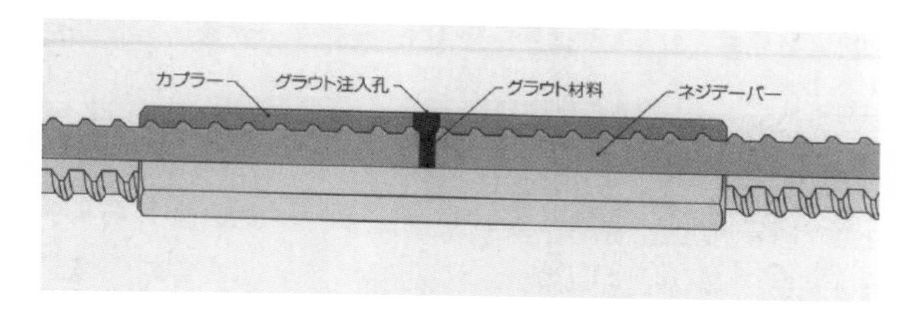

25. モルタル充填継手：東京鉄鋼（株）

工法名称		トップスジョイント	NEW ボルトトップス
継手概要		鋳鉄製のスリーブに接合する相互の鉄筋を挿入し，この鉄筋とスリーブの隙間にグラウト材を充填・硬化させることで応力の伝達を行う継手. 鉄筋とスリーブ間は十分なクリアランスを有しており，プレキャスト部材の継手として用いられる.	鋳鉄製のスリーブに接合する相互の鉄筋を挿入し，この鉄筋とスリーブの隙間にグラウト材を充填・硬化させることで応力の伝達を行う継手. 鉄筋とスリーブ間は十分なクリアランスを有しており，プレキャスト部材や現場打ちの継手として用いられる.
評定番号あるいは証明番号		BCJ 評定-RC0222-05 BCJ 評定-RC0246-03 BCJ 評定-RC0334-02	BCJ 評定-RC0420-03 土研セ企性　第 1610 号, 第 1621 号, 第 1633 号，土研セ構継　第 1810 号：(一財) 土木研究センター
継手性能		A 級（SD490 以下：条件付き SA 級）	A 級～SA 級
使用鉄筋	種類	SD295A・B～SD490 (USD590，685 も対応可)	SD295A・B～SD490 (USD590，685 も対応可)
	呼び名	D13～D51（D13，D16 は SD390 以下のみ）	D13～D51
	形状	JIS G 3112 に適合した異形棒鋼及び大臣認定品（SA 級として使用する場合は，継手単体性能試験で SA 級を満足した節形状）	
問合せ先		住所：〒102-0071　東京都千代田区富士見 2-7-2 ステージビルディング 10 階・11 階・12 階 TEL：03-5276-9700　FAX：03-5276-9711 ホームページ：http://www.tokyotekko.co.jp	

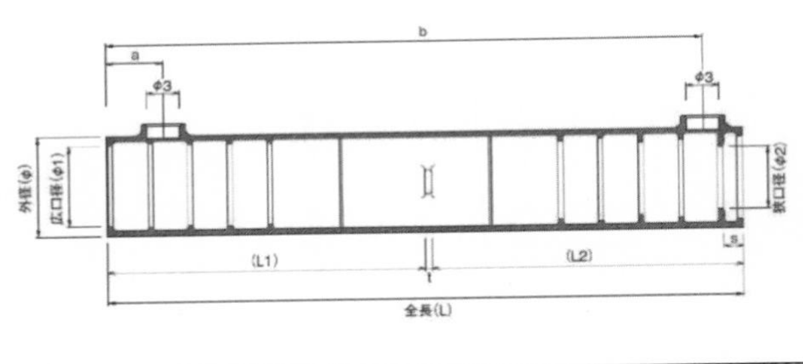

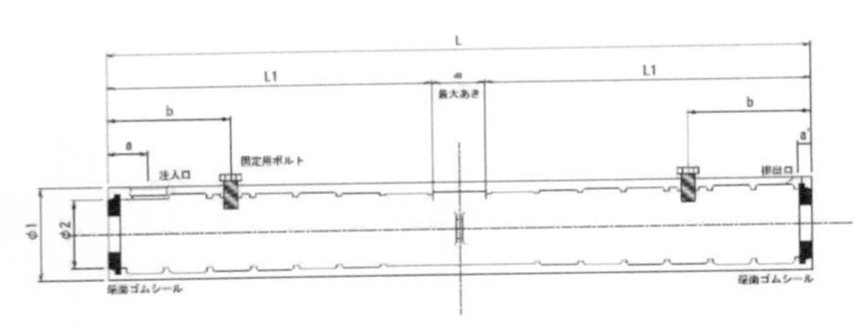

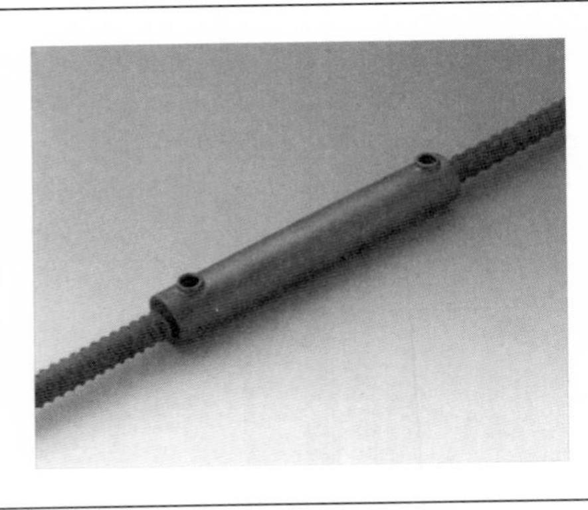

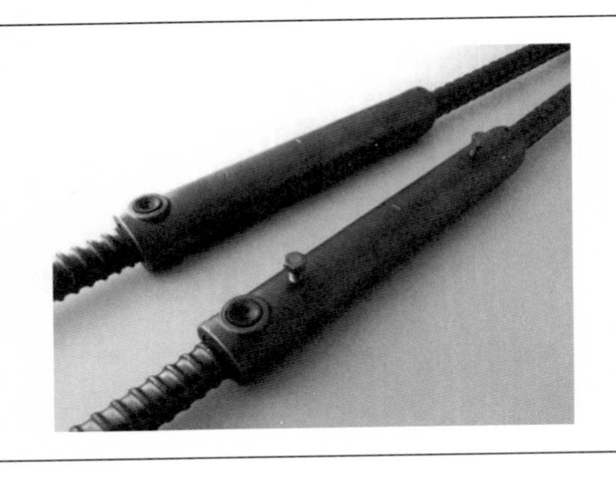

<table>
<tr><td colspan="4">26. モルタル充填継手：日本スプライスリーブ（株）</td></tr>
<tr><td colspan="2">工法名称</td><td colspan="2">スーパーUX（SA）/スリムスリーブ</td></tr>
<tr><td colspan="2">継手概要</td><td colspan="2">内壁に凹凸を有する鋳鉄製スリーブ内に異形鉄筋相互が挿入され，充填されたグラウトの硬化により異形鉄筋が接合される継手工法である．
鉄筋接合が容易になるように適度なクリアランスを有し，かつ，接合時に 2 次応力が発生しないことから，プレキャスト工法や鉄筋先組み工法に適しており，天候や作業者の技量に左右されにくく，特殊な機器を用いることなく，誰にでも容易に施工できる．</td></tr>
<tr><td colspan="2">評定番号
あるいは
証明番号</td><td>BCJ-RC0192-04，BCJ-RC0216-06</td><td>BCJ-RC0393-03，BCJ-RC0460-01
土研セ企性　第 1403 号，第 1710 号，
土研セ構継　第 1807 号：(一財) 土木研究センター</td></tr>
<tr><td colspan="2">継手性能</td><td>A 級（SD490 以下：条件付き SA 級）</td><td>A 級～SA 級</td></tr>
<tr><td rowspan="3">使用鉄筋</td><td>種類</td><td>SD295A・B～SD685A・B</td><td>SD295A・B～SD685A・B</td></tr>
<tr><td>呼び名</td><td>D16～D41</td><td>D10～D51</td></tr>
<tr><td>形状</td><td>JIS G 3112 に規定する異形棒鋼（SA 級に用いる場合はねじふし鉄筋を除く）</td><td>JIS G 3112 に規定する異形棒鋼</td></tr>
<tr><td colspan="2">問合せ先</td><td colspan="2">住所：〒103-0015 東京都中央区日本橋箱崎町 17-1
TEL:　03-5642-6120　FAX：03-5642-6150
ホームページ：http://www.splice.co.jp</td></tr>
</table>

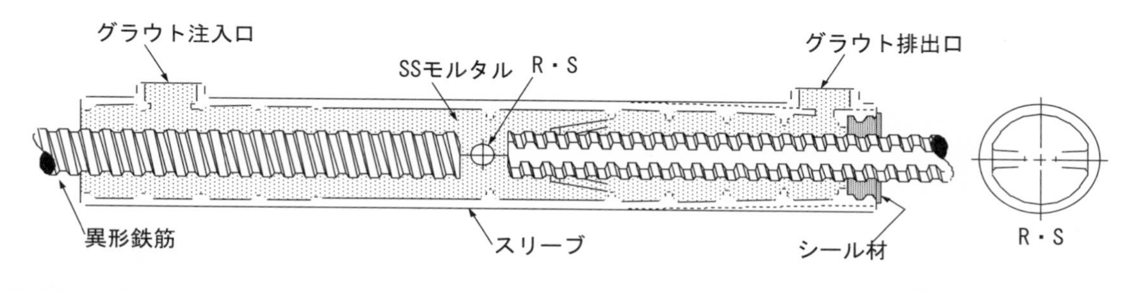

27. モルタル充填継手：㈱富士ボルト製作所		
工法名称		**FD グリップ　M タイプ**
継手概要		プレス加工したスリーブ内に，接合する異形鉄筋を相互に挿入して，専用のグラウト材を充てんする．硬化したグラウトを介して応力伝達を図る機械式継手である．スリーブは機械的性質に富み，延性の高い，機械構造用鋼管を採用している．また，外形を独特の波形に成形することで，躯体への付着性能を向上させている．スリーブと鉄筋を固定する止めネジには，高強度ボルトを採用しており，先組鉄筋かご等の吊り上げにも十分対応している．
評定番号あるいは証明番号		BCJ 評定-RC0154-04
継手性能		A級
使用鉄筋	種類	SD295A・B～SD490
	呼び名	D16～D51
	形状	JIS G 3112 に規定する異形棒鋼
問合せ先		住所：〒131-8505　　東京都墨田区押上 2-8-2 TEL　：03-5637-7192　　FAX　：03-5637-7195 ホームページ：http://www.fujibolt.co.jp

FDグリップ　Mタイプ　全体図

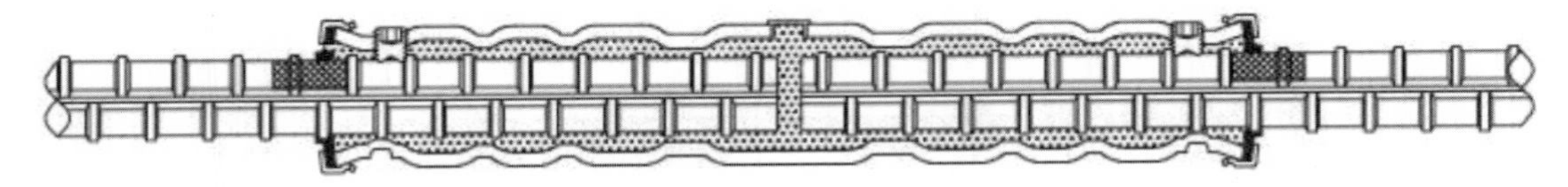

28. 摩擦圧接ねじ継手：合同製鐵(株)

工法名称		**EG ジョイント**
継手概要		本工法は，摩擦圧接工法によって端部にネジを圧接した 2 本の鉄筋をカプラーによって接合し，トルクレンチによる締付けによって一体化する機械式継手工法である． 本継手の特徴として，①コンパクトで納まりが良好，②応力はすべてネジを介して伝達，③産業廃棄物の発生量が少ない等が挙げられる． また，摩擦圧接は自動車産業にも多く用いられる信頼性の高い接合方法である．
評定番号あるいは証明番号		BCJ 評定－RC0001-03 土研セ企性 第 1602 号，第 1606 号，第 1622 号，第 1202 号，第 1711 号：(一財) 土木研究センター
継手性能		SA 級 （同鋼種＋同径）
使用鉄筋	鋼種	SD295A～SD490
	呼び名	D13～D51 （ただし，D13～D19 は，SD390 以下）
	形状	JIS G 3112 に規定する異形棒鋼
問合せ先		住所：〒100-0005　東京都千代田区丸の内一丁目 9 番 1 号 TEL：03-5218-7093　　FAX：03-5218-7085 ホームページ：http://www.godo-steel.co.jp

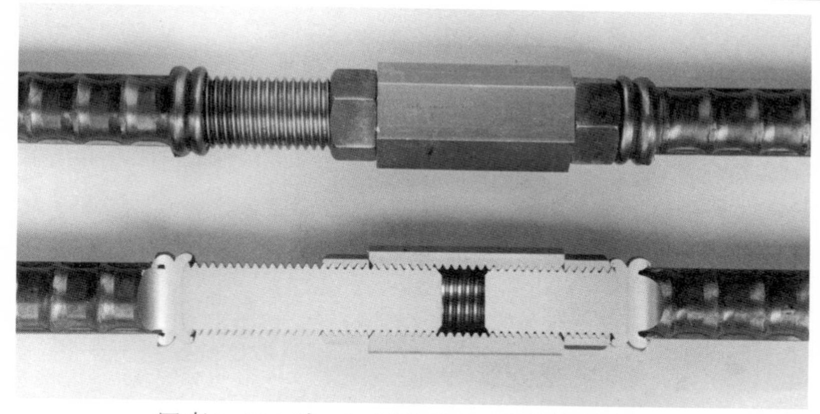

写真 1　EG ジョイント断面図（調整代最大時）

写真 2　施工写真 1

写真 3　施工写真 2

29. 摩擦圧接ねじ継手：合同製鐵（株）		
工法名称		**EG 打継ジョイント（ナットレスタイプ）**
継手概要		本工法は，摩擦圧接工法によって端部にそれぞれネジとカプラーを圧接した2本の鉄筋を接合し，トルクレンチによる締付けによって一体化する機械式継手工法である． 本継手は主に打継継手として用い，その特徴として，①コンパクトで納まりが良好，②応力はすべてネジを介して伝達，③産業廃棄物の発生量が少ない等が挙げられる． また，摩擦圧接は自動車産業にも多く用いられる信頼性の高い接合方法である．
評定番号あるいは証明番号		BCJ 評定－C2269 土研セ企性 第1202号，第1711号：（一財）土木研究センター
継手性能		SA級 （同鋼種＋同径）
使用鉄筋	鋼種	SD295A～SD390
	呼び名	D13～D32
	形状	JIS G 3112 に規定する異形棒鋼
問合せ先		住所：〒100-0005 東京都千代田区丸の内一丁目9番1号 TEL：03-5218-7093 FAX：03-5218-7085 ホームページ：http://www.godo-steel.co.jp

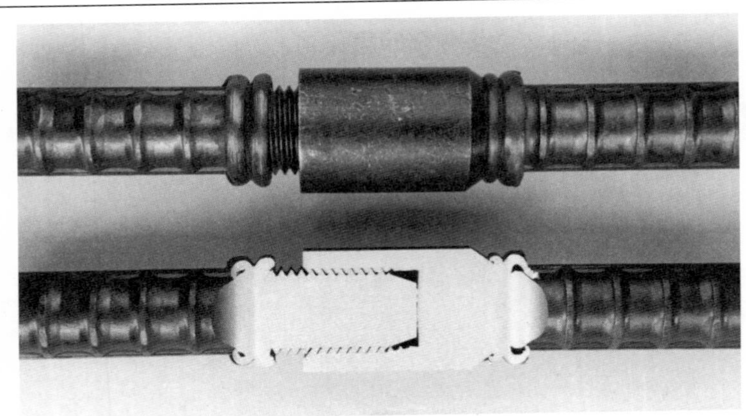

写真1 EG 打継ジョイント断面図

写真2 施工写真1

写真3 施工写真2

<table>
<tr><td colspan="3">30.スリーブ圧着ねじ継手：㈱富士ボルト製作所</td></tr>
<tr><td colspan="2">工法名称</td><td>FD グリップ　A,B,H タイプ</td></tr>
<tr><td colspan="2">継手概要</td><td>本継手は，雌ねじ加工を施したスリーブを異形鉄筋端部に圧着し，この圧着されたスリーブ同士を専用の接続ボルトを用いて接合する．圧着された両方のスリーブを接続するにあたり，専用のボルトを介して規定トルク値で締付け固定する．
A タイプ：片側の鉄筋を回転させることが容易な場合．
B タイプ：鉄筋を回転して接合することが困難か，または不可能な場合．
H タイプ：A，B タイプでも不可能で，接続する鉄筋が移動不可能な場合．</td></tr>
<tr><td colspan="2">評定番号
あるいは
証明番号</td><td>BCJ 評定-C1906，BCJ 評定-C1907（追 1），
土研セ企性　第 1303 号 ，第 1609 号 ，第 1713 号：(一財) 土木研究センター</td></tr>
<tr><td colspan="2">継手性能</td><td>A 級～SA 級</td></tr>
<tr><td rowspan="3">使用鉄筋</td><td>鋼種</td><td>SD295A・B～SD490</td></tr>
<tr><td>呼び名</td><td>D13～D51</td></tr>
<tr><td>形状</td><td>JIS G 3112 に規定する異形棒鋼</td></tr>
<tr><td colspan="2">問合せ先</td><td>住所：〒131-8505　　東京都墨田区押上 2-8-2
TEL　：03-5637-7192　　FAX　：03-5637-7195
ホームページ：http://www.fujibolt.co.jp</td></tr>
</table>

A タイプ

B タイプ

H タイプ

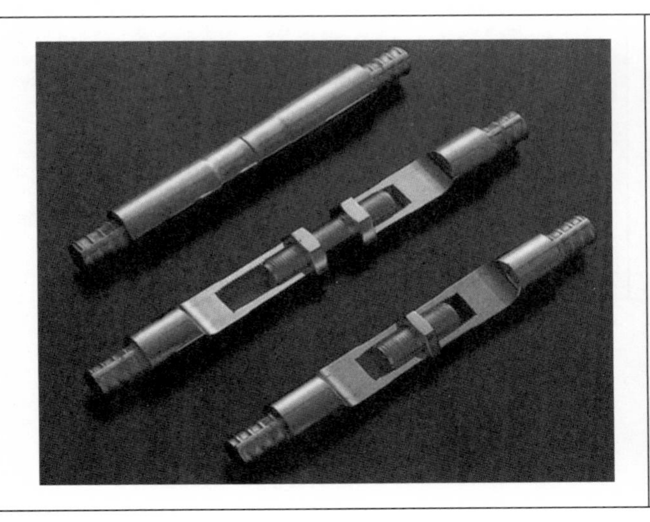

<table>
<tr><td colspan="3">31. スリーブ圧着ねじ継手； 岡部株式会社</td></tr>
<tr><td colspan="2">工法名称</td><td>CS ジョイント工法</td></tr>
<tr><td colspan="2">継手概要</td><td>CS ジョイント工法は，接合する異形鉄筋の突合わせ両端部に，めねじ加工を施したスリーブを専用の圧着装置で固着し，スリーブ間を中継ボルトで接合する機械式継手である．
接合する鉄筋の一方が回転でき，軸方向に移動可能な場合にはI型，接合する鉄筋が回転困難であり，一方が軸方向に移動可能な場合にはII型，接合する鉄筋が，両方とも回転・移動困難な場合はIII型の 3 タイプがある．</td></tr>
<tr><td colspan="2">評定番号
あるいは
証明番号</td><td>BCJ 評定-RC0263-03</td></tr>
<tr><td colspan="2">継手性能</td><td>A 級</td></tr>
<tr><td rowspan="3">使用鉄筋</td><td>種類</td><td>SD295A・B～SD390</td></tr>
<tr><td>呼び名</td><td>D13～D51</td></tr>
<tr><td>形状</td><td>JIS G 3112 に規定する異形棒鋼</td></tr>
<tr><td colspan="2">問合せ先</td><td>住所：〒131-8505 東京都墨田区押上 2-8-2
TEL: 03-3624-6201 FAX： 03-3624-6217
ホームページ：http://www.okabe.co.jp</td></tr>
</table>

32.スリーブ圧着継手：㈱富士ボルト製作所		
工法名称		**FD グリップ　R タイプ**
継手概要		本継手は，専用のスリーブの中に異形鉄筋を挿入し，スリーブを圧着させることで異形鉄筋とスリーブを接合する．既存鉄筋との接続に威力を発揮いたしますので，拡幅工事，打継ぎ用鉄筋等，現場にて容易に施工のできる継手です． 継手の接合には，油圧ポンプと圧着機を用います．
評定番号あるいは証明番号		BCJ 評定-C2215
継手性能		A 級～SA 級
使用鉄筋	鋼種	SD295A～SD490
	呼び名	D10～D32
	形状	JIS G 3112 に規定する異形棒鋼
問合せ先		住所：〒131-8505　東京都墨田区押上 2-8-2 TEL　：03-5637-7192　FAX　：03-5637-7195 ホームページ：http://www.fujibolt.co.jp

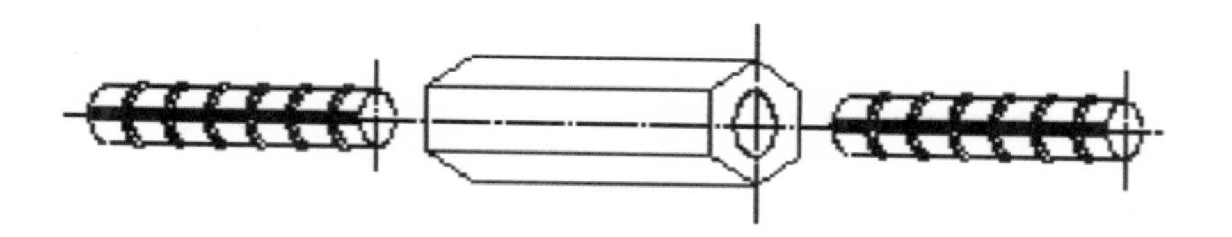

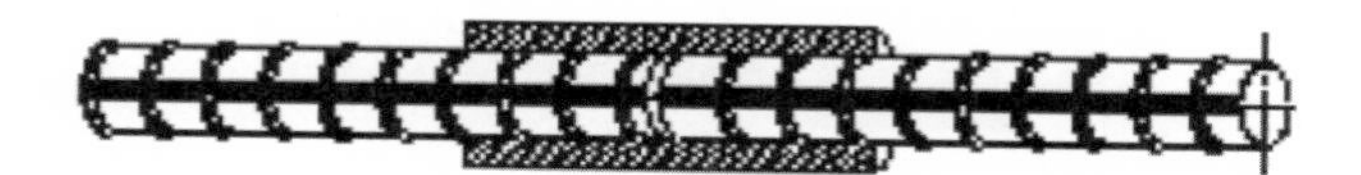

<table>
<tr><td colspan="3">33. くさび固定継手：岡部株式会社</td></tr>
<tr><td colspan="2">工法名称</td><td>OSフープクリップ工法</td></tr>
<tr><td colspan="2">継手概要</td><td>OS フープクリップ工法は，鉄筋の重ね部に長円形の鋼管中央に貫通孔を設けたスリーブを配置し，その中央部にくさび型のウェッジを専用圧入機により圧入する機械式鉄筋継手で，帯鉄筋，中間鉄筋，スターラップ，配力鉄筋（疲労繰返し荷重の生じる梁，床版の配力鉄筋は除く）に使用できる．
また，熟練工を必要とせずに信頼性の高い継手を設けることができ，施工の省力化や配筋作業の簡略化が図れる．</td></tr>
<tr><td colspan="2">評定番号
あるいは
証明番号</td><td>BCJ評定-RC0077-04,
（一財）土木研究センター建設技術審査証明（土木系材料・製品・技術，道路保全技術）建技審証第0436号</td></tr>
<tr><td colspan="2">継手性能</td><td>（部材試験結果によった性能確認）</td></tr>
<tr><td rowspan="3">使用
鉄筋</td><td>種類</td><td>SD295A･B～SD345</td></tr>
<tr><td>呼び名</td><td>D13～D19</td></tr>
<tr><td>形状</td><td>JIS G 3112に規定する異形棒鋼</td></tr>
<tr><td colspan="2">問合せ先</td><td>住所：〒131-8505　東京都墨田区押上2-8-2
TEL:　03-3624-6201　FAX:　03-3624-6217
ホームページ：http://www.okabe.co.jp</td></tr>
</table>

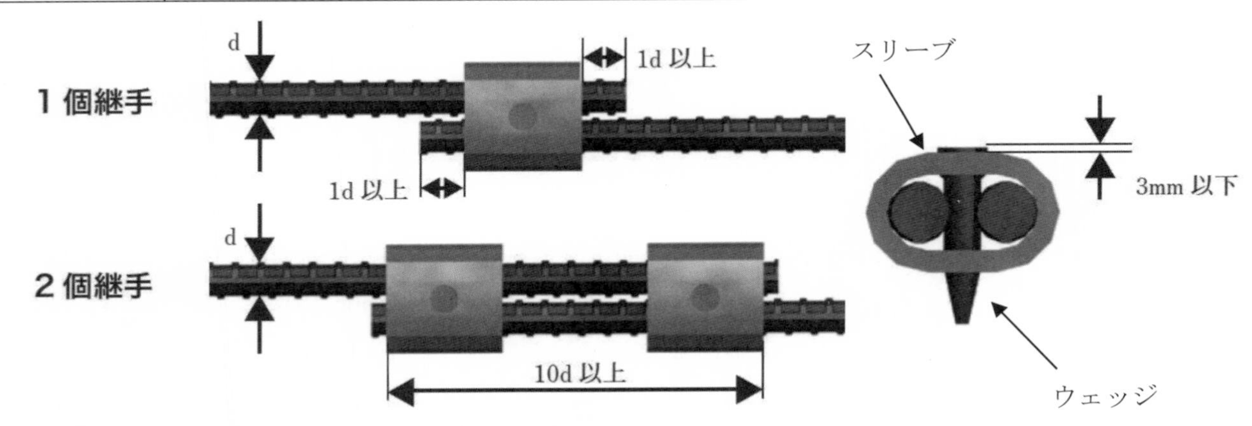

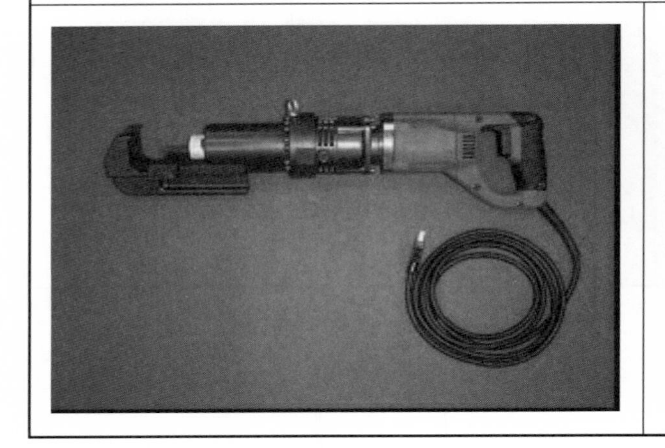

改訂資料

鉄筋定着・継手指針［2020 年版］
改訂資料

1．改訂の目的

鉄筋定着・継手指針の前身である「鉄筋継手指針」は，コンクリートライブラリ No.49 として 1982 年に発刊された．この指針は以下の構成であった．

Ⅰ　鉄筋継手設計施工基本指針（案）

Ⅱ　鉄筋継手評価指針（案）

Ⅲ　継手種類別設計施工指針（案）

Ⅳ　継手実験資料

この時，Ⅲに記載されていた継手工法は，圧着継手，ねじふし鉄筋継手，ねじ加工継手，溶融金属充填継手，モルタル充填継手，自動ガス圧接継手の 6 種類であり，1984 年にはコンクリートライブラリ No.55「鉄筋継手指針（その 2）」としてエンクローズ溶接継手が加えられた．

2007 年には，新たに開発されてきた機械式定着を適用範囲に加え，コンクリート標準示方書が 2002 年の改訂から性能照査型に移行したことに対応した改訂版として，コンクリートライブラリ No.128「鉄筋定着・継手指針［2007 年版］」（以下，2007 年版）が発刊された．2007 年版は以下の構成であった．この時，鉄筋継手については対象工法の改廃が行われた．

Ⅰ　共通編

Ⅱ　機械式定着編

Ⅲ　圧接継手編

Ⅳ　溶接継手編

Ⅴ　機械式継手編

2007 年版の発刊から 10 年が経過し，この間に性能照査型設計法が成熟した．また，鉄筋コンクリート工事の生産性向上が求められ，鉄筋の定着・継手にも対応が求められるようになった．たとえば，日建連から国土交通省の指導のもと「機械式鉄筋定着工法の配筋設計ガイドライン」，「現場打ちコンクリート構造物に適用する機械式継手工法ガイドライン」が発刊されている．また，土木学会でもコンクリートライブラリ No.148「コンクリート構造物における品質を確保した生産性向上に関する提案」において，鉄筋の機械式定着と継手の配置に関する提案がなされている．さらに，土木学会コンクリート標準示方書【設計編】も 2017 年の改訂で鉄筋継手に関する記述の変更が行われている．

これらを背景として，土木学会コンクリート委員会は民間 24 社の委託に応じ，2018 年に鉄筋定着・継手指針改訂小委員会を設置して改訂作業を行い，このたび「鉄筋定着・継手指針［2020 年版］」（以下，2020 年版）を発刊することとなった．

今回の改訂は下記を目的としている．

(1) 2017 年制定コンクリート標準示方書への対応

2017 年制定コンクリート標準示方書では，鉄筋の定着・継手について，本編 13 章鉄筋コンクリートの前提および標準 7 編鉄筋コンクリートの前提および構造細目に記載している．

たとえば鉄筋の継手に関しては，標準 7 編 2.6.1 に，“鉄筋の継手は，母材と同等の力学的特性を有し，部材の力学特性に及ぼす影響が小さく，施工および検査に起因する信頼度の高いものを選定することを原則とする.”と記述されている．また，2012年制定版まで条文として規定されていた，“継手を同一断面に集めないことを原則とする”，“鉄筋の継手位置は，できるだけ応力の大きい断面を避けることを原則とする.”の記述は解説に移され，“継手が同一断面となる場合は，継手の存在がひび割れや部材の変形に及ぼす影響を適切に考慮しなければならない.”，“塑性ヒンジ部の軸方向鉄筋に継手を設ける場合は，実物大部材を用いた載荷試験等の特別な検討を要する.”の記述が追加されている．

したがって，継手の力学特性と部材の力学特性の関係を明らかにしてゆく必要があるが，2007年版ではこれらの関係が不明確であり，“継手部の性能”という用語を用いていた．そこで，継手の力学特性→部材の力学特性→構造物の性能の関係から，構造物の性能照査が行える体系を目指す．定着に関しても同様である．

(2) 施工，検査および記録の再検討

継手の施工と検査は，“施工および検査に起因する信頼度”に影響することから，継手の各種類に関して施工，検査と信頼度の関係を明確化する必要がある．日本鉄筋継手協会では，ガス圧接，溶接，機械式の3種類の継手の品質管理レベルの平準化を図るため，2015年にJIS Z 3450「鉄筋の継手に関する品質要求事項」を制定（原案作成）し，2017年に鉄筋継手工事標準仕様書［ガス圧接継手，溶接継手，機械式継手］（以下，鉄筋継手工事標準仕様書）の改訂を行っている．この標準仕様書の下で協会により認証されている品質管理と検査のための要員（資格者）を活用する．同時に用語，施工と検査の方法は鉄筋継手工事標準仕様書との整合を図る．

定着に関しては，土木学会の定着・継手指針が唯一の公的な技術基準であるため，施工と検査の記述を充実させる．

また，近年，維持管理にあたって施工記録の重要性が強調されていることから，施工と検査の記録についても記述する．

(3) 継手単体の性能判定基準，試験方法の再検討

継手単体の性能判定基準は，従来から建築との整合性を考慮して記述されていたが，ガス圧接継手と溶接継手のA級継手の認定は日本鉄筋継手協会により行われている現状と，機械式継手が多様化し，従来の試験方法では不都合が生じる場合もあることから，建築との整合性に配慮しつつ，再検討を行う．

(4) 機械式定着編，圧接継手編，溶接継手編，機械式継手編のアップデート

定着・継手ともこの10年の間に新工法が開発されている．また，適用されなくなった工法もある．さらに継手に関しては2017年に改訂された鉄筋継手工事標準仕様書との整合を図る必要がある．したがって，各編の記述を付録として示す工法一覧も含めてアップデートする．

2．共通編

2.1　編の構成について

2007年版は，1章 総則，2章 鉄筋の定着，3章 鉄筋の継手の構成となっており，定着と継手が別々に記述されていた．定着と継手は，定着部と継手部の力学特性が部材の力学特性に影響し，その影響を考慮して構造物の性能照査を行うという流れは共通であるため，2020年版では両者をまとめて並列に記述することとした．

2.2　1章 総則について

2.2.1　適用の範囲について

2007年版では，鉄筋コンクリート，プレストレストコンクリートのほか，鋼コンクリート複合構造物も適用対象として本文に記述していたが，複合構造委員会より複合構造標準示方書が発刊され，鋼コンクリート複合構造物はこちらで扱われることになったため，2020年版では本文から鋼コンクリート複合構造物の記述を削除した．しかし，この指針の内容が鋼コンクリート複合構造物にも適用可能であることを解説に示した．

近年，開発が盛んに行われているプレキャスト工法では，プレキャスト部材同士の接合に機械式定着や鉄筋相互を接合する継手が用いられる場合がある．プレキャスト部材間に場所打ちコンクリート部を設け，機械式定着や鉄筋継手が場所打ちコンクリートの中で用いられる場合は，一般にこの指針の規定がそのまま適用できると考えられる．また，モルタル充填継手等の機械式継手を用いてプレキャスト部材同士を直接接合する工法では，機械式継手の施工が工場と現場の2段階で行われることや，モルタルの充填方法が継手を単体で施工する場合と異なることがあるため，この指針の規定をそのまま適用できない場合もあると考えられる．プレキャスト工法についてはこの指針の発刊時点で，プレキャストコンクリート工法の設計施工維持管理に関する研究小委員会において検討が進められているところであるため，この指針では解説に“プレキャスト部材同士の接合に機械式定着や鉄筋相互を接合する継手を使用する場合は，定着具，定着体，継手単体の特性をこの指針により評価してよい．”と記述するにとどめた．プレキャスト部材に関しては今後発刊される指針等を参照していただきたい．

2.2.2　対象とする定着・継手の方法について

2007年版では，定着の方法として，コンクリートと鉄筋の付着力による方法およびこれにフックを併用する方法，継手の方法としてコンクリートとの付着を介して鉄筋を接合する方法である重ね継手，重ね継手にフックを併用する継手および重ね継手に機械式定着を併用する継手も適用範囲としていた．これらのうち重ね継手に機械式定着を併用する継手以外はコンクリート標準示方書に記載されている方法であり，定着・継手指針での記述もコンクリート標準示方書と同一のものとなっていた．2020年版ではコンクリート標準示方書との重複をなくすため，適用範囲を機械式定着および鉄筋相互を接合する継手に限定することとした．重ね継手に機械式定着を併用する継手は，重ね継手にフックを併用する継手のフックを機械式定着具に置き換えたものであり，基本的にはコンクリート標準示方書を参照することができる．そこで，この指針では解説に“重ね継手にフックを併用する方法の機械式定着の特性評価はこの指針を参照してよい．”と記述することとした．

2.2.3　用語について

2007 年版では，発注者あるいはその代理者で検査等に責任を持つ者として“監督員”が定義されていた．監督員はコンクリート標準示方書では使用されていない用語であるため，2020年版では，検査結果の最終判断を行う者として“責任技術者”を定義した．コンクリート標準示方書基本原則編では責任技術者は発注者，工事監理者（配置する場合），施工者のいずれもに配置されることとしているが，検査結果の最終判断を行う者は発注者あるいは発注者から委託を受けた工事監理者でなければならないので，本指針ではコンクリート標準示方書基本原則編に定義される責任技術者のうち“発注者あるいは工事監理者の責任技術者を指す”と定義した．これは鉄筋継手工事標準仕様書における責任技術者の定義と同一である．

また，2007年版では監督員を検査の実施者としても位置付けていた．しかし特に継手の検査に関しては専門性が必要であり，日本鉄筋継手協会において鉄筋継手部検査技術者が認証されているほか，目視だけで検査が可能である熱間押抜ガス圧接に関しても日本鉄筋継手協会において熱間押抜検査技術者が認証されている．そこで，検査を実施し，検査結果に責任を負う者として“検査者”を新たに定義した．

2.3 2章 鉄筋の定着部・継手部の設計について

2.3.1 定着部・継手部を有する部材の定義について

2007年版では，定着部や継手部の性能の確保に主眼が置かれ，構造物や部材の中での定着部や継手部の位置付けが希薄である印象があった．そもそも性能照査を行うためには，対象となる構造物や部材が設計されている必要があるため，この章を設けた．

定着部・継手部を有する構造物の性能照査は，定着部・継手部を有する部材の限界状態を照査することで行う．このため，定着部・継手部を有する部材の定義をする必要がある．2007年版では定着具，定着体，定着部および継手単体，継手部の定義が示されていた．2020年版では定着部・継手部を有する部材を**解説 図2.1.1**に示している．

(1)軸方向鉄筋定着部を有する部材

軸方向鉄筋は柱等の部材端部から部材外に延ばされ，フーチング等に定着される．この場合，柱等の部材が軸方向鉄筋定着部を有する部材である．したがって定着部は軸方向鉄筋定着部を有する部材の外に存在することになる．

(2)横方向鉄筋定着部を有する部材

横方向鉄筋の定着部は2007年版より定着体を含む部材と定義されていた．横方向鉄筋定着部を有する部材も定着体を含む部材を指す．

(3)継手部を有する部材

継手部を有する部材は，その部材内の鉄筋に継手部を有する部材を指す．

2.3.2 定着部・継手部の設計について

定着部や継手部が部材の力学特性や構造物の性能に与える影響が確実に予測できれば，どのような設計でも照査することが可能である．しかし，現状では完全な照査方法には至っていない．また，よりよい設計が存在するはずである．そこで，この章では定着部，継手部の設計における留意事項と構造細目を記述した．本文では“定着部および継手部は，定着部および継手部を有する部材の力学特性に与える影響とその範囲を考慮して，適切な位置に設けなければならない．”と一般的な表現にしているが，鉄筋の継手に関しては，従来から記述されていた“応力の大きい断面をできるだけ避け，相互にずらして配置し，構造物の性能に影響を与えないようにすることを基本とする．”を解説に記述している．

2.3.3 定着部・継手部の特性について

設計段階においては構造物の要求性能とそれに対応して想定される限界状態から，定着部や継手部に必要な特性をあらかじめ想定し，設定しておくことが必要である．そのため，これらの関係を**解説 表2.3.1**，**解説 表2.4.1**に示している．

(1)軸方向鉄筋定着部を有する部材の例

構造物の安全性に係る限界状態として部材の曲げ破壊を想定する場合，軸方向鉄筋の定着が十分であれば，すなわち部材断面の曲げ破壊前に定着部が破壊しなければ，定着部を考慮しないで部材の曲げ破壊の限界状態を照査することができる．一方，軸方向鉄筋の定着が十分でなければ部材断面の曲げ破壊前に定着部が破壊する定着破壊モードとなる．両者とも定着部の強度や抜出し量という特性が軸方向鉄筋定着部を有する部材の限界状態に影響する．一般に，土木構造物の設計では後者とならないように構造細目で定着が十分であるように規定していたが，性能照査型設計ではどのような設計に対しても応答値と限界値を算定し照査することが原則であるため，設計段階では破壊モードを問わず，応答値や限界値の算定に必要な，定着部の強度や抜出し量という特性を設定することになる.

(2)継手部を有する部材の例

部材の安全性に係る限界状態として部材の曲げ破壊を想定する場合，継手部すなわち軸方向鉄筋の継手を有する断面の曲げ破壊耐力を算定するためには継手単体の強度特性を設定する必要がある．また，耐震性に係る限界状態として断面破壊や修復性の限界状態を想定する場合，継手部を有する部材が塑性化後に繰返し載荷を受ける場合の応答値と限界値すなわち変形特性を求める必要がある．変形特性が部材の構成要素の特性から算定可能であると想定する場合は，設計段階では継手単体の高応力繰返し特性を設定すればよい．

2.3.3 構造細目について

どのような設計でも照査が可能であれば，設計を制約する必要はないが，照査可能範囲に制約があるのが実情であるため，照査の前提としての構造細目を設ける必要がある．この指針では定着や継手のこれまでの実績から必要と考えられる構造細目を規定した．ただし，3 章の性能照査のフローでは理想的な形としてこれらの構造細目を満足しない場合も照査が行えるようにした．

近年，施工を考慮した設計を行うことの必要性が強調されている．このため指針 2.2 本文に“設計段階において配筋の過密度や施工性に配慮し，機械式定着や鉄筋相互を接合する継手を採用するのがよい．”と記述した．特に機械式定着では，従来，標準フックとして設計された定着体を機械式定着に置き換える使い方が主流であったが，この記述により，当初から機械式定着を採用した設計が行われることが想定される．そこで定着部の構造細目において機械式定着による定着長の基本定着長からの低減は，軸方向鉄筋と同様に 10φ（φは鉄筋の呼び径）とし，機械式定着を標準フックと同様に使用できるようにした．

ただし，橋脚柱の軸方向鉄筋をフーチングに定着する場合のように，鉄筋をマッシブな部材に定着する場合と，桁端やラーメン構造の部材接合部のように，鉄筋を部材端までできるだけ伸ばして定着する場合では機械式定着と標準フックの位置関係は異なるので注意が必要である．

図 2.1(a)は鉄筋をマッシブな部材に定着する場合であり，基本定着長を 10φ低減した位置に定着具や標準フックを置く．図 2.1(b)は鉄筋をできるだけ伸ばして定着する場合で，標準フックの端部と定着具の端部を一致させる．

図 2.1　機械式定着と標準フックの位置関係

ただし，定着部のかぶりが十分でない場合は，定着体の特性が標準フックと同等とならない場合もあり得るので，十分に検討しなければならない．

2.4　3 章 鉄筋の定着部・継手部を有する構造物の性能照査について

2.4.1　定着部を有する構造物の性能照査について

(1)応答値，限界値の算定

この章では，2 章で行った定着部の設計に対する照査を行う．照査はコンクリート標準示方書の方法と同様に，定着部を有する部材の設計応答値と設計限界値を比較することで，定着部を有する部材が限界状態に至らないことを確認することにより行う．

定着部を有する部材の設計応答値は定着部の影響を考慮して行うのが原則であるが，機械式定着においても従来からの標準フックを対象とした構造細目を満足する場合は，定着部がない部材として応答値を算定することができる．これに該当する例を指針 3.2 解説に示した．

また，機械式定着を用いた場合であっても設計限界値はコンクリート標準示方書に従って算定することができる．機械式定着は定着体自体の定着能力は標準フックと同等であるとみなされるためである．

(2)照査の方法

定着部を有する部材の照査フローを**解説 図 3.3.1** に示した．ここでは照査方法①，照査方法②の 2 つを示すこととした．照査方法②は従来から行われていた方法で，定着部の特性を確認し，これが標準フックと同等であることが確認できれば，標準フックを用いた部材に対して行っていた照査と同じ内容で照査を行うものである．従来は部材を標準フックで設計・照査を行った結果に対して，標準フックを機械式定着に置き換えることが主流であったが，最初から機械式定着で設計を行う場合も，照査の内容は従来と変わらないことになる．

一方，照査方法①は性能照査型設計法の原則に則った方法である．設計段階において定着体・定着部の特性を明らかにし，その特性を用いて応答値の算定，限界値の算定を行う．この場合の定着体・定着部は必ずしも標準フックと同等である必要はない．解析により応答値の算定，限界値の算定を適切に行うことができればよいが，標準フックと同等でない定着部を有する部材の解析には相当の技術を要すると思われる．その場合には極力現実に近づけた試験体を用いて実験による照査を行うことが必要である．

なお，定着具についても，その特性が明らかであれば，定着する鉄筋の引張強度以上の強度を必ずしも有する必要はないが，定着具の役割を果たすためには鉄筋の引張強度以上の強度を有し，鉄筋の破断より前に破壊しないことが望ましい．

2.4.2　定着体の特性評価について

指針 3.4 に記述した定着体の特性評価の内容は，2007 年版で定着体の性能として記述されていた事項とほぼ同様である．ただし，横方向鉄筋のじん性補強特性は，2007 年版ではあり，なしの評価であったが，2020 年版ではあり，あり（L2），なしの評価とした．じん性補強特性ありは部材の終局変位までの変形性能を評価するものであるが，近年では設計地震動を上回る地震動に対する危機耐性の観点から，設計上の終局変位を超えても急激な耐力低下を生じない特性が求められる場合がある．じん性補強特性あり（L2）はこのような特性を評価するものであり，塑性ヒンジ部の横方向鉄筋にはじん性補強特性あり（L2）の特性を有する定着体を用いることが望ましい．

2.4.3　継手部を有する構造物の性能照査について

(1)応答値，限界値の算定

この章では，2 章で行った継手部の設計に対する照査を行う．照査はコンクリート標準示方書の方法と同様に，継手部を有する部材の設計応答値と設計限界値を比べることで，継手部を有する部材が限界状態に至らないことを確認することにより行う．

継手部を有する部材の設計応答値は継手部の影響を考慮して行うのが原則であるが，従来から規定されてきた構造細目を満足する場合は，継手部がない部材として応答値を算定することができる．これに該当する例を指針 3.2 解説に示した．

また，継手部を有する部材の設計限界値はコンクリート標準示方書に従って算定することができる．この場合に用いる継手単体の強度の設計値は試験により求めるが，特性評価が行われている継手ではその等級と信頼度に応じて指針 3.5.3，3.5.4，3.5.6 の規定により設計引張降伏強度を設定することができる．

(2)照査の方法

継手部を有する部材の照査フローを**解説 図** 3.5.1 に示した．ここでは照査方法①，照査方法②の 2 つを示すこととした．照査方法②は従来から行われていた方法で，継手単体の等級と信頼度を設定し，等級と信頼度に応じた材料強度の設計値等を用いて照査を行うものである．

一方，照査方法①は性能照査型設計法の原則に則った方法である．設計段階において継手単体・継手部の特性を明らかにし，その特性を用いて応答値の算定，限界値の算定を行う．この場合の継手単体・継手部は必ずしも鉄筋母材や継手がない断面と同等である必要はない．解析により応答値の算定，限界値の算定を適切に行うことができればよいが，たとえば応力とひずみの関係が鉄筋母材と同等でない継手を有する部材の解析には相当の技術を要すると思われる．その場合には極力現実に近づけた試験体を用いて実験による照査を行うことが必要である．また，特性評価が行われている継手であっても地震時の塑性ヒンジ内での挙動は引張降伏，圧縮座屈，再引張が繰り返される状態となり，その挙動をすべて再現した解析を行うことは相当の技術を要すると思われる．その場合には極力現実に近づけた試験体を用いて実験による照査を行うことが現実的である．これは指針 3.5.6 の**表** 3.5.3 に示した“実験・解析などによる照査”に該当する．

照査方法①によれば，部材内での継手の位置によっては鉄筋母材に対して相対的に低い特性を有する継手であっても照査に合格する可能性がある．このような継手の品質が適切に管理されたものであれば，コスト縮減を可能にするものであり，性能照査型設計の効果を実装したものになる．しかし，本当にこのような設計と照査が適切にできるのか疑問であり，指針であるからには性能照査型よりも仕様規定型に近い形の方が良いのではないかという意見があった．改訂の目的に書いたように，2017 年制定コンクリート標準示方書では，従来からの構造細目により継手の影響が部材の特性に陽に現れないように設計する方針から，継手を同一断面や塑性ヒンジ部に配置して継手の影響が部材の特性に現れうる状況での設計をも可能とするように変化している．このことは，もはや継手を構造細目内では扱えないことを意味しており，継手の特性を反映した部材特性や構造物の性能の照査を行うルートを提示するべきと考えて照査方法①を設けたものである．ただし，上述のように設計において設定された継手の特性がその高低によらず，実構造物内で確実に発揮されなければ照査結果は夢想に終わってしまう．このためには 2007 年版よりこの指針で採用されてきた施工および検査に起因する信頼度の意義がより高まる．施工および検査に起因する信頼度は継手の特性（等級）とは独立であり，たとえ特性（等級）が低い継手であっても施工および検査に起因する信頼度を高める努力が必要である．

(3)施工および検査に起因する信頼度

鉄筋定着・継手指針では継手単体の特性を指針**表** 3.6.1 に示すように SA～C 級に区分する．SA～C 級の定義は建築におけるものと同一である．ただし，建築では等級が高い継手には高い品質管理レベルを要求している．たとえば鉄筋継手工事標準仕様書では継手の等級は A 級とそれ以外に分類されている．鉄筋継手工事標準仕様書でのA級継手は**JIS Z 3450**「鉄筋の継手に関する品質要求事項」の包括的要求事項を満足する継手として，高い品質管理レベルの下で施工される継手とみなされている．一方，鉄筋定着・継手指針における鉄筋継手単体の特性評価は力学的特性のみを対象とし，品質管理レベルは施工および検査に起因する信頼度として評価される．

指針3.5.2に記述した信頼度は，2007年版の考え方を踏襲している．本来は**解説 表3.5.1**により継手の不良率を基に信頼度を区分するべきであるが，継手の検査結果に関する情報は公開されておらず，公開されていたとしても限定された範囲の検査結果であるので，当該の継手の全施工数に対する不良率は不明である．したがって2020年版でも**解説 表3.5.2**に示す施工のレベルと検査のレベルの組み合わせにより信頼度を推定することとした．**解説 表3.5.2**において施工のレベル1と検査のレベル2の組み合わせは，2007年版では信頼度Ⅰ種であったが，相対的に高いレベルの検査がある中での検査のレベル2の結果を信頼度Ⅰ種として受け入れることは妥当ではないとの判断により，2020年版では信頼度Ⅱ種に変更した．

各種類の継手の施工のレベルと検査のレベルは，Ⅲ～Ⅴ編に示されているが，そのレベルは同じ種類の継手の中での相対的なものであり，違う種類の継手に関して，同一の施工のレベルや検査のレベルから同じ不良率が得られることは必ずしも保証されていない．このことは，設計段階で継手の種類を選定する場合，あるいは設計図書に示された継手の種類を施工段階で変更する場合に齟齬を生じる可能性があり，今後の課題である．継手の選定，変更にあたっては信頼度の分類のみに着目するのではなく，Ⅲ～Ⅴ編に示された施工のレベル，検査のレベルと対応する品質管理や検査の内容を十分に考慮していただきたい．

(4)耐震性の照査

指針の**表3.5.3**に継手単体の等級と信頼度に対応した耐震性の照査方法を記述した．この表は2007年版から記述されていたものであるが，以下の点を改めた．

等級と信頼度の組み合わせについて，2007年版ではSA級は信頼度がⅠ種またはⅡ種であり，A級はⅡ種のみであった．しかしA級の継手でも信頼度がⅠ種となる施工と検査を行うことは可能であるので，A級とⅠ種の組み合わせを設けた．

2007年版ではSA級Ⅰ種の場合，継手の集中度が1/2より大であっても設計計算のみによる照査が可能であった．しかし，近年太径SA級継手の大型化が進み，このような継手を集中度が1/2を超えるように配置した場合，部材の特性に継手の存在が及ぼす影響が大きくなることが考えられるため，SA級Ⅰ種であっても継手の集中度が1/2より大である場合は，実験・解析などによる照査が必要とした．

2.4.4 継手単体特性の評価について

(1)特性の区分について

継手単体の特性は指針**表3.6.1**に示すSA～C級に区分する．2007年版では，ガス圧接継手，溶接継手，機械式継手の全てについて，SA～C級に区分して評価することとしていたが，2020年版では機械式継手のみをSA～C級に区分することとした．また区分に応じて継手単体の引張降伏強度の特性値を鉄筋母材の値から低減することも2007年版と同じである．低減の度合いは**表3.6.2**に示したように2007年版を踏襲しているが，この低減係数をコンクリート標準示方書における材料修正係数として扱うこととした．ここでB級，C級の材料修正係数は1982年版鉄筋継手指針における許容応力度の低減から踏襲されているものであり，限界状態設計法において妥当であるかは疑問があるところだが，現実的には公的認定機関においてB級，C級として認定された継手は存在しないため，実務上の不都合はないと思われる．

本指針においてガス圧接継手単体の特性は，ガス圧接の方法によらずSA級とした．これも2007年版を踏襲している．

溶接継手単体の特性は A 級と A 級以外に区分することとした．突合せアーク溶接継手および突合せ抵抗溶接継手は工法ごとに公的認定機関において A 級の認定を受けているが，鉄筋継手工事標準仕様書では突合せアーク溶接継手を A 級と A 級以外に区分して記述しているためである．鉄筋継手工事標準仕様書ではすべての溶接継手に対して降伏強度が母材の降伏点の規格値を満足することを規定しているため，突合せアーク溶接継手単体の引張降伏強度の特性値は鉄筋母材と同等とした．

(2)継手単体の特性評価試験について

2007 年版では継手単体特性判定のための試験方法として，一方向引張試験，高応力繰返し試験，弾性域正負繰返し試験，塑性域正負繰返し試験の 4 つが定められていた．しかし現在の建築の認定では高応力繰返し試験が含まれておらず，その要否を検討した結果，2020 年版ではこれを削除することとした．

また，2007 年版ではすべての種類の継手に対して上記の試験が必要とされていたが，ガス圧接継手および突合せアーク溶接継手に対しては日本鉄筋継手協会において一方向繰返し試験のみによる評価が行われている．2002 年版ではこれを妥当として，ガス圧接継手および突合せアーク溶接継手が A 級であることを評価するための試験は一方向繰返し試験のみでよいとした．

継手単体の特性評価試験で，剛性または残留変形量を測定する場合の検長は，2007 年版と同様に，原則として継手両端部からそれぞれ 20mm または鉄筋直径の 1/2 のうち大きい方の長さだけ離れた位置の間の距離とし，その検長が 50cm より短い場合は，50cm を限度として検長を長くとってもよいとした．

伸び能力を測定する場合の検長は，継手部に求められる伸び能力の基本が，継手を含むある区間の伸び能力であることから，継手端部から D25 未満は鉄筋直径の 8 倍，D25 以上は鉄筋直径の 5 倍の長さの鉄筋を含む区間の伸びを評価することとした．異径間継手の場合は，実構造物でも細径鉄筋側にひずみが集中する傾向が想定されることから，検長の鉄筋区間を細径側へ集中させることとした．

・同径間継手の場合

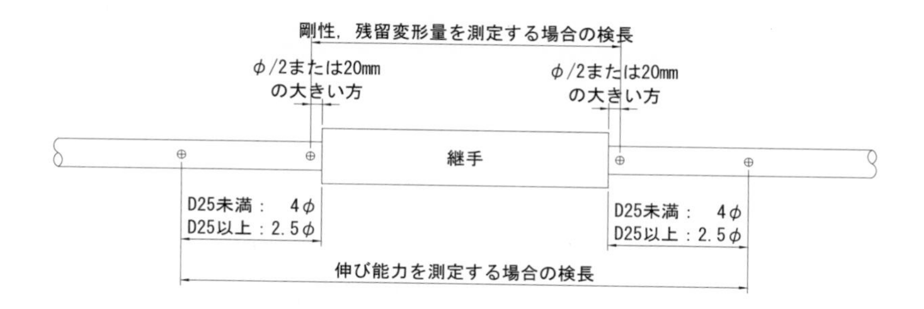

・異径間継手の場合

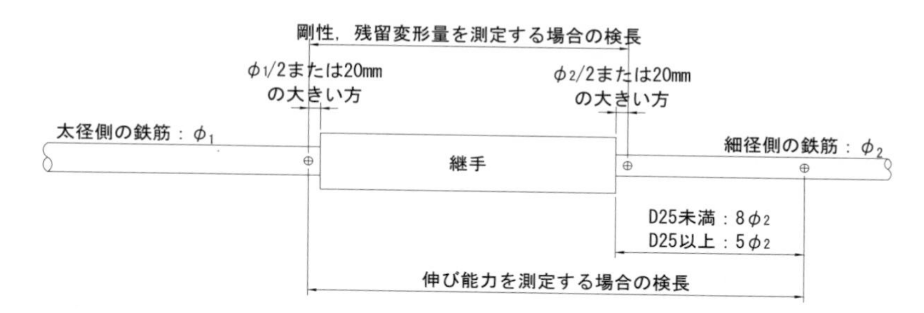

図 2.2 機械式継手単体特性試験での検長の取り方

2.5　4章 施工，検査および記録について

2.5.1　施工について

機械式定着を用いた定着部の施工は工法ごとに施工要領が定められているため，これに従うこととした．特に設計図書に示された，横方向鉄筋の定着具と軸方向鉄筋の位置関係などを順守することが必要である．

継手の施工では，適切な施工計画と，必要な技量を有する資格者による施工が必要である．これらの詳細はⅢ～Ⅴ編に示されている．

2.5.2　検査について

コンクリート標準示方書検査標準では，コンクリート構造物の検査は発注者が行うことを原則とし，材料の受入検査のみを施工者が行うとしている．鉄筋継手の施工は鉄筋工事の工程に合わせて連続的に行われることが多く，その全てを発注者が検査することは，発注者が施工現場に常駐しなければ困難である．また，超音波検査による内部欠陥の検査には専門知識と技量が必要であり，外観検査であっても継手に関する専門知識を有する者が行った方が，検査精度が高い．したがって鉄筋継手の検査資格は鉄筋継手部検査技術者および熱間押抜検査技術者として日本鉄筋継手協会によって認証されている．2020年版ではこれらを考慮して，現実的な対応として，発注者が検査体制を定め，どのような検査体制であっても検査結果の最終判断は発注者側の責任技術者が行うこととした．検査体制として以下が考えられる．

①　責任技術者が直接，または責任技術者が指定した検査者が検査を行う．

②　工事を受注した施工者が指定した検査者が検査を行い，責任技術者が立会いにより確認する．

③　工事を受注した施工者が指定した検査者が検査を行い，その検査記録を責任技術者に提出し，確認を受ける．

機械式定着に関しては，継手のような公的機関に認証された検査資格は存在しないため，検査者は鉄筋コンクリート工事全般の検査を行うコンクリート専門技術者（コンクリート標準示方書基本原則編）が担当することとした．

2.5.3　記録について

構造物の維持管理において，施工時の記録は，点検，診断の際の有用な資料となる．したがって今回の改訂において記録について記述することとした．

実際の工事では，当初設計の標準フックとガス圧接継手を，機械式定着と機械式継手に変更することが行われる場合がある．このような場合に，実際に適用した定着や継手の種類が竣工図に反映されていなければ，後年の点検においてこれらが発見された場合に，疑問を呈することとなる．当然のことではあるが，竣工図は実際と合致していることが必要である．

また，構造物に変状が生じた場合の診断において，施工時の検査結果は有用な資料となる．検査者は検査結果を記録し，これが施工者（現場管理者）から発注者に提出され，構造物の管理者により保管されることが必要である．また，施工時の記録も有用な資料であるが，一般に施工記録は施工者側に保管される．発注者が施工者に施工記録とその保管（トレーサビリティー）を要求する場合は，契約書や設計図書によらなければならないが，要求事項の標準としてJIS Z 3450:2015（鉄筋の継手に関する品質要求事項）が制定されているので参考とすることができる．

2.6　鉄筋継手照査例について

今回の改訂では，定着部・継手部を有する構造物の照査方法を記述することを目的としたため，利用者の

理解を助けるための照査例を示した．ただし機械式定着については標準フックと同様を標榜する限り，性能照査の方法は標準フックを用いた構造物と同一となるため，継手についてのみ示すこととした．

照査例 1 は，指針の**解説 図** 3.5.1 に示す，照査方法②の例である．鉄筋継手単体の強度の設計用値を指針 3.5，3.6 により設定し，安全性（断面破壊）および安全性（疲労破壊）の検討を行っている．

照査例 2 は，指針の**解説 図** 3.5.1 に示す，照査方法①の例である．ここでは使用する鉄筋単体の等級と信頼度があらかじめ評価されているが，耐震性の照査は指針の**表** 3.5.5 により実験・解析などによる照査が必要であり，実験による照査を行っている．実験において得られる情報は主に荷重・変位関係と，破壊形態，損傷状況の観察結果であるが，耐震性のうち修復性を照査するためには損傷状況の観察結果が重要である．

3．機械式定着編

3.1　編の構成について

2007 年版では，共通編に，鉄筋の定着部の性能，鉄筋の定着体の性能が記述され，機械式定着編に，定着具の性能評価，標準フックの代替として機械式定着を用いる場合の性能評価が記述されていた．共通編と機械式定着編で同一の性能評価基準が記述されるなど，両編で重複が見られた．そこで 2020 年版では共通編で定着部の設計，定着部を有する構造物の性能照査，構造物の性能とそれに係る部材の力学特性に影響を与える定着体の特性とその評価基準を記述し，機械式定着編で，定着具の特性と，定着体の特性評価を行うための試験方法を記述することとした．また，施工，検査および記録は，共通編の記述を受けて，より具体的に記述した．

なお，共通編の改訂で，“性能”は構造物に対してのみ使う用語としたため，機械式定着編では定着具，定着体の“特性”という表現をしている．

継手に関しては，共通編 3.6.4 に継手単体の特性評価試験の内容が記述されているのに対して，定着に関しては機械式定着編に試験方法が記述されていることから，両者の構成を同一とすべきとの意見があった．しかし，継手単体の試験は試験体がコンクリートを含まず，試験方法も汎用試験機を用いたものであるのに対して，機械式定着体の試験方法は鉄筋コンクリートとしての特性を求めるものであるので，記述すべき内容が異なることから，敢えて異なる構成としている．

3.2　2 章 定着具の特性について

2007 年版の 3 章 定着具の性能評価に記述されていた内容とほとんど同一である．2007 年版より鉄筋径を D13～22，D25～35，D38～51 の 3 グループに分け，グループ内の一つの径の試験体を用いてよいと解説されていたが，明確化のため，グループ内の最大の呼び名の試験体を用いることに改めた．

3.3　3 章 機械式定着体の特性評価試験について

2007 年版の 4 章 軸方向鉄筋に標準フックの代替として機械式定着を用いる場合の性能評価および 5 章 横方向鉄筋に標準フックの代替として機械式定着を用いる場合の性能評価に記述されていた試験方法を踏襲している．2007 年版では軸方向鉄筋と横方向鉄筋に分けて記述されていたが，たとえば“強度および抜出し量”は軸方向鉄筋，横方向鉄筋の両方に必要な特性あるため，鉄筋の方向を分けずに記述することとした．ここでも鉄筋径をグループ分けして試験を行う場合は，グループ内の最大の呼び名の試験体を用いることとした．

せん断補強特性について，2007 年版解説では地震時の繰返し荷重に対するせん断補強特性の確認として，はり試験体の正負交番載荷が示されていたが，2020 年版では地震のせん断補強特性はじん性補強特性に含めて評価することとして，この記述は削除した．

じん性補強特性について，2007 年版解説では試験体が 1 例のみ示されていたが，壁柱状の部材の配筋方法は設計者により異なることから，2020 年版では鉄道構造物等の配筋を対象とした試験体の例と，道路構造物を対象とした試験体の例の両方を示した．

4．ガス圧接継手編

4.1 編の名称について

2007 年版では圧接継手編であったが，2020 年版ではガス圧接継手編とした．共通編**解説 図 1.3.1** に継手工法の分類と一覧が示されているが，溶接継手に含まれている突合せ抵抗溶接継手は，鉄筋に通電し抵抗発熱させ加圧して接合する工法で，接合原理は圧接である．これとの区別を明確にすることと，鉄筋継手工事標準示方書ではガス圧接継手という用語が用いられていることとの整合を図るためである．

4.2 1 章 総則について

2007 年版の対象工法は，手動ガス圧接，自動ガス圧接，熱間押抜ガス圧接の 3 種類であったが，2020 年版では近年開発された，高分子天然ガス圧接，水素・エチレン混合ガス圧接を加えた 5 種類とした．ガス圧接ができる鉄筋の種類および組合せは，鉄筋継手工事標準仕様書の規定に従っている．

4.3 2 章 ガス圧接継手単体の特性について

2007 年版 4 章 圧接継手単体の性能評価と同様に，過去に実施された試験結果により，ガス圧接継手単体の特性は SA 級とみなしてよいものとした．

鉄筋継手工事標準仕様書ではガス圧接の等級は A 級とそれ以外に分類されている．標準仕様書での A 級継手は JIS Z 3450「鉄筋の継手に関する品質要求事項」の包括的要求事項を満足する継手として，高い品質管理レベルの下で施工される継手とみなされている．一方，鉄筋定着・継手指針における鉄筋継手単体の特性評価は力学的特性のみを対象とし，品質管理レベルは施工および検査に起因する信頼度として評価される．ここでは特性評価試験においてガス圧接継手が全て母材破断であったことから，その力学的特性を SA 級としたものである．

4.3 3 章 ガス圧接継手の施工および検査に起因する信頼度について

2007 年版では施工および検査に起因する信頼度が I 種であるガス圧接継手は熱間押抜ガス圧接継手のみであった．これは，熱間押抜ガス圧接は熱間でガス圧接部のふくらみをせん断刃によって押し抜くことで内部欠陥の兆候を目視で発見することができ，目視検査を全数行うことで内部欠陥も含めた全数検査が行えることから検査のレベル 1 とみなされるためである．

手動ガス圧接の内部欠陥の検査は抜取りによる超音波探傷により行われており，超音波探傷による走査範囲は圧接部の断面積の約 13%であることから検査のレベル 2 とみなされる．2007 年版の共通編に示されていた“施工および検査のレベルから定まる継手の信頼度”では，検査のレベルが 2 でも，施工のレベルが 1 であれば信頼度がⅡ種とされていた．そこで改訂作業では手動ガス圧接の施工を鉄筋継手工事標準仕様書の規定するA級継手として行うことで施工のレベルを1として信頼度をI種とすることを検討した．しかし，検査により不良品を見逃してしまう可能性がある抜取り検査を行う限り，施工のレベルが1でも信頼度をI種とするのは妥当ではないとの判断と，機械式継手も含めて検査のレベルを上げるように実務を誘導することを考慮して，共通編における検査のレベル2，施工のレベル1の組合せは信頼度をII種とすることとした．

このため，2020年版においても手動ガス圧接，自動ガス圧接の信頼度はII種としている．ただし，手動ガス圧接，自動ガス圧接をA級継手圧接施工会社が行う場合は，施工のレベルを1としている．なお，この場合の超音波探傷検査は鉄筋継手工事標準仕様書に従って合否判定レベルを高めている．施工のレベルを1としても信頼度がII種のままであれば，圧接会社が高い品質管理レベルの証であるA級継手圧接施工会社の認定を受けるための動機とならないことが懸念されるが，一方で，力学的特性がSA級で信頼度がI種の継手は共通編3.5.6により集中度を1/2以下とすれば設計計算のみで塑性ヒンジ部にも配置可能な継手とみなされ，これは鉄筋継手工事標準仕様書のA級継手の配置位置の想定から外れることになる．ただし，施工のレベルを向上させるための取組みは継続されるべきであり，A級継手圧接施工会社の活用方法については今後の検討課題であるが，現状においてもより信頼性の高いガス圧接継手を要求する場合にはA級継手圧接施工会社による施工とするのがよい．

なお，2007年版では施工および検査に起因する信頼度の表は本文に記述されていた．2020年版では前述のように施工のレベルを向上する方法として，A級継手圧接施工会社を示した．また，共通編4.4解説で“検査の資格者が公的機関により認証されている工法では，認証されたものが検査を行わなければならない”としたことを受けて，2007年版で監督員とされていた検査者を鉄筋継手部検査技術者および熱間押抜検査技術者に改めた．A級継手圧接施工会社や鉄筋継手部検査技術者は日本鉄筋継手協会が認証する資格であり，土木学会以外の学協会が関与する事項を本文に書くべきではないとの判断から，2020年版では施工および検査に起因する信頼度の表を解説に移した．

4.4　4章 ガス圧接継手の施工，検査および記録について

2007年版では6章～9章に手動ガス圧接，自動ガス圧接，熱間押抜ガス圧接およびこれらに共通する施工と検査が記述されていた．これらの記述は鉄筋継手工事標準仕様書からの引用が多く，鉄筋定着・継手指針と鉄筋継手工事標準仕様書のどちらか一方が改訂されると齟齬が生じるため，2020年版では要点を記述するにとどめ，詳細は鉄筋継手工事標準仕様書を参照するように解説した．

一方，ガス圧接継手の施工を行うための技量および超音波探傷検査の方法はJISが制定されているため，これらの情報を本文に記述した．

5．溶接継手編

5.1　1章 総則について

2007年版の対象工法は，突合せアーク溶接継手，突合せアークスタッド溶接継手，突合せ抵抗溶接継手，フレア溶接継手の4種類であった．これらのうち突合せアークスタッド溶接継手は，スカッドロック工法の名称で存在しているが，施工実績が少なく一般からの受注もしていないことから，同工法の施工研究会より鉄筋定着・継手指針からの削除の要請があった．したがって2020年版では突合せアークスタッド溶接継手を除いた3種類の継手を対象とした．

5.2　2章 溶接継手単体の特性について

ガス圧接継手編，機械式継手編との整合を取るためにこの章を設けた．共通編 3.6.1 では継手単体特性は継手の種類によらず SA〜C 級に分類されるが，これまでに公的認定機関による評価を受けている突合せアーク溶接継手および突合せ抵抗溶接継手は A 級の認定を受けている．そこで，公的認定機関により A 級の認定を受けた突合せアーク溶接継手および突合せ抵抗溶接継手は，構造物の性能照査において A 級とみなしてよいこととした．

5.3　3章 突合せアーク溶接継手について

突合せアーク溶接継手の施工および検査に起因する信頼度は，2007 年版と同じく，施工のレベル 2，検査のレベル 2 の組合せでⅡ種とした．また，検査については鉄筋継手工事標準仕様書に従い，外観検査を全数，超音波探傷検査を 1 検査ロットから 30 箇所の抜取り検査，検査者を鉄筋継手部検査技術者とした．

突合せアーク溶接継手の施工，検査および記録は，ガス圧接継手と同様に，詳細は鉄筋継手工事標準仕様書によるように解説し，本文は要点の記述にとどめた．なお，突合せアーク溶接継手の施工を行うための技量および超音波探傷検査の方法は新たに JIS が制定されたため，これらの情報を本文に記述した．

5.4　4章 突合せ抵抗溶接継手および 5 章 フレア溶接継手について

これらの章の記述内容は 2007 年版を引継いでいる．

フレア溶接継手は現場溶接で施工されることが多く，品質のばらつきが大きいことが懸念されるが，非破壊検査が困難であり，他の継手と同列で扱うことが困難であるので適用範囲から外すべきとの意見もあったが，現状で実施されている工法であり，この指針から削除すると不都合が生じることが考えられるため，2007 年版と同様の内容で継続することとした．

6．機械式継手編

6.1　1章 総則について

機械式継手の種類について，2007 年版では，スリーブ圧着継手，モルタル充てん継手，ねじふし鉄筋継手，スリーブ圧着ネジ継手，摩擦圧接ネジ継手，くさび固定継手，併用式継手の 7 種類を対象としていた．2020 年版では，現在では使用されていない併用式継手を除き，記述の順序を，ねじ節鉄筋継手，モルタル充填継手，摩擦圧接ねじ継手（端部ねじ加工継手），スリーブ圧着ねじ継手（端部ねじ加工継手），スリーブ圧着継手，くさび固定継手の 6 種類とした．継手の名称は指針使用者の便を図るべく，日本鉄筋継手協会の鉄筋継手工事標準仕様書に合わせたため，コンクリート標準示方書や 2007 年版の用字と異なるものがある．また，鉄筋の端部にねじを取り付けた継手は，鉄筋継手工事標準仕様書では端部ねじ加工継手と総称されているが，この指針では摩擦圧接ねじ継手，スリーブ圧着ねじ継手に区分して記述したため，後ろに（端部ねじ加工継手）を付記することとした．

6.2　3章 機械式継手の施工および検査に起因する信頼度について

2007 年版では，施工のレベルに関しては，いわゆるメーカー講習を受けた作業者が施工する場合を施工のレベル 2 とし，検査では監督員が全数検査を行う場合を検査のレベル 1，監督員が抜取検査を行う場合を検査のレベル 2 としていた．2020 年版では近年の日本鉄筋継手協会における機械式継手の品質管理レベル向上のとりくみを考慮して，施工のレベル，検査のレベルを変更することとした．

施工のレベルに関して，施工のレベル2は従来通りである．さらに，日本鉄筋継手協会が資格認証を行う機械式継手主任技能者が個々の機械式継手の品質管理を行い，鉄筋継手管理技士あるいは機械式継手管理技士が機械式継手の施工計画と総合的な品質管理を行う体制を想定して，施工のレベル1を設けた．この品質管理体制を公的に認定するものとして，日本鉄筋継手協会により優良機械式継手施工会社認定制度が2020年4月より開始される予定である．

検査のレベルに関して，2007年版では監督員の検査と，全数，抜き取りによる区分となっていたが，日本鉄筋継手協会の鉄筋継手工事標準仕様書に，機械式継手の鉄筋挿入長さの超音波測定検査が導入され，機械式継手の検査にも専門性が必要であること，機械式継手の検査（外観検査）は一般に全数検査が実施されていることから，検査のレベルの内容を変更することとした．

検査のレベル1は，日本鉄筋継手協会が資格認証を行う鉄筋継手部検査技術者（3種）が全数検査を行うことを想定した．検査の内容や鉄筋挿入長さの超音波測定検査については鉄筋継手工事標準仕様書に従って行う．検査のレベル 2 は，メーカー講習を受けた者を検査者として全数検査を行うことを想定した．指針4.3(3)に規定したように検査者は継手工事そのものの施工者とは別の組織に所属する者でなければならないので，元請施工者のコンクリート専門技術者（コンクリート標準示方書基本原則編）がメーカー講習を受けて担当することが想定される．検査のレベル2はレベル1より検査の独立性が低いが，機械式継手は分割施工や資材搬入等のための臨時開口部等，施工の都合により応力の小さい箇所に設けられる事例もあり，このような場合を想定して設けた．また，検査のレベル2であっても検査結果は最終的に発注者側の責任技術者によって確認される必要がある．

6.3　5〜10章 機械式継手の各工法について

5〜10章は，2007年版と同様に，各継手工法の材料，施工，検査について同一のスタイルで記述している．2007年版では，施工管理の項では定性的な留意点を箇条書きとし，検査の項で検査項目と合否判定基準を表形式で記述していた．検査項目には施工前や施工中にチェックが必要な事項も含まれていた．実際の施工では，施工段階で検査の項にある項目をチェックし，そのことで検査が完了したとみなす運用が行われる場合もあった．これに対して2020年版では，施工段階におけるチェックをプロセスチェックによる品質管理と位置づけ，検査段階では施工後に確認可能な項目を確認することとした．したがって，検査項目の表に示される項目はプロセスチェック項目の表から施工後に確認可能な項目を抜粋したものとなっている．品質管理と検査を分離し，検査者が施工者とは別の視点から検査を行うことにより，機械式継手に関しても品質管理意識の向上と信頼性の向上が期待される．

文責：鉄筋定着・継手指針改訂小委員会

●コンクリートライブラリー一覧●

号数：標題／発行年月／判型・ページ数／本体価格

第 1 号：コンクリートの話－吉田徳次郎先生御遺稿より－／昭.37.5 ／ B 5・48 p.
第 2 号：第 1 回異形鉄筋シンポジウム／昭.37.12 ／ B 5・97 p.
第 3 号：異形鉄筋を用いた鉄筋コンクリート構造物の設計例／昭.38.2 ／ B 5・92 p.
第 4 号：ペーストによるフライアッシュの使用に関する研究／昭.38.3 ／ B 5・22 p.
第 5 号：小丸川 PC 鉄道橋の架替え工事ならびにこれに関連して行った実験研究の報告／昭.38.3 ／ B 5・62 p.
第 6 号：鉄道橋としてのプレストレストコンクリート桁の設計方法に関する研究／昭.38.3 ／ B 5・62 p.
第 7 号：コンクリートの水密性の研究／昭.38.6 ／ B 5・35 p.
第 8 号：鉱物質微粉末がコンクリートのウォーカビリチーおよび強度におよぼす効果に関する基礎研究／昭.38.7 ／ B 5・56 p.
第 9 号：添えばりを用いるアンダーピンニング工法の研究／昭.38.7 ／ B 5・17 p.
第 10 号：構造用軽量骨材シンポジウム／昭.39.5 ／ B 5・96 p.
第 11 号：微細な空げきてん充のためのセメント注入における混和材料に関する研究／昭.39.12 ／ B 5・28 p.
第 12 号：コンクリート舗装の構造設計に関する実験的研究／昭.40.1 ／ B 5・33 p.
第 13 号：プレパックドコンクリート施工例集／昭.40.3 ／ B 5・330 p.
第 14 号：第 2 回異形鉄筋シンポジウム／昭.40.12 ／ B 5・236 p.
第 15 号：デイビダーク工法設計施工指針（案）／昭.41.7 ／ B 5・88 p.
第 16 号：単純曲げをうける鉄筋コンクリート桁およびプレストレストコンクリート桁の極限強さ設計法に関する研究／昭.42.5 ／ B 5・34 p.
第 17 号：MDC 工法設計施工指針（案）／昭.42.7 ／ B 5・93 p.
第 18 号：現場コンクリートの品質管理と品質検査／昭.43.3 ／ B 5・111 p.
第 19 号：港湾工事におけるプレパックドコンクリートの施工管理に関する基礎研究／昭.43.3 ／ B 5・38 p.
第 20 号：フライアッシュを混和したコンクリートの中性化と鉄筋の発錆に関する長期研究／昭.43.10 ／ B 5・55 p.
第 21 号：バウル・レオンハルト工法設計施工指針（案）／昭.43.12 ／ B 5・100 p.
第 22 号：レオバ工法設計施工指針（案）／昭.43.12 ／ B 5・85 p.
第 23 号：BBRV 工法設計施工指針（案）／昭.44.9 ／ B 5・134 p.
第 24 号：第 2 回構造用軽量骨材シンポジウム／昭.44.10 ／ B 5・132 p.
第 25 号：高炉セメントコンクリートの研究／昭.45.4 ／ B 5・73 p.
第 26 号：鉄道橋としての鉄筋コンクリート斜角げたの設計に関する研究／昭.45.5 ／ B 5・28 p.
第 27 号：高張力異形鉄筋の使用に関する基礎研究／昭.45.5 ／ B 5・24 p.
第 28 号：コンクリートの品質管理に関する基礎研究／昭.45.12 ／ B 5・28 p.
第 29 号：フレシネー工法設計施工指針（案）／昭.45.12 ／ B 5・123 p.
第 30 号：フープコーン工法設計施工指針（案）／昭.46.10 ／ B 5・75 p.
第 31 号：OSPA 工法設計施工指針（案）／昭.47.5 ／ B 5・107 p.
第 32 号：OBC 工法設計施工指針（案）／昭.47.5 ／ B 5・93 p.
第 33 号：VSL 工法設計施工指針（案）／昭.47.5 ／ B 5・88 p.
第 34 号：鉄筋コンクリート終局強度理論の参考／昭.47.8 ／ B 5・158 p.
第 35 号：アルミナセメントコンクリートに関するシンポジウム；付：アルミナセメントコンクリート施工指針（案）／ 昭.47.12 ／ B 5・123 p.
第 36 号：SEEE 工法設計施工指針（案）／昭.49.3 ／ B 5・100 p.
第 37 号：コンクリート標準示方書（昭和 49 年度版）改訂資料／昭.49.9 ／ B 5・117 p.
第 38 号：コンクリートの品質管理試験方法／昭.49.9 ／ B 5・96 p.
第 39 号：膨張性セメント混和材を用いたコンクリートに関するシンポジウム／昭.49.10 ／ B 5・143 p.
第 40 号：太径鉄筋 D 51 を用いる鉄筋コンクリート構造物の設計指針（案）／昭.50.6 ／ B 5・156 p.
第 41 号：鉄筋コンクリート設計法の最近の動向／昭.50.11 ／ B 5・186 p.
第 42 号：海洋コンクリート構造物設計施工指針（案）／昭和.51.12 ／ B 5・118 p.
第 43 号：太径鉄筋 D 51 を用いる鉄筋コンクリート構造物の設計指針／昭.52.8 ／ B 5・182 p.
第 44 号：プレストレストコンクリート標準示方書解説資料／昭.54.7 ／ B 5・84 p.
第 45 号：膨張コンクリート設計施工指針（案）／昭.54.12 ／ B 5・113 p.
第 46 号：無筋および鉄筋コンクリート標準示方書（昭和 55 年版）改訂資料【付・最近におけるコンクリート工学の諸問題に関する講習会テキスト】／昭.55.4 ／ B 5・83 p.
第 47 号：高強度コンクリート設計施工指針（案）／昭.55.4 ／ B 5・56 p.
第 48 号：コンクリート構造の限界状態設計法試案／昭.56.4 ／ B 5・136 p.
第 49 号：鉄筋継手指針／昭.57.2 ／ B 5・208 p. ／ 3689 円
第 50 号：鋼繊維補強コンクリート設計施工指針（案）／昭.58.3 ／ B 5・183 p.
第 51 号：流動化コンクリート施工指針（案）／昭.58.10 ／ B 5・218 p.
第 52 号：コンクリート構造の限界状態設計法指針（案）／昭.58.11 ／ B 5・369 p.
第 53 号：フライアッシュを混和したコンクリートの中性化と鉄筋の発錆に関する長期研究（第二次）／昭.59.3 ／ B 5・68 p.
第 54 号：鉄筋コンクリート構造物の設計例／昭.59.4 ／ B 5・118 p.
第 55 号：鉄筋継手指針（その 2）―鉄筋のエンクローズ溶接継手―／昭.59.10 ／ B 5・124 p. ／ 2136 円

●コンクリートライブラリー一覧●

号数：標題／発行年月／判型・ページ数／本体価格

第 56 号：人工軽量骨材コンクリート設計施工マニュアル／昭.60.5／B5・104 p.
第 57 号：コンクリートのポンプ施工指針（案）／昭.60.11／B5・195 p.
第 58 号：エポキシ樹脂塗装鉄筋を用いる鉄筋コンクリートの設計施工指針（案）／昭.61.2／B5・173 p.
第 59 号：連続ミキサによる現場練りコンクリート施工指針（案）／昭.61.6／B5・109 p.
第 60 号：アンダーソン工法設計施工要領（案）／昭.61.9／B5・90 p.
第 61 号：コンクリート標準示方書（昭和 61 年制定）改訂資料／昭.61.10／B5・271 p.
第 62 号：PC 合成床版工法設計施工指針（案）／昭.62.3／B5・116 p.
第 63 号：高炉スラグ微粉末を用いたコンクリートの設計施工指針（案）／昭.63.1／B5・158 p.
第 64 号：フライアッシュを混和したコンクリートの中性化と鉄筋の発錆に関する長期研究（最終報告）／昭 63.3／B5・124 p.
第 65 号：コンクリート構造物の耐久設計指針（試案）／平. 元.8／B5・73 p.
※第 66 号：プレストレストコンクリート工法設計施工指針／平.3.3／B5・568 p.／5825 円
※第 67 号：水中不分離性コンクリート設計施工指針（案）／平.3.5／B5・192 p.／2913 円
第 68 号：コンクリートの現状と将来／平.3.3／B5・65 p.
第 69 号：コンクリートの力学特性に関する調査研究報告／平.3.7／B5・128 p.
第 70 号：コンクリート標準示方書（平成 3 年版）改訂資料およびコンクリート技術の今後の動向／平 3.9／B5・316 p.
第 71 号：太径ねじふし鉄筋 D 57 および D 64 を用いる鉄筋コンクリート構造物の設計施工指針（案）／平 4.1／B5・113 p.
第 72 号：連続繊維補強材のコンクリート構造物への適用／平.4.4／B5・145 p.
第 73 号：鋼コンクリートサンドイッチ構造設計指針（案）／平.4.7／B5・100 p.
※第 74 号：高性能 AE 減水剤を用いたコンクリートの施工指針（案）付・流動化コンクリート施工指針（改訂版）／平.5.7／B5・142 p.／2427 円
第 75 号：膨張コンクリート設計施工指針／平.5.7／B5・219 p.／3981 円
第 76 号：高炉スラグ骨材コンクリート施工指針／平.5.7／B5・66 p.
第 77 号：鉄筋のアモルファス接合継手設計施工指針（案）／平.6.2／B5・115 p.
第 78 号：フェロニッケルスラグ細骨材コンクリート施工指針（案）／平.6.1／B5・100 p.
第 79 号：コンクリート技術の現状と示方書改訂の動向／平.6.7／B5・318 p.
第 80 号：シリカフュームを用いたコンクリートの設計・施工指針（案）／平.7.10／B5・233 p.
第 81 号：コンクリート構造物の維持管理指針（案）／平.7.10／B5・137 p.
第 82 号：コンクリート構造物の耐久設計指針（案）／平.7.11／B5・98 p.
第 83 号：コンクリート構造のエスセティックス／平.7.11／B5・68 p.
第 84 号：ISO 9000 s とコンクリート工事に関する報告書／平 7.2／B5・82 p.
第 85 号：平成 8 年制定コンクリート標準示方書改訂資料／平 8.2／B5・112 p.
第 86 号：高炉スラグ微粉末を用いたコンクリートの施工指針／平 8.6／B5・186 p.
第 87 号：平成 8 年制定コンクリート標準示方書（耐震設計編）改訂資料／平 8.7／B5・104 p.
第 88 号：連続繊維補強材を用いたコンクリート構造物の設計・施工指針（案）／平 8.9／B5・361 p.
第 89 号：鉄筋の自動エンクローズ溶接継手設計施工指針（案）／平 9.8／B5・120 p.
第 90 号：複合構造物設計・施工指針（案）／平 9.10／B5・230 p.／4200 円
第 91 号：フェロニッケルスラグ細骨材を用いたコンクリートの施工指針／平 10.2／B5・124 p.
第 92 号：銅スラグ細骨材を用いたコンクリートの施工指針／平 10.2／B5・100 p.／2800 円
第 93 号：高流動コンクリート施工指針／平 10.7／B5・246 p.／4700 円
第 94 号：フライアッシュを用いたコンクリートの施工指針（案）／平 11.4／A4・214 p.／4000 円
第 95 号：コンクリート構造物の補強指針（案）／平 11.9／A4・121 p.／2800 円
第 96 号：資源有効利用の現状と課題／平 11.10／A4・160 p.
第 97 号：鋼繊維補強鉄筋コンクリート柱部材の設計指針（案）／平 11.11／A4・79 p.
第 98 号：LNG 地下タンク躯体の構造性能照査指針／平 11.12／A4・197 p.／5500 円
第 99 号：平成 11 年版　コンクリート標準示方書［施工編］－耐久性照査型－　改訂資料／平 12.1／A4・97 p.
第100号：コンクリートのポンプ施工指針［平成 12 年版］／平 12.2／A4・226 p.
※第101号：連続繊維シートを用いたコンクリート構造物の補修補強指針／平 12.7／A4・313 p.／5000 円
第102号：トンネルコンクリート施工指針（案）／平 12.7／A4・160 p.／3000 円
※第103号：コンクリート構造物におけるコールドジョイント問題と対策／平 12.7／A4・156 p.／2000 円
第104号：2001 年制定　コンクリート標準示方書［維持管理編］制定資料／平 13.1／A4・143 p.
第105号：自己充てん型高強度高耐久コンクリート構造物設計・施工指針（案）／平 13.6／A4・601 p.
第106号：高強度フライアッシュ人工骨材を用いたコンクリートの設計・施工指針（案）／平 13.7／A4・184 p.
第107号：電気化学的防食工法　設計施工指針（案）／平 13.11／A4・249 p.／2800 円
第108号：2002 年版　コンクリート標準示方書　改訂資料／平 14.3／A4・214 p.
第109号：コンクリートの耐久性に関する研究の現状とデータベース構築のためのフォーマットの提案／平 14.12／A4・177 p.
第110号：電気炉酸化スラグ骨材を用いたコンクリートの設計・施工指針（案）／平 15.3／A4・110 p.
※第111号：コンクリートからの微量成分溶出に関する現状と課題／平 15.5／A4・92 p.／1600 円
※第112号：エポキシ樹脂塗装鉄筋を用いる鉄筋コンクリートの設計施工指針［改訂版］／平 15.11／A4・216 p.／3400 円

●コンクリートライブラリー一覧●

号数：標題／発行年月／判型・ページ数／本体価格

第113号：超高強度繊維補強コンクリートの設計・施工指針（案）／平 16.9 ／ A 4・167 p. ／ 2000 円
第114号：2003 年に発生した地震によるコンクリート構造物の被害分析／平 16.11 ／ A 4・267 p. ／ 3400 円
第115号：（CD-ROM 写真集）2003 年，2004 年に発生した地震によるコンクリート構造物の被害／平 17.6 ／ A4・CD-ROM
第116号：土木学会コンクリート標準示方書に基づく設計計算例［桟橋上部工編］／ 2001 年制定コンクリート標準示方書［維持管理編］に基づくコンクリート構造物の維持管理事例集（案）／平 17.3 ／ A4・192 p.
第117号：土木学会コンクリート標準示方書に基づく設計計算例［道路橋編］／平 17.3 ／ A4・321 p. ／ 2600 円
第118号：土木学会コンクリート標準示方書に基づく設計計算例［鉄道構造物編］／平 17.3 ／ A4・248 p.
※第119号：表面保護工法　設計施工指針（案）／平 17.4 ／ A4・531 p. ／ 4000 円
第120号：電力施設解体コンクリートを用いた再生骨材コンクリートの設計施工指針（案）／平 17.6 ／ A4・248 p.
第121号：吹付けコンクリート指針（案）　トンネル編／平 17.7 ／ A4・235 p. ／ 2000 円
※第122号：吹付けコンクリート指針（案）　のり面編／平 17.7 ／ A4・215 p. ／ 2000 円
※第123号：吹付けコンクリート指針（案）　補修・補強編／平 17.7 ／ A4・273 p. ／ 2200 円
※第124号：アルカリ骨材反応対策小委員会報告書－鉄筋破断と新たなる対応－／平 17.8 ／ A4・316 p. ／ 3400 円
第125号：コンクリート構造物の環境性能照査指針（試案）／平 17.11 ／ A4・180 p.
第126号：施工性能にもとづくコンクリートの配合設計・施工指針（案）／平 19.3 ／ A4・278 p. ／ 4800 円
第127号：複数微細ひび割れ型繊維補強セメント複合材料設計・施工指針（案）／平 19.3 ／ A4・316 p. ／ 2500 円
第128号：鉄筋定着・継手指針［2007 年版］／平 19.8 ／ A4・286 p. ／ 4800 円
第129号：2007 年版　コンクリート標準示方書　改訂資料／平 20.3 ／ A4・207 p.
第130号：ステンレス鉄筋を用いるコンクリート構造物の設計施工指針（案）／平 20.9 ／ A4・79p. ／ 1700 円
※第131号：古代ローマコンクリート－ソンマ・ヴェスヴィアーナ遺跡から発掘されたコンクリートの調査と分析－／平 21.4 ／ A4・148p. ／ 3600 円
第132号：循環型社会に適合したフライアッシュコンクリートの最新利用技術－利用拡大に向けた設計施工指針試案－／平 21.12 ／ A4・383p. ／ 4000 円
第133号：エポキシ樹脂を用いた高機能 PC 鋼材を使用するプレストレストコンクリート設計施工指針（案）／平 22.8 ／ A4・272p. ／ 3000 円
第134号：コンクリート構造物の補修・解体・再利用における CO_2 削減を目指して－補修における環境配慮および解体コンクリートの CO_2 固定化－／平 24.5 ／ A4・115p. ／ 2500 円
※第135号：コンクリートのポンプ施工指針　2012 年版／平 24.6 ／ A4・247p. ／ 3400 円
※第136号：高流動コンクリートの配合設計・施工指針　2012 年版／平 24.6 ／ A4・275p. ／ 4600 円
※第137号：けい酸塩系表面含浸工法の設計施工指針（案）／平 24.7 ／ A4・220p. ／ 3800 円
第138号：2012 年制定　コンクリート標準示方書改訂資料－基本原則編・設計編・施工編－／平 25.3 ／ A4・573p. ／ 5000 円
第139号：2013 年制定　コンクリート標準示方書改訂資料－維持管理編・ダムコンクリート編－／平 25.10 ／ A4・132p. ／ 3000 円
第140号：津波による橋梁構造物に及ぼす波力の評価に関する調査研究委員会報告書／平 25.11 ／ A4・293p. ＋ CD-ROM ／ 3400 円
第141号：コンクリートのあと施工アンカー工法の設計・施工指針（案）／平 26.3 ／ A4・135p. ／ 2800 円
第142号：災害廃棄物の処分と有効利用－東日本大震災の記録と教訓－／平 26.5 ／ A4・232p. ／ 3000 円
第143号：トンネル構造物のコンクリートに対する耐火工設計施工指針（案）／平 26.6 ／ A4・108p. ／ 2800 円
※第144号：汚染水貯蔵用 PC タンクの適用を目指して／平 28.5 ／ A4・228p. ／ 4500 円
※第145号：施工性能にもとづくコンクリートの配合設計・施工指針［2016 年版］／平 28.6 ／ A4・338p.＋DVD-ROM ／ 5000 円
※第146号：フェロニッケルスラグ骨材を用いたコンクリートの設計施工指針／平 28.7 ／ A4・216p. ／ 2000 円
※第147号：銅スラグ細骨材を用いたコンクリートの設計施工指針／平 28.7 ／ A4・188p. ／ 1900 円
※第148号：コンクリート構造物における品質を確保した生産性向上に関する提案／平 28.12 ／ A4・436p. ／ 3400 円
※第149号：2017 年制定　コンクリート標準示方書改訂資料－設計編・施工編－／平 30.3 ／ A4・336p. ／ 3400 円
※第150号：セメント系材料を用いたコンクリート構造物の補修・補強指針／平 30.6 ／ A4・288p. ／ 2600 円
※第151号：高炉スラグ微粉末を用いたコンクリートの設計・施工指針／平 30.9 ／ A4・236p. ／ 3000 円
※第152号：混和材を大量に使用したコンクリート構造物の設計・施工指針（案）／平 30.9 ／ A4・160p. ／ 2700 円
※第153号：2018 年制定　コンクリート標準示方書改訂資料－維持管理編・規準編－／平 30.10 ／ A4・250p. ／ 3000 円
第154号：亜鉛めっき鉄筋を用いるコンクリート構造物の設計・施工指針（案）／平 31.3 ／ A4・167p. ／ 5000 円
※第155号：高炉スラグ細骨材を用いたプレキャストコンクリート製品の設計・製造・施工指針（案）／平 31.3 ／ A4・310p. ／ 2200 円
※第156号：鉄筋定着・継手指針〔2020 年版〕／令 2.3 ／ A4・283p. ／ 3200 円
※第157号：電気化学的防食工法指針／令 2.9 ／ A4・223p. ／ 3600 円
※第158号：プレキャストコンクリートを用いた構造物の構造計画・設計・製造・施工・維持管理指針（案）／令 3.3 ／ A4・271p. ／ 5400 円
※第159号：石炭灰混合材料を地盤・土構造物に利用するための技術指針（案）／令 3.3 ／ A4・131p. ／ 2700 円
※第160号：コンクリートのあと施工アンカー工法の設計・施工・維持管理指針（案）／令 4.1 ／ A4・234p. ／ 4500 円
※第161号：締固めを必要とする高流動コンクリートの配合設計・施工指針（案）／令 5.2 ／ A4・239p. ／ 3300 円

※は土木学会にて販売中です．価格には別途消費税が加算されます．

定価 3,520 円（本体 3,200 円＋税 10%）

コンクリートライブラリー156
鉄筋定着・継手指針［2020 年版］

令和 2 年　3 月 31 日　第 1 版・第 1 刷発行
令和 2 年 10 月　1 日　第 1 版・第 2 刷発行
令和 3 年　6 月 30 日　第 1 版・第 3 刷発行
令和 5 年　2 月 10 日　第 1 版・第 4 刷発行

編集者……公益社団法人　土木学会　コンクリート委員会
鉄筋定着・継手指針改訂小委員会
委員長　久田　真
発行者……公益社団法人　土木学会　専務理事　塚田　幸広

発行所……公益社団法人　土木学会
〒160-0004　東京都新宿区四谷 1 丁目（外濠公園内）
TEL　03-3355-3444　FAX　03-5379-2769
http://www.jsce.or.jp/
発売所……丸善出版株式会社
〒101-0051　東京都千代田区神田神保町 2-17　神田神保町ビル
TEL　03-3512-3256　FAX　03-3512-3270

ISBN978-4-8106-0995-0
印刷・製本・用紙：（株）報光社

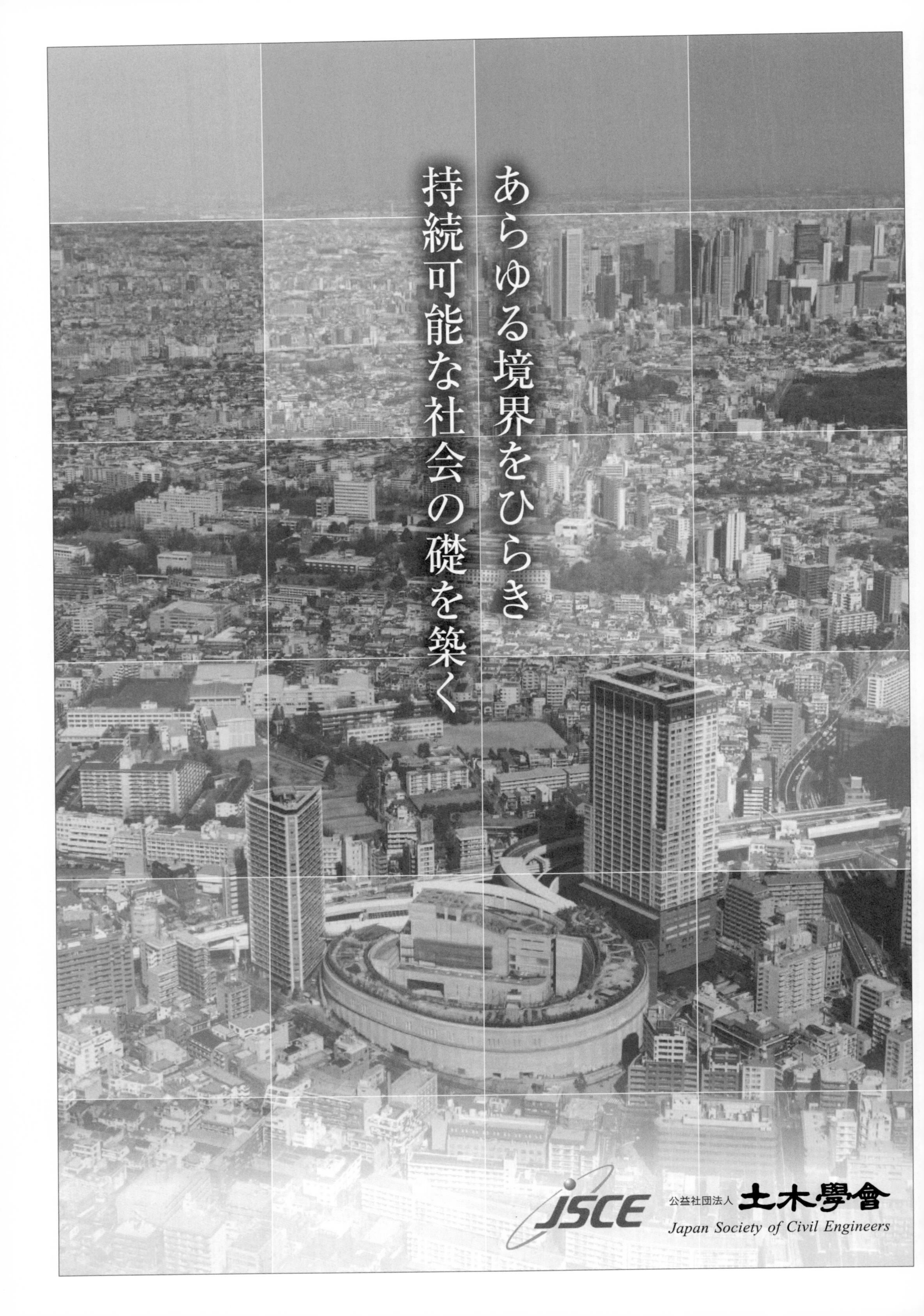
あらゆる境界をひらき
持続可能な社会の礎を築く
JSCE
公益社団法人 土木學會
Japan Society of Civil Engineers